KB247374

HOLOGRAPHIC
UNIVERSE

홀로그램 우주

HOLOGRAPHIC UNIVERSE

정신과학총서
5

홀로그램 우주

마이클 탤보트 지음·이균형 옮김

인간·삶·우주의 신비를 밝힌다

정신세계사

옮긴이 이균형은 58년 생으로 공대 졸업 후 외도로 벗어나 현재까지 구도적 삶을 살고 있다. 번역서로는 《인도 명상기행》, 《우주의식의 창조놀이》, 《깨어나세요》, 《한 발짝 밖에 자유가 있다》, 《우주가 사라지다》, 《자발적 진화》, 《1분 명상법》 등 20여 권이 있다.

홀로그램 우주

마이클 탤보트 지은 것을 정신세계사 정주득이 1999년 9월 30일 처음 펴내다. 홍지현이 편집과 내교, 교정을 맡다. 정신세계사의 등록일자는 1978년 4월 25일(제1-100호), 주소는 03965 서울시 마포구 성산로 4길 6 2층, 전화는 02-733-3134(대표전화), 팩스는 02-733-3144, 홈페이지는 www.mindbook.co.kr, 인터넷 카페는 cafe.naver.com/mindbooky이다.

2025년 5월 26일 박은 책(초판 제21쇄)

ISBN 978-89-357-0137-7 04400
　　　978-89-357-0135-3(세트)

알렉산드라, 채드, 라이언, 래리 조, 그리고
숀에게 사랑을 보내며…

이 새로운 자료들이 시사하는 너무도 심오한 의미는 인간 정신과 정신의학, 그리고 정신치료에 대한 우리의 이해에 일대 변혁을 가져올지도 모른다. 일부 관찰 결과들이 시사하는 내용은 심리학, 정신의학의 범주를 넘어서 뉴턴─데카르트 사상에 근거한 현대 서양과학의 패러다임에 대한 중대한 도전으로 비친다. 그것은 인간존재의 본질, 문화와 역사, 현실 등에 대한 우리의 관념을 극적으로 변화시켜놓을 수도 있을 것이다.

─스타니슬라브 그로프 박사의 《자기발견의 모험 *The Adventure of Self-Discovery*》 중에서

차례

감사의 글

글을 쓸 때는 언제나 협동적인 노력이 필요하다. 이 책이 나오는 데도 많은 사람들이 다양한 방법으로 도움을 주었다. 그들의 이름을 모두 열거하기란 불가능한 일이지만 다음 분들은 특별히 감사를 표해야 할 분들이다.

데이비드 봄 박사와 칼 프리브램 박사는 친절하게도 많은 시간과 아이디어를 내주었고 그들의 연구가 아니었다면 이 책은 쓰여질 수 없었을 것이다.

바바라 브레넌, 래리 돗시 박사, 브렌다 듄 박사, 엘리자베스 W. 펜스크 박사, 고든 글로버스, 짐 고든, 스타니슬라브 그로프 박사, 프랜신 하울랜드 박사, 발레리 헌트 박사, 로버트 얀 박사, 로널드 왕 주 박사, 메리 오서, F. 데이비드 피트 박사, 엘리자베스 라우셔 박사, 베아트리체 리치, 피터 M. 로세비츠 박사, 애브너 쉬모니 박사, 베르니에 S. 지겔 박사, T. M. 스리니바산 박사, 휘트니 스트리버, 러셀 타그, 윌리엄 A. 틸러 박사, 몬테규 울만 박사, 라이얼 왓슨 박사, 조엘 L. 휘튼 박사, 프레드 앨런 울프 박사, 그리고 리처드 재로 이분들도 모두 친절하게 자신의 아이디어와 시간을 내주었다.

캐럴 앤 다이어는 우정과 통찰과 후원, 그리고 다할 줄 모르는 너그러움으로 자신의 깊은 재능을 나누어주었다.

케네스 링 박사는 많은 시간을 내어 흥미로운 이야기를 들려주고 앙리 코뱅의 글을 소개해주었다.

스탠리 크리프너 박사는 홀로그램 사상의 새로운 실마리가 발견될 때마다 일부러 시간을 내어 전화와 메모를 전해주었다.

테리 올슨 박사도 시간을 할애해주었고 자신이 만든 '귀 속의 작은 인체' 도표를 사용할 수 있게 친절히 허락하였다.

마이클 그로소 박사는 영감을 주는 대화를 나누어주었고 기적에 관한 몇 가지 모호한 연구내용을 밝힐 수 있도록 도와주었다.

이지 과학연구소의 브렌던 오레건은 기적에 관한 주제에 중요한 도움을 주었고 그에 관한 정보를 얻도록 도와주었다.

나의 오랜 친구인 피터 브룬제스 박사는 몇 가지 찾기 힘든 연구자료를 찾아내는 데 자신의 학계 연결망을 동원해주었다.

주디스 후퍼는 자신이 모은 홀로그램 사상에 관한 방대한 자료들을 빌려주었다.

뉴욕 홀로그래피 박물관의 수잔 콜즈는 책에 삽입할 그림과 사진을 찾도록 도와주었다.

케리 브레이스는 힌두 철학과 상통하는 홀로그램 사상에 관한 자신의 생각을 나눠주었고, 나는 영화 '스타워즈'에 나오는 리아 공주의 홀로그램 입체상 이야기로 이 책의 서두를 여는 아이디어를 그의 글로부터 빌릴 수 있었다.

≪브레인/마인드 불리틴*Brain/Mind Bulletin*≫의 창간자이며 홀로그램 이론의 중요성을 인식하고 처음으로 글을 쓴 매릴린 퍼거슨도 친절하게 자신의 시간과 생각을 나누어주었다. 관찰력 있는 독자라면 제2장의 끝부분에서 봄과 프리브램의 결론을 함께 고려했을 때 제기될 수 있는 우주관에 대한 나의 글이 사실은 퍼거슨이 자신의 베스트셀러 ≪보병궁 시대의 공모*The Aquarian Conspiracy*≫에서 동일한 생각을 요약해놓은 글을 단어만 약간 바꿔놓은 것임을 알아차릴 수 있을 것이다. 홀로그램 사상을 달리 더 훌륭하게 요약할 수 없는 나의 한계는

퍼거슨이 얼마나 명확하고 간결한 필치를 지닌 저자인지를 증명해준다.

미국심령학회 관계자들은 내가 참고자료와 정보원, 관련인물들의 이름을 알아내는 것을 도와주었다.

마르타 비서와 샤론 쉴러는 책을 찾는 일을 도와주었다.

≪빌리지 보이스*Village Voice*≫의 로스 웨츠티언은 나에게 이 책을 시작하게끔 한 기사를 쓰도록 요청해주었다.

사이먼 & 슈스터(Simon & Schuster) 출판사의 클레어 자이온은 홀로그램 사상에 관한 책을 써보라고 처음으로 제안해주었다.

루시 크롤과 바바라 호겐슨은 가장 훌륭한 에이전트 서비스를 제공해주었다.

하퍼 콜린스(Harper Collins) 출판사의 로렌스 P. 애쉬메드는 이 원고를 신뢰해주었고 존 미첼은 부드럽고 통찰력 있게 원고를 편집해주었다.

만일 내가 뜻하지 않게 감사드리는 것을 빠뜨린 분이 있다면 부디 용서해주기 바란다. 여기에 언급되었건 언급되지 않았건 간에 이 책이 나오도록 도와주었던 모든 분들에게 가슴 깊이 감사드린다.

‘스타워스’라는 영화에서 주인공 루크는 로봇 알투디투가 허공에 광선을 쏘아 비춰주는 리아 공주의 3차원 축소영상을 보고서 모험길에 나서게 된다. 루크는 유령과도 같은 빛의 형상이 오비원 케노비라는 이름의 사람에게 애타게 도움을 청하는 광경에 넋을 잃어버린다. 그 영상은 레이저로 만든 3차원 영상인 ‘홀로그램’이며 그러한 영상을 만드는 데 요구되는 테크놀로지의 마술은 놀라운 것이다.

하지만 그보다 훨씬 더 놀라운 것은 일부 과학자들이 이 우주가 하나의 거대한, 일종의 홀로그램이라고 믿기 시작했다는 사실이다. 즉, 이 우주는 루크로 하여금 탐험길에 나서게 만든 리아 공주의 영상이 그렇듯이 찬란할 정도로 섬세한 환상이라는 것이다. 달리 말하면, 우리의 우주와 그 속의 모든 것들─눈송이로부터 단풍나무나 별똥별, 궤도를 도는 전자에 이르기까지─또한 우리가 몸담고 있는 현실로부터는 너무나 아득한, 말 그대로 시간과 공간을 초월한 실재의 차원으로부터 투사되는 유령 같은 영상에 지나지 않는다는 말이다.

이 놀라운 생각을 맨 처음 떠올린 주요 인물은 세계적으로 뛰어난 2인의 두뇌, 즉 아인슈타인이 총애했던 인물이며 가장 존경받는 양자물리학자인 런던 대학의 물리학자 데이비드 봄(David Bohm)과, 신경생리학의 고전적 교과서 ≪두뇌의 언어 *Languages of the Brain*≫의 저자인 스탠퍼드 대학의 신경생리학자 칼 프리브램(Karl Pribram)이다. 흥미로운 점은, 봄과 프리브램은 각기 사뭇 다른 분야에서 독립적으로 연구하다가 이 같은 동일한 결론에 이르게 되었다는 것이다. 봄은 현재의 이론이 양자물리학에서 마주치는 모든 현상을 설명하지 못한다는 사실에 오랫동안 불만을 품은 끝에 우주의 홀로그램과 같은 성질을 확신하게 되었다. 프리브램 또한 현재의 이론들이 신경생리학상의 다양한 수수께끼들을 제대로 설명하지 못했기 때문에 이러한 결론을 확신하게 되었다.

그러나 그러한 결론에 도달하고 나자 봄과 프리브램은 곧 홀로그램 모델이 다른 많은 수수께끼들도 한꺼번에 풀어준다는 사실을 깨닫게 되었다. 즉, 한쪽 귀밖에 들리지 않는 사람이 소리가 나는 방향을 알아낸다든가, 여러 해 동안 만나지 못했던 사람을 그 사이에 얼굴이 매우 변해 있어도 알아볼 수 있는 인간의 능력과 같은, 자연계에서 마주치는 모든 현상을 여지껏 아무리 그럴 듯한 이론으로도 설명하지 못했던 이유까지도 말이다.

하지만 그 중에서도 홀로그램 모델이 몰고 온 가장 큰 충격은, 너무나 기이해서 과학적 이해의 영역 밖으로 제쳐놓았던 광범위한 현상들이 갑자기 이해되기 시작했다는 점이다. 여기에는 텔레파시, 예지, 우주와의 신비한 일체감, 심지어는 염력현상, 즉 물체를 건드리지 않고 마음으로 움직이는 능력까지도 포함된다.

실제로 홀로그램 모델을 받아들인 과학자들 — 그 수는 끝없이 늘어나고 있는데 — 에게는 이 모델이 거의 모든 초자연적 신비현상을 설명해준다는 사실이 명백해졌으며, 이 모델은 지난 6~7년 간 학자들에게 활기를 불어넣어서, 이전에는 설명이 불가능했던 현상들이 시간이 지남에 따라 하나하나 조명되고 있다. 예를 들면 다음과 같다.

*1980년 코네티컷 대학의 심리학자 케네스 링(Kenneth Ring)은 임사체험을 홀로그램 모델로써 설명할 수 있다고 주장했다. 국제 임사체험

학회의 회장인 링은 죽음 그 자체도 마찬가지지만 임사체험도 사실은 사람의 의식이 현실이라는 홀로그램의 한 차원으로부터 다른 차원으로 전환될 때 겪게 되는 현상일 뿐이라고 믿는다.

*1985년 메릴랜드 정신의학연구소장이며 존스 홉킨스 의대 정신과 조교수인 스타니슬라브 그로프(Stanislav Grof) 박사는 자신의 저서에서, 두뇌에 관한 현재의 신경생리학 모델은 원형체험, 집단무의식체험과 기타 변성된 의식상태에서 일어나는 비일상적인 현상들을 설명하는 데 적합하지 않으며 오직 홀로그램 모델만이 그것을 설명해준다고 결론지었다.

*1987년 워싱턴 D.C.에서 열린 꿈연구학회 연례회의에서 물리학자 프레드 앨런 울프(Fred Alan Wolf)는 홀로그램 모델이 자각몽(자신이 깨어 있음을 자각하는 상태에서 꾸는 매우 생생한 꿈) 현상을 설명할 수 있다고 주장하는 강연을 했다. 울프는 그런 꿈이 사실은 병존하는 현실들을 방문한 것이며 홀로그램 모델이 결국은 '의식의 물리학(physics of consciousness)'을 발전시켜서 존재의 다른 차원들을 더욱 속속들이 탐험할 수 있게 해주리라고 믿는다.

*캐나다 퀸스 대학의 물리학자 데이비드 피트 (F. David Peat) 박사는 1987년 출판된 저서 ≪동시성 : 물질과 마음을 잇는 다리*Synchronicity :The Bridge Between Matter and Mind*≫에서 동시성(단지 우연의 결과라고만 볼 수 없는, 매우 비범하고 심리학적으로 의미 있는, 사건들 간의 시간적 일치성)을 홀로그램 모델로써 설명할 수 있다고 주장했다. 피트는 그러한 우연의 일치가 사실은 '현실이라는 직물에 나 있는 구멍'이라고 믿는다. 이것은 지금까지 생각해왔던 것과는 달리, 우리의 사고

작용이 물리적 세계와 훨씬 더 밀접하게 연결되어 있음을 말해준다.

이것은 이 책에서 탐사될 영감적인 개념들의 한 귀퉁이에 지나지 않는다. 이 같은 개념들은 대부분 지극히 모순적이다. 실제로 홀로그램 모델 자체도 매우 모순적이어서 대부분의 과학자들은 이것을 받아들이기가 매우 힘들다. 그럼에도 불구하고 앞으로 살펴보게 되듯이 많은 저명하고 뛰어난 학자들이 이것을 지지하고, 이것이야말로 우리가 현재 가지고 있는 실재에 대한 가장 정확한 설명이라고 믿고 있다.

또한 홀로그램 모델은 몇 가지 극적인 실험적 증거들을 가지고 있다. 신경생리학 분야에서는 수많은 연구결과들이 프리브램의 다양한 예언들—기억과 인식작용이 홀로그램과 유사한 성질을 지니고 있다는—을 확증해주었다. 이와 엇비슷하게 1982년에는 파리의 이론/응용 광학연구소의 물리학자 알랭 아스페(Alain Aspect)가 이끄는 연구팀이 역사적인 실험을 통해, 이 물질우주를 이루고 있는 아원자 입자의 망, 곧 실재 자체의 기초 조직물이 틀림없이 '홀로그램의 성질'로 보이는 성질을 지니고 있음을 보여주었다. 이러한 발견 또한 이 책에서 논의될 것이다.

실험적 증거에 덧붙여서 몇 가지 다른 사실들도 홀로그램 가설에 비중을 더해준다. 아마도 가장 중요한 점은 이러한 발상을 맨 처음 떠올린 두 인물의 업적과 인격일 것이다. 이들은 홀로그램 모델을 떠올리기 이전에 이미, 대부분의 연구자들이 남은 연구인생 동안 자신들의 영예의 그늘 밑에서 놀도록 할 만큼의 영감을 제공하는 업적을 쌓아놓았다. 1940년대 프리브램은 정서와 행동에 관여하는 대뇌영역인 대뇌변연계에 관한 연구에서 선구적인 업적을 남겼다. 1950년대 봄의 플라스마 물리학 연구 또한 하나의 이정표로 인식되고 있다.

그러나 그보다 더 중요한 것은, 그들이 또 다른 방면에서 두각을 나타냈다는 점이다. 그것은 어떤 위대한 인물들에서조차 찾아보기 힘든 부분이다. 왜냐하면 그것은 한낱 지적 능력이나 재능으로써 측정되는 것이 아니기 때문이다. 그것은 용기, 즉 엄청난 반대에 직면해서도 자신의 확신을 주장하는 용기로써 측정된다.

봄은 대학원생 시절에 로버트 오펜하이머와 함께 박사논문 과제를 연구했다. 그 후, 1951년 오펜하이머가 반미행위 혐의로 극우파 조세프 매카시 상원위원이 주도한 공포의 청문회에 회부되었을 때 봄은 오펜하이머의 반대증인으로 소환되었으나 출두를 거절했다. 그 결과 그는 프린스턴 대학의 직장을 잃었고 미국에서 공부할 수 없게 되어 브라질로 갔다가 뒤에 런던으로 옮겨갔던 것이다.

프리브램도 일찍이 이와 비슷한 일에 부딪혔다. 1935년 포르투갈 출신의 에드가스 모니츠라는 신경학자가 자칭 정신질환에 대한 완벽한 치료법을 고안해냈다. 즉, 사람의 두개골에 구멍을 뚫고 들어가 대뇌의 전두엽 피질을 나머지 부분으로부터 분리시키면 아무리 골치 아픈 환자도 온순하게 만들어놓을 수 있다는 사실을 발견했던 것이다. 그는 이 수술을 전두엽 절제술이라고 명명했고 1940년대 이르자 이것은 매우 대중적인 의술로 받아들여져서 노벨상을 받기에 이르렀다. 1950년대에도 이 방법의 인기는 지속되었고 그것은 마치 매카시 청문회처럼 문화적 이단자들을 몰아내는 하나의 도구가 되었다. 이 수술법이 이처럼 공공연하게 시술된 결과, 미국에서 이 수술을 옹호했던 유명한 외과의사 월터 프리만(Walter Freeman) 같은 사람은 한 치의 부끄러움도 없이, 이 전두엽 절제술이 '정신분열자, 호모, 급진주의자'와 같은 사회적 부적응자들을 '착한 미국 시민'들로 만들어놓는 데 공헌했다는 내용의 글까지 썼다.

프리브램이 의학계에 발을 들여놓은 것은 바로 이 무렵이었다. 그러나 프리브램은 다른 동료들과는 달리 타인의 두뇌에 그토록 무도하게 손을 대는 것은 매우 잘못된 일이라고 느꼈다. 그의 신념은 너무나 확고해서 플로리다 잭슨빌에서 신경외과의로 근무하는 동안에도 그는 그 당시 널리 수용되고 있던 이 의학지식에 반대하고 자신이 맡은 병동에서는 전두엽 절제술 시술을 허락하지 않았다. 그는 훗날 예일 대학에서도 이러한 반대입장을 고수했는데, 당시로서는 급진적인 그런 태도 때문에 거의 쫓겨날 뻔했다.

자신이 믿는 바를 위해 뒷일을 돌보지 않고 당당하게 나서는 봄과 프리브램의 투지는 홀로그램 모델의 경우에서도 뚜렷이 드러난다. 앞으로 살펴보겠지만, 자신들의 무시할 수 없는 명성을 이처럼 논란의 소지가 많은 사상의 배후에 내세운다는 것은 누구에게도 쉬운 일은 아니다. 이들의 이 같은 용기와 과거 이들이 보여주었던 통찰력은 홀로그램 가설에 다시금 비중을 더해주고 있는 것이다.

홀로그램 모델을 뒷받침해주는 마지막 증거는 초상(超常)현상(일상적인 범주 밖의 정신/심령현상)이다. 이것은 가볍게 넘길 일이 아니다. 왜냐하면 우리가 고등학교 과학 시간에 배웠던 것처럼, 우주는 견고한 물질로 이루어져 있다는 실재관이 그릇된 것임을 암시하는 증거들이 지난 수십 년 동안 엄청나게 쌓여왔기 때문이다. 표준적인 과학 모델로는 설명되지 않기 때문에, 과학은 이런 발견사실들을 주로 묵살해버리는 태도를 고수해왔다. 그러나 증거의 양은 이런 태도가 더 이상 지속될 수 없는 지경에 이르기까지 누적되었다.

한 가지만 예를 들어 보면, 1987년 프린스턴 대학의 물리학자 로버트 G. 얀(Robert G. Jahn)과 같은 대학의 임상 심리학자 브렌다 J. 듄(Brenda J. Dunne)은 '프린스턴 공학적 특이현상연구소'에서 10년에 걸쳐 엄밀한 실험을 행한 끝에 인간의 마음이 물리적 현실과 심령적으로 상호작용할 수 있다는 의심할 수 없는 증거들을 확보했다고 발표했다. 더 구체적으로 말하자면 얀과 듄은 인간이 정신집중만으로도 특정한 종류의 기계가 작동하는 방식에 영향을 미칠 수 있다는 사실을 발견한 것이다. 이것은 놀라운 발견이며, 우리의 통상적인 실재관으로는 설명할 수 없는 현상이다.

그러나 홀로그램적 관점에서는 이것을 설명할 수 있다. 역으로, 현재의 과학 이론으로는 초상현상들을 설명할 수 없기 때문에 사람들은 우주를 바라보는 새로운 방식, 즉 과학의 새로운 패러다임을 갈구하고 있다. 이 책에서는 홀로그램 모델이 초상현상들을 어떻게 설명하는지 보여주는 동시에, 역으로 초상현상의 존재를 뒷받침하는 누적된 증거들이 사실상 그러한 모델이 존재해야 할 필요성을 느끼게끔 만들고 있는 양상을 살펴볼 것이다.

현재의 우주관이 초상현상을 설명하지 못한다는 사실은 이 우주관이 많은 모순점을 간직한 채 남아 있는 이유들 중 한 가지일 뿐이다. 또다른 이유는, 실험실에서는 정신적인 작용을 포착해내기가 매우 힘들 때가 많다는 사실이다. 그리고 이것이 많은 과학자들로 하여금, '그러니까 그것은 존재하지 않는다'고 결론짓게끔 만들었다. 이 명백한 문제회피적 태도 또한 이 책에서 짚어볼 것이다.

그보다 더 중요한 이유는 많은 사람들이 믿고 있는 것과는 달리 과학은 편견에서 자유롭지 않다는 것이다. 나는 몇 년 전 처음으로 이 점을 알게 되었다. 한번은 저명한 물리학자에게 특정 초심리학 실험에 대한 그의 견해를 물어보았다. 그랬더니 그 물리학자(그는 초상현상에 대해 회의적인 입장을 지니고 있는 것으로 널리 알려져 있었다)는 매우 권위적인 말투로, 그 실험의 결과는 '그 어떤 정신적 효과에 대한 증거도' 밝혀내지 못했다고 답했다. 나는 그 결과를 직접 보지는 못했지만 그 물리학자의 지성과 명성을 존경했으므로 그의 판단을 의심 없이 받아들였다. 나중에 직접 그 결과를 살펴보게 되었을 때, 나는 그 실험이 정신의 능력에 대한 매우 놀라운 증거를 끄집어냈다는 사실을 알고 놀랐다. 그때서야 나는 저명한 과학자조차도 편견과 맹점을 가지고 있을 수 있다는 사실을 깨달았다.

초상현상의 연구에서 이런 상황은 자주 일어난다. 최근에 ≪아메리칸 사이콜로지스트≫에 게재된 기사에 의하면 예일 대학의 심리학자 어빈 L. 차일드(Irvin L. Child)는 뉴욕 브루클린에 있는 메이모나이즈 의료원에서 행한 ESP(초감각적 지각) 꿈에 관한 일련의 유명한 실험들을 기존 과학계가 어떻게 취급했는지를 조사했다. 차일드는 그 실험에서 밝혀진, ESP 현상을 뒷받침하는 극적인 증거들에도 불구하고 과학계가 그들의 연구결과를 완전히 묵살해버렸다는 사실을 발견했다. 그보다 더 한심한 것은, 그 실험에 대해 그나마 언급을 했던 몇몇 과학계 간행물들도 그 연구를 '심하게 왜곡시켜' 놓음으로써 그 실험의 의미는 완전히 매장되어 버렸다는 것이다.

이런 일이 어떻게 일어날 수 있는가? 한 가지 이유는, 과학은 우리가 믿고 싶어하는 만큼 늘 객관적이지 않다는 것이다. 우리는 약간의 경외심을 품고 과학자들을 바라보며, 그들이 우리에게 어떤 사실을 말해주면 그것이 틀림없는 참이라고 확신한다. 우리는 그들 또한 우리와 똑같은 종교적, 철학적, 문화적 편견에 휘말리기 쉬운 인간에 지나지 않는다는 사실을 잊어버린다. 이것은 불행한 일이다. 이 책이 보여줄 내용처럼, 우주는 현재의 우주관이 허용하는 것보다 훨씬 더 많은 것을 담고 있다는 증거가 얼마든지 있기 때문이다.

그런데 과학은 왜 유독 초상현상에 대해서는 그토록 거부적인가? 이것은 좀더 어려운 질문이다. ≪사랑, 의술, 그리고 기적*Love, Medicine, and Miracles*≫이라는 베스트셀러의 저자인 예일 대학의 외과의 베르니에 S. 지겔(Bernie S. Siegel) 박사는 비정통적인 관점에 대한 반발을 경험했던 자신의 기억에 비추어 이렇게 주장한다. 즉, 그것은 사람들이 자신의 신념에 '중독되어' 있기 때문이라고. 지겔은, 누군가가 자신이 지니고 있는 신념을 바꿔놓으려고 들면 사람들이 마치 중

독자와 같은 반응을 보이는 것도 이 때문이라고 말한다.

지겔의 말은 매우 일리가 있어 보인다. 아마도 그것이 많은 문명 속의 진보와 통찰이 처음에는 심한 반대에 부딪혔던 이유인지도 모른다. '과연' 우리는 자신의 신념에 중독되어 있으며, 누군가가 우리의 강력한 아편인 우리의 신조를 앗아가려고 하면 '정말' 마치 중독자처럼 반응한다. 그리고 서양과학은 초상현상을 믿지 않기로 수백 년 동안 마음을 다져왔기 때문에 그 중독증에서 쉽사리 벗어나려 하지 않을 것이다.

나는 행운아다. 나는, 세상에는 사람들이 흔히 생각하는 것보다 더 많은 것들이 존재한다는 사실을 늘 알고 있었다. 나는 영적인 가족환경에서 자랐다. 그리고 어릴 때부터 이 책에서 언급될 많은 현상들을 직접 체험했다. 나는 논의되는 주제와 관련이 있을 때마다 나 자신의 체험을 몇 가지씩 언급할 것이다. 그것은 단지 지나가는 이야깃거리 정도의 증거밖에 되지 않는다고 볼 수도 있지만, 나에게는 그것이, 인간은 이제 막 그 깊이를 재보려고 하는 그런 우주 속에서 살고 있다는 사실에 대한 가장 강력한 증거가 되었다. 나는 그것이 보여주는 통찰 때문에 그것을 이 책의 내용에 포함시켰다.

미지막으로, 홀로그램 관점은 아지도 형성 중인 개념이고 여러 가지 상이한 관점들과 증거의 조각들이 모자이크된 상태에 머물러 있으므로 어떤 이들은 이런 공통성 없는 관점들이 통합되어 좀더 통일성 있는 전체상이 드러날 때까지는 그것을 모델이나 이론이라는 이름으로 불러서는 안 된다고 말한다. 그래서 어떤 연구자들은 이 개념을 홀로그래픽 패러다임이라고 부른다. 또 어떤 사람들은 홀로그래픽 아날로지(비유), 홀로그래픽 메타포(은유) 등으로 부르기도 한다. 이 책에서는 다양성을 기하기 위해 이 모든 표현을 받아들였고 홀로그래픽 모델과 홀로그래픽 이론이라는 용어도 쓰고 있다. 그러나 이것은 홀로그램 개념이 엄밀한 의미에서 용어가 뜻하는 바와 같은 어떤 모델이나 이론의 지위를 얻었음을 암시하려는 것은 아니다.*

같은 맥락에서, 봄과 프리브램은 홀로그램 개념을 주창한 인물이기는 하지만 그들이 이 책에서 보여주는 모든 견해와 결론들을 포용하는 입장은 아님을 주지할 필요가 있다. 그와는 달리, 이 책은 봄과 프리브램의 이론만을 살피는 것이 아니라 홀로그램 모델에 영향받고, 또 그것을 자신의 독특한, 때로는 반대되는 방식으로 해석한 수많은 연구자들의 생각과 결론들도 살펴본다.

또 나는 이 책의 전반에 걸쳐서 아원자 입자(전자, 양성자 등등)를 연구하는 물리학 분야인 양자물리학의 다양한 개념들을 논한다. 이런 주제에 관한 글을 써본 경험이 있기 때문에 나는 일부 독자들이 '양자물리학'이라는 용어에 미리 겁을 먹고 이 개념을 이해하지 못할 것을 두려워한다는 것을 알고 있다. 나의 경험에 의하면 수학적 지식이 없는 사람들도 이 책에서 다루는 정도의 물리학 개념은 이해할 수가 있다. 과학에 대한 기초지식조차 요구되지 않는다. 필요한 것은 다만 자신이 모르는 과학용어와 마주칠 때 그것을 열린 마음으로 대하려는 자세다. 나는 그런 용어의 사용을 가능한 한 최소화했고 불가피하게 사용하게 될 때는 내용의 전개에 앞서 늘 그것을 설명해놓을 것이다.

그러니 겁먹지 말라. 일단 '물에 대한 두려움'을 극복하고 나면 양자물리학의 기이하고 매혹적인 개념들 속을 헤엄쳐 다니는 것이 생각보

---

*웹스터 사전에는 홀로그램과 관련된 단어가 세 가지 나와 있다.
hologram : 홀로그램 사진술에 의해 만들어진 빛의 간섭무늬를 담고 있는 사진건판.
holography : 홀로그램을 만들어내는 사진술.
holographic : holography의 형용사형.
이 책에서 저자는 대개 사진건판은 holographic film, 거기서 투영되는 입체상은 holographic image로 표현하지만 가끔 이 두 가지를 모두 hologram이라는 단어로 구별 없이 지칭하기도 한다. 또 holographic film / image / model / universe 등은 홀로그램 필름 / 이미지 / 모델 / 우주 등으로 옮겼다. (역주)

다는 훨씬 쉬운 일임을 깨달을 것이다. 그리고 이런 몇 가지 개념들을 살펴보는 것만으로도 세계를 바라보는 자신의 시각에 변화가 생길지도 모른다. 사실은 앞으로 전개될 내용들이 당신의 우주관을 변화시키리라는 것이 나의 희망사항이다. 나는 이런 소박한 소망으로 이 책을 내놓는다.

제1부

실재에 대한 놀랍고 새로운 관점

1

홀로그램 두뇌

눈에 보이는 세계가 잘못되었다는 것도 아니고 외부에 사물이 존재하지 '않는다'는 것도 아니다. 다만, 우주를 하나의 홀로그램적 시스템으로 관철하여 바라본다면 우리는 새로운 관점, 새로운 현실에 도달하리라는 것이다. 그리고 그 새로운 현실은 지금까지 과학적으로 설명할 수 없었던 것들, 예컨대 동시성, 즉 우연하고도 의미 깊은 사건의 일치성, 그리고 온갖 초상현상들을 설명해줄 수 있다.

—칼 프리브램 《현대 심리학 *Psychology Today*》 지와의 인터뷰 기사 중에서

프리브램으로 하여금 홀로그램 모델을 구상하게끔 만들었던 처음 시작은, 기억이 두뇌의 어느 곳에 어떻게 저장되는가 하는 의문이었다. 그가 처음으로 이 수수께끼에 흥미를 가지게 되었던 1940년대 초에는 기억이 두뇌의 특정한 장소에 저장된다는 것이 보편적인 생각이었다. 학자들은 마지막으로 할머니를 본 기억, 열여섯 살 때 정원에서 맡았던 꽃향기의 기억 등과 같은 낱낱의 기억들이 저마다 뇌 속 특정한 곳의 세포 속에 자리잡고 있는 것으로 믿었던 것이다. 그러한 기억의 흔적을 엔그램(engram)이라고 불렀고, 그 엔그램이란 것이 무엇으로 만들어졌는지도—특별한 종류의 분자인지, 신경세포인지—몰랐지만 대부분의 과학자들이 그것을 발견해내는 것은 단지 시간 문제라고 생각했다.

이렇게 확신하는 데는 이유가 있었다. 캐나다의 신경외과의인 윌더 펜필드(Wilder Penfield)는 1920년대에 행한 연구를 통해서 아닌게 아니라 특정한 기억이 뇌의 특정 장소에 저장된다는 확정적인 증거를 발

견했다. 뇌의 가장 기이한 특징 중의 하나는, 뇌 자체는 통증을 직접적으로 지각하지 않는다는 사실이다. 두피와 두개골만 국소마취시켜 놓으면 아무런 통증도 없이 의식이 완전히 깨어 있는 사람에게 뇌수술을 할 수가 있는 것이다.

펜필드는 이 사실을 자신의 연구목적에 활용하여 역사적인 일련의 실험을 행했다. 즉, 간질병 환자의 뇌를 수술하는 동안 여러 곳의 뇌세포를 전기적으로 자극해보았다. 놀랍게도 환자의 측두엽(temporal lobes : 관자놀이 뒤에 있는 두뇌부위)을 자극했을 때 완전히 의식이 깨어 있던 어떤 환자는 자신의 지나간 기억을 소상하고도 생생하게 되살려냈다. 한 남자는 남아프리카 공화국에서 친구와 나눴던 대화를 문득 기억해냈다. 한 소년은 엄마가 전화 거는 목소리를 들었는데 펜필드가 전극을 몇번 갖다대자 그 대화내용을 모두 떠올릴 수 있었다. 한 여자는 문득 부엌에 서서 바깥에서 들려오는 아이들이 노는 소리를 듣고 있는 자신을 깨달았다. 펜필드가 같은 부위를 자극하면서도 환자에게는 일부러 이제 다른 부위를 자극하고 있노라고 속였을 때도 항상 같은 내용의 기억이 떠오른다는 사실도 발견되었다.

그는 죽기 직전인 1975년 출판된 저서 《마음의 신비 *The Mystery of the Mind*》에서 이렇게 썼다. "그것이 꿈이 아니라는 것은 분명했다. 그것은 환자의 과거 경험의 각인인 의식의 순차적 기록이 전기적 자극으로 활성화되어 나온 것이었다. 환자는 마치 영사기를 거꾸로 돌려 찾아가는 것처럼 그 당시에 지각했던 모든 것을 '되살려' 냈다."[1]

펜필드는 자신의 연구로부터 우리가 경험하는 모든 일들이 — 군중 틈의 모든 낯선 얼굴에서부터 어린 시절에 넋을 잃고 지켜보았던 한올 한올의 거미줄에 이르기까지 — 두뇌 속에 기록된다고 결론 내렸다. 그는 표본조사 실험에서 그토록 많은 자질구레한 사건들의 기억이 꼬리를 물고 떠올랐던 이유도 바로 이 때문이라고 생각했다. 만일 일상의 사소하기 짝이 없는 경험들까지도 빠짐없이 완벽하게 기억한다고 본다면 그토록 방대한 내용의 연대기를 뒤지면 그런 자질구레한 정보들이 하염없이 쏟아져 나오리라고 가정하는 것은 당연한 일이다.

당시 신경외과의 풋내기 레지던트였던 프리브램은 구태여 펜필드의 엔그램 이론을 의심할 아무런 이유가 없었다. 그러나 그때 그의 생각을 영원히 바꿔놓은 사건이 일어났다. 1946년 그는 당시 플로리다 주 오렌지 파크에 있었던 여크스 영장류생물학연구소(the Yerkes Laboratatory of Primate Biology)의 위대한 신경심리학자인 칼 래실리(Karl Lashley)와 함께 일하게 되었다. 래실리는 기억이라는 현상을 연출하는 잡힐 듯 말 듯 오묘한 메커니즘에 대해 30년이 넘도록 연구하고 있었는데 프리브램은 거기서 래실리의 이러한 노력의 결실을 직접 목격할 수 있었다. 놀라웠던 것은, 래실리는 엔그램이 존재한다는 어떤 증거도 찾지 못했을 뿐 아니라 그의 연구가 실제로 펜필드의 모든 발견을 밑바닥부터 뒤집어놓는 것처럼 보였다는 사실이다.

래실리가 한 일은 쥐를 훈련시켜서 미로 달리기와 같은 다양한 임무를 수행시키는 것이었다. 그런 후 그 쥐의 뇌 여러 부위를 외과적으로 제거한 후 다시 임무를 수행시켜 보았다. 그의 목적은 미로를 달리는 능력을 기억하는 특정 뇌부위를 제거하는 것이었다. 쥐들은 종종 운동능력이 손상되어 절뚝거리며 미로를 지나갔지만 뇌의 상당 부분을 제거한 후에도 쥐들의 기억력은 상실되지 않고 끈질기게 남아 있었다.

프리브램에게 이것은 믿기지 않는 사실이었다. 만일, 책이 서가의 특정한 자리에 꽂혀 있는 것과 마찬가지로 기억도 뇌 속의 특정한 자리를 차지하고 있다면 래실리의 외과적 가혹행위가 왜 아무런 효과도 나타내지 않는 것일까? 프리브램이 생각할 수 있는 단 한 가지 대답은 기억이 뇌 속의 특정한 자리에 자리잡고 있는 것이 아니라, 뇌 전체에 퍼져 있거나 분산되어 있다는 것이었다. 문제는 그런 종류의 현상을 설명할 수 있는 그 어떤 메커니즘이나 작용도 알려져 있지 않다는 사실이었다.

래실리는 프리브램보다도 더 당혹하여 훗날 이렇게 술회했다. "기억의 흔적이 차지하고 있는 자리를 찾아내려던 연구 결과를 다시 살펴보면서 나는 가끔 이렇게 느낀다. 즉, 학습이란 것 자체가 애초부터 불가능한 일이라는 것이 피할 수 없는 결론이라는 것이다. 하지만 이를 뒷받침하는 증거들을 일부러 무시하기나 하려는 듯이 때때로 학습현상은 실제로 일어난다."[2] 1948년 프리브램은 예일대학에 자리를 얻게 되고, 떠나기 전 그는 래실리의 30년에 걸친 기념비적인 연구 결과를 정리하여 논문 쓰는 일을 도왔다.

돌파구

프리브램은 예일대학에서도 기억이 두뇌 전반에 걸쳐 분산분포되어 있다는 발상을 계속 파고들었다. 파고들면 들수록 그는 그 사실에 대해 확신을 갖게 되었다. 실제로 의학적인 이유로 뇌의 일부를 제거한 환자들도 결코 특정한 기억이 상실되는 일을 겪지 않았다. 뇌의 상당 부분을 제거하면 환자의 기억이 전반적으로 희미해지는 경우는 생길지언정, 수술을 받은 어떤 사람도 기억의 일부가 상실되는 일은 없었던 것이다. 이와 마찬가지로 자동차 충돌이나, 기타 사고로 머리를 다친 사람들도 가족의 일부를 기억하지 못하거나, 읽었던 소설의 반을 잊어버리지는 않았다. 펜필드의 연구에서 특히 부각되었던 두뇌영역인 측두엽 부위를 제거해도 그 사람의 기억에는 아무런 공백도 초래되지 않았다.

프리브램이나 다른 연구자들이 '간질 환자가 아닌' 사람의 뇌를 자극했을 때는 펜필드가 목격했던 현상을 재현할 수 없었다는 사실 또한 프리브램의 생각을 더욱 확고하게 만들었다. 펜필드조차도 간질 환자가 아닌 사람들에게서는 자신이 발견한 현상을 재현할 수 없었다.

늘어나는 증거들이 기억이 뇌 전반에 퍼져 있음을 시사하고 있음에도 불구하고, 아무래도 마술로밖에는 보이지 않는 그런 묘기를 두뇌가 어떻게 연출할 수 있는지에 대해서만은 프리브램으로서도 여전히 오리무중이었다. 그러던 중인 1960년대 중반, ≪사이언티픽 아메리카≫에 실린, 최초로 제작된 홀로그램에 관한 기사가 그의 머리를 번개처럼 때렸다. 홀로그램 사진술의 개념 자체도 놀라웠을 뿐만 아니라, 그것은 그가 씨름하고 있었던 퍼즐의 해답을 제시해주었던 것이다.

프리브램이 왜 그토록 흥분했는지 알기 위해서는 홀로그램을 좀 자세히 이해할 필요가 있다. 홀로그램 사진술을 가능케 하는 것 중의 하나는 파동의 간섭현상이다. 간섭이란, 둘 이상의 파동(예컨대 물결)이 서로 교차할 때 생기는 간섭무늬이다. 예컨대 돌을 연못에 던지면 밖으로 퍼져나가는 동심원 모양의 파문이 생긴다. 연못에 2개의 돌을 던지면 2개의 파문이 서로 교차하면서 퍼져나가는 것을 볼 수 있을 것이다. 그러한 파문의 충돌에서 생기는 골과 마루의 복잡한 배열을 간섭무늬라고 한다. 빛이나 전파를 포함하여 파동의 성질을 지닌 모든 현상이 간섭무늬를 만들어낼 수 있다. 레이저 광선은 고도로 순수하고 응집성 있는 빛이므로 이것은 특히 간섭무늬를 만들기에 좋다. 말하자면 레이저 광선은 완벽한 연못과 돌이 되어주는 것이다. 오늘날 우리가 알고 있는 것과 같은 홀로그램이 만들어질 수 있었던 것도 레이저 광선이 발명된 후의 일이다.

홀로그램은 하나의 레이저 광선을 두 갈래로 나누어서 만든다. 첫번째 광선은 피사체에 반사시킨다. 그리고 두 번째 광선을 피사체에서 반사된 광선과 부딪치게 한다. 이렇게 되면 그것은 서로 간섭무늬를 만들어내고 그 간섭무늬는 필름 위에 기록된다.(그림 1)

육안으로 보면 필름에 찍힌 상은 피사체와는 전혀 상관이 없어 보인
다. 실제로 그것은 연못에 돌을 한 움큼 집어던졌을 때 생기는 무수한
동그라미의 파문들처럼 보인다.(그림 2) 그러나 여기에 또 다른 레이저
광선(혹은 그저 백색광)을 통과시키면 피사체의 3차원 입체상이 다시
나타난다. 이 입체상은 종종 소름이 끼칠 정도로 진짜 같다. 실제로 당
신은 마치 실물을 보듯이 홀로그램 화상의 주변을 돌면서 여러 가지 다
른 각도에서 그것을 바라볼 수 있다. 그러나 손을 뻗쳐서 그것을 만져
보려고 하면 손은 허공을 지나가고 거기엔 아무것도 없다는 사실을 깨
닫게 될 것이다.(그림 3)

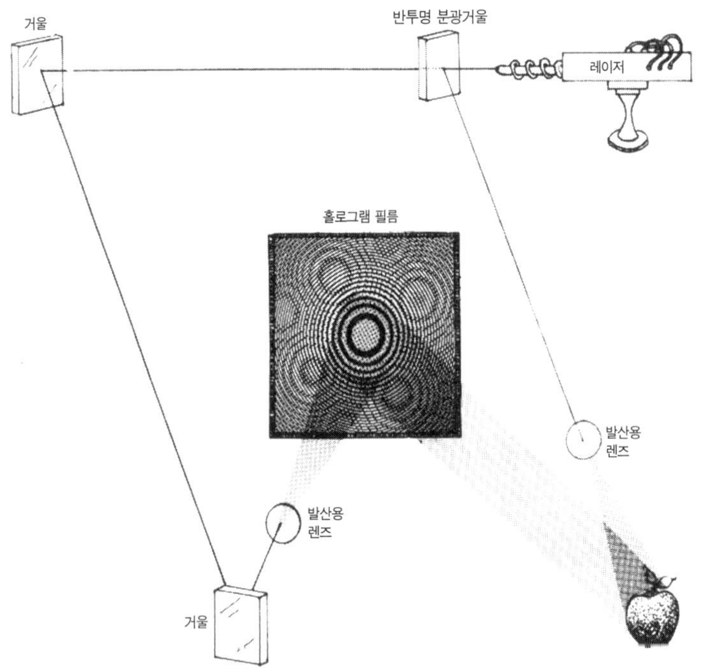

그림 1. 하나의 레이저 광선을 두 갈래로 나누어서 홀로그램을 만든다. 첫번째 광선은 피사체에 부딪혀 반사된다.
이 경우 피사체는 사과다. 두 번째 광선은 반사되어 나온 첫번째 광선과 부딪치게 한다. 그 결과로 생기는 간섭무
늬가 필름에 기록된다.

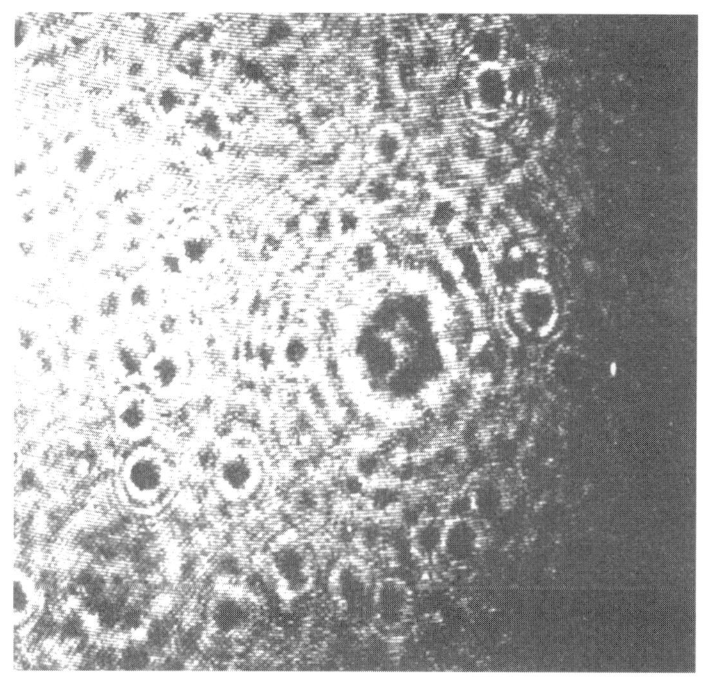

그림 2. 암호화된 이미지를 담고 있는 홀로그램 필름. 육안으로 보면 이것은 전혀 피사체처럼 보이지 않는다. 그것은 '간섭무늬'라고 불리는 불규칙한 물결무늬로 되어 있다. 그러나 이 필름에 다른 레이저 광선을 비추면 원래 피사체의 입체상이 나타난다.

홀로그램의 놀라운 점은 3차원의 입체상만이 아니다. 사과의 입체상을 담고 있는 필름을 반으로 잘라 거기에 레이저 광선을 비출 경우 각각의 반쪽짜리 필름은 여전히 전체 사과의 입체상을 담고 있음을 알게 된다. 이 각각의 반쪽 필름들을 또 반으로 자른다고 해도 그 작은 조각의 필름들로부터 여전히 사과의 전체상을 재현해낼 수 있다(필름 조각이 작아질수록 상은 점점 희미해지지만). 보통의 사진 필름과는 달리 홀로그램 필름의 모든 조각들은 필름 전체에 기록된 모든 정보를 담고 있다.(그림 4)*

이것이 바로 프리브램을 그토록 흥분시켰던 성질이다. 왜냐하면 이

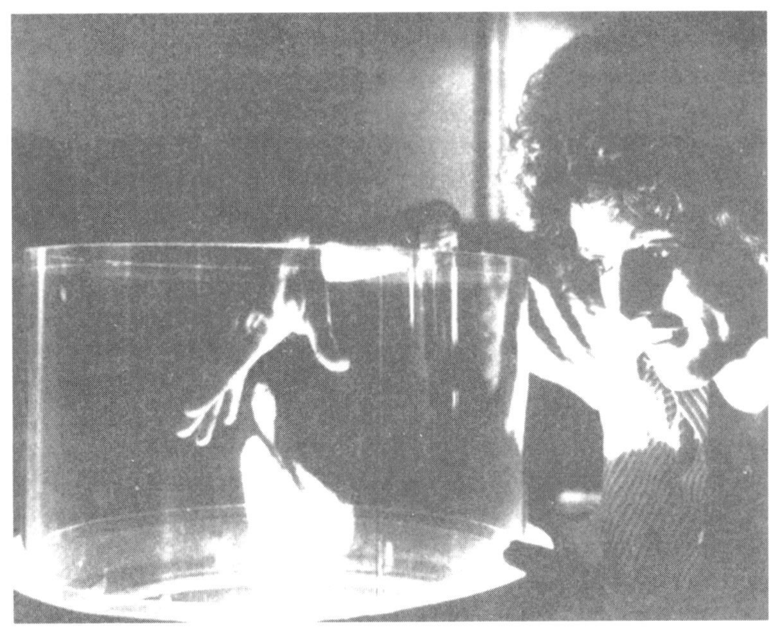

그림 3. 홀로그램의 3차원 입체상은 종종 너무나 실물 같아서 그것의 주위를 돌면서 다른 각도에서 바라볼 수 있다. 그러나 손을 뻗어 만져보려고 하면 손은 허공을 지나갈 뿐이다. '셀레스테의 나상', 1978년 피터 클로디우스 작품. 홀로그래피 박물관 소장.

것이야말로 기억이 어떻게 뇌의 특정 부위에 기록되지 않고 분산되어 있을 수 있는지를 이해할 수 있는 방법을 마침내 제공해주었기 때문이다. 홀로그램 필름의 모든 조각이 전체상을 만들어내는 데 필요한 모든 정보를 담을 수 있다면, 마찬가지로 두뇌의 모든 부분들도 전체 기억을 재생하는 데 필요한 모든 정보를 담아낼 수 있을 것처럼 보였다.

---

*이 놀라운 성질은 육안으로는 상이 보이지 않는 홀로그램 필름에만 해당된다. 별도의 조명 없이 육안으로 입체상을 볼 수 있는 홀로그램 필름(혹은 홀로그램 필름이 붙은 상품)을 가게에서 산다면 그것을 반으로 자르지는 말라. 그러면 반쪽 상만 남게 될 것이다.

시각기능도 홀로그램을 닮았다

두뇌가 홀로그램 방식으로 처리할 수 있는 것은 기억만이 아니다. 래실리가 발견한 또 하나의 사실은 뇌의 시각중추도 역시 외과적 절제에도 불구하고 놀라울 정도로 끈질기게 남아 있다는 것이었다. 그는 쥐의 시각피질(눈이 보는 것을 받아서 해석하는 뇌의 부위)을 90％나 제거해도 복잡한 시각기능에 요구되는 임무를 여전히 수행해낸다는 사실을

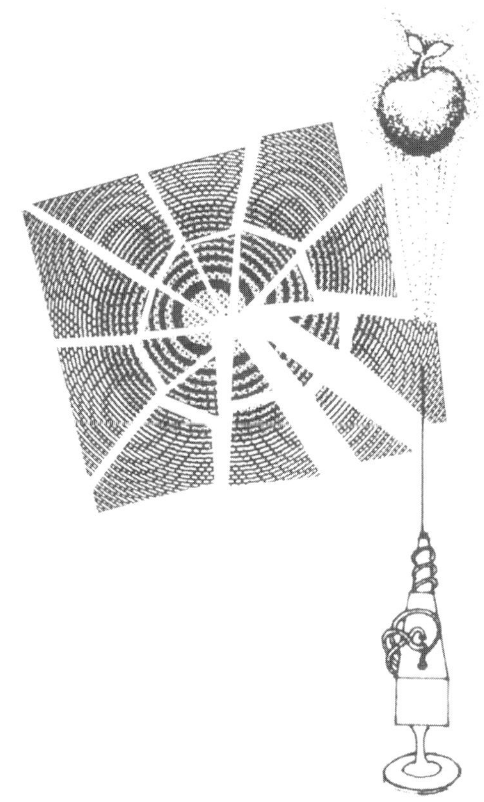

그림 4. 홀로그램 필름 조각의 모든 부분들은 보통 사진과는 달리 전체상의 모든 정보를 담고 있다. 그러므로 홀로그램 필름을 조각내더라도 각각의 조각들은 전체상을 재현해낼 수 있다.

발견했다. 이와 마찬가지로 프리브램이 행한 연구에서도 고양이의 시신경을 98%나 제거해도 복잡한 시각기능을 수행하는 데 큰 지장이 없었다.[3]

이것은 화면의 90%를 가려놓아도 관람객들은 여전히 영화를 감상할 수 있는 것이나 다를 바 없는 상황이었다. 그리고 그의 실험은 다시금 시각기능의 작용에 대한 기존의 이해에 중대한 도전장을 제시했다. 당시의 주도적인 이론에 의하면 눈이 보는 이미지와 그 이미지가 뇌 속에서 전달되는 방식 간에는 1 : 1의 대응관계가 있는 것으로 간주되었다. 달리 말하자면, 우리가 사각형을 볼 때 시각피질의 전기적 활동 또한 사각형 형태를 띤다고 믿어졌던 것이다.(그림 5)

래실리가 발견한 종류의 사실들은 이런 견해에 치명타를 가하는 것처럼 보였지만 프리브램은 거기에 만족하지 않았다. 예일 대학에 있을 동안 그는 이 문제를 해결해줄 일련의 실험을 고안해내고 이후 7년 동

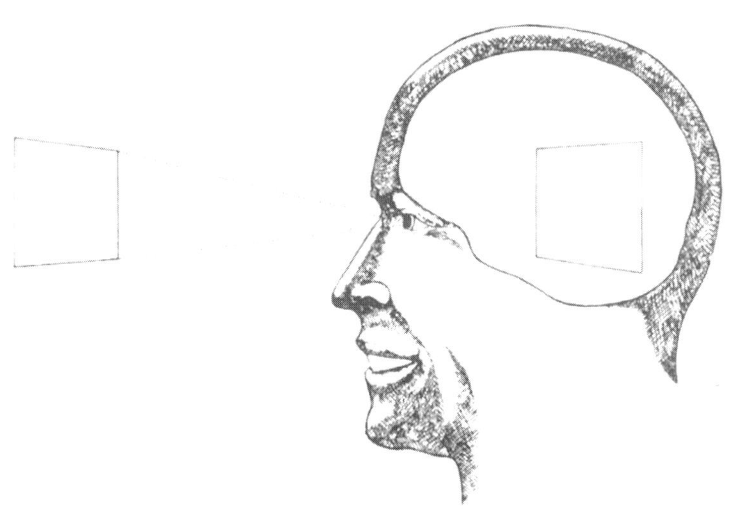

그림 5. 시각 이론가들은 한때 눈이 보는 이미지와 그것이 뇌 속에서 전달되는 방식 간에는 1 : 1의 대응관계가 존재한다고 믿었다. 프리브램은 이것이 사실이 아님을 발견했다.

안 원숭이가 다양한 시각기능을 수행하는 동안 뇌 속의 전기활동을 면밀히 측정해내는 작업을 했다. 이로부터 그는 1 : 1의 대응관계 같은 것은 존재하지 않을뿐더러 전극에 전기가 들어오는 순서에 그 어떤 특정한 패턴도 존재하지 않는다는 것을 발견했다. 그는 자신이 발견한 사실에 대해 이렇게 썼다. "이 실험의 결과는 사진과 같은 화상이 대뇌피질 표면에 투사된다는 견해와는 일치하지 않는다."[4]

기억의 경우와 마찬가지로 시각피질이 외과적 절제에도 불구하고 그 기능을 잃지 않는다는 사실은 시각기능 역시 분산분포되어 있음을 암시했고, 프리브램은 홀로그램 사진술에 대해 알게 된 이후로 시각 또한 홀로그램을 닮은 것이 아닌지 의심하게 되었다. '각 부분 속에 전체가 담겨 있는' 홀로그램의 성질은 시각피질을 그토록 많이 제거해버려도 그 기능을 수행하는 데 지장이 없는 이유를 설명해주고 있는 것이 확실해 보였다. 만일 두뇌가 이미지를 모종의 내부적 홀로그램 메커니즘을 통해 처리한다면 아주 작은 조각의 이 홀로그램만으로도 눈에 보이는 전체상을 재생해낼 수 있을 것이다. 그것은 또한 외부세계와 두뇌의 전기적 작용 사이에 1 : 1 대응관계가 존재하지 않는 이유를 설명해주었다. 두뇌가 시각 정보를 처리하는 데 홀로그램 원리를 사용한다면 피사체의 이미지와 홀로그램 필름상의 의미 없는 간섭무늬의 소용돌이 사이에 1 : 1의 대응관계가 존재하지 않는 것처럼, 눈에 보이는 이미지와 전기활동 간에도 1 : 1 대응관계는 존재하지 않을 것이다.

남아 있는 유일한 의문은, 그러한 내부적 홀로그램을 만들기 위해서 두뇌는 어떤 식의 파동적 현상을 이용하느냐 하는 것이었다. 프리브램은 이러한 의문을 제기하자마자 그 답을 떠올렸다. 두뇌의 신경세포인 뉴런 사이에서 일어나는 신호전달은 독립적으로 발생하지 않는다는 사실이 알려져 있었다. 뉴런은 작은 나무 같은 가지들을 가지고 있다. 그리고 전기신호가 이 작은 가지들의 끝에 도달하면 그것은 마치 연못 속의 파문처럼 외부로 퍼져나간다. 뉴런들은 서로 매우 촘촘히 이웃하고 있으므로 퍼져나가는 전기적 파문은—이 또한 파동적 현상이다—끊임없이 서로 교차된다. 이것을 기억해냈을 때 프리브램은 이것이야말로 확실히 거의 끝없는 간섭무늬의 주마등 같은 배열을 일으키고 있으며, 바로 이것이 두뇌가 홀로그램적인 성질을 가지게 만드는 것인지도 모른다는 사실을 깨달았다. "뇌세포들을 연결하고 있는 파두(波頭) 성질(wave-front nature) 속에 홀로그램이 상존하고 있었지만 우리는 그것을 깨달을 만한 지혜가 없었을 뿐이다"라고 프리브램은 피력했다.[5]

홀로그램 두뇌 모델로 풀리는 다른 수수께끼들

프리브램은 1966년 두뇌가 홀로그램과 같은 성질을 지니고 있을 가능성에 대해 최초로 글을 썼다. 그리고 이후 7년 동안 자신의 생각을 계속 확장시키고 다듬어 나갔다. 그러는 동안, 그리고 다른 학자들이 그의 이론에 대해 알게 되면서, 홀로그램 모델이 설명해줄 수 있는 신경생리학적 수수께끼가 기억과 시각의 분산분포적인 성질만이 아니라는 사실을 곧 깨닫게 되었다.

기억의 막대한 용량

홀로그램 사진술은 우리의 두뇌가 어떻게 그토록 많은 양의 기억을 그 작은 공간 안에 저장할 수 있는지도 설명해준다. 헝가리 태생의 명석한 물리학자이자 수학자인 존 폰 노이만(John von Neumann)은 인간의 평균 수명 동안에 두뇌는 자그마치 2.8×10^{20} (280,000,000,000,000,000,000)비트(bit)*의 정보를 기억한다는 것을 계산해냈다. 이것은 어마어마한 양의 정보다. 두뇌 연구자들은 이같이 엄청난 용량을 설명해줄 메커니즘을 밝혀내기 위해 오랫동안 씨름해왔다.

흥미롭게도 홀로그램 또한 정보를 저장하는 대단한 용량을 지니고 있다. 2개의 레이저 광선이 필름에 부딪히는 각도를 변화시키면 동일한 필름 표면에 서로 다른 많은 이미지들을 기록하는 것이 가능한 것이다. 그렇게 기록된 이미지는 단지 원래의 레이저 광선의 각도와 동일한 각도로 필름을 비추기만 하면 재생해낼 수 있다. 학자들은 이 방법을 사용하면 1제곱인치 크기의 필름 속에 성경책 50권에 해당하는 분량의 정보를 저장할 수 있음을 계산해냈다.[6]

기억해내는 능력과 망각하는 능력

앞서 설명한 것처럼 여러 개의 영상을 담고 있는 홀로그램 필름은 우리가 어떤 것을 기억해내거나, 또는 잊어버리는 현상을 이해할 수 있는 방법을 제공한다. 이 다중영상 필름을 레이저 광선 속에서 이리저리 각도를 변화시키면 그 속에 담겨 있는 다양한 이미지들이 연달아 깜박거리며 나타났다 사라졌다 한다. 우리가 어떤 것을 기억해내는 능력은 이 필름 위에 레이저 광선을 비추어 특정한 이미지를 불러내는 방식과도 유사하다는 설이 있다. 이와 마찬가지로 우리가 어떤 일을 기억해낼 수 없을 때, 그것은 다중영상 필름에 광선을 다양한 각도로 이리저리 비추어보지만 우리가 찾고 있는 이미지를 불러낼 정확한 각도를 찾아내지 못하고 있는 것과 같을지 모른다.

연상기억

프루스트의 소설 ≪스완의 길*Swann's Way*≫에서 화자(話者)는 차

---

*1비트는 0 혹은 1이라는 정보를 기억할 수 있는 기억 용량. 8개의 비트(bit)가 모여서 1바이트(byte)가 되고 1바이트(byte)는 컴퓨터에서 한 개의 알파벳을 기억할 수 있는 용량이다.(역주)

를 한 모금 마시고 뻬띠뜨 마들린이라는 이름의 조개 모양의 과자를 한 입 베어무는 순간 갑자기 오랜 기억의 홍수 속으로 밀려 들어간다. 그는 한동안 영문을 모르고 어리벙벙해 있다가 한참을 애쓴 끝에야 어릴 때 숙모가 그에게 차와 마들린을 주곤 했다는 사실을 한 조각씩 기억해 내고, 그 기억의 봇물을 휘저어놓은 것이 바로 이 연상관계임을 깨닫게 된다. 우리는 모두 이와 비슷한 경험을 가지고 있다. 부엌에서 흘러나오는 음식 냄새, 오랫동안 잊고 있었던 물건에 흘긋 닿은 시선, 이런 것들이 갑자기 우리의 과거에서 어떤 장면을 불러낸다.

홀로그램 개념은 기억의 연상적인 성질과 관련해서도 유사한 점들을 가지고 있다. 이것은 또 다른 종류의 홀로그램 촬영술로써 설명할 수 있다. 먼저 레이저 광선이 2개의 피사체에서 동시에 반사된다. 예컨대 그것이 안락의자와 담배 파이프라고 하자. 각각의 물체에서 반사된 빛을 충돌시켜서 그 결과로 나타나는 간섭무늬를 필름에 포착한다. 그러면 안락의자에 레이저 광선을 비추고 거기서 반사된 빛을 필름에 통과시킬 때마다 담배 파이프의 입체상이 나타난다. 거꾸로, 담배 파이프에서 반사된 레이저 광선을 필름에 통과시키면 안락의자의 홀로그램이 나타난다. 그러므로 만일 우리의 두뇌가 홀로그램 방식으로 작용한다면, 어떤 대상이 특정한 기억을 불러일으키는 연상기억 방식에도 이와 비슷한 메커니즘이 작용하고 있을지도 모른다.

친숙한 대상을 인식하는 능력

얼핏 생각하면 친숙한 물건을 인식하는 인간의 능력은 그리 신기한 것이 아닐 수도 있지만, 학자들은 그것이 상당히 복잡한 기능임을 오래 전부터 알고 있었다. 예컨대 수백 명의 군중 속에서 낯익은 얼굴을 찾아낼 때 느끼는 확신감은 한갓 주관적인 감정이 아니라 우리 두뇌 속의 극도로 신속하고 신뢰할 만한 모종의 정보처리 기능에서 오는 것으로 보인다.

　1970년 영국의 과학잡지인 ≪네이처*Nature*≫에 실린 한 기사에서 물리학자 피터 반 헤르덴(Pieter van Heerden)은 '인식 홀로그래피'로 알려진 홀로그램 사진술의 한 방식이 인간의 이러한 능력을 이해할 수 있는 방법을 제시한다고 주장했다.* 인식 홀로그래피에서는 대상의 홀로그램 이미지를 보통의 방식과 동일한 방법으로 기록하되, 한 가지만 다르다. 즉, 레이저 광선이 감광되지 않은 필름을 통과하기 전에 '집광거울'이라는 특수한 거울에 반사되게 하는 것이다. 두 번째 대상―비슷하지만 동일하지 않은―에 레이저 광선을 비추고 그 반사된 빛이 다시 거울에 반사되어 현상된 필름을 통과하면 필름 위에 밝은 점들이 나타난다. 이 점들이 더 밝고 또렷할수록 두 가지 대상의 유사점이 더 많은 것이다. 만일 이 두 물건이 완전히 다르다면 빛의 점은 나타나지 않을 것이다. 이 홀로그램 필름 뒤에 빛에 감응하는 광전지를 설치한다면 이것을 하나의 기계적 인식 시스템으로 사용할 수도 있다.[7]

　이와 비슷한 것으로서, '간섭 홀로그래피'라는 이름의 사진술은 몇해 동안 못 봤던 얼굴을 볼 때처럼 어떤 이미지에서 친숙하고 친숙하지 않은 부분을 식별해내는 인간의 능력도 설명해준다. 이 사진술에서는 대상의 이미지를 담고 있는 필름을 통해서 대상을 본다. 이렇게 하면 사진을 찍은 이후 그 대상에 변화가 생겼던 부분은 모두 빛을 다르게 반사한다. 필름을 통해서 보고 있는 사람은 그 대상이 어떻게 변화했고 어느 부분이 변하지 않고 남아 있는지 곧 알 수 있게 된다. 이 방법은 그 감도가 매우 예민해서 화강암 벽돌을 손가락으로 누른 자국조차

---

*반 헤르덴은 매사추세츠 주 케임브리지에 있는 폴라로이드 연구소의 연구원으로서, 1963년에 기억 메커니즘에 대한 자신의 홀로그램 모델을 제시했다. 그러나 그의 연구는 별로 주목받지 못했다.

도 당장 감지해낸다. 그래서 이것은 재료시험 산업분야에서 응용될 수 있는 것으로 알려져 있다.[8]

사진처럼 정확한 기억력

1972년 하버드 대학의 시각 연구가인 다니엘 폴렌(Daniel Pollen)과 마이클 트랙턴버그(Michael Tractenberg)는 홀로그램 두뇌 모델이 인간이 사진과 같은 기억력(photographic memory : '직관적 기억력 eidetic memories'이라고도 한다)을 지닐 수 있는 이유를 설명해줄 수 있다고 주장했다. 사진 찍듯이 정확한 기억력을 가진 사람들은 흔히 기억하고자 하는 장면을 몇 분 동안 눈으로 훑어내린다. 그들이 그것을 다시 떠올릴 때는 눈을 감거나, 빈 벽 또는 스크린을 주시하면서 그 위에 마음 속의 이미지를 투사한다.

그런 사람들 중의 하나인 하버드 대학 미술사 교수 엘리자베스를 연구한 폴렌(Pollen)과 트랙텐버그(Tractenberg)는 그녀가 투사한 마음 속의 이미지는 너무나 생생해서, 예컨대 그녀가 괴테의 《파우스트》의 책장을 읽어내려갈 적에는 마치 진짜 책을 읽는 것처럼 안구가 좌우로 움직인다는 사실을 발견했다.

홀로그램 필름 조각이 작아질수록 거기에 담긴 영상도 희미해진다는 사실을 아는 폴렌과 트랙텐버그는, 이런 사람들은 아마도 모종의 방법으로 자신의 기억 홀로그램의 매우 넓은 영역에까지 의식을 뻗칠 수 있기 때문에 더 생생한 기억을 가지고 있을지도 모른다고 주장했다. 역으로, 대부분의 사람들은 홀로그램의 제한된 작은 영역까지밖에 의식이 미치지 못하기 때문에 그보다 훨씬 불확실한 기억력을 갖고 있는 것인지도 모른다.[9]

학습된 기능의 전달능력

프리브램은 또 홀로그램 모델이 신체의 한 부분이 학습한 기능을 다른 부분으로 전달할 수 있는 능력을 조명해준다고 믿는다. 이 책을 읽는 것을 잠시 멈추고 허공에다 왼쪽 팔꿈치로 당신의 이름을 써보라. 이것은 비교적 어렵지 않은 일임을 발견할 것이다. 하지만 이것은 아마도 당신이 이전에 결코 해보지 않은 일일 것이다. 이것이 당신에게는 대단한 능력처럼 느껴지지 않을지도 모르지만, 두뇌의 다양한 영역들(팔꿈치의 운동을 제어하는 영역과 같은)이 '연결배선' 되어 어떤 임무를 수행할 수 있게 되려면 반복적인 학습을 통해 뇌세포 간의 적절한 뉴런 연결이 이루어진 이후에만 가능한 일이라고 여겨온 종래의 관점에서 본다면 이것은 하나의 수수께끼다. 프리브램은, 만일 두뇌가 모든 기억들 ― 글을 쓰는 것과 같은 학습된 능력의 기억을 포함하여 ― 을 간섭파 형태의 언어로 변환시킨다고 본다면 이 문제를 훨씬 더 쉽게 이해할 수 있을 것이라고 말한다. 그러한 두뇌는 매우 유연해서 마치 능숙한 피아니스트가 한 곡을 다른 조로 바꿔서 연주하는 것만큼이나 쉽게, 저장된 정보를 이리저리 옮길 수 있을 것이다.

바로 이러한 유연성이 낯익은 얼굴을 어떤 방향에서 보든지 상관없이 알아볼 수 있는 우리의 능력을 설명해줄 수 있다. 또한 두뇌가 어떤 얼굴(혹은 다른 물체나 장면)을 일단 기억하여 그것을 파동 형태의 언어로 변환해놓으면 두뇌는 그것을 이리저리 돌려서 어떤 각도에서든지 원하는 대로 살펴볼 수가 있다.

환상지(幻想肢) 현상과 '외부세계'를 구축하는 내부 메커니즘

대부분의 사람들에게 사랑, 배고픔, 분노와 같은 느낌은 내부적인 현실이다. 그리고 오케스트라의 음향이나 햇볕, 빵 굽는 냄새 등은 외부의 현실이다. 그러나 두뇌가 우리로 하여금 이 두 가지의 차이를 어떻게 식별하게 하는지는 분명하지 않다. 예컨대 프리브램은 우리가 어떤 사람을 바라볼 때 그 사람의 형상은 사실 우리의 망막 위에 있다는 사실을 지적한다.

하지만 우리는 그가 망막 위에 있는 것으로 인식하지 않는다. 그는 '외부세계'에 있는 것으로 지각되는 것이다. 이와 마찬가지로 발부리를 차이면 발가락에서 아픔을 느낀다. 그러나 통증은 사실 발가락에 있는 것이 아니다. 그것은 실제로는 우리 뇌 속의 어딘가에서 일어나는 신경생리학적 작용이다. 그렇다면 우리의 뇌는 어떻게, 그 모두가 내부적 현상인 신경생리적 작용들 가운데 어떤 것은 내부의 일이며, 어떤 것은 뇌회백질 바깥에서 일어나는 일이라고 생각하도록 우리를 속여넘길 수 있는 것일까?

아무것도 없는 곳에 사물의 환영을 만들어놓는 것이야말로 홀로그램의 중요한 성질이다. 이미 말했듯이 홀로그램을 보면 그것은 공간 속에 자리를 차지하고 있는 것처럼 보이지만 손을 휘저어보면 거기에는 아무것도 없음을 알 수 있다. 당신의 감각이 말해주는 것과는 반대로, 어떤 계측기로도 홀로그램이 떠 있는 것으로 보이는 그곳에서 별다른 종류의 에너지나 질료의 존재를 감지해낼 수 없다. 이것은 홀로그램 이미지가 '허상'이기 때문이다.

즉, 그것은 실제로 존재하지 않는 곳에 존재하는 것처럼 보이는 상이며, 거울 속에 비친 당신의 모습이 그렇듯이 그것은 공간 속에서 어떤 자리도 차지하지 않는다. 거울 속의 상이 거울 뒷면의 은 도금막 위에 존재하듯이 홀로그램이 실제로 차지하는 장소는 그것을 기록하고 있는 필름 위의 감광제 속일 뿐이다.

내부적인 작용을 신체 외부에서 일어나는 것으로 생각하도록 우리를 속일 수 있는 두뇌의 능력에 대한 또 다른 증거는 노벨상을 수상한 생리학자 게오르그 폰 베케시(Georg von Bekesy)가 발견했다. 베케시는 1960년대 행한 일련의 실험에서, 눈을 가린 피험자의 양 무릎에 진동기를 갖다댔다. 그리고는 진동기의 진동수를 변화시켰다. 그는 이 실험을 통해 피험자로 하여금 하나의 점진동원이 한쪽 무릎에서 다른 쪽 무릎으로 왔다갔다하는 듯한 느낌을 받게 할 수 있었다. 심지어 피험자로 하여금 점진동원이 두 무릎 '사이의' 공간에 있는 것처럼 느끼게 만들 수도 있었다. 간단히 말해서 그는 인간이 감각 수용기가 전혀 존재하지 않는 곳에서 감각을 느낄 수 있는 능력을 지니고 있음을 보여준 것이다.[10]

프리브램은 베케시의 연구가 홀로그램적 관점과 일치하며, 간섭하는 파동—혹은 베케시의 경우에서는 간섭하는 물리적 진동원들—이 뇌로 하여금 신체의 경계 바깥에서 감각을 느끼게끔 만드는 이치를 더욱 명쾌하게 조명해준다고 믿는다. 그는 이것이 또한 환상지 현상(수족 절단수술을 받은 사람이 여전히 팔이나 다리가 붙어 있는 것으로 느끼는 경험)도 설명해준다고 본다. 환상지 체험을 하는 사람들은 이 환상지에서 종종 경련이나 통증, 저림 등을 소름끼칠 정도로 생생하게 느낀다. 그러나 그들이 경험하는 것은 필시 그들의 두뇌 속의 간섭무늬에 기록되어 남아 있는 사지의 홀로그램 기억일 것이다.

홀로그램 두뇌설을 뒷받침하는 실험들

두뇌와 홀로그램 간의 깊은 유사성은 프리브램을 흥분시켰지만 그는 자신의 이론이 좀더 확고한 증거의 뒷받침 없이는 아무런 의미도 없다는 것을 알았다. 바로 그와 같은 증거를 제공한 학자가 있었으니, 인디애나 대학의 생물학자 폴 피치(Paul Pietsch)였다. 공교롭게도 피치는 처음에 프리브램의 이론에 매우 회의적이었다. 그는 특히 기억이 두뇌의 특정한 위치에 자리를 차지하고 있는 것이 아니라는 프리브램의 주장을 의심했다.

피치는 프리브램의 오류를 증명하기 위해서 일련의 실험을 고안해냈고 그 실험대상으로 도롱뇽을 택했다. 이전의 연구를 통해서 그는 도롱뇽을 죽이지 않고 뇌를 제거할 수 있다는 사실을 발견했다. 도롱뇽은 두뇌가 없는 동안에는 혼수상태가 되었지만 그것을 회복시키면 곧바로 완전히 정상으로 돌아왔다.

피취는, 만일 도롱뇽의 먹이습성이 뇌의 특정한 위치에 국소적으로 자리잡고 있지 않다면 도롱뇽의 먹이습성은 뇌가 머리 속에서 어떻게 위치해 있는가와는 무관해야 한다고 생각했다. 만일 상관이 있다면 프리브램의 이론은 틀렸다는 것이 입증되는 것이다. 그래서 그는 도롱뇽의 좌뇌와 우뇌를 뒤바꾸어놓았다. 그러나 실망스럽게도 도롱뇽은 회복되자마자 곧 정상적인 먹이습성을 보였다.

그는 다른 도롱뇽을 택하여 뇌의 아래위를 바꾸어보았다. 뇌가 회복되자 도롱뇽은 역시 정상적으로 먹이를 먹었다. 점점 당황한 피치는 좀더 과격한 방법을 쓰기로 했다. 그는 100회가 넘는 수술을 통해서 이 운 나쁜 동물의 뇌를 얇게 썰고, 뒤집고, 버무리고 심지어는 잘게 저몄다. 그러나 뇌를 되갖다놓을 때마다 도롱뇽의 행동은 정상으로 돌아왔다.[11]

이 같은 발견과 다른 학자들의 발견들이 피치를 프리브램 이론의 신봉자로 바꾸어놓았고 이것이 주목을 끌어서 그의 연구는 TV 취재물인 〈60분〉에 방영되기에 이르렀다. 그는 자신의 통찰력이 담긴 저서 ≪버무린 뇌*Shufflebrain*≫에 이 경험과 자신의 실험 내용을 상세히 서술해놓았다.

홀로그램의 수학적 언어

홀로그램 개발을 가능케 한 이론은 데니스 가보르(Dennis Gabor ; 그
는 이 공로로 노벨상을 수상했다)에 의해 1947년 최초로 정립되었지만
프리브램의 이론은 1960년대 말과 1970년대 초에 걸쳐 이보다 훨씬 더
설득력 있는 실험적 뒷받침을 받게 되었다. 가보르가 처음 홀로그램 사
진술을 고안했을 때는 레이저에 대해서는 생각하지 않았다. 그의 목표
는 당시만 해도 원시적이고 불완전한 장치였던 전자현미경을 개량하는
것이었다. 그는 수학적인 접근법을 사용했다. 그가 사용한 수학은 18세
기 프랑스의 수학자 쟝 B. J. 푸리에(Jean B. J. Fourier)가 고안한 일종
의 계산법이었다.

푸리에가 고안한 방법을 대강 설명하자면, 아무리 복잡한 패턴이라
도 그것을 단순한 파동의 언어로 변환시키는 수학적 방법이었다. 그리
고 그는 이 파동형태가 다시 원래의 패턴으로 변환될 수 있음을 보여주
었다. 달리 말해서, TV 카메라가 영상을 전자기파로 변환시키고 TV 수
상기는 이 파동을 원래의 영상으로 변환시키듯이 푸리에는 이와 비슷
힌 과정을 수학적으로 해낼 수 있는 방법을 제시했던 것이다. 이미지를
파동형태로 변환시키고 그것을 다시 원래대로 변환시키기 위해 그가
개발한 방정식은 푸리에 변환식으로 알려져 있다.

푸리에 변환식 덕분에 가보르는 피사체의 이미지를 변환시켜 홀로그
램 필름 위의 간섭무늬 자국으로 바꾸어놓을 수 있었다. 푸리에 변환식
은 또한 이 간섭무늬를 다시 원래 대상의 이미지로 변환시킬 수 있었다.
사실 홀로그램 필름의 전면에 나타나는 특수한 동그라미 무늬들은 이
미지나 패턴이 푸리에의 파형언어로 변환될 때 나타나는 부산물 중의
하나인 것이다.

1960년대 후반에서 1970년대 전반에 걸쳐서 다양한 분야의 학자들

이 프리브램을 만났고, 그들은 프리브램에게 시신경계가 일종의 주파수 분석기로 작용한다는 증거를 발견했음을 알려주었다. 주파수란 한 파동이 1초 동안 진동하는 횟수를 측정하는 것이므로 이것은 두뇌가 마치 홀로그램처럼 작용하고 있음을 강력히 시사하는 사실이었다.

그러나 이 문제가 풀린 것은 1979년 버클리 대학의 신경생리학자 러셀과 카렌 드발로아(Russell and Karen DeValois) 부부에 의해서였다. 1960년대의 연구들은 시각피질의 각 뇌세포들이 저마다 다른 패턴에 대해 반응하게 되어 있음을 보여주었다. 즉, 수평선이 보이면 특정한 시세포가 반응했고 수직선이 보이면 다른 특정한 시세포가 반응했다. 그 결과 많은 학자들이 두뇌는 고도로 분화된 세포로부터 정보를 입력받고 그것을 모종의 방법으로 합성하여 우리에게 외부세계에 대한 시각적 인식을 제공한다고 결론지었다.

이러한 견해가 지배적이었음에도 불구하고 드발로아 부부는 그것이 단지 부분적인 진실일 뿐임을 직감했다. 그들은 자신들의 가정을 검증해보이기 위해 푸리에 변환식을 사용하여 격자무늬와 바둑판 무늬를 단순한 파형으로 변환시켰다. 그리고는 시각피질의 뇌세포가 이 새로운 파형 이미지에 어떻게 반응하는지 살펴보았다. 그들이 발견한 사실은, 뇌세포는 원래의 패턴이 아니라 푸리에 방정식으로 변환된 패턴에 반응한다는 것이었다. 결론은 한 가지뿐이었다. 두뇌는 홀로그램 사진술이 사용하는 것과 동일한 푸리에 수학을 사용하여 시각적 이미지를 푸리에의 파형언어로 변환시킨다는 것이다.[12]

드발로아 부부의 발견은 세계 각지의 무수한 연구소들에서 잇달아 확인되었다. 그리고 그것은 두뇌가 하나의 홀로그램임을 입증하는 절대적 증거는 아니었지만 프리브램으로 하여금 자신의 이론이 옳음을 확신하게 할 만한 충분한 증거를 제공했다. 시각피질이 형상적 패턴에 반응하는 것이 아니라 다양한 파형의 주파수에 반응한다는 생각에 자극받은 프리브램은 다른 감각들에 대해서는 주파수가 어떤 역할을 하는지 재검토해보기 시작했다.

20세기의 과학자들이 주파수 역할의 중요성을 어쩌면 간과했을지도 모른다는 사실을 깨닫는 데는 많은 시간이 걸리지 않았다. 드발로아의 발견보다 50년 전에 독일의 생리학자이자 물리학자인 헤르만 폰 헬름홀츠(Hermann von Helmholts)는 귀가 주파수 분석기임을 증명했다. 더 최근의 연구는 후각이 오스뮴(원소의 일종) 주파수라고 불리는 파동을 기본으로 하고 있는 것으로 보인다는 사실을 밝혀냈다. 베케시의 연구는 피부가 진동의 주파수를 감지한다는 것을 명백히 보여주었고, 그는 또한 미각에도 주파수 분석 기능이 개입되어 있을지 모른다는 약간의 증거까지 찾아냈다. 또 흥미롭게도 베케시는 피실험자가 다양한 주파수의 진동에 어떻게 반응할지 예측할 수 있는 수학 방정식 역시 푸리에 형식의 것임을 발견했다.

파형 무용수

그러나 아마도 프리브램을 가장 놀라게 했던 사실은 우리의 신체운동조차도 두뇌 속에서 푸리에의 파형언어로 번역될 수 있음을 밝혀낸 러시아의 과학자 니콜라이 번스타인(Nikolai Bernstein)의 발견일 것이다. 번스타인은 1930년대에 사람들에게 검은색 무용복을 입혀놓고 그들의 팔꿈치, 무릎 등의 관절에 흰 점을 찍어주었다. 그리고 그들에게 검은색 배경 앞에서 춤추기, 걷기, 뛰기, 망치질, 타자 등의 다양한 동작을 연출하도록 하고 그것을 영화로 찍었다.

그가 필름을 현상했을 때 거기에는 흰 점만이 나타나서 아래위로 움직이고 화면을 가로지르면서 다양하고 복잡한 움직임을 보여주었다.(그림 6) 그는 자신이 발견한 것을 수량화하기 위해 움직이는 점의 흔적이 만들어낸 다양한 선을 푸리에 방식으로 분석하여 그것을 파형 언어로 변환시켰다. 놀랍게도 그는 그 파형이 피험자의 다음 동작을 1인치 이하의 정확도로 예측할 수 있게 하는 감추어진 패턴을 담고 있음을 발견했다.

번스타인의 연구결과를 보았을 때 프리브램은 즉시 그것이 의미하는 바를 감지했다. 번스타인이 피험자의 움직임을 푸리에 방식으로 분석하자 감추어져 있던 패턴이 드러난 이유는 아마도 그것이 바로 뇌 속에서 동작이 기억되는 방식이었기 때문일 것이다. 이것은 하나의 흥미로운 가능성이었다. 왜냐하면 만일 두뇌가 운동을 주파수 요소들로 나누어서 분석한다면 그것은 우리가 온갖 복잡한 신체동작을 빠르게 학습할 수 있는 이유를 설명해주기 때문이다. 예컨대 우리는 자전거 타기를 배울 때 하나하나의 동작을 일일이 고생스럽게 기억하여 익히는 것이 아니다. 우리는 전체 움직임의 흐름을 파악하여 학습한다. 우리

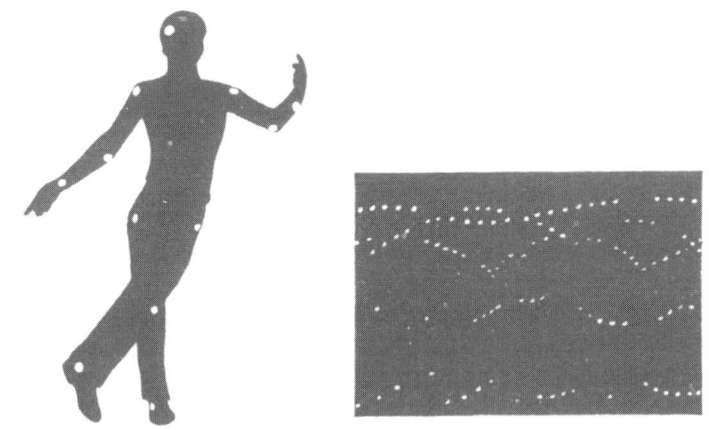

그림 6. 러시아의 과학자 니콜라이 번스타인은 무용수의 검은 옷에 흰 점을 찍고 그가 검은 배경 앞에서 춤추는 모습을 영화필름에 담았다. 그가 그 움직임을 파형언어로 변환시키자 그것은 푸리에 수학으로 분석할 수 있는 것임을 발견했다. 그것은 가보르가 홀로그램을 발명하는 데 사용했던 수학이다.

가 온갖 다양한 신체적 움직임을 학습하는 방식인 이러한 유동적 전체
성은 두뇌가 정보를 조각조각 분석적으로 저장한다고 생각하면 설명하
기가 어렵다. 그러나 만일 두뇌가 그런 동작들을 푸리에 방식으로 분
석하여 전체적으로 흡수한다고 본다면 이것을 이해하기가 훨씬 더 쉬
워진다.

학계의 반응

이와 같은 증거들에도 불구하고 프리브램의 홀로그램 모델은 아직도
논쟁의 여지가 매우 많다. 그 문제들 중의 일부는, 두뇌 작용에 대한 널
리 알려진 이론들이 많이 있으며, 그것들 모두가 저마다 그것을 뒷받침
할 만한 증거를 갖고 있다는 사실이다. 일부 학자들은 분산적으로 분포
되어 있는 기억의 성질은 두뇌 속의 다양한 화학물질의 흐름으로써 설
명할 수 있다고 믿고 있다. 또 어떤 학자들은 큰 뉴런다발 간의 전기적
파동으로써 기억과 학습의 메커니즘을 설명할 수 있다고 주장한다. 이
각각의 주장들이 모두 열렬한 지지자들을 가지고 있고, 어쩌면 대부분
의 과학자들이 프리브램의 주장을 받아들이지 않고 있다고 말하는 편
이 정확할 것이다. 예컨대 노스캐롤라이나 주 윈스턴 살렘의 보만 그레
이 의과대학의 신경심리학자인 프랭크 우드(Frank Wood)는, "홀로그
램 모델을 필요로 하는, 혹은 최소한 홀로그램 모델이 선호할 만한 실
험적 발견들은 지극히 적다"고 말한다.[13] 프리브램은 우드와 같은 학자
들의 주장에 대해 어이없어하면서 자신은 현재 그러한 데이터의 사례
를 500가지 이상 담은 책을 출판하려 하고 있는 중이라고 응수한다.

　프리브램의 주장에 동조하는 학자들도 있다. 전직 댈러스 시립병원
장이었던 래리 돗시(Larry Dossey) 박사는 프리브램의 이론이 두뇌에

관한 많은 케케묵은 가설들에 도전장을 내밀고 있음을 인정하면서도, "뇌기능을 연구하는 많은 전문가들이 이 생각에 매력을 느끼고 있다. 그것이 단지 현재의 정통적 견해가 너무나 터무니없기 때문이라고 하더라도 말이다"라고 토를 단다.[14]

PBS 연속물 〈뇌〉의 작가이자 신경학자인 리처드 레스택(Richard Restak)도 돗시와 견해를 같이한다. 그는 인간의 능력이 홀로그램처럼 뇌 전반에 분포되어 있음을 시사하는 압도적인 증거에도 불구하고 대부분의 학자들은 마치 지도 위에서 한 도시의 위치를 짚을 수 있듯이 그러한 기능이 뇌 속의 한 장소에 자리잡고 있다는 생각에만 매달려 있다고 말한다. 레스택은 이러한 가정에 근거한 이론들은 '지나치게 단순화된' 것일 뿐 아니라 실제로 뇌의 진정한 구조를 인식하지 못하도록 우리를 훼방하는 '관념적 족쇄'로 작용하고 있다고 믿는다.[15] 그는 "홀로그램설은 가능성이 있을 뿐 아니라 현재로서는 뇌기능을 설명하는 가장 설득력 있는 '모델'을 제공하고 있다"고 본다.[16]

프리브램과 봄의 조우

1970년대에 이르자 프리브램으로서는 자신의 이론이 옳음을 확신할 만한 충분한 증거가 쌓였다. 게다가 그는 운동피질 속의 각각의 뉴런들이 특정의 제한된 주파수 대역에 대해서만 선택적으로 반응한다는 사실을 발견했다. 이것은 그의 결론을 더욱 확실히 뒷받침해주는 발견이었다. 그를 괴롭히기 시작했던 의문은, 우리의 뇌 속에서 인식되는 현실의 모습이 사진이 아니라 홀로그램이라면 그것은 대체 무엇의 홀로그램인가 하는 것이었다. 이 의문이 제기한 딜레마는, 비유하자면 테이블에 둘러앉은 사람들을 폴라로이드 사진기로 찍었는데 사진을 보니 사람들은

나오지 않고 테이블 주위에 구름처럼 뿌연 간섭무늬 물결만 나타난 것
과 비슷하다. 두 가지 현실에 대해서 공히 이런 의문을 제기할 수 있다.
어느 쪽이 진인가? 관찰자/사진사가 경험한 외견상 객관적으로 보이는
세계인가, 아니면 뇌/카메라가 기록한 간섭무늬의 물결인가?

프리브램은 홀로그램 모델이 가져올 논리적 결론은, 그것이 객관적
인 세계—커피잔과 산의 경치, 느릅나무 숲과 탁상램프—에는 존재하
지 않을 가능성, 혹은 최소한 우리가 믿는 방식으로는 존재하지 않을
수도 있다는 가능성의 문을 열어놓으리라는 것을 깨달았다. 그는 궁금
했다. 신비가들이 수세기 동안 말해왔던 것, 즉 현실은 '마야(maya)',
곧 환영이며 외부에 있는 세계는 사실은 공명하는 파동형체(wave
forms)들의 거대한 교향곡, 오직 우리의 감각 속으로 들어온 '이후에
야' 우리가 알고 있는 그런 세계로 변환되는 하나의 '주파수 대역'이란
말이 사실이란 말인가?

그가 찾고 있는 해답이 자신의 학문영역 밖에 있는 것인지도 모른다
는 사실을 깨달은 그는 물리학자인 아들에게 조언을 구했다. 그의 아들
은 데이비드 봄(David Bohm)이라는 물리학자의 연구를 살펴보라고
권했다. 그 말을 따랐을 때, 프리브램은 전기에 감전된 듯이 놀랐다. 그
는 거기서 자신의 의문에 대한 대답을 발견했을 뿐 아니라, 이 우주 전
체가 하나의 홀로그램이라는 봄의 사상과 마주쳤던 것이다.

2

홀로그램 우주

봄이 전혀 예기치 못했던 시각을 통해, 강력한 논리와 내부적 일관성으로 물리적 경험세계의 광범위한 현상들을 설명해내는, 전혀 새롭고 폭넓은 사상으로써 과학의 그토록 견고한 틀을 깨고 홀로 나설 수 있었다는 것은 놀라운 일이 아닐 수 없다. …그것은 직관적으로 너무나 만족스러운 이론이어서 많은 사람들이 만일 우주가 봄의 설명처럼 되어 있지 않다면 반드시 그렇게 되어야만 한다고 느낄 정도다.

— 존 P. 브릭스와 F. 데이비드 피트 공저 ≪거울우주 Looking Glass Universe≫ 중에서

우주가 마치 홀로그램과 같은 구조로 되어 있다고 확신하게끔 봄을 이끌어온 행로는 물질의 경계인 아원자 입자의 세계에서부터 출발했다. 그가 과학과 사물의 이치에 관심을 갖게 된 것은 어린 시절부터였다. 펜실베이니아 주의 윌크스 베어에서 자란 소년 시절에 그는 물방울이 흘러내리지 않는 찻주전자를 고안해냈다. 성공적인 사업가였던 그의 아버지는 그에게 그 아이디어로 돈을 벌어보라고 부추겼다. 그러나 그런 사업의 첫 단계가 자신의 발명품의 시장성을 조사하기 위해서 가가호호 방문하는 것임을 알고서는 봄은 사업에 대한 흥미를 잃어버렸다.[1]

그러나 과학에 대한 흥미는 사그라들지 않아서 그의 주체할 수 없는 호기심은 정복할 새로운 봉우리를 찾게끔 충동질했다. 1930년대 펜실베이니아 주립대학에 들어갔을 때 그는 가장 도전해볼 만한 봉우리를 발견했다. 그는 그곳에서 처음으로 양자물리학에 매혹되었던 것이다.

그가 매혹된 이유는 이해하기 어렵지 않다. 물리학자들이 원자 속에

서 발견한 숨겨진 신비의 땅은 코르테스나 마르코폴로가 발견한 그 어떤 것보다도 더 멋진 것들을 품고 있었던 것이다. 이 새로운 세계에서도 가장 호기심을 끈 것은, 그 속의 모든 것이 상식적인 눈으로는 너무나 모순되게 보인다는 점이었다. 그것은 자연계의 한 영역이라기보다는 마치 마법이 지배하는 세계처럼 보였다. 그곳은 신비한 힘이 정상이고, 논리적인 모든 것들은 오히려 엉뚱한 것으로 둔갑하는 앨리스의 이상한 나라였다.

양자물리학자들이 발견한 한 가지 놀라운 사실은 물질을 더 잘게 쪼개면 마침내 그 조각들—전자, 양자(陽子) 등—은 더 이상 물체의 성질을 갖지 않는다는 것이었다. 예컨대 우리는 대부분 전자가 빠른 속도로 돌고 있는 작은 구체라고 생각한다. 그러나 이보다 사실과 거리가 먼 것도 없다. 전자가 때로는 단단한 작은 입자인 것처럼 행동할 때도 있지만 물리학자들은 전자가 '말 그대로 크기가 없다'는 사실을 발견했다. 이것은 보통 사람들로서는 상상하기 힘든 일이다. 왜냐하면 우리의 존재 차원에 있는 모든 것이 일정한 크기를 가지고 있기 때문이다. 그러나 전자의 지름을 재려고 들면 그것은 불가능한 일임을 발견하게 된다. 전자는 우리가 알고 있는 것처럼 그렇게 단순한 물체가 아닌 것이다.

물리학자들이 발견한 또 하나의 사실은 전자가 입자로 나타날 수도 있고 파동으로 나타날 수도 있다는 사실이다. 전자를 꺼져 있는 브라운관 화면을 향해 쏘면 그것이 유리에 입혀 있는 형광물질에 부딪힐 때 작은 광점이 나타난다. 충돌한 전자가 남기는 하나의 점은 분명히 전자의 입자적 성질을 드러내준다.

그러나 이것이 전자가 취할 수 있는 유일한 모습은 아니다. 전자는 뿌연 에너지의 구름 속으로 사라질 수도 있다. 마치 공간 속을 퍼져나가는 파동처럼 말이다. 전자가 파동으로서 나타날 때는 입자가 할 수 없는 일을 할 수 있다. 전자를 2개의 슬릿(좁은 틈)이 나 있는 차단벽에 쏘아보내면 그것은 2개의 슬릿을 동시에 통과할 수 있다. 전자를 서로 충돌시키면 그것은 파동과 같은 간섭무늬까지 만들어낸다. 전자는 마치 동화 속의 둔갑술사처럼 입자나 파동의 모습으로 둔갑할 수 있는 것이다.

이런 카멜레온 같은 능력은 모든 아원자 입자들이 공통적으로 가지고 있다. 이것은 한때 전적으로 파동이라고 생각했던 모든 것들에게도 해당되는 성질이다. 빛, 감마선, 전파, 엑스선이 모든 것들이 파동에서 입자로, 또 그 반대로 변신할 수 있다. 오늘날 물리학자들은 아원자 현상들을 단지 입자나 파동의 어느 한쪽으로 분류해서는 안 되며, 이유는 모르지만 그 양쪽에 속해 있는 단일 범주의 어떤 것으로 분류해야 한다고 믿는다. 이와 같은 것을 '양자(量子, quanta)'라고 하며, 물리학자들은 그것이 온 우주를 형성하고 있는 근본질료라고 믿고 있다.*

아마도 가장 놀라운 사실은, '양자가 입자의 모습으로 나타나는 유일한 경우는 우리가 그것을 보고 있을 때'라는 강력한 증거가 있다는 사실이다. 예컨대 실험적으로 발견된 사실들은 우리가 전자를 지켜보지 않고 있을 때는 전자가 항상 파동상태임을 시사한다. 물리학자들은 전자를 관찰하지 않고 있을 때 그것이 어떻게 행동하는지 알아낼 수 있는 교묘한 방법을 고안해냈기 때문에 이러한 결론에 이를 수 있었다(이것은 증거에 대한 한 가지 해석일 뿐이며 모든 물리학자들의 공통된 결론은 아니라는 것을 강조해야겠다. 뒤에서 살펴보겠지만 봄 자신도 이와는 다른 해석을 한다).

---

*quanta는 quantum의 복수형이다. 한 개의 전자는 quantum이다. 여러 개의 전자는 한 무리의 quanta이다. quantum이란 말은 또 '파동입자(wave particle)'와 동의어다. 파동입자는 또 입자와 파동의 성질을 동시에 지닌 것을 가리킬 때 사용되기도 한다.

이 또한 우리가 자연계에서 익히 기대할 수 있는 종류의 행태라기보다는 마술에 더 가까워보인다. 당신이 지켜보고 있을 때만 볼링공으로 보이는 그런 공을 가지고 있다고 상상해보라. 볼링 레인에다 밀가루를 뿌려놓고 이 '양자' 볼링공을 핀을 향해 굴리면, 당신이 그것을 지켜보고 있는 동안에는 그것은 밀가루 위에 한 줄의 선을 남기면서 굴러갈 것이다. 그러나 당신이 잠시만 눈을 깜빡이더라도 공을 지켜보지 않았던 그 짧은 시간 동안 공은 한 줄의 선이 아니라 마치 사막의 뱀이 모래 언덕을 지나갈 때 남기는 물결모양의 흔적처럼 넓은 물결무늬를 남겨놓은 것을 발견할 것이다.(그림 7)

물리학자들이 양자가 관찰되고 있을 때만 입자로 변신한다는 증거를 처음 발견했을 때 마주쳤던 상황도 이와 비슷하다. 이러한 해석을 지지하는 물리학자 닉 허버트(Nick Herbert)는, 이 때문에 가끔 자신의 등뒤에서는 우주가 언제나 '극도로 모호하고 끊임없이 유동하는 양자 수프' 상태로 존재한다고 생각하게 되었다고 말한다. 그러나 그가 그 수프를 보려고 눈을 돌리면 그의 시선은 언제나 그 수프를 즉석에서

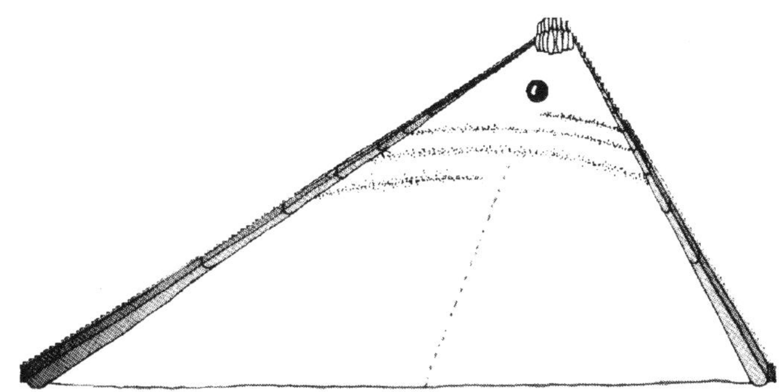

그림 7. 물리학자들은 전자나 다른 '양자'들이 입자로 나타나는 유일한 경우는 우리가 그것을 지켜보고 있을 때 뿐이라는 강력한 증거를 발견했다. 그 외의 시간에는 그것은 파동으로 행동한다. 이것은 당신이 지켜볼 동안에는 한 줄의 선으로 레인 위를 구르지만 눈을 깜박거릴 때마다 물결무늬를 남겨놓는 볼링공을 가지고 있는 것만큼이나 기이한 일이다.

응고시켜서 그것을 일상적인 현실로 바꿔놓았다. 그는 이것이 우리를 마치 미다스와 같은 존재로 만들어놓는다고 믿는다. 전설 속의 왕 미다스는 그가 만지는 것은 무엇이나 금으로 변해버리기 때문에 비단이나, 인간의 손의 부드러운 촉감을 한 번도 느껴보지 못한다. "이와 마찬가지로 인간은 결코 양자적 현실의 질감을 경험해볼 수 없다. 왜냐하면 우리가 만지는 모든 것이 물질로 변해버리기 때문이다"라고 허버트는 말한다.[2]

봄과 상호연결성

양자의 성질 중에서도 특히 봄의 흥미를 끈 것은, 서로 무관해 보이는 아원자 사건들 간에 존재하는 듯한 상호연결성이라는 기이한 상태였다. 그리고 이에 못지않게 당혹스러웠던 것은, 대부분의 물리학자들이 이 현상에 대해 거의 관심조차 보이지 않는 경향이 있다는 사실이었다. 실제로 그것의 의미는 전적으로 무시된 나머지, 상호연결성을 보여주는 가장 유명한 일례가 바로 양자물리학의 기본 가정 중의 하나 속에 숨겨진 채 여러 해가 지나도록 아무도 그런 사실이 있는지조차 알아채지 못했다.

그 가정은 양자물리학의 기초를 닦은 인물 중의 하나인 덴마크의 물리학자 닐스 보어(Niels Bohr)가 세운 것이었다. 보어는, 만일 아원자 입자가 관찰자가 존재할 때만 나타난다면 입자의 성질이 그것이 관찰되기 전부터 존재하고 있다고 말하는 것 또한 의미없는 일임을 지적했다. 이것은 많은 과학자들을 곤혹스럽게 만들었다. 왜냐하면 과학의 본분은 현상의 성질을 '발견'해내는 데 있기 때문이다. 그런데 관찰행위 자체가 바로 그 성질을 '만들어내는' 데 일조한다면 그것은 과학의 장래에 대해 무엇을 의미한다는 말인가?

아인슈타인도 보어의 주장에 곤혹스러워했던 물리학자였다. 양자이론의 기초를 다지는 데 기여했던 자신의 역할에도 불구하고 아인슈타인은 그 갓 태어난 과학이 밟고 있는 행로가 전혀 마음에 들지 않았다. 그는 입자의 성질이 관찰되기 이전에는 존재하지 않는다는 보어의 결론에 특히 반론의 여지가 많다는 사실을 발견했다. 왜냐하면 양자물리학의 다른 발견사실들에 비추어보면 그것은 아원자 입자들이 상호연결되어 있음을―그로서는 불가능하다고 생각할 수밖에 없는 방식으로―의미했기 때문이다.

그 발견이란, 어떤 아원자 현상에서는 동일한 성질, 혹은 매우 밀접히 연관된 성질을 지닌 쌍입자가 생성된다는 사실이었다. 물리학자들이 포지트로늄이라고 부르는 극도로 불안정한 원자를 생각해보자. 포지트로늄 원자는 한쌍의 전자와 양전자(양전하를 띤 전자)로 이루어져 있다. 양전자는 전자의 반(反)입자이므로, 2개의 입자는 언젠가는 서로 만나서 사라지고 반대 방향으로 날아가는 2개의 빛, 즉 '광자'로 붕괴된다(한 종류의 입자에서 다른 종류의 입자로 변신하는 것은 양자가 지닌 또 다른 능력이다). 양자물리학에 의하면 광자가 서로 아무리 멀리 떨어져 있어도 항상 서로 동일한 편광각(polarization)을 유지하고 있는 것으로 측정될 것이다(편광각이란 광자가 생성된 지점으로부터 날아갈 때 광자의 파동적 성질의 측면이 취하는 공간적 방향이다).

1935년 아인슈타인과 그의 동료인 보리스 포돌스키(Boris Podolsky), 네이단 로젠(Nathan Rosen)은 지금은 유명해진 '물리적 실재에 대한 양자역학의 설명은 완전한가?'라는 제목의 논문을 발표했다. 거기서 그들은 그와 같은 쌍입자들의 존재야말로 보어의 주장이 옳지 않다는 증거라고 설명했다. 그들의 지적에 따르면, 예컨대 포지트로늄이 붕괴될 때, 방사되는 광자와 같은 2개의 대칭입자는 서로 매우 멀리 떨어질 때까지 여행할 수 있다.* 그런 후 이 광자들을 따라가서 이들의 편광각을 측정할 수 있다. 편광각을 정확히 같은 시간에 재고, 양자물리학이 예측하듯이 그것이 동일함이 드러난다면, 그리고 보어의 이론이 옳아서 편광각과 같은 성질이 그것을 관찰하거나 측정하기 전에는 존재 속으로 나타나지 않는다면, 이것은 이 두 광자가 어떻게든 서로 순간적으로 정보소통을 하여 어떤 편광각을 취하기로 서로 동의해야 할지를 알아야만 한다는 것을 의미한다. 문제는, 아인슈타인의 특수상대성 이론에 따르면 어떤 것도 순간적으로는커녕, 광속보다도 빨리 여행할 수 없다. 왜냐하면 그것은 시간 장벽을 깨는 것과도 같아서 온갖 받아들일 수 없는 모순을 야기할 것이기 때문이다. 아인슈타인과 그의 동료들은 실재에 대한 그 어떤 '이성적인 정의'도 이 같은 초광속 상호연결성의 존재를 허용하지 않으며, 그러므로 보어는 틀릴 수밖에 없다고 확신했다.[3] 그들의 논지는 지금은 아인슈타인 – 포돌스키 – 로젠의 역설, 즉 EPR역설로 알려져 있다.

보어는 아인슈타인의 공박에 털끝만큼도 흔들리지 않았다. 그는 모종의 초광속 통신이 일어나고 있다고 상정하기보다는 다른 설명을 제시했다. 만일 아원자 입자가 관측되기 전까지는 존재하지 않는다면 그것을 더 이상 독립적인 '물체'로 생각할 수 없다. 그러므로 아인슈타인은 쌍둥이 입자를 서로 분리된 것으로 보는 오류를 토대로 논지를 편 것이다. 그 입자들은 하나의 분리되지 않는 계의 일부이며, 그것을 달리 바라본다는 것은 무의미한 일이었다.

곧 대부분의 물리학자들이 보어의 편을 들었고 그의 해석이 옳았다는 사실에 만족스러워했다. 보어가 승리한 요인 중의 하나는, 양자물리

학이 현상을 예측하는 데 너무나도 멋진 성공을 거두고 있었으므로 그것이 어딘가 결함을 지니고 있을지도 모른다는 가능성을 상상이라도 해본 물리학자는 거의 없었다는 점이다. 게다가 아인슈타인과 그의 동료들이 처음으로 쌍입자에 대한 주장을 발표했을 당시에는 기술적 이유와 기타의 제약으로 그러한 실험을 실제로 행해볼 수가 없었다. 이것이 그것을 기억 속에서 더욱 쉽게 사라지게 했다. 이것은 이상한 일이었다. 왜냐하면 보어는 양자이론에 대한 아인슈타인의 공격에 응수하기 위해 이러한 논지를 고안해냈지만, 아원자의 계가 분리될 수 없다는 보어의 견해는 실재의 성질에 관해 심오한 시사점을 갖고 있기 때문이다. 이상하게도 이러한 의미는 또다시 간과되었고, 다시금 상호연결성의 감춰진 중요한 의미는 카페트 밑으로 쓸려 들어가버렸다.

살아 움직이는 전자의 바다

풋내기 물리학자였을 때 봄은 보어의 입장을 지지했다. 하지만 그는 보어와 그의 지지자들이 상호연결성에 대해 왜 그토록 무관심했는지 늘 의문을 품고 있었다. 펜실베이니아 국립대학을 졸업한 후 그는 버클리의 캘리포니아 대학에 들어갔다. 그리고 1943년 박사학위를 받기 전 로렌스 버클리(Lawrence Berkeley) 방사선연구소에서 일했다. 거기서 그는 다시 양자의 상호연결성의 놀라운 일례와 마주쳤다.

버클리 방사선연구소에서 봄은 플라스마에 대한 역사적 업적이 될 연구를 시작했다. 플라스마란 고농도의 전자와 양이온, 즉 양전하를 띤 원자를 품고 있는 가스다. 그는 놀랍게도 전자들이 일단 플라스마 속에 들어오면 개개의 독립체로 있는 것이 아니라 보다 큰, 상호연결된 전체의 일부가 된 것처럼 행동하기 시작한다는 사실을 발견했다. 전자들 개개의 움직임은 제멋대로인 것처럼 보였지만 매우 많은 숫자의 전자들은 놀랍도록 조직적인 효과를 만들어낼 수 있었다. 플라스마는 마치 일종의 아메바처럼 계속 자신을 재생산해내고 생물체가 이물질을 포위하는 것과 같은 방법으로 모든 불순물을 벽 속에 가두었다.[4] 봄은 이 같은 유기적 성질에 너무나 놀란 나머지 전자의 바다가 마치 '살아 있는' 듯한 인상을 종종 느끼곤 했다고 후일 술회했다.[5]

1947년 봄은 프린스턴 대학의 조교수 자리를 받아들였고—이것은 당시 그의 주가가 얼마나 높았는지를 보여준다—거기서 그는 버클리에서 행했던 연구를 금속 내부의 전자에 대한 연구로 확대했다. 여기서 또다시 그는 개개 전자의 제멋대로인 것처럼 보이는 행동이 전체적으로는 고도로 조직화된 효과를 만들어내는 것을 발견했다. 그가 버클리에서 연구했던 플라스마와 마찬가지로, 이것은 2개의 입자가 서로 상대 입자의 움직임을 아는 것처럼 행동하는 데서 그치는 것이 아니라 낱낱의 전자들이 나머지 수십억 개의 입자들이 무엇을 하고 있는지 알고 있기나 하듯이 행동하는, 입자의 바다가 관련된 현상이었다. 봄은 이러한 전자의 집단적 움직임을 플라스몬(plasmons)이라 명명했고, 이것을 발견한 업적으로 그의 물리학자로서의 명성은 굳어졌다.

봄의 불만

상호연결성의 중요한 의미에 대한 직감과, 물리학에서 통용되고 있던 다른 몇 가지 견해들에 대한 불만이 점점 커지면서 봄은 양자이론에 대한 보어의 해석에 대해 갈수록 의문을 품게 되었다. 프린스턴 대학에서 이 주제에 관해 3년 간 강의한 후, 그는 교재를 집필하면서 자신의 이해를 넓혀나가기로 결심했다. 이 일을 끝냈을 때 그는 자신이 아직도 양자물리학이 말하는 내용에 만족하지 못하고 있음을 깨닫고 그 책을 보어와 아인슈타인에게 보내 그들의 견해를 물어보았다. 보어로부터는 응답을 받지 못했지만 아인슈타인은 그에게 전화하여 둘 다 프린스턴 대학에 있으니 직접 만나서 토론하는 것이 좋겠다고 말했다. 후일 6개월에 걸친 영감 넘치는 대화로 이어진 첫 만남에서 아인슈타인은 열정적인 태도로 봄에게 양자이론이 이처럼 명쾌하게 설명된 것은 본 적이 없다고 말했다. 그럼에도 불구하고 그는 봄과 마찬가지로 아직도 이 이론에 대해서는 사사건건 불만족스러움을 시인했다.

두 사람은 대화를 통해, 현상을 예측하는 양자이론의 능력에 대해서만은 찬탄을 금할 수 없음에 동의했다. 그들을 괴롭힌 것은 다만 그것이 우주의 기본구조를 이해하는 데 필요한 실질적 방법론을 제시하지 못한다는 점이었다. 보어와 그의 지지자들도 양자이론은 완전하지만 양자의 영역에서 일어나는 일에 대해 이보다 더 명확한 이해에 도달하기란 불가능하다고 주장했다. 이것은 아원자 세계 너머의 더 깊은 차원의 현실은 존재하지 않으며 더 이상의 답도 발견할 수 없을 것이라고 말하는 것과 같았다. 이런 주장 역시 봄과 아인슈타인의 철학적 감수성을 거슬리게 만들었다.

그들은 다른 많은 것들에 대해서도 의견을 나누었지만 이런 점들이 특히 봄의 생각 속에 새롭게 부각되었다. 아인슈타인과의 대화에서 영감을 얻은 그는 양자이론에 대한 자신의 의심이 타당하다고 생각하고 반드시 어떤 대안적 관점이 존재하리라고 결론짓게 되었다. 그의 교재 ≪양자이론≫이 1951년 출판되었을 때 그것은 하나의 고전으로 받아들여졌지만, 그것은 봄이 더 이상 애정을 기울이지 않는 주제에 관한 고전이었을 뿐이다. 그의 마음은 늘 좀더 깊은 이해를 구하기 위해 움직이고 있었고 실재에 대한 새로운 기술방식을 찾고 있었다.

새로운 종류의 장과 링컨을 암살한 총알

아인슈타인과의 대화 이후 봄은 보어의 해석을 대체할 실제적인 해석 방법을 발견하려고 애썼다. 그는 전자와 같은 입자들이 관찰자들이 없어도 '실제로' 존재한다는 가정에서부터 출발했다. 그는 또 보어가 둘러놓은 금단의 벽 너머에 과학이 발견해주기를 기다리고 있는 더 깊은 실재, 즉 아양자(subquantum) 차원의 세계가 존재한다고 가정했다. 이러한 전제하에서, 그는 이 아양자 차원에는 새로운 종류의 장이 존재한다고 가정하기만 하면 양자물리학의 현상들을 보어에 뒤지지 않게 설명해낼 수 있음을 발견했다. 봄은 자신이 제시한 새로운 개념의 장을 '양자장(quantum potential)'이라고 명명했고 그것이 마치 중력장처럼 공간 속에 편재해 있다는 이론을 세웠다. 그러나 중력장이나 전자기장 등과는 달리 이 양자장의 힘은 거리가 멀어져도 약해지지 않았다. 그것의 비국소적 효과는 미세하지만 어느 곳에서나 똑같은 힘으로 작용했다. 봄은 1952년 양자이론에 대한 자신의 새로운 해석을 발표했다.

그의 새로운 접근법에 대한 외부의 반응은 부정적이었다. 어떤 물리학자들은 이런 식의 대안은 불가능하다고 믿고 그의 생각을 아예 무시해버렸다. 다른 학자들은 그의 생각에 대해 애정어린 반론을 펼쳤다. 따지고보면 그러한 반발은 거의 모두가 원천적으로 철학적 이견에 근거한 것들이었다. 그러나 그것이 문제가 아니었다. 보어의 견해가 물리학계에서 워낙 아성을 굳혀놓았기 때문에 봄의 대안은 한낱 이단적인 설에 지나지 않았던 것이다.

이처럼 거센 반발에도 불구하고 봄은 실재 속에는 보어의 설이 허용하는 것보다 더 많은 것이 담겨 있다는 자신의 확신을 버리지 않았다. 그는 또 과학이 자신의 견해와 같은 새로운 개념을 평가하기에는 시야가 너무나 좁다고 느끼고 1957년 출판된 저서 ≪현대물리학 속의 인과와 우연*Causality and Chance in Modern Physics*≫을 통해 과학의 이러한 태도에 빌미를 주는 철학적 가정들을 재검토했다. 그 하나는 널리 지지받고 있던, 예컨대 양자이론과 같은 '완벽한 이론'이 존재할 수 있다는 가정이었다. 봄은 이 가정에 대해 자연은 무한할지도 모른다는 점을 지적함으로써 비판을 가했다. 그는 무한한 어떤 것을 어떤 이론으로든지 완벽하게 설명한다는 것은 불가능하므로 만일 과학자로서 이 가정을 세우기가 주저된다면 좀더 열린 태도로 과학을 탐구하는 것이 좋다고 주장했다.

이 책에서 그는 과학이 인과관계를 바라보는 시각 역시 너무나 편협하다고 주장했다. 과학은 대부분의 현상들의 원인을 단지 하나, 또는 몇 가지밖에 없는 것으로 보았다. 그러나 봄은 하나의 현상은 무한수의 원인을 가질 수 있다고 느꼈다. 예컨대 어떤 사람에게 링컨이 죽은 이유를 물어본다면 그는 존 윌크스 부스의 총에서 나온 총알 때문이라고 대답할 수도 있다. 그러나 링컨의 사망에 기여한 원인들을 총망라한 목록 속에는 권총이 처음 만들어지게끔 했던 모든 사건들과, 부스로 하여금 링컨을 죽이고 싶게 만든 모든 요인들, 인간이 권총을 손에 쥘 수 있게끔 발달해온 문명진화의 단계 등등까지도 모두 포함되어야 할 것이다. 봄은 대부분의 경우 특정한 현상을 초래한 끝없는 원인들의 연쇄고리를 무시할 수 있음을 시인은 했지만 그래도 여전히 과학자로서는 그 어떠한 단일 인과관계도 전체 우주로부터 따로 떼낼 수 없음을 명심하는 것이 중요하다고 느꼈다.

자신의 위치를 알려면 초공간자에게 물어보라

봄은 이런 와중에도 한편으로는 양자물리학에 대한 새로운 접근법을

계속 다듬어나갔다. 양자장의 의미를 면밀히 캐고드는 동안 그는 그것
이 정통적인 견해와는 더욱 급진적인 결별을 의미하는 많은 특징을 지
니고 있음을 발견했다. 그 하나는 전체성이라는 개념의 중요성이었다.
전통과학은 언제나 한 전체계의 상태를 단지 그 부분들의 상호작용의
산물로만 보았다. 그러나 양자장은 이러한 견해를 비웃고 부분들의 행
동은 사실 전체에 의해 조직화되는 것임을 시사했다. 이것은 아원자 입
자들이 독립적인 '사물'이 아니라 한 단계 더 나아가 분리되지 않는 계
의 일부라고 보는 보아의 견해만을 반영하고 있는 것이 아니라 그보다
한술 더 떠서 전체성이야말로 어떤 의미에서는 더욱 궁극적인 실재라
는 사실을 암시했다.

그것은 또 플라스마 내부의(그리고 초전도 상태와 같은 기타 특수한 상
태의) 전자가 상호연결된 전일체처럼 행동하는 이치도 설명해주었다.
봄이 말하듯이, "전자는 뿔뿔이 분리되어 있는 것이 아니다. 왜냐하면
전체계가 양자장의 작용을 통해, 조직성 없는 군중이 아니라 마치 발레
의 무용수들처럼 조화롭게 움직이고 있기 때문이다." 그는 다시금 이렇
게 지적한다. "이러한 움직임이 보여주는 양자적 전일성(全一性)은 기
계의 부품들을 조립하여 얻어내는 종류의 통일성이라기보다는 오히려
생명체의 각 부위들의 작용이 보여주는 유기적 일체성에 더 가깝다."[6]

양자장의 이보다 더 놀라운 성질은, 그것이 공간의 본질에 대해 던져
주는 의미였다. 우리의 일상적 차원에서는 사물들이 저마다 특정한 위
치를 점하고 있다. 그러나 양자물리학에 대한 봄의 해석은, 아양자 차
원, 즉 양자장이 작용하는 차원에서는 위치라는 것이 더 이상 존재하지
않음을 시사했다. 공간 속의 모든 지점들이 다른 모든 지점들과 동등해
졌으며, 어떤 것이 다른 어떤 것과 서로 분리되어 있다고 말하는 것 자
체가 무의미했다. 물리학자들은 이러한 성질을 '비국소성(non-locality)'
이라고 부른다(흔히 비국소성이라고 직역하지만 이 책에서는 문맥에 따라

초공간성이라고도 의역함 ; 옮긴이).

봄은 이 양자장의 비국소적 성질로써 특수상대성 이론의 초광속 장벽을 범하지 않고도 두 입자간의 연결성을 설명할 수 있게 되었다. 그 이치를 설명하기 위해 그는 다음과 같은 비유를 한다. 어항 속에서 헤엄치고 있는 물고기를 상상해보자. 당신이 이전에는 어항이나 물고기 같은 것을 본 일이 없다고 가정하라. 이것들에 대한 지식은 단지 어항의 정면과 측면을 비추고 있는 두 대의 비디오 카메라에 비쳐 보이는 화상으로만 얻을 수 있다고 상상하자. 두 대의 TV 화면을 통해서 보면 화면상의 두 물고기는 별개의 존재들인 것처럼 오인될 수 있다. 실제로, 카메라의 각도가 서로 다르므로 각각의 모양은 약간씩 다를 것이다. 그러나 계속 관찰하다보면 결국 당신은 두 물고기 사이에 어떤 연관성이 존재함을 깨닫게 될 것이다. 한쪽이 방향을 바꾸면 다른 쪽도 약간 다른 모습이기는 하지만 일치되는 방향전환을 보일 것이다. 한쪽이 정면을 향하면 다른 쪽은 옆을 향하는 등으로 말이다. 만일 상황을 전체적으로 인식하지 못한다면 당신은 두 마리의 물고기가 서로 순간적으로 교신하고 있는 것으로 결론짓게 될 것이다. 그러나 어떤 종류의 교신도 일어나지 않는다. 왜냐하면 실재 — 곧 어항이라는 현실 — 의 더 깊은 차원에서는 두 물고기가 한 마리이며 같기 때문이다.(그림 8) 봄은 이것이 포지트로늄 원자가 붕괴될 때 방사되는 2개의 광자와 같은 입자들 사이에서 일어나는 현상과 정확히 같다고 말한다.

실제로, 양자장은 모든 공간 속에 스며들어 있으므로 모든 입자들은 초공간적으로 상호연결되어 있다. 봄이 펼쳐가고 있는 실재상은 아원자 입자들이 허공 속에 저마다 뿔뿔이 흩어져 떠도는 모습이 아니라, 그 속을 움직이고 있는 물질만큼이나 실제적이고 활발히 살아 있는 공간 속에 만물이 불가분의 그물망의 일부분으로서 아로박혀 있는 모습이었다.

봄의 생각은 아직도 대부분의 물리학자들에게는 받아들여지기 힘든 것이었지만, 몇몇 과학자들의 관심을 끌어냈다. 그들 중 하나는 CERN(스위스 제네바 근처에 위치한 평화적 원자연구센터)의 이론물리학자인 존 스튜어트 벨(John Stewart Bell)이었다. 벨도 봄처럼 양자이론에 대해 불만족스러워했고 어떤 새로운 대안이 있으리라고 느끼고 있었다. 후일 그는 이렇게 말했다. "1952년 봄의 논문을 보았다. 그의 생각은 양자역학에 모두가 알고 있는 것들 외의 어떤 다른 변수가 있다고 봄으로써 그것을 완성시키는 것이었다. 그것은 나에게 매우 인상적이었다."[7]

벨은 또 봄의 이론이 비국소적 성질의 존재를 시사한다는 것을 깨달았고 그것의 존재를 실험적으로 증명할 방법이 없을까 궁리했다. 그러

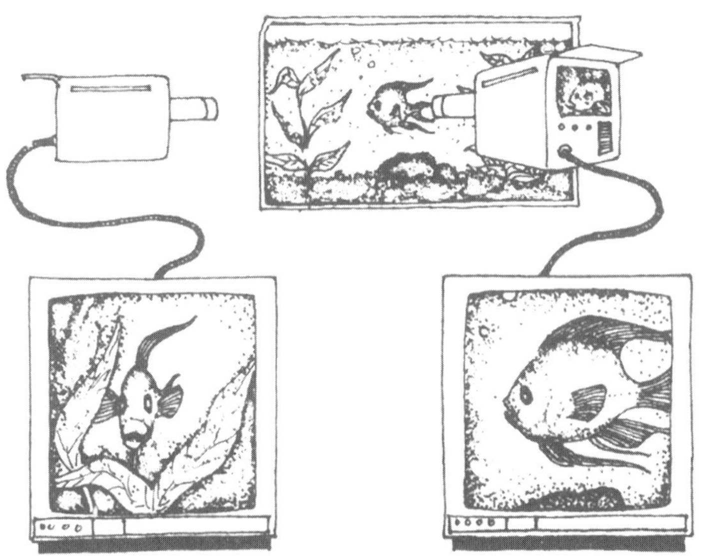

그림 8. 봄은 아원자 입자들이 두 대의 TV 카메라에 비치는 이미지와 같은 방식으로 서로 연결되어 있다고 믿는다. 전자와 같은 입자들은 서로 떨어져 있는 것처럼 보이지만 실재의 더 깊은 차원에서—어항 속과 유사한 차원—보면 이들은 사실 심층의 우주적 통일체의 각기 다른 측면들일 뿐이다.

한 의문이 그의 마음 한구석에 몇 해 동안 남아있다가 마침 1964년 안식년 휴가를 맞은 그는 이 문제에 주의를 쏟을 여가를 얻게 되었다. 그러자 곧 그는 그런 실험을 행할 방법을 알려주는 훌륭한 수학적 증명을 이끌어낼 수 있었다. 유일한 문제는, 그것이 현재로서는 불가능한 수준의 기술적 정확도를 요구한다는 점이었다. EPR역설에 동원된 것과 같은 입자들이 일반적인 의미의 교신수단을 사용하지 않는다는 것을 증명하기 위해서는 실험장치의 기본적인 작동이 무한히 짧은―광속으로도 두 입자 사이의 거리를 가로지르기에 충분치 않은 시간과 같은―순간에 이루어져야만 했던 것이다. 이것은 실험에 사용되는 장치가 수십억 분의 1초 내에 요구되는 모든 작동을 완료해야 한다는 것을 의미했다.

홀로그램 속으로

1950년대 후반 봄은 이미 매카시 청문회(미국의 극우파 상원의원 J. R. McCarthy가 주도한 반공주의 청문회)에 휘말려 영국 브리스톨 대학의 연구원이 되어 있었다. 거기서 그는 야키르 아하로노프(Yakir Aharonov)라는 젊은 연구생과 함께 초공간적 상호연결성의 또 다른 사례를 발견했다. 봄과 아하로노프는 제대로 갖추어진 조건에서 전자는 그 전자가 발견될 가능성이 전무한 영역 속에 있는 자기장의 존재를 '감지할' 수 있다는 사실을 발견했다. 이제 이 현상은 아하로노프 - 봄 효과라고 불리고 있지만 이 두 사람이 그들의 발견을 처음 발표했을 당시 많은 물리학자들은 그런 현상이 일어날 가능성 자체를 믿지 않고 있었다. 수많은 실험을 통해 그런 현상이 확인되고 있는 오늘날에조차 여전히 회의론이 남아 있어 그런 현상의 존재 가능성을 반박하는 논문이 때

때로 발표되고 있다.

늘 그랬던 것처럼 봄은 군중 틈에서 임금님이 벌거벗었다고 외치는 용감한 목소리의 역할을 냉철하게 자임했다. 그는 몇 년 후 한 인터뷰에서 자신의 용기를 떠받치고 있는 철학을 다음과 같이 간결하게 피력했다. "길게 보면 눈앞의 사실을 직면하는 것보다 망상에 매달려 있는 쪽이 훨씬 더 위험한 일이다."[8]

그러나 전일성과 초공간성에 관한 그의 사상에 대한 미약한 반응과, 더 이상 어떻게 나아가야 할지에 대한 그 자신의 전망의 결여가 그의 주의를 다른 방향으로 돌리게 하였다. 1960년대 들어서 이것은 그로 하여금 '질서'의 의미를 더 깊이 살펴보게끔 만들었다. 고전과학은 일반적으로 사물을 두 가지 범주로 나눈다. 즉, 그 부분들의 배열 상태에 질서가 있는 것과, 부분들이 무질서하거나 제멋대로인 것들이다. 눈송이, 컴퓨터, 생명체 등은 질서가 있다. 바닥에 쏟아진 한 줌의 콩이 만들어낸 모양이나, 폭발이 남겨 놓은 잔해들, 그리고 룰렛(주사위를 굴리는 일종의 도박기구) 바퀴가 돌아가서 만들어내는 일련의 숫자 조합 등은 모두 질서가 없는 것들이다.

봄은 이 문제를 좀더 깊이 파고들어가 질서에도 상이한 차원 내지 수준이 존재한다는 것을 발견했다. 어떤 것들은 다른 것들보다 훨씬 더 질서가 있었으며, 이것은 어쩌면 이 우주에 존재하는 질서의 차원에는 끝이 없을지도 모른다는 사실을 시사했다. 이로써 봄은 우리가 무질서하다고 보는 사물들이 어쩌면 전혀 무질서하지 않을지도 모른다는 생각을 떠올리게 되었다. 어쩌면 그것의 질서는 너무나 '무한히 높은 차원이라서' 단지 우리의 눈에만 제멋대로인 것처럼 보일지도 모르는 것이다(흥미롭게도 수학자들은 어떤 수열의 '임의성'을 증명할 수가 없다. 그리고 어떤 수열은 불규칙한 것으로 분류되기도 하지만 이것은 단지 학문적으로 세뇌된 추측일 뿐이다).

　이러한 생각에 빠져 있던 중 봄은 BBC 방송의 TV 프로그램에서 어떤 장치를 보았는데 이것이 그의 생각을 더욱 발전시킬 수 있도록 도와주었다. 그 장치란 특수하게 고안된 것으로, 커다란 회전 실린더가 들어 있는 원통이었다. 통과 실린더 사이의 좁은 공간에는 글리세린—맑고 점도가 높은 액체—이 채워져 있고 그 글리세린 속에는 잉크 한 방울이 움직이지 않고 떠 있었다. 봄의 관심을 끈 것은, 이 실린더 위에 달린 핸들을 돌리자 잉크 방울이 시럽과 같은 글리세린 속에 퍼져서 사라지는 것처럼 보였지만 핸들을 반대방향으로 돌리자 희미하게 사라졌던 잉크의 흔적이 서서히 다시 모여서 하나의 잉크 방울로 모습을 드러

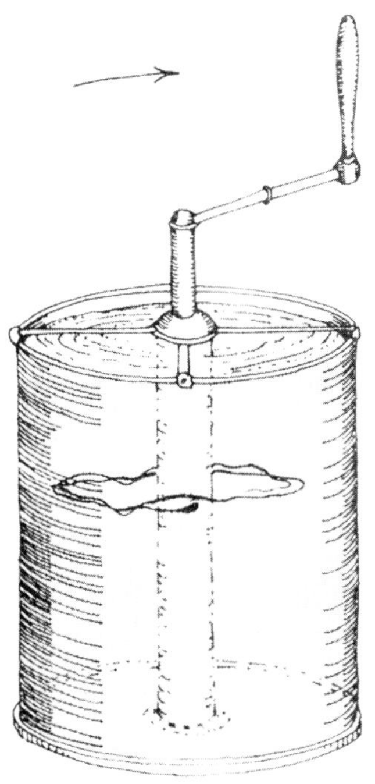

그림 9. 글리세린이 담긴 통에 떨어뜨린 잉크 방울이 통 속의 실린더를 돌리자 퍼져서 사라지는 것처럼 보인다. 그러나 실린더를 반대 방향으로 돌리면 잉크가 모여서 다시 잉크 방울이 나타난다. 봄은 이 현상을 질서가 어떻게 감추어지거나(implicit) 드러나거나(explicit) 할 수 있는지를 보여주는 한 예로서 제시한다.

낸다는 사실이었다.(그림 9)

봄은 이렇게 말한다. "이것은 질서라는 개념과 매우 밀접한 관계가 있음을 즉시 깨달았다. 왜냐하면 잉크 방울이 퍼져 있을 때도 그것은 회복시키면 다시 드러나는 '감춰진'(즉, 드러나지 않은) 질서를 지니고 있었기 때문이다. 이와는 달리 일상적인 표현에 의하면 우리는 잉크가 글리세린 속에 퍼져 있을 때 그것이 '무질서한' 상태에 있다고 말한다. 이것이 나로 하여금 여기에 질서의 새로운 개념이 도입되어야 함을 깨닫게 했다."[9]

이 발견은 봄을 매우 흥분시켰다. 왜냐하면 그것은 그가 고민하고 있던 많은 문제들에 대한 새로운 시각을 제공해주었기 때문이다. 글리세린 속의 잉크 장치를 보게 된 직후 그는 질서의 이해를 도와주는, 이보다 더 훌륭한 보기와 마주치게 되었다. 그것은 그의 여러 해에 걸친 여러 갈래의 생각들을 모두 통일시킬 수 있게 해주었을 뿐만 아니라, 너무나 강력하고 설득력이 있었으므로 그것은 마치 바로 그 목적을 위해 일부러 맞춰놓은 물건처럼 보였다.

봄은 홀로그램에 대해 알게 되자마자 그것 '또한' 질서를 이해하는 새로운 방식을 제공해 준다는 사실을 깨달았다. 홀로그램 필름 위에 기록된 간섭무늬 또한, 퍼져 있는 잉크 방울처럼 육안에는 무질서한 것처럼 나타났던 것이다. 플라스마 속의 질서가 외견상 무질서해 보이는 각 전자의 행동 속에 숨어 있는 것과 똑같은 방식으로 두 가지 모두가 숨겨진, 혹은 '안으로 접혀들어간(깃든)' 질서(이 용어에 적절한 비유로 합죽선을 생각해볼 수 있을 것이다. 접혀 있는 합죽선은 간편한 휴대성을 위해 요구되는 질서를 갖춘 상태이며 펼쳐진 합죽선은 바람을 일으키는 데 요구되는 질서를 갖춘 상태다. 그러나 접혀 있는 합죽선을 처음 보는 사람이라면 그것에서 어떤 질서, 곧 의미도 발견하지 못할 것이다. 즉, 그것이 접혀 있는 합죽선임을 알아보지 못한다 : 옮긴이)를 지니고 있었다. 그러나 홀로그램이 제공해준 통찰은 여기서 그치지 않았다.

홀로그램에 대해 깊이 파고들수록 봄은 우주의 운행원리가 홀로그램의 원리를 채용하고 있음을 확신하게 되었다. 즉, '우주는 자체가 일종의 거대한, 유동(流動)하는 홀로그램'이라는 것이며, 이 같은 깨달음이 그로 하여금 자신의 온갖 통찰들을 하나의 포괄적이고 응집력 있는 통일체로 결정화시킬 수 있게 만들었다. 그는 우주에 대한 자신의 홀로그램적 관점을 1970년대 초 논문으로 발표했고 1980년에는 ≪전일성과 감추어진 질서 *Wholeness and the Implicate Order*≫라는 제목의 저서를 통해 자신의 훨씬 숙성되고 정제된 사상을 개진했다. 이 저서에서 그는 자신의 무수한 통찰들을 단지 하나로 연결하는 일 이상의 작업을 했다. 그는 그것들을 실재를 바라보는 새로운 방식으로 변신시켰으며 그것은 숨막힐 정도로 급진적인 것이었다.

접힌 질서와 펼쳐진 현실

봄의 가장 놀라운 주장 중의 하나는, 우리의 일상 속의 감각적인 현실이 사실은 마치 홀로그램과도 같은 일종의 환영이라는 주장이다. 그 이면에는 존재의 더 깊은 차원, 즉 광대하고 더 본질적인 차원의 현실이 존재하여, 마치 홀로그램 필름이 홀로그램 입체상을 탄생시키듯이 그것이 모든 사물과 물리적 세계의 모습을 만들어낸다는 것이다. 봄은 이 실재의 더 깊은 차원을 '감추어진(implicate, 접힌enfolded)' 질서라고 하고, 우리의 존재 차원을 '드러난(explicate, 펼쳐진unfolded)' 질서라고 부른다.

그가 이러한 용어를 사용하는 것은, 그는 우주의 모든 현상들의 나타남을 이 두 질서 간의 무수한 접힘과 펼쳐짐의 결과라고 보기 때문이다.

예컨대, 봄은 전자를 한낱 물체라고 믿지 않고 전 공간에 펼쳐진 하나의 총체(totality), 혹은 조화체(ensemble)라고 믿는다. 어떤 장치가 하나의 전자의 존재를 탐지한다면 그것은 단지 전자의 조화체의 한 측면이 펼쳐졌기 때문이다. 마치 글리세린 속의 특정한 위치에 잉크 방울이 펼쳐지듯이 말이다. 전자가 움직이는 것처럼 보이는 것은 그와 같은 일련의 연속적인 접힘과 펼쳐짐 때문인 것이다.

달리 표현하자면, 전자와 기타의 모든 입자들은 간헐천에서 솟아나오는 물줄기의 모습보다 조금도 더 실재적이거나 영속적이지 않다. 입자들은 감추어진 질서로부터의 지속적인 유입물에 의해 지탱되며, 한 입자가 소멸되는 것처럼 보일 때도 그것은 상실되는 것이 아니라 단지 그것이 나타났던 곳인 더 깊은 질서 속으로 접혀 들어가는 것일 뿐이다. 한 장의 홀로그램 필름과, 그것이 만들어내는 입체상 또한 감추어진 질서와 드러난 질서의 한 예다. 필름은 감추어진 질서다. 왜냐하면 필름의 간섭무늬로 암호화된 이미지는 전체에 걸쳐 접혀들어 있는 감추어진 총체이기 때문이다. 필름에서 투영된 홀로그램은 드러난 질서다. 왜냐하면 그것은 펼쳐진, 인식가능한 형태의 이미지를 보여주기 때문이다.

두 질서 간의 연속적인 교번의 흐름은 포지트로늄 원자 속의 전자와 같은 입자들이 어떻게 한 종류의 입자에서 다른 종류의 입자로 변신할 수 있는지 설명해준다. 그러한 변신은 예컨대 전자와 같은 하나의 입자가 다시 감춰진 질서로 접혀들어가고 한편으로는 다른 입자, 즉 광자가 펼쳐져서 그 자리를 차지하는 것으로 볼 수 있다. 그것은 또 양자가 어떻게 입자나 파동의 형태로 나타날 수 있는지도 설명해준다. 봄에 의하면 두 가지 측면 모두가 양자 조화체(quantum's ensemble) 속에 깃들여 있다. 다만 관찰자가 그 조화체와 상호작용하는 방식이 어떤 측면이 펼쳐지고 어떤 측면이 접혀 있도록 할 것인지를 결정한다. 이처럼 양자가 취하는 형태를 결정하는 데 관찰자가 하는 역할은 보석세공가가 보석을 가공하는 방식에 따라서 보석의 어떤 면은 드러나고 어떤 면은 감춰지는 사실보다 조금도 신비할 게 없는 일일지도 모른다. '홀로그램'이라는 말은 일반적으로 정지된 이미지를 나타낼 뿐, 매순간 창조해내는 영원히 살아 움직이는 역동적 우주의 성질을 담아내지 못하기 때문에, 봄은 우주를 홀로그램이라고 묘사하기보다는 '홀로무브먼트(holomovement)'라고 부르기를 더 좋아한다.

홀로그램 방식으로 조직된 더 깊은 차원의 질서가 존재한다는 가설은 또 아양자 차원에서는 실재(reality)가 초공간적인 성질을 띠게 되는 이유도 설명해준다. 앞서 살펴보았듯이 어떤 것이 홀로그램 방식으로 조직되면 위치라고 하는 모든 겉껍질은 무너진다. 홀로그램 필름의 모든 부분들이 전체가 가지고 있는 모든 정보를 담고 있다고 말할 때, 그것은 사실 정보가 필름 위에 초공간적으로 편재해 있음을 말하는 다른 표현방식일 뿐이다. 그러므로 우주의 구조가 홀로그램 원리로 되어 있다면 우주 또한 초공간적인 성질을 지니고 있을 것으로 생각할 수 있다.

만물의 불가분한 전일성

우리를 가장 아연케 하는 것은 봄이 완전히 전개해놓은 전일성에 대한 사상이다. 봄은, 우주 속의 만물이 감추어진 질서의 이음새 없는 홀로그램적 직물로 짜여 있으므로 우주를 '부분'들의 조합으로 보는 것은 간헐천에서 솟아나오는 물줄기를 그 샘물과 분리된 것으로 보는 것만큼이나 터무니없다고 믿는다. 전자는 '기본입자'가 아니다. 그것은 홀로무브먼트의 한 측면에 붙여진 이름에 지나지 않는다. 실재를 부분들로 나누고, 거기에다 이름을 붙이는 것은 인습의 산물이며 임의적일 수

밖에 없다. 왜냐하면 장식 카페트 속의 다양한 문양들이 서로 분리되어 있지 않은 것처럼 아원자 입자들, 그리고 우주 속의 다른 모든 것들은 서로 분리되어 있지 않기 때문이다.

이 사실은 심오한 의미를 지니고 있다. 아인슈타인은 일반상대성 이론에서 시간과 공간이 분리되어 있지 않다고 말하여 세상을 놀라게 했다. 그것은 서로 매끈히 이어져 있으며 그가 시공간 연속체라고 이름붙인 더 큰 전체의 부분들이라는 것이었다. 봄은 이러한 생각에서 한 발 더 크게 도약한다. 그는 우주의 '삼라만상'이 단일 연속체의 부분들이라고 말한다. 드러난 질서 속에서는 사물들이 분리되어 있는 것처럼 보임에도 불구하고 낱낱의 사물은 다른 만물의 이음새 없는 연장(延長)이며, 궁극적으로는 감추어진 질서와 드러난 질서 그 자체조차도 서로 하나로 융합되어버린다.

다음을 잠시 살펴보자. 당신의 손을 살펴보라. 이번에는 당신의 옆에서 비치는 램프의 빛줄기를 바라보라. 그리고 발 밑에 엎드려 있는 개를 바라보라. 당신은 단지 이들과 동일한 무엇으로써 만들어지기만 한 것이 아니라 '당신 자신이 그 동일한 그것이다'. 나뉘지 않는, 하나의 엄청나게 거대한 무엇이다. 눈에 보이는 모든 사물들, 원자, 쉼없는 태양, 그리고 우주 속의 깜박이는 별들 속으로 무수한 팔을 뻗쳐 있는.

봄은 이것이 우주가 하나의 거대하고 획일적인 덩어리임을 의미하는 것은 아니라고 지적한다. 사물은 나뉘지 않는 전체의 일부분이면서도 동시에 자신의 고유한 속성을 지닐 수 있다. 그는 이것을 설명하기 위해 강물 속에 흔히 나타나는 소용돌이 물결을 예로 든다. 얼핏 보면 이런 소용돌이 물결은 별개의 존재로 보이고 개체적인 많은 속성―규모, 유속, 회전방향 등등― 을 지니고 있다. 그러나 주의 깊게 살펴보면 하나의 소용돌이 물결이 어디서 끝나며, 어디서부터가 강물인지 판단하는 것은 불가능하다는 사실이 밝혀진다. 그러므로 봄은 '사물'들 간의 차이가 무의미하다고 주장하는 것이 아니라 다만 홀로무브먼트의 다양한 측면들을 분리시키는 것은 언제나 임의적인 관념, 즉 그러한 측면들을 우리의 인식 위에 두드러지게 하는 하나의 방식일 뿐임을 항상 알고 있기를 바랄 뿐이다. 그는 이것을 바로잡으려는 시도로서, 홀로무브먼트의 서로 다른 측면들을 '사물'이라고 부르는 대신 '상대적으로 독립적인 아총체(relatively independent subtotalities)'라고 부르기를 좋아한다.[10]

의식은 좀더 미묘한 형태의 물질이다

봄의 홀로그램 우주는 양자물리학이 물질을 깊이 파고 들어갈 때 상호 연결성의 예를 그토록 자주 발견하게 되는 이유를 설명해줄 뿐만 아니라 다른 많은 수수께끼들도 한꺼번에 풀어준다. 그 중 한 가지는, 의식이 지니고 있는 것으로 보이는 아원자 세계에 대한 영향력이다. 앞서 보았듯이 봄은 입자가 관찰되기 전에는 존재하지 않는다는 생각에 반대한다. 그러나 그는 본질적으로 의식과 물리학을 한데 묶는 일에 반대하지는 않는다. 다만 그는 대부분의 물리학자들이 그것을 그릇된 방식으로, 즉 다시금 실재를 쪼개어 하나의 분리체인 의식이 또 다른 분리체인 아원자 입자와 상호작용한다는 식으로 인식하는 경향이 있다고 본다.

그러한 모든 것들이 홀로무브먼트의 다른 측면들이기 때문에 그는 의식과 물질이 상호작용한다고 말하는 것 자체가 의미가 없다고 느낀다. 어떤 의미에서는 관찰자가 관찰되는 것이다. 관찰자는 또한 측정 장치이자, 실험결과이자, 연구소이자, 연구소 밖을 지나가는 산들바람이다. 사실 봄은 의식이 좀더 미묘한 형태의 물질이라고 믿는다. 그리고 이 둘 간의 모든 관계의 토대는 우리가 존재하고 있는 현실차원이 아니라 감추어진 질서의 깊은 밑바닥에 깔려 있다고 믿는다. 의식은 모든 물질의 다양한 심도의 접힘과 펼쳐짐 속에 존재하며, 그것이 아마도 플라스마가 생명체적인 성질을 일부 지니고 있는 이유일 것이다. 봄은 말한다. "형체에 활동력을 불어넣는 것은 마음이 지닌 가장 특징적인 성질이며 우리는 이미 전자에서 마음과 비슷한 어떤 것을 발견했다."[11]

이와 마찬가지로 그는 우주를 생물과 무생물로 나누는 것 또한 무의미한 일이라고 믿고 있다. 생물과 무생물은 불가분하게 서로 엮어져 있고 생명 또한 우주라는 총체의 전반에 깃들여 있다. 바위조차도 어떤 의미에서는 살아 있다. 왜냐하면 생명과 지능은 모든 물질뿐만 아니라 '에너지', '공간', '시간', '전 우주를 이루고 있는 직물', 그리고 우리가 홀로무브먼트로부터 추상해내어 분리된 사물로 오인하는 기타의 모든 것들 속에 존재하고 있기 때문이라고 봄은 말한다.

의식과 생명이(그리고 진실로 만물이) 우주 전체에 깃들여 있는 조화체라는 사상에는 그에 못지않게 눈부시도록 놀라운 이면이 숨어 있다. 즉, 홀로그램의 모든 부분들이 전체상을 담고 있는 것과 똑같이 우주의 모든 부분이 전체를 품고 있다. 이것은 우리가 접근할 방법만 안다면 왼손 엄지손톱 속에서 안드로메다 은하계를 발견할 수 있다는 뜻이다. 또 우리는 클레오파트라가 카이사르를 처음 만나는 장면도 찾아낼 수 있으리라. 왜냐하면 원리상으로는 모든 과거와, 미래를 시사하는 모든 내용들이 시공간의 미세한 영역 구석구석에도 깃들여 있기 때문이다. 우리 몸의 낱낱의 세포들도 그 속에 우주를 품고 있다. 모든 나뭇잎과 빗방울, 낱낱의 티끌 또한 그러하여서, 윌리엄 블레이크의 이 유명한 시구에 새로운 의미를 더해준다.

한 알의 모래 속에서 우주를,
들꽃 속에서 천국을 보려거든
그대 손바닥 속에서 무한을,
한 시간 속에서 영겁을 붙잡으라.

1cm³의 공간 속에 담긴 십억 개의 원자탄과 맞먹는 에너지

우리의 우주가 더 깊은 질서의 한갓 창백한 그림자에 지나지 않는다면 우리 현실의 씨줄과 날줄 속에는 그 이상의 또 무엇이 숨어 있단 말인가? 이에 대해 봄은 한 가지 사실을 제시한다. 현재의 물리학적 이해에 의하면 공간의 모든 영역이 다양한 파장의 파동으로 이루어진, 상이한 종류의 장들로 가득 메워져 있다. 그 각각의 파동들은 언제나 최소한 일정량의 에너지를 갖고 있다. 하나의 파동이 지닐 수 있는 최소한의 에너지를 계산했을 때, 물리학자들은 '1cm³의 빈 공간마다, 알려져 있는 우주 속의 모든 물질의 에너지 총합보다 더 큰 에너지가 담겨 있음'을 발견했다.

어떤 물리학자들은 이 계산을 진지하게 받아들이려고 하지 않고 거기에는 틀림없이 어떤 오류가 있다고 믿는다. 봄은 이 무한한 에너지의 대양이 실제로 존재해서 우리에게 감추어진 질서의 광대하고 신비한 성질에 대해 최소한 약간은 귀띔을 해주고 있다고 믿는다. 그는 많은 물리학자들이 이 엄청난 에너지 대양의 존재를 무시해버리는 것이, 마치 물고기가 자신이 헤엄치고 다니는 물의 존재를 인식하지 못하는 것처럼, 애초부터 이 대양 속을 떠다니는 부유물들, 즉 물질에만 관심을 기울이도록 교육받았기 때문이라고 본다.

빈 공간이 그 속을 움직이고 있는 물질만큼이나 생생하고 다양한 작용으로 가득 차 있다는 봄의 견해는 보이지 않는 에너지의 대양에 대한 그의 사상 속에 완숙하게 드러나 있다. 물질은 흔히 허공이라고 불리는 이 대양으로부터 독립하여 존재하는 것이 아니다. 물질은 공간의 일부분이다. 그 의미를 설명하기 위해 봄은 다음과 같은 비유를 든다. 절대온도 0도로 냉각된 결정은 전자의 흐름을 산란시키지 않고 통과시킨다. 온도를 올리면 결정 속의 온갖 불순물들이 투과성을 잃고 전자를 산란시키기 시작한다. 전자의 관점에서 본다면 그러한 불순물들은 무(無)의 바닷속에 떠 있는 '물질'의 조각처럼 보일 것이다. 그러나 그것은 사실이 아니다. 무와 물질의 조각은 서로 독립적으로 존재하는 것이 아니다. 이들은 모두 동일한 직물, 즉 결정의 심층적 질서 속의 일부인 것이다.

봄은 이것이 우리의 존재 차원에서도 똑같이 사실이라고 믿는다. 공간은 비어 있지 않다. 그것은 '꽉 차' 있다. 그것은 진공의 반대인 충만(plenum)이며 우리를 포함한 만물의 존재 기반이다. 우주는 이 에너지의 우주적 대양으로부터 따로 떨어져 있지 않다. 우주는 그 표면 위의 한 물결, 상상할 수 없이 광대한 대양 속의 작은 '파문'이다. "이 파문은 비교적 자생적이어서 안정적으로 비슷하게 되풀이하여 재현되는, 다른 것들로부터 구분하여 인식할 수 있는 그림자를 현상계라는 3차원의 드러난 질서 속에 비추어낸다"고 봄은 말한다.[12] 달리 말하자면 우주는 우리가 보듯이 그 분명한 물질적 성질과 엄청난 크기에도 불구하고 홀로 존재하지 않으며 그보다 훨씬 더 광대무변하고 표현할 수 없는 그 무엇의 산물이라는 것이다. 그뿐 아니라 우주는 이 광대무변한 그것의 중요한 소산도 아니고 단지 지나가는 그림자, 만물의 확대된 조망 속에서는 한낱 한 번의 딸꾹질 정도에 지나지 않는 존재인 것이다.

이 무한한 에너지의 바다도 감추어진 질서 속에 깃들여 있는 것의 전부가 아니다. 감추어진 질서는 우리 우주 속의 만물에 탄생을 안겨준

바탕이므로 그것은 또한 최소한 과거에 있었던, 그리고 앞으로 존재할 모든 아원자 입자들, 모든 형태의 물질과 에너지, 생명, 그리고 가능한 형태의 모든 의식, 퀘이서(quasars)로부터 셰익스피어의 뇌에 이르기까지, DNA로부터 은하계의 크기와 모양을 결정하는 힘에 이르기까지 모든 것을 담고 있다. 그리고 이조차 그것이 담고 있을지도 모르는 것의 전부는 아니다. 봄은 감추어진 질서가 사물의 종국이라고 믿어야 할 이유도 없다고 본다. 그 너머에는 상상하지 못한 차원들이 존재할지도 모른다. 끝없이 펼쳐지는 무한한 차원들이…….

봄의 홀로그램 우주를 뒷받침해주는 실험들

충분하지는 않지만 몇 가지의 물리학적 발견들은 봄의 견해가 옳을 수도 있음을 시사해주고 있다. 잠재된 에너지의 대양은 둘째 치더라도 공간은 끊임없이 교차하며 간섭을 일으키는 빛과, 기타의 전자파로 가득 차 있다. 우리가 살펴봤던 것처럼 모든 입자들 또한 파동이다. 이것은 현실 속에서 우리가 지각하는 물리적 대상과 그 밖의 모든 것이 간섭무늬로 이루어져 있음을 말하며, 이 사실은 우주가 홀로그램적인 성질을 지니고 있음을 부정할 수 없게 한다.

　최근의 실험을 통해서 또 다른 강력한 증거가 발견되었다. 1970년대 와서는 벨이 구상했던 두 입자 실험을 실제로 행할 수 있게끔 기술력이 발전했다. 그리고 많은 연구자들이 저마다 이것을 시도했다. 발견된 사실은 희망적이었으나 누구도 확정적인 결과는 얻어내지 못하고 있었다. 그러다가 1982년 파리 대학교 광학연구소의 물리학자 알랭 아스펙트, 장 달리바르(Jean Dalibard), 제라르 로저(Gerard Roger)가 이것을 해냈다. 먼저 그들은 레이저로 칼슘 원자를 때림으로써 쌍둥이 광자를 여

러 개 만들어냈다. 그 다음 각각의 광자를 6.5m 길이의 파이프를 통해
서로 반대편 방향으로 날아가게 하여 특수한 필터를 통과시키면 그 필
터는 광자를 2개의 편광분석기 중 하나를 향해 가도록 했다. 필터가 한
분석기에서 다른 분석기로 스위치하는 데는 100억 분의 1초가 걸렸다.
이것은 빛이 각 광자 쌍을 떼놓고 있는 13m 파이프의 전장을 지나가는
데 걸리는 시간보다 300억 분의 1초 짧은 시간이었다. 이 방법으로 아
스펙트와 그의 동료들은 광자가 그 어떤 알려진 물리적 작용을 통해서
도 서로 교신할 수 없도록 모든 가능성을 배제시킬 수 있었다.

아스펙트와 그의 동료들은 양자이론이 예측한 것처럼 과연 각각의
광자가 그것의 쌍이 되는 광자의 편광각과 자신의 편광각을 서로 일치
시킬 수 있다는 사실을 발견했다. 이것은 아인슈타인이 불가능하다고
선언한 초광속 교신이 일어났거나, 두 광자가 초공간적으로 상호연결
되어 있음을 의미했다. 대부분의 물리학자들은 물리학 속에서 초광속
적 현상을 용인하려 들지 않기 때문에 아스펙트의 실험은 일반적으로 2
개의 광자 사이의 연결성이 초공간적임을 사실상 증명한 것으로 받아
들여지고 있다. 그뿐 아니라 '모든' 입자들이 끊임없이 상호작용하여
서로 분리되곤 하기 때문에 영국 타인(Tyne)의 뉴캐슬 대학교의 물리
학자인 폴 데이비스(Paul Davis)가 논평하듯이 "그러므로 양자계의 초
공간적 성질은 자연계의 보편적인 성질이다."[13]

아스펙트의 발견은 봄의 우주 모델이 옳음을 입증해주지는 않지만
엄청난 뒷받침을 해주었다. 사실, 봄은 자신의 이론을 포함한 어떤 이
론도 절대적 의미에서 옳다고는 믿지 않는다. 모든 것이 단지 진리의
근사치일 뿐이며 무한하고 분할할 수 없는 영역에 발을 디딜 때 사용
하는 한정된 지도일 뿐이다. 그렇다고 해서 이것이 그가 자신의 이론
이 검증불가능하다고 느끼고 있음을 의미하지는 않는다. 그는 언젠가
는 기술이 발전하여 자신의 생각이 검증될 날이 올 것을 확신하고 있

다(이런 입장에 대한 비판에 대해 봄은 물리학 이론 중에는 '슈퍼스트링' 이론과 같이 아마도 수십 년 내에는 검증될 수 없는 이론들이 많이 있음을 지적한다).

물리학계의 반응

대부분의 물리학자들은 봄의 견해에 대해 회의적이다. 예컨대 예일 대학의 물리학자 리 스몰린(Lee Smolin)은 한마디로 봄의 이론이 '물리학적으로 크게 강력하지' 못하다고 말한다.[14] 그럼에도 봄의 지성은 세계적으로 존경받고 있다. 보스턴 대학의 물리학자 애브너 시모니(Abner Shimony)의 말이 이러한 견해를 대변한다. "나는 그의 이론을 이해할 수 없다는 것이 두렵다. 그의 이론은 분명히 하나의 비유인데, 문제는 이 비유를 문자적으로 어떻게 이해할 것이냐는 점이다. 그렇지만 그는 이 문제에 대해 정말 매우 심도 깊게 고찰했으며, 이 문제를 단순히 뒷전에 덮어두지 않고 물리학 연구의 전면에 부각되게끔 한 것은 엄청난 공헌이라고 생각한다. 그는 용기 있고 대담하며 상상력이 풍부한 사람이다."[15]

　이러한 회의론에도 불구하고 블랙홀에 관한 현대의 이론을 창시한 옥스퍼드 대학의 로저 펜로스(Roger Penrose)나, 양자이론의 개념적 토대를 세운 세계적 권위자 중의 한 사람인 파리 대학교의 베르나르 데스파냐(Bernard d'Espagnat), 그리고 1973년 노벨 물리학상 수상자인 케임브리지 대학교의 브라이언 조지프슨(Brian Josephson) 같은 쟁쟁한 학자들을 위시하여 봄의 견해에 공감하는 물리학자들도 많이 있다. 조지프슨은 봄이 주창하는 감추어진 질서가 언젠가는 과학의 틀 속에 신, 혹은 마음까지도 포함되어야 한다는 자신의 지론을 실현시켜주리

라고 믿는다.[16]

프리브램＋봄

합쳐서 볼 때 봄과 프리브램의 이론은 우주를 바라보는 새롭고 심오한 관점을 제공한다. '우리의 뇌는 궁극적으로는 다른 차원, 즉 시간과 공간을 초월한 심층적 존재차원으로부터 투영된 그림자인 파동의 주파수를 수학적인 방법으로 해석함으로써 객관적 현실을 지어낸다. 두뇌는 홀로그램 우주 속에 감추어진 홀로그램이다.'

이러한 종합적 결론이 프리브램에게는 객관적인 세계란 최소한 우리가 믿게끔 길들여져 있는 것과 같은 방식으로는 존재하지 않는다는 깨달음을 얻게 했다. '외부에' 있는 것들은 파동과 주파수의 광대한 대양이며, 이 파동과 주파수가 우리에게 현실처럼 느껴지는 것은 단지 우리의 두뇌가 이 홀로그램 필름과 같은 간섭무늬를 이 세계를 이루고 있는 막대기와 돌과 기타 친숙한 대상들로 변환시켜놓는 능력을 가지고 있기 때문이다. 두뇌(자체가 물질파로 이루어져 있는)가 어떻게 하여 파동들의 무늬처럼 실체가 없는 무엇을 딱딱하게 만져질 수 있는 어떤 것으로 느껴지게 할 수 있는 것일까? 프리브램은 이렇게 말한다. "베케시가 진동기를 사용하여 흉내냈던 종류의 수학적 과정이 우리의 뇌가 외부세계의 상을 지어내는 바탕원리다."[17] 달리 말하자면 도자기의 부드러운 촉감과 발바닥에서 느껴지는 해변의 모래의 촉감은 사실은 환상지(幻想肢) 증후군보다 약간 더 정교한 현상에 지나지 않는 것이다.

프리브램의 말에 의하면 이것은 도자기나 해변의 모래가 거기에 존재하지 않는다는 뜻이 아니라 단지 도자기라는 실체는 두 가지의 매우 다른 측면을 지니고 있음을 뜻한다. 그것이 두뇌의 렌즈를 통해 여과되면 하나의 도자기로서 모습을 나타내는 것이다. 그러나 그 렌즈를 제거할 수 있다면 우리는 그것을 하나의 간섭무늬로서 경험할 것이다. 어느 쪽이 현실이고 어느 쪽이 환상인가? 프리브램은 말한다. "나에게는 둘 다 현실이다. 아니, 달리 말하길 원한다면, 둘 다 현실이 아니다."[18]

사물의 이러한 성질은 도자기에만 국한된 것이 아니다. 우리 자신이라는 현실 또한 매우 다른 두 가지 측면을 지니고 있다. 우리는 자신을 공간 속을 움직이는 물리적 객체로 볼 수 있다. 혹은 우리 자신을 홀로그램 우주 전반에 깃들어 있는 간섭무늬로 볼 수도 있다. 봄은 이 두 번째 시각이 오히려 더 옳을지도 모른다고 믿는다. 왜냐하면 우리 자신을 홀로그램 우주를 '바라보고' 있는 홀로그램 마음/두뇌라고 생각하는 것 또한 허구화, 즉 본질적으로 불가분한 두 사물을 분리하려는 시도이기 때문이다.[19]

이것이 이해하기 어렵다고 고민할 필요는 없다. 전일성이라는 개념을 홀로그램 속의 사과와 같이 외부에 있는 사물에서 이해하기는 비교적 쉽다. 일을 어렵게 만드는 것은 이 경우 우리가 홀로그램을 바라보고 있는 것이 아니라는 점이다. 우리 자신이 홀로그램의 일부인 것이다.

어렵다는 것은 봄과 프리브램이 우리의 사고방식 속에 얼마나 급진적인 변혁을 일으켜놓으려고 하는지 알려주는 또 하나의 표시이기도 하다. 하지만 그뿐만이 아니다. 두뇌가 외부에 대상을 지어낸다는 프리브램의 주장도 봄의 또 다른 결론에 비하면 그 의미가 퇴색된다. 즉, '우리는 시간과 공간까지도 지어낸다'는 것이다.[20] 하지만 이 같은 관점이 시사하는 의미도 앞으로 봄과 프리브램의 사상이 다른 분야 학자들의 연구에 미친 영향을 살펴보는 동안 검토될 많은 주제들 중 하나에 지나지 않는다.

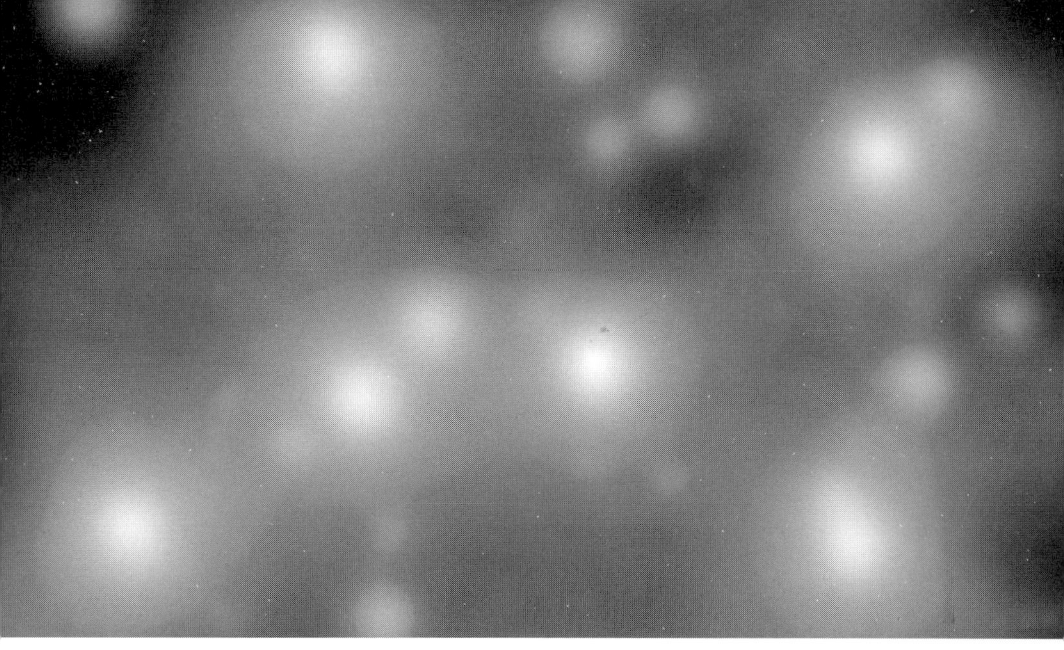

제 2 부

마음과 신체

3

홀로그램 모델과 심리학

정신의학과 정신분석학의 전통적 모델은 순전히 개인적이고 개인사적(個人史的)인 범주를 벗어나려 하지 않지만, 현대의 의식연구는 거기에 새로운 수준과 영역, 차원들을 보태 놓았으며 인간의 정신이 본질적으로는 온 우주, 온 만물과 상응한다는 사실을 보여주고 있다.

—— 스타니슬라브 그로프 《두뇌를 초월하여 *Beyond the Brain*》 중에서

홀로그램 모델이 영향을 끼친 연구분야들 중 하나는 심리학이다. 이것은 놀라운 일이 아니다. 왜냐하면 봄이 지적했듯이 의식 자체가, 그가 '불가분의 유동(流動, undivided and flowing movement)'이라는 말로써 의미하는 것의 완벽한 본보기이기 때문이다. 인간 의식의 유동을 정확하게 정의할 수는 없지만 의식은 우리의 생각과 사상이 그 속에서 펼쳐져 나오는 근원적 실체라고 볼 수 있다. 반면, 이 생각과 사상들은 흐르는 시냇물 속의 소용돌이 물결처럼 어떤 것은 계속 일어나서 다소간 안정적으로 남아 있는가 하면 어떤 것은 무상하여 나타나자마자 이내 사라져버리기도 한다.

홀로그램 개념은 또 둘 이상의 개인들의 의식 사이에서 가끔씩 발생하는, 설명할 수 없는 연결성에도 조명을 비춰준다. 그러한 연결성의 가장 잘 알려진 예 중의 하나는 스위스의 정신의학자 칼 융(Carl Jung)의 집단무의식이라는 개념 속에 구체적으로 나타나 있다. 융은 정신과 의사 경력 초기의 경험을 통해 환자들의 꿈, 창작물, 공상, 환시 등에는

전적으로 그들의 개인적인 과거사에서 비롯된 것이라고만 볼 수 없는 상징이나 사상들이 담겨 있음을 확신하게 되었다. 그런 상징들은 오히려 세계의 위대한 신화나 종교 속의 이미지나 주제들과 더 밀접히 닮아 있었다. 융은 신화, 꿈, 환상, 종교적 계시 등이 모두 동일한 근원, 즉 모든 사람들이 공유하고 있는 집단무의식으로부터 나오는 것이라고 결론지었다.

융으로 하여금 이러한 결론을 내리게 한 사건은 1906년 발생했는데, 그것은 편집적 정신분열증을 앓고 있는 한 청년의 환상과 관련된 것이었다. 어느 날 융은 회진 중에 이 청년이 창문 앞에 서서 태양을 응시하고 있는 것을 발견했다. 그는 또 이상한 몸짓으로 고개를 좌우로 까딱거리고 있었다. 융이 그에게 무엇을 하고 있느냐고 묻자 그는 자신이 태양의 남근을 바라보고 있으며, 그가 고개를 까딱거리면 태양의 남근이 움직이고, 그로 인해 바람이 분다고 설명했다.

그 당시에는 융도 그 청년의 주장을 한낱 공상의 산물로 생각했다. 그러나 몇 해 후 우연히 2000년 묵은 페르시아 경전의 번역본을 보게 되었는데, 이것이 그의 마음을 바꾸어놓았다. 그 경전에는 계시능력이 생기게 하는 일련의 의식과 주문 내용이 나와 있었다. 거기에는 한 가지 계시가 소개되어 있었는데, 그것은 피계시자가 태양을 바라보면 태양에 매달려 있는 대롱을 볼 것인바, 그 대롱이 시계추처럼 왔다갔다 움직이면 그것이 바람을 일으키리라고 적혀 있었다. 정황으로 미루어 보아, 그 청년이 이 의식내용이 담긴 경전을 보았을 가능성은 지극히 희박하였으므로 융은 그 청년의 환상이 단지 그 개인의 무의식으로부터 나온 것이 아니라고 결론지었다. 그것은 더 심층적인 차원, 즉 인류의 집단무의식 그 자체로부터 거품처럼 떠오른 것이다. 융은 그런 이미지들을 '원형(原型, archetype)'이라 불렀고, 그것은 매우 오래 된 것이어서 마치 우리 각자가 무의식 어딘가에 깊이 숨어 있는 200만 년을 산 사람의 기억을 지니고 있는 것과도 같다고 믿었다.

융의 집단무의식이라는 개념이 심리학에 엄청난 파문을 일으켰음에도 불구하고, 그리고 지금도 이름 모를 수천 명의 심리학자와 정신의학자들이 그것을 받아들이고 있음에도 불구하고, 현재 우리의 우주에 대한 이해수준으로는 그런 것이 존재하는 메커니즘을 설명하지 못한다. 그러나 홀로그램 모델이 예측한 만물의 상호연결성은 여기에 한 가지 설명을 제공한다. 만물이 무한히 상호연결되어 있는 그런 우주에서는 모든 개체의식들 또한 상호연결되어 있다. 겉보기와는 달리 우리는 한계가 없는 존재들인 것이다. 혹은, 봄이 말하듯이 "인류의 의식은 깊은 차원에서 하나다."[1]

만일 우리 각자가 전 인류의 무의식적 지혜에 접근할 수 있다면 우리는 왜 모두 걸어다니는 백과사전이 되지 못하는가? 뉴욕 주 트로이에 있는 렌설레어 폴리테크닉 연구소의 심리학자 로버트 M. 앤더슨 주니어(Robert M. Anderson, Jr.)는, 그것은 우리가 기억과 직접 관련된 정보만을 감추어진 질서로부터 *끄집어낼* 수 있기 때문이라고 믿고 있다. 앤더슨은 이 선택적인 작용을 '차별적 공명'이라고 부르고, 그것을 소리굽쇠가 '오직' 비슷한 구조와 모양과 크기를 가지고 있는 소리굽쇠하고만 공명한다는 사실에 비유한다. "차별적 공명 때문에 우주의 감추어진 홀로그램 구조 속의 거의 무한한 '이미지' 중에서도 상대적으로 극히 일부에만 개인의 의식이 접근할 수 있다. 그러므로 100년 전에 깨달은 사람들이 이 통합적인 의식층에 다다랐을 때 상대성 이론을 받아적지 못했던 것은 그들이 아인슈타인과 동일한 환경에서 물리학을 공부하지 않았기 때문이다"라고 앤더슨은 말한다.[2]

꿈과 홀로그램 우주

감추어진 질서라는 봄의 개념이 심리학에 적용될 수 있다고 믿는 또 다른 학자는 뉴욕 브루클린에 있는 메이모나이즈 의료센터 꿈 연구소의 창립자이며, 역시 뉴욕에 있는 아인슈타인 의과대학의 임상정신과 명예교수인 정신의학자 몬태규 울만(Montague Ullman)이다. 울만이 홀로그램 모델에 대해 처음으로 관심을 가지게 된 것도 이 모델이 모든 인간은 홀로그램적 질서구조 속에서 상호연결되어 있음을 시사해주고 있기 때문이었다. 그로서는 이 같은 생각에 관심이 끌릴 만한 충분한 이유가 있었다. 그는 1960년대에서 1970년대에 걸쳐 서문에서 언급했던 ESP 꿈 실험을 지휘했다. 메이모나이즈 의료센터에서 행해진 ESP 꿈 연구는 인간이 최소한 꿈 속에서는 현재로서는 설명되지 않는 방식을 통해 다른 사람들과 의사소통할 수 있음을 보여주는 훌륭한 실험적 증거를 제공한 것으로 지금까지도 평가받고 있다.

그 중 전형적인 한 실험에서는, 보수를 받는 자원자(아무런 영적 능력이 없는)를 연구소의 한 방에서 잠자게 하고 다른 방에서는 다른 사람이 임의로 선택된 그림에 의식을 집중하여 자원자가 꿈 속에서 그 그림 속의 이미지를 보게 만들도록 애쓰게 했다. 어떤 때는 결과가 시원치 않았다. 그러나 어떤 때는 자원자가 분명히 그림과 관련된 내용의 꿈을 꾸었다. 예를 들면, 실험의 대상으로 택한 그림이 한 무더기의 뼈를 가운데 놓고 이빨을 드러내고 으르렁거리는 두 마리의 개가 그려져 있는 타마요의 '짐승들'이라는 작품이었을 때, 자원한 피험자는, 연회에 갔는데 고기 요리가 모자라서 손님들이 모두 자기 몫을 먹으면서도 서로 다른 사람들을 경계하여 눈을 희번덕거리고 있는 광경을 꿈꾸었다.

또 다른 실험에서는 한 남자가 창문을 통해 파리의 스카이라인을 내다보고 있는 밝은 채색의 그림인 샤갈의 '창문 밖의 파리'가 선택되었다. 이 그림에는 몇 가지 특이한 장면이 있었는데, 그것은 사람의 얼굴을 한 고양이, 공중을 날고 있는 작은 사람들, 꽃으로 덮인 의자 등이었다. 며칠 밤을 지낸 중에 피험자는 프랑스어, 프랑스식 건축물, 프랑스 경찰모자, 프랑스식 옷을 입은 한 남자가 프랑스의 한 마을의 다양한 '층들(layers)'을 응시하고 있는 모습 등을 되풀이해서 꿈꾸었다. 꿈 속의 일부 이미지들은 이 그림의 다채로운 색채나 기이한 특징들과 구체적으로 연관된 것들이었는데, 즉 꽃 주위를 나는 벌떼의 이미지, 사육제 마지막날의 연회에 가장무도복을 입고 나온 사람들의 모습과 같은 밝은 색조의 장면 등이었다.[3]

울만은 이러한 발견들이 봄이 말하는 배후에 감춰진 상호연결성의 증거라고 믿지만, 꿈의 또 다른 측면에서는 홀로그램적 전일성의 더욱 심오한 증거들을 발견할 수 있다고 느끼고 있다. 그것은, 꿈꾸는 상태에서는 가끔 우리의 자아가 깨어 있는 상태의 자아보다 훨씬 더 지혜로워질 수 있다는 사실이다. 예컨대 울만은 자신의 정신분석 임상사례를 통해, 깨어 있는 상태에서는 완전히 무지몽매하며 인색하고 이기적이고 오만하고 폭발적이고 전횡적이어서 대인관계가 분열적이고 비인간적인 환자가 있었는데, 그러나 그가 아무리 영적으로 무지하여 자신의 결점을 인정하려 들지 않는 사람이라 할지라도 꿈은 여지없이 그의 잘못을 정직하게 지적하고, 자신을 더 잘 이해하는 상태로 부드럽게 이끌기 위한 것으로 보이는 상징들을 보여준다고 말한다.

게다가 이런 꿈은 한 번에 그치는 일회성의 것이 아니다. 울만은 치료과정 중에 환자가 자신에 대한 진실을 인식하고 수긍하기에 실패하면 그 진실은 꿈을 통해 거듭거듭 되풀이해서 나타나며, 그것은 환자의 과거 경험들과 결부되어 다양한 상징적 가면을 쓰고 나타나지만 언제나 그로 하여금 진실을 깨달을 새로운 기회를 제공하려는 분명한 의도를 띠고 나타난다는 사실을 알게 되었다.

사람은 꿈이 깨우쳐주는 바를 무시하고 평생을 살 수도 있기 때문에 울만은 이 끈질긴 자기감시 작용이 단지 개인의 안녕만을 위해서가 아닌 어떤 것이라고 믿는다. 즉, 그는 이것을 종의 생존을 보살피는 자연의 작용이라고 믿는다. 그는 또 전일성의 중요한 의미에 대해 봄과 같은 입장을 가지고 있어서, 꿈이란 이 세계를 낱낱이 분리시켜 놓으려는 우리의 끝도 없는 충동에 대한 자연의 반사적 작용방식이라고 믿는다. "한 개인은 협동적이고 가치 있고 사랑하는 것들로부터 떨어져서도 생존할 수 있지만 국가는 그런 사치를 누릴 수가 없다. 우리가 국적, 종교, 경제, 혹은 무엇으로든지 인류를 갈갈이 분열시켜놓은 그 모든 방식들을 극복할 수 있는 방법을 배우지 않는 한 우리는 급기야는 그 모두를 파멸시킬 수 있는 상황에 처하지 않을 수 없게 될 것이다. 그것을 극복할 수 있는 유일한 길은 우리가 자기 자신의 개인적 존재를 어떻게 분열시키는지를 살피는 것이다. 꿈은 우리의 개인적인 경험을 반영한다. 그러나 나는 그것이 종을 보존하려는, 종의 연결성을 유지하려는 배후의 더 큰 의지가 존재하기 때문이라고 생각한다"고 울만은 말한다.[4]

우리의 꿈 속에 거품처럼 떠오르는 끊임없는 지혜의 흐름은 대체 어디서 오는 것일까? 울만은 자신도 그것을 모른다고 말한다. 하지만 한 가지 견해를 제시한다. 감추어진 질서가 어떤 의미에서는 무한한 정보의 원천을 뜻한다면, 아마도 그것이 이 큰 지혜의 원천이 아닐까 하는 것이다. 어쩌면 꿈은 지각되는 질서와 드러나지 않은 질서 사이의 가교일지도 모르며, 꿈이란 곧 '감추어진 것으로부터 드러난 것으로의 자연적인 변환'[5]을 뜻하는 것인지도 모른다. 만일 울만의 말이 맞다면 그것은 꿈에 대한 전통적인 정신분석학의 견해를 뒤집는 것이다. 왜냐하면 그렇다면 꿈의 내용이란 개인의 인격의 원초적인 기층으로부터 의식으로 부상하는 무엇이 아니라 오히려 그 정반대가 사실이 될 것이기 때문이다.

정신질환과 감추어진 질서

울만은 정신질환의 다른 몇 가지 측면들도 홀로그램 개념으로 설명할 수 있다고 믿는다. 봄과 프리브램도 시대에 걸쳐 신비가들이 보고하는 체험들―예컨대 우주와의 합일체험, 즉 모든 생명과의 일체감 등―이 감추어진 질서에 대한 묘사와 매우 유사해 보인다는 사실에 주목했다. 그들은 이 신비가들이 어쩌면 일상적인 드러난 현실을 넘어서 실재의 더욱 심층적이고 홀로그램적인 본질을 맛보았을지도 모른다는 견해를 보인다. 울만은, 정신질환자들도 홀로그램적 차원의 현실의 특정 측면들을 체험할 수 있는 능력을 가지고 있다고 믿는다. 그러나 그들에게는 자신의 체험을 합리적으로 종합하는 능력이 없기 때문에 이러한 체험들은 슬프게도 신비가들이 보고하는 것들의 모방 수준에서 그치고 만다.

예컨대 정신분열증 환자들은 종종 우주와 일체가 된, 대양과도 같은 느낌을 느낀다고 보고하지만 그것은 마술적, 망상적인 방법을 통해서다. 그들은 자신과 타인 사이의 경계를 알 수 없게 되는 느낌을 이야기하는데, 이 때문에 그들은 자신의 생각이 더 이상 개인적이지 않다고 생각하게 된다. 그들은 다른 사람의 생각을 읽을 수 있다고 믿는다. 그리고 종종 사람이나 물체나 관념들을 개체적인 것으로 보지 않고 그보다 더 큰 집합의 일원으로, 또 그것은 그보다 더 큰 집합의 일원으로 보는데, 이러한 특징은 그들이 경험하고 있는 현실의 홀로그램적 속성을 표현하는 한 방식으로 보인다.

울만은 정신분열증 환자들이 자신의 분열되지 않은 전일성의 느낌을 그들이 시간과 공간을 바라보는 방식을 통해 전달하려고 애쓴다고 믿는다. 연구에 의하면 정신분열증 환자들은 종종 어떤 관계의 역(逆)을 원래의 관계와 동일하게 취급한다는 것이 밝혀졌다.[6] 예컨대 정신분열증 환자의 사고방식에 의하면 '사건 A가 사건 B 다음에 일어난다'고 말하는 것은 '사건 B가 사건 A 다음에 일어난다'고 말하는 것과 동일하다. 어떤 종류의 시간적 순서로든 간에 어떤 사건이 어떤 사건의 다음에 일어난다는 생각은 의미가 없다. 왜냐하면 시간축 위의 모든 시점들이 동일하게 보이기 때문이다. 공간적 관계에서도 마찬가지다. 어떤 사람의 머리가 어깨 위에 있다면 그의 어깨도 머리 위에 있다. 사물은 마치 홀로그램 필름 속의 이미지처럼 더 이상 정확한 위치를 갖지 않으며, 공간적 상관관계는 의미를 잃어버리는 것이다.

울만은 조울증 환자에게서는 홀로그램적 사고의 특정 측면이 더욱 뚜렷하게 나타난다고 믿는다. 정신분열증 환자는 단지 홀로그램적 질서의 냄새만 맡지만 조울증 환자는 그 속에 더 깊이 들어가 그 무한한 가능성과 장엄하게 합일한다. "그는 너무나 압도적으로 밀려오는 모든 사념과 아이디어들을 감당하지 못한다. 그는 자신의 확대된 시야를 소화하지 못하고 거짓말을 하고 감정을 숨기고 조작해야 한다. 물론 그 결과는 대개 혼돈과 혼란이며, 그 속에서 가끔씩 상식적인 현실 속으로 창조력과 성공이 튀어나온다"고 울만은 말한다.[7] 한편 조울증 환자가 이 초현실적인 휴가여행에서 돌아오면 그는 다시 위험과 기회로 뒤범벅된 잡다한 일상사에 부딪혀 절망하고 만다.

꿈 속에서는 누구나 감추어진 질서의 단면들을 접한다는 것이 사실이라면 이러한 조우가 왜 우리에게는 정신질환자들만큼 깊은 영향을 미치지 않는 것일까? 울만은, 그 이유 중의 하나는 우리가 잠에서 깰 때, 꿈의 그 독특하고 도전적인 논리를 뒤에 남겨두고 나오기 때문이라고 말한다. 정신질환자는 자신의 의식상태 때문에 일상적 현실 속에서 기능하려고 애쓰는 한편 그 비현실적인 논리와 씨름하지 않을 수 없는 것이다. 울만은 또한 우리들 대부분은 꿈을 꿀 때 자신이 감당해낼 수 있는 이상으로 감추어진 질서를 접하지 않도록 자신을 보호하는 자연적인 메커니즘을 지니고 있다고 설명한다.

자각몽과 병존우주들

최근 몇 해 동안 심리학자들은 '자각몽(自覺夢, lucid dream)'에 부쩍 관심을 기울이고 있다. 이것은 꿈꾸는 사람이 완전히 의식이 깨어 있어서 자신이 꿈을 꾸고 있다는 사실을 알고 있는 독특한 종류의 꿈이다. 이런 자각적인 특징과 더불어 자각몽은 다른 몇 가지 독특한 성질을 가지고 있다. 꿈꾸는 사람이 주로 수동적인 참여자로 머무는 일반적인 꿈과는 달리 자각몽에서는 꿈꾸는 사람이 종종 여러 방법으로 꿈을 통제할 수 있다. 즉, 상황을 재설정하여 악몽을 유쾌한 꿈으로 바꾼다거나, 특정 개인이나 상황을 마음대로 불러내는 등으로 말이다. 자각몽은 또 보통 꿈보다 매우 생생하여 생기로 가득 차 있다. 자각몽에서는 대리석 바닥이 소름끼치게 단단하고 현실적이며, 꽃들은 현기증이 날 정도로 화려하고 향기롭다. 그리고 모든 것이 진동하며 이상할 정도로 에너지로 충전되어 있다. 자각몽을 연구하는 학자들은 그것이 개인적 성장을 촉진할 새로운 길로 인도하여 자기확신을 키우고 정신적, 육체적 건강을 증진시키며 문제를 창조적으로 해결할 수 있게 한다고 믿고 있다.[8]

1987년 워싱턴 D.C.에서 열린 꿈 연구학회의 학술모임에서 물리학자 프레드 앨런 울프(Fred Alan Wolf)는 강연을 통해 홀로그램 모델이 이 신기한 현상을 해명하는 데 도움을 줄 수 있다고 주장했다. 그 자신도 가끔 자각몽을 꾸는 울프는 한 장의 홀로그램 필름이 실제로는 두 가지의 상을 만들어낸다는 사실을 지적했다. 즉, 필름 뒤의 공간에 있는 것처럼 보이는 허상과, 필름의 전방에 나타나는 실상이다. 이 둘의 차이 중 하나는 허상을 만드는 광파는 초점, 혹은 광원처럼 보이는 것 '으로부터' 발산되는 것처럼 보인다는 것이다. 이것은 착각이다. 왜냐하면 홀로그램의 허상은 거울 속의 상과 마찬가지로 공간 속에 자리를 차지하지 않기 때문이다. 그러나 홀로그램의 실상은 하나의 초점'으로' 모이는 광파에 의해 형성되며, 이것은 착각이 아니다. 실상은 공간 속에 자리를 차지한다. 불행히도 일반적인 홀로그램 사진술에서는 이 실상에 대해 거의 관심을 두지 않는다. 왜냐하면 빈 공간 속에 나타나는 상은 보이지 않으며 오직 그 속에 먼지 입자가 떠 있거나 담배연기를 불었을 때만 보이기 때문이다.

울프는 모든 꿈이 내적인 홀로그램이며, 일반적인 꿈은 허상이기 때문에 덜 생생하다고 믿는다. 그러나 그는 두뇌도 실상을 만들어내는 능력이 있으며 우리가 자각몽을 꿀 때 작용하는 두뇌의 방식이 바로 그것이라고 생각한다. 자각몽이 기이할 정도로 진동하는 느낌을 주는 것은 파동이 퍼져나가기 때문이 아니라 모이기 때문이라는 것이다. "이 파동이 초점에 집중되는 곳에 '관찰자'가 있으면 그 관찰자는 그 광경 속에 스며들게 될 것이고 초점에 집중된 장면은 그를 그 속에 '포함시킬' 것이다. 이런 방식으로 꿈의 체험은 '생생하게' 나타난다"고 울프는 설명한다.[9]

울프도 프리브램과 마찬가지로 우리의 마음이 베케시가 연구한 것과 같은 종류의 작용을 통해 '외부'에 현실이라는 환상을 만들어낸다고 믿는다. 그는 이 작용이 또한 자각몽을 꾸는 사람으로 하여금 대리석 바닥이나 꽃이 그것의 소위 '객관적' 상응물과 마찬가지로 생생하고 실제적으로 느껴지는 주관적 현실을 만들 수 있게 하는 작용이라고 믿는다. 사실 그는 이 자각몽 현상이야말로 외부 세계와 머릿속에 들어 있는 세계가 별로 다른 점이 없을지도 모른다는 사실을 암시해주고 있다고 생각한다. "지각이 깨어 있을 때 그렇듯이 관찰자와 관찰되는 것이 분리되어, 이것은 관찰 대상이고 이것은 관찰자다, 라고 말할 수 있다면 이 '자각몽'을 과연 주관적인 것이라고 보아야 할지는 의심스럽다"고 울프는 말한다.[10]

울프는 자각몽(그리고 어쩌면 모든 꿈)이 사실은 병존우주(parallel universes)를 방문한 것이라는 가설을 편다. 그것들은 더 크고 더 포괄적인 우주적 규모의 홀로그램 속에 있는 작은 홀로그램들인 것이다. 그는 심지어 자각몽 능력을 병존우주 지각능력이라고 부르는 편이 더 정확하리라는 의견을 제시한다. "나는 그것을 병존우주 지각이라고 부른다. 왜냐하면 나는 이 병존우주들이 마치 홀로그램 속의 각기 다른 상들과 같은 방식으로 떠오른다고 믿기 때문이다."[11] 이 생각과, 꿈의 궁극적 본질에 대한 다른 비슷한 생각들을 이 책의 뒷부분에서 더 깊이 살펴볼 것이다.

무한 지하철 속의 히치하이크

집단무의식으로부터 이미지를 꺼내 올 수 있다는 생각, 심지어 병존하는 꿈의 우주를 방문한다는 생각조차도 홀로그램 모델에 영향받은 또 다른 저명한 학자의 결론에 비하면 아무것도 아니다. 그는 매릴랜드 정신의학연구소의 연구소장이며 존스 홉킨스 의대의 정신과 조교수인 스타니슬라브 그로프(Stanislav Grof)다. 비일상적인 의식상태에 대한 30년 이상의 연구 끝에 그로프는 우리의 정신이 홀로그램적 상호연결성을 통해 여행할 수 있는 탐험로는 광대하기 이를 데 없다고 결론내렸다. 그것은 사실상 끝이 없다는 것이다.

그로프는 모국인 체코슬로바키아의 프라하에 있는 정신의학연구소에서 환각제인 LSD의 임상적 용도를 연구하던 1950년대에 비일상적 의식상태(nonordinary states of consciousness)에 관심을 갖게 되었다. 그의 연구목적은 LSD가 치료용도에 사용될 수 있는지 알아내는 것이었다. 그로프가 연구를 시작했을 당시 대부분의 과학자들은 LSD 체험을 기껏해야 스트레스 반응, 즉 두뇌가 유독한 화학물질에 반응하는 방식 정도로밖에 보지 않았다. 그러나 그로프가 환자의 체험 기록을 살펴봤을 때 거기서 그는 그 어떤 반복적인 스트레스 반응도 찾아볼 수 없었다. 그 대신 여러 차례 반복된 환자의 치료과정 중 일관하여 이어지는 확연한 연결성이 발견되었다. "경험의 내용은 불연속적이고 제멋대로가 아니라 갈수록 심층화되어가는 무의식의 연속적 전개를 드러내는 것처럼 보였다"고 그로프는 말한다.[12] 이것은 반복적인 LSD 투여가 이론과 실제면에서 정신치료에 중요한 쓰임새를 갖고 있음을 암시했고, 그로프와 그의 동료들에게 연구를 계속해볼 필요성을 부추겨주었다. 그 결과는 놀라웠다. 연속된 LSD 투여가 정신치료 과정을 촉진시킬 수 있으며 여러 가지 장애들을 치료하는 데 필요한 시간을 단축시켜준다는 사실이 곧 확인되었다. 여러 해 동안 환자를 괴롭혀온 정신적 충격이 발산되어 치료되었고 가끔은 정신분열증과 같은 심각한 상태도 치료되었다.[13] 그러나 그보다 더욱 놀라운 것은, 많은 환자들이 신속히 자신의 병과 관련된 관심사를 넘어서서 서양 심리학에서는 밝혀지지 않은 영역으로 옮겨간다는 사실이었다.

공통적인 경험은, 자궁 속의 경험을 다시 되살린다는 것이었다. 처음에 그로프는 그것이 단지 상상 속의 경험일 것이라고 생각했다. 그러나 증거가 자꾸 누적되자 그는 그 체험묘사 속에 담겨 있는 발생학적 지식이 환자가 이전에 그 방면에서 교육받은 수준을 종종 능가한다는 사실을 깨달았다. 환자들은 어머니의 심장박동음의 특징, 즉 자궁 속에서 감지되는 음향현상의 성질, 태반 속의 혈액순환에 관한 구체적 사실, 심지어는 진행되고 있는 다양한 세포적, 생화학적 작용들까지도 자세히 묘사했던 것이다. 그들은 또 어머니가 임신 중에 가졌던 중요한 생각과 느낌, 그녀가 겪었던 신체적 충격 등의 사건들도 묘사했다.

그로프는 이러한 환자의 주장들을 가능한 한 늘 추적하여 조사했고 몇 가지 사례에서는 어머니와 관련 인물들에게 설문하여 그것이 사실임을 입증할 수 있었다. 이 연구 프로그램에 대비하여 훈련받던 중 탄생 이전의 기억을 체험한 정신의학자, 심리학자, 생물학자들도(그 연구에 참가한 모든 요법가들도 몸소 몇 번씩 LDS 심리치료 과정을 거쳐야 했다) 그 체험의 확실성에 비슷한 놀라움을 표했다.[14]

그 중에서도 가장 당혹스러웠던 것은, 환자의 의식이 일상적 에고의 경계 너머로 확장되어 다른 생명체나, 심지어 다른 무생물로 추측되는 것들을 탐사하게 되는 경험이었다. 예컨대, 그로프는 한 여자환자를 치료하고 있었는데 갑자기 그녀는 자신이 선사시대의 파충류 암컷이 되었다고 확신하게 되었다. 그녀는 그 형체 속에 들어 있는 느낌이 어떤지 매우 자세히 묘사했을 뿐 아니라 그 생물의 수컷의 해부학적 부위 중에서도 성적인 흥분을 유발시키는 것은 머리 옆부분의 색깔 있는 비늘 부분임을 발견했다. 이 여자는 이전에 그런 지식이 전혀 없었는데 그로프가 후일 동물학자에게 물어본 결과 파충류의 어떤 종은 실제로 머리의 색깔 있는 부분이 성적 흥분을 일으키는 데 중요한 역할을 한다는 사실을 확인했다.

환자들은 또 그들의 친척이나 조상들의 의식 속에 들어갈 수도 있었다. 한 여인은 어머니의 세 살 적 느낌을 경험했고 어머니가 그 당시 겪었던 충격적이고 공포스러운 사건을 정확히 묘사했다. 나중에 어머니는 이 모든 내용이 사실임을 증언했고, 이전에 누구에게도 그것을 말한 적이 없었다고 했다. 다른 환자들도 수십 년, 심지어 수백 년 전 조상들이 겪었던 사건들을 마찬가지로 정확하게 묘사해냈다.

그 밖에 인종적, 집단적 기억에 접하는 경우도 있었고 슬라브계의 어떤 사람은 칭기즈칸의 몽골 유목민 정복에 참가한 경험과 칼라하리 사막의 부시맨과 함께 초월상태에서 춤추는 경험, 호주 원주민들의 입문의식 체험, 그리고 아스텍의 희생제물로서 죽음을 맞은 체험 등을 겪었다. 그리고 흔히 그들의 이야기에는 그들의 교육정도나 인종, 관련 방면에 대한 이전의 지식 등에 비추어볼 때 너무나 비범한 수준의 지식과, 밝혀지지 않은 역사적 사실들이 포함되어 있었다. 예컨대 한 무지한 환자는 이집트인들이 미라를 만들고 방부처리하는 관습에서 사용하는 기술을 매우 상세히 이야기했고, 다양한 부적과 관의 형태와 의미, 그리고 미라 옷을 맞추는 데 사용된 재료목록, 미라 붕대의 크기와 모양, 그리고 기타 이집트 장례의식의 비의적인 의미들을 자세히 설명했다. 또 다른 사람은 극동지역의 문화권으로 동화해들어가 일본, 중국, 티베트의 민족성을 묘사했을 뿐 아니라 도가와 불가의 다양한 가르침들까지도 언급했다.

그로프의 LSD 피험자들이 체험할 수 있는 것에는 한계가 없어 보였다. 그들은 진화계통상의 모든 동물, 심지어 식물의 느낌까지도 알 수 있는 능력을 가진 것 같았다. 그들은 적혈구, 원자, 태양 내부의 핵융합반응, 지구의식, 심지어 우주의식까지도 경험할 수 있었다. 그뿐 아니라 그들은 시간과 공간을 초월할 수 있는 능력을 보여주었고 가끔은 섬뜩할 정도로 정확한 예지적 정보까지 말했다. 이보다 더욱 기이한 일은, 그들이 때때로 이 대뇌의 여행 중에 인간이 아닌 지적 존재, 즉 육신을 떠난 존재, 더 높은 차원으로부터의 영적인 인도, 기타 초인간적 존재들과도 조우했다는 사실이다.

또 경우에 따라서 환자들은 다른 우주, 다른 차원의 현실로 보이는 곳으로 여행했다. 우울증이 있는 한 청년은 매우 힘들었던 한 치료과정에서 자신이 다른 차원계에 있는 것을 깨달았다. 그곳은 기분 나쁜 냉광을 띠고 있었고 아무도 보이지 않는데도 육신을 떠난 존재들로 가득 차 있는 듯한 느낌을 받을 수 있었다. 갑자기 그는 바로 자기 곁에서 어떤 존재를 감지했다. 그리고 놀랍게도 그것이 그에게 텔레파시로 말을 걸어왔다. 그것은 그에게 크로메리츠 지방의 모라리아에 살고 있는 한 부부를 만나 그들의 아들 라디슬라프가 아무 탈없이 잘 지내고 있다는 사실을 전해달라고 부탁했다. 그리고 그 존재는 부부의 이름과 주소, 전화번호를 알려주었다.

그 정보는 그로프나 청년과는 아무런 상관이 없었고 청년의 병이나 치료와도 전혀 무관해 보였다. 하지만 그로프는 그것을 마음 속에서 지울 수 없었다. 그로프는 이렇게 말한다. "잡다한 느낌이 교차하고, 약간 망설인 끝에 나는 동료들의 조롱거리가 될 것이 틀림없는 짓을 감행하기로 결심했다. 나는 전화기로 가서 크로메리츠의 전화번호를 돌렸다. 그리고 라디슬라프를 바꿔달라고 했다. 놀랍게도 전화를 받은 여자가 울기 시작했다. 감정을 진정시킨 그녀는 흐느끼는 목소리로 말했다. '우리 아들은 더 이상 여기 없어요. 그는 죽었어요. 3주 전에 세상을 떠났답니다.'"[15]

1960년대에 그로프는 매릴랜드 정신의학연구소에 자리를 얻어 미국으로 갔다. 이 연구소도 마침 LSD의 정신치료 용도에 대해 용의주도한 연구를 진행 중이었기 때문에 그로프는 연구를 계속해나갈 수 있었다. 이 연구소에서는 다양한 정신질환자들에 대한 반복적인 LSD 투여과정의 효과를 살피는 것과 아울러서 그것이 '정상적인' 자원자들—의사, 간호사, 화가, 음악가, 철학자, 과학자, 신부, 신학자 등—에게 미치는 효과도 연구했다. 여기서도 그로프는 같은 종류의 현상이 거듭 반복되는 것을 발견했다. LSD는 마치 인간의 의식을 무의식의 깊숙한 지하세계에 존재하는 무한한 지하철망, 터널과 우회로로 이루어진 일종의 미로에 접하게끔 해주는 것 같았다. 그 지하철망은 문자 그대로 우주 속의 만물을 다른 모든 것들과 구석구석 연결해주고 있었다.

1회에 최소한 5시간 이상 이어진 3000회 이상의 LSD 투여실험을 마치고, 동료들이 행한 2000회 이상의 투여과정에 관한 기록을 연구한 후 그로프는 흔들리지 않는 확신으로 뭔가 비범한 일이 일어나고 있음이 틀림없다고 결론짓게 되었다. "나는 여러 해에 걸쳐 관념적 투쟁과 혼란을 겪은 후 LSD 연구 데이터들이 심리학, 정신의학, 의학, 그리고 과학 전반의 기존 패러다임을 급진적으로 개편해야 할 시급한 필요성을 조명해줄 수 있다고 결론지었다. 이제 나는 우주, 실재의 본질, 특히 인간 존재에 대한 현재의 이해도는 피상적이고 부정확하며 불완전하다는 것을 거의 의심하지 않는다"고 그로프는 말한다.[16]

그로프는 개인적 인격의 일상적 경계를 초월하는 경험 및 현상들을 지칭하는 '초개아적(超個我的, transpersonal)'이라는 용어를 만들어내고, 1960년대 후반에 심리학자이자 교육자인 에이브러햄 매슬로(Abraham Maslow)를 비롯하여 비슷한 생각을 가진 몇몇 전문가들과 함께 심리학의 새로운 분야인 '초개아심리학(transpersonal psychology)'을 창시했다.

실재를 바라보는 현재의 우리의 시각이 초개아적인 사건들을 설명하지 못한다면 과연 어떤 새로운 이해가 그 자리를 대신할 것인가? 그로프는 그것이 홀로그램 모델이라고 말한다. 그가 지적하듯이 초개아적 체험의 핵심적 특징―모든 분리성이 환상이라는 느낌, 부분과 전체의 구분이 모호해짐, 그리고 만물의 상호연결성―들이 모두 홀로그램 우주 속에서라면 발견을 예측할 수 있는 속성들이다. 거기에 덧붙여, 그는 홀로그램적 세계 속에서의 시간과 공간의 접힌 성질은 초개아적 체험이 왜 일상적인 공간, 혹은 시간적 한계로써 경계지어지지 않는지 설명해준다고 느낀다.

그로프는 홀로그램이 거의 무한한 양의 정보를 저장하고 끄집어낼 수 있는 용량 또한 예지, 환상, 그리고 기타의 '심리학적 게슈탈트(gestalt)*' 등이 모두 한 개인의 인격과 관련된 엄청난 양의 정보를 담고 있는 이치를 설명해준다고 생각한다. 1회의 LSD 투여과정에서 경험하는 한 장면의 이미지가 그 개인의 인생관, 어린 시절에 겪었던 정신적 충격, 자신이 얼마나 자긍심을 갖고 있는지, 부모에 대해 어떻게 느끼고 있는지, 결혼에 대해 어떤 느낌을 품고 있는지에 관한 정보를 모두 담고 있을 수도 있다. 이 모든 것이 그 장면의 전체적 상징 속에 구체화되어 있는 것이다. 이러한 경험은 또 다른 측면에서 홀로그램적이다. 즉, 장면 속의 각각의 작은 부분들이 정보의 전체상을 담고 있을 수 있다는 것이다. 그래서 그 장면의 세부 내용들을 이리저리 자유롭게 연관시키고, 기타 분석적 기법을 가하면 그 사람에 관한 부가정보가 홍수처럼 쏟아져나오게 할 수도 있는 것이다.

원형적 이미지(archetypal image)의 복합적인 성질은 홀로그램 개념을 그 모델로 삼을 수 있다. 그로프가 말하듯이, 홀로그램 사진술은 여러 번의 노출을, 예컨대 대가족의 모든 구성원들 각각의 모습을 하나의 필름에 담는 것을 가능케 한다. 이렇게 하고 나면 현상된 필름 위에는 가족 중의 한 사람이 아니라 그 모두를 동시에 대표하는 이미지가 담겨

---

*게슈탈트 : 모든 경험은 어떤 통합적인 구조성, 혹은 패턴으로 형성되는데 이것을 게슈탈트라고 한다. 그것은 그 전체의 요소들로부터 추론해낼 수도, 그 요소들의 단순총합으로 간주할 수도 없는 고유한 성질을 지니고 있다.(역주)
게슈탈트 심리학 : 독일에서 개발된 심리학의 한 학파. 모든 경험은 게슈탈트로 이루어지며 어떤 상황에 대한 유기체의 반응은 그 상황 속의 특정 요소들 각각에 대한 반응의 총합이 아니라 완전하고 분석 불가능한 전체라고 본다.(역주)

있는 것이다. "그야말로 복합적인 이 이미지는 초개아적 체험형태의 하나인 우주적인 남성, 여성, 모성, 부성, 연인, 사기꾼, 바보, 순교자 등의 원형적 이미지의 절묘한 모델을 제공한다"고 그로프는 말한다.[17]

각 피사체를 찍을 때마다 각도를 약간씩 변화시켜서 찍으면 이 필름은 그것들의 복합적인 상을 한꺼번에 보여주는 것이 아니라 한 상에서 다른 상으로 흘러가듯 변해가는 일련의 홀로그램을 보여줄 수 있다. 그로프는 이것이 무수한 이미지들이 빠른 순서로 마치 마술처럼 나타났다가 사라지고 다음 이미지가 나타나는 환상체험의 또 다른 측면을 설명해준다고 믿고 있다. 그는 홀로그램 사진술이 원형체험의 무수히 다양한 측면들의 훌륭한 모델이 될 수 있다는 사실이 원형이 형성되는 방식과 홀로그램 작용 사이에 깊은 연관성이 있음을 암시하는 것이라고 생각한다.

실제로 그로프는 사람이 비일상적 의식상태를 경험할 때면 거의 어김없이 어떤 감추어진 홀로그램적 차원에 대한 증거물이 수면 위로 떠올라오곤 하는 것이라고 느낀다.

감추어진 질서와 드러난 질서라는 봄의 개념과, 일상적인 조건에서는 실재의 중요한 특정 측면들에 접근하여 경험하거나 연구할 수 없다는 생각은 비일상적 의식상태에 대한 이해와 직결된다. 다양한 형태의 비일상적 의식상태를 체험한 사람들(다양한 교육적 배경의, 세련되고 수준 높은 과학자를 포함한)이 종종 보고하는 바에 의하면 그들은 어떤 의미에서는 일상적 현실의 내부에 함장되어 있고 어떤 의미에서는 일상을 초월해 있는, 그리고 신빙성 있어 보이는 숨겨진 현실 영역 속으로 들어갔었다고 말한다.[18]

홀로트로픽 요법

아마도 그로프의 가장 주목할 만한 발견은 LSD를 복용한 사람들이 보고하는 것과 동일한 현상을 어떤 종류의 약물에도 의존하지 않고 경험할 수 있다는 사실일 것이다. 이와 같은 목적을 위해 그로프와 그의 부인 크리스티나는 이 '전체지향적(holotropic)* 의식상태', 즉 비일상적인 의식상태를 유도하는, 약물을 쓰지 않는 단순한 기법을 개발했다. 그들은 전체지향적 상태의 의식을 존재의 모든 측면들을 연결하고 있는 홀로그램적 미로에 들어갈 수 있는 의식상태로 정의한다. 여기에는 개인의 생물학적·심리학적·종족적·영적 역사와 세계의 과거·현재·미래, 다른 차원의 현실, 그리고 LSD 체험의 내용에서 이미 논의된 기타의 모든 경험들이 포함된다.

그로프는 그들의 기법을 '전체지향적 요법'이라 부르고 단지 빠르고 통제된 호흡과 유도적인 음악, 마사지나 신체적 압박만을 사용하여 변성된 의식상태(altered state of consciousness)를 유도한다. 지금까지 수천 명이 그들의 워크숍에 참석하여 이전에 그의 LSD 연구에 참여한 사람들이 보고한 것만큼이나 모든 면에서 극적이고 깊은 정서적 체험들을 보고하고 있다. 그로프는 자신의 현재의 작업과 그 방법에 대한 자세한 설명을 그의 저서 ≪자아발견의 모험 *The Adventure of Self-Discovery*≫에서 묘사하고 있다.**

---

*그리스어로 전체, 즉 전일성을 뜻하는 holo와 무엇을 지향한다는 뜻인 tropic을 합성하여 만든 신조어.(역주)

**그로프 박사는 최근의 저서 ≪우주의 게임 *Cosmic Game*≫에서 최근까지의 연구결과를 집대성하여 전체지향적 의식상태의 체험이 제시하는 격조 높은 홀로그램적 우주관을 그려 보여주고 있다.

사념의 소용돌이와 다중인격

사고작용 자체의 다양한 측면들을 설명하는 데도 많은 학자들이 홀로그램 모델을 사용해왔다. 예컨대 뉴욕의 정신과 의사 에드거 A. 레벤슨(Edgar A. Levenson)은 정신치료 중에 사람들이 자주 경험하는 갑작스럽고 강력한 변화를 이해하는 데 홀로그램이 가치 있는 모델을 제공한다고 믿는다. 그는 그러한 변화가 치료자가 어떤 기법과 어떤 정신분석법을 사용하는가와는 무관하게 일어난다는 점에 자신의 결론의 근거를 두고 있다. 그래서 그는 모든 정신분석법이 순전히 의식(儀式)에 불과한 것이고 변화는 전혀 다른 어떤 것에서 기인하는 것이라고 느끼고 있다.

레벤슨은 그것이 공명이라고 믿는다. 치료자는 치료과정이 순탄할 때는 언제나 그것을 직감한다고 그는 말한다. 알쏭달쏭한 패턴을 가진 조각들이 바야흐로 모두 제자리에 맞춰질 것이라는 강한 예감을 느끼는 것이다. 치료자는 환자에게 아무런 새로운 이야기도 하지 않지만 환자가 무의식적으로 이미 알고 있는 무엇인가와 공명하고 있는 듯하다. "마치 환자의 경험이 3차원적으로 부호화된 거대한 상징물이 치료과정 중에 자라나는 것 같다. 거기에는 그의 삶, 그의 과거, 치료자와 함께하는 치료과정의 모든 측면들이 망라된다. 어떤 시점에서 일종의 '과부하'가 일어나고, 모든 것이 제자리에 떨어진다."[19]

레벤슨은 이 같은 경험의 3차원적 상징물이 환자의 정신 속에 깊이 파묻혀 있는 홀로그램이며, 치료자와 환자 사이의 느낌의 공명이 이것을 다중화상 홀로그램으로부터 특정 화상이 나타나게 하는 방법과 비슷한 방식으로 출현하게 만든다고 믿고 있다(그 상을 찍을 때 사용된 주파수와 동일한 주파수의 레이저 광선을 다중화상 홀로그램 필름에 비추면 그 상만 나타난다). "홀로그램 모델은, 중요하다고는 늘 알려져 있었지만 정신치료 '기술'에만 맡겨졌던 임상적 현상들을 인식하고 연결짓는 새로운 방법을 제공해줄지도 모르는 급진적으로 새로운 패러다임을 제시한다. 그것은 정신치료 기법을 더욱 명확하게 해줄, 변화를 위한 이론적 틀과 실질적 전망을 제공한다."[20]

뉴욕의 윌리엄 앨런슨 화이츠 정신의학연구소 부소장인 정신과 의사 데이비드 샤인버그(David Shainberg)는 사념이 강물 속의 소용돌이 물결과도 같다는 봄의 주장을 문자 그대로 이해해야 하며, 이것이 우리의 신념이나 태도가 때로는 고정되어 변화를 거부하게 되는 이유를 설명할 수 있다고 느낀다. 연구 결과에 의하면 소용돌이 흐름은 흔히 놀라울 정도로 안정되어 있다는 것이 밝혀졌다. 목성의 붉은 점은 지름 2만5000 마일이 넘는 거대한 가스 소용돌이로서, 300년 전 처음으로 발견된 이래 변하지 않은 채 그대로 남아 있다. 샤인버그는 바로 이러한 안정지향적 속성이 때때로 특정한 사념의 소용돌이(우리의 생각이나 견해)가 우리 의식 속에 고착되어 있게끔 만든다고 믿는다.

그는 이런 소용돌이의 거의 영원한 불변성이 종종 우리가 인간으로서 성장하는 데 걸림돌로 작용한다고 느낀다. 매우 강력한 소용돌이는 우리의 행동을 지배하며, 새로운 아이디어나 정보를 소화 흡수하는 능력을 저하시킬 수 있다. 그것은 우리로 하여금 같은 일을 되풀이하게 하고, 의식의 창조적 흐름 속에 장애물을 만들며 우리 자신의 전일성을 발견하는 것을 방해하고 우리를 타인들로부터 분리되어 있다고 느끼게 만들 수 있다. 샤인버그는 소용돌이 모델이 심지어는 핵무기 경쟁 같은 일들까지도 설명할 수 있다고 믿는다. "핵무기 경쟁을 다른 인간 존재들과의 연결감을 느끼지 못하고 분리된 자아 속에 고립된 인간의 탐욕으로부터 솟아오르는 소용돌이로 생각해보라. 그들 또한 그들만의 공허감을 느끼며 그것을 메우기 위해 얻을 수 있는 모든 것을 탐한다. 그리하여 핵산업이 번창한다. 왜냐하면 그들은 많은 돈을 갖다 바치기 때문이다. 그리고 그런 사람들은 그 거대한 탐욕 때문에 자신들의 행위가 일으킬 결과에 대해서는 관심이 없다.”[21]

샤인버그는 봄과 마찬가지로 우리의 의식이 감추어진 질서로부터 끊임없이 펼쳐져 나온다고 믿는다. 그리고 같은 소용돌이가 반복적으로 형성되도록 놓아둔다면 그것은 우리 자신이 이 만물의 무한한 근원과 영원히 나눌 수 있는 긍정적이고 차원 높은 상호작용을 가로막는 장벽을 쌓고 있는 것이라고 그는 느낀다. 우리가 놓치고 있는 것을 한순간이나마 엿보려면 아이들을 바라보라고 그는 권한다. 아이들은 아직 사념의 소용돌이를 형성시킬 시간을 갖지 못했으므로 세상과 개방적으로 유연하게 상호작용하는 그들의 태도 속에 이것이 반영되어 나타난다. 샤인버그의 말에 의하면 아이들의 반짝거리는 생기발랄함은 아무런 저항을 받지 않을 때 자유자재로 펼쳐지고 접히는 의식의 성질의 진수를 보여준다.

샤인버그는, 자신의 고정된 사념의 소용돌이를 인식하려면 자신이 대화 중에 취하는 행동을 세심히 살펴보라고 권한다. 고정관념을 가진 사람들은 다른 사람들과 대화할 때 자신의 견해를 고집하고 방어함으로써 자신의 입장을 정당화하려고 애쓴다. 그들은 새로운 정보에 접한 결과 자신의 판단을 변화시키는 일이 거의 없으며, 진정한 의미의 대화를 나눈다는 것에 대해서는 거의 무관심하다. 의식의 흐르는 성질에 대해 열려 있는 사람은 그러한 사념의 소용돌이에 의해 고착되어 있는 대인관계를 알아차리는 일에 더 열성적으로 나선다. 그들은 지겨운 고정관념을 끊임없이 되뇌는 것보다는 대화를 통해 인간관계를 탐사하는 데 더 관심이 있다. “인간의 반응과, 그 반응의 분석, 그 반응에 대한 피드백으로서의 조치, 그리고 다양한 반응들 간의 관계를 밝혀내는 것은 인간이 감추어진 질서의 흐름 속에 참여하는 방식이다”라고 샤인버그는 말한다.[22]

감추어진 질서의 몇 가지 특징을 띠고 있는 또 다른 심리학적 현상은 다중인격장애(MPD ; multiple personality disorder)다. MPD는 둘 이상의 구별되는 인격이 한 몸 속에 살고 있는 기이한 증후군이다. 이 병의 희생자, 즉 다중인격자는 보통 자신의 상태를 인식하지 못한다. 그들은 각기 다른 인격들 사이에서 자기 몸의 통제권이 왔다갔다한다는 사실을 깨닫지 못하고 자신이 모종의 기억상실증이나 혼동, 혹은 기억을 잃어버리는 마법에 걸린 것이라고 생각한다. 대부분의 다중인격자는 평균적으로 여덟 내지 열세 가지의 인격을 지니고 있지만 소위 초다중인격자는 백 가지 이상의 하위인격을 가지고 있을 수도 있다.

다중인격자들에 대한 매우 시사적인 통계 중의 하나는 그들의 97%가 어린 시절에 흔히 매우 끔찍한 심리적·성적·신체적 학대의 형태로 심한 정신적 충격을 겪었다는 사실이다. 이것이 많은 학자들로 하여금 다중인격자가 되는 것은 영혼을 으깨는 듯한 극심한 고통에 정신이 대항하는 한 가지 방식이라고 결론짓게 만들었다. 정신은 여러 개의 인격으로 나누어짐으로써 말하자면 고통을 포장하여 떼놓을 수 있고, 하나의 인격으로써는 견디기 힘든 일을 몇 개의 인격으로 하여금 감당해내게 하는 것이다.

이런 의미에서 볼 때 다중인격자는 봄이 분열(fragmentation)이란 용어로써 의미하는 바의 궁극적인 예가 될지도 모른다. 정신이 자신을 부분화할 때 그것은 조각난 사금파리의 파편처럼 되는 것이 아니라 고유한 처세술과 동기와 욕망을 지닌, 자립적이고 완전한 작은 전체들의 집합이 된다는 점이 흥미롭다. 이 전체들은 원래 인격의 똑같은 복제물은 아니지만 원래 인격의 행태와 연결되어 있으며, 이 사실 자체가 여기에는 모종의 홀로그램적 작용이 개입되어 있음을 시사한다.

분열은 결국 언제나 파괴적인 결과를 가져온다는 봄의 주장은 이 증후군에서도 뚜렷이 나타난다. 다중인격자가 되는 것이 견디기 힘든 어린시절을 견뎌나오게 하기는 해도 그것은 일단의 불쾌한 부작용들을 초래한다. 여기에는 우울증, 초조, 공포에 기인한 공격성, 공포, 심장과 순환기의 장애, 원인불명의 메스꺼움, 유사편두통, 자해적인 성향, 그리고 기타 수많은 정신적·육체적 장애가 포함된다. 놀랍게도, 대부분의 다중인격자들은 시계처럼 어김없이 28세~35세 사이에 증세가 진단되는데, 이것은 모종의 내부경고 시스템이 이 연령대에 들어와서 꺼져버림을 시사하며, 그래서 진단받는 것이 긴급하며 도움이 필요함을 경고하는 것인지도 모르는 일종의 '우연의 일치'다. 이런 견해는 진단을 받지 않고 40대에 이르는 다중인격자들이 흔히 자신이 빨리 도움을 청하지 않으면 회복될 가망이 영 없어질 것이라는 느낌을 느꼈다는 사실에서 나온 것이다.[23] 고통당하는 정신이 자신을 분열시킴으로써 일시적인 이득을 얻기는 하지만 인간은 정신적·육체적인 건강, 심지어는 어쩌면 생존의 문제까지도 여전히 전일성에 의존하고 있음이 분명하다.

다중인격장애의 또 다른 기이한 성질은 각 다중인격들이 서로 다른 뇌파 패턴(brain-wave pattern)을 소유하고 있다는 사실이다. 이것은 놀라운 일이다. 왜냐하면 이 현상을 연구했던 국립보건연구소의 정신의학자 프랭크 푸트남(Frank Putnam)이 지적하듯이 일반적으로 사람의 뇌파 패턴은 정서적 극한상황에서조차 변하지 않기 때문이다. 인격에 따라서 변하는 것은 뇌파 패턴뿐만이 아니다. 혈액순환 패턴, 근육의 긴장상태, 심장박동수, 자세, 심지어 알레르기 반응조차도 다중인격자가 한 인격으로부터 다른 인격으로 변할 때마다 덩달아 변한다.

뇌파 패턴은 어떤 단일 뉴런이나 한 그룹의 뉴런에만 국한적으로 관련되어 나타나는 것이 아니라 뇌의 전반적인 성질이기 때문에 이것 또한 모종의 홀로그램 메커니즘이 작용하고 있음을 암시한다. 다중화상 홀로그램이 수십 가지의 전체 장면을 저장하고 투사할 수 있는 것과 똑같이 어쩌면 두뇌의 홀로그램도 이와 비슷한 다수의 전체인격을 저장하고 불러낼 수 있는지도 모른다. 달리 말하면, 어쩌면 우리가 '자아'라고 부르는 것 또한 홀로그램이며, 다중인격자의 두뇌가 하나의 홀로그램 자아로부터 다른 홀로그램 자아로 변신할 때 이 슬라이드 영사기의 화면 바꾸기와 같은 작용이 신체 전반뿐만 아니라 뇌파 활동 속에서 일어나는 전반적인 변화 속에도 반영되는 것인지 모른다.(그림 10) 다중인격자가 한 인격에서 다른 인격으로 옮겨갈 때 일어나는 생리적인 변화는 심신의 상관관계에 대해서도 심오한 시사점을 던져주고 있으며, 이것은 다음 장에서 더 깊이 논의될 것이다.

실재라는 직물에 나 있는 구멍

융의 큰 공헌 중의 또 한 가지는 동시성(synchronicity)이라는 개념을 정립한 것이다. 이 책의 첫머리에서 언급했듯이 동시성이란 한낱 우연

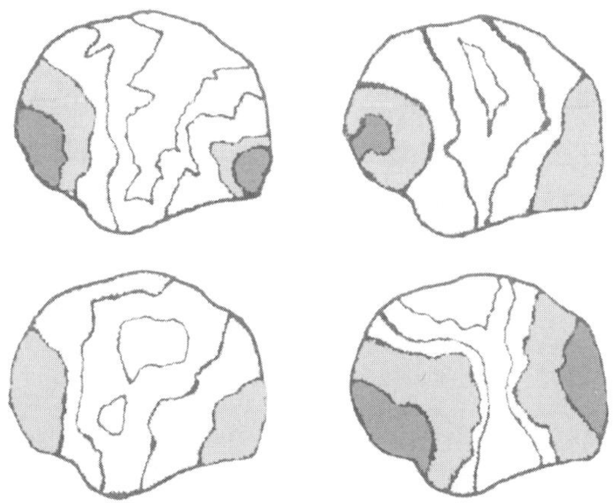

그림 10. 다중인격장애를 겪는 한 개인의 네 가지 하위인격의 뇌파 패턴. 두뇌는 수십, 혹은 심지어 수백 가지의 인격을 한 신체 내에 수용하는 데 필요한 엄청난 정보를 홀로그램의 원리로 저장할 수 있는 것일까?(미국 임상최면협회 저널에 베네트 G. 브라운이 게재한 기사의 그림을 저자가 옮겨 그림.)

으로 치부해버리기에는 너무나 기이하고 의미 깊은, 사건의 공교로운 일치다. 우리는 누구나 한 번쯤은 이러한 동시성을 경험해본 적이 있다. 예컨대 단어 하나를 새로 배웠는데 몇 시간 후에 그 말이 뉴스 시간에 사용되는 것을 듣게 된다든가, 어떤 알쏭달쏭한 문제를 생각하고 있는데 다른 사람이 그에 관한 이야기를 하고 있는 것을 발견하는 것 등이다.

몇 년 전 나는 로데오 경기의 쇼맨인 버팔로 빌과 관련된 일련의 동시성 체험을 한 적이 있다. 나는 아침에 일어나서 글을 쓰기 전에 가끔씩 텔레비전을 켜놓고 가벼운 운동을 한다. 1983년 1월의 어느 날 아침, 나는 게임 쇼가 방영되는 시간에 팔굽혀펴기를 하고 있었다. 그러다가 나도 모르게 갑자기 "버팔로 빌!" 하고 소리쳤다. 처음에 나는 왜 그런 소리를 냈는지 영문을 몰랐다. 그러다 곧 그 게임 쇼의 사회자가 이런 질문을 던졌다는 것을 깨달았다. "윌리엄 프레데릭 코디(William Frederick Cody)의 다른 이름은 무엇입니까?" 그 쇼 프로그램을 귀담아 듣지도 않고 있었는데 어떤 이유에서인지 나의 무의식은 이 질문에 조준하여 대답을 던진 것이다. 그때는 그 일에 대하여 크게 마음을 두지 않았다. 몇 시간 지난 후 한 친구로부터 전화가 걸려 왔는데 그는 친구와 서로 자기가 옳다고 다투고 있는 연극/영화에 관한 시시껄렁한 퀴즈의 답을 혹시 내가 아는지 물어왔다. 문제 내용을 한번 들어나보자고 말하자 친구가 던진 물음은, "존 배리모어(John Barrymore)가 죽기 전에 마지막으로 한 말은, '넌 버팔로 빌의 서자(庶子)가 아니냐?'이지? 이게 맞지?"였다. 버팔로 빌이라는 이름과 두 번째로 마주치게 된 것이 이상하다고는 생각했지만 그저 우연한 일이겠거니 하고 지나쳐버렸다. 그런데 그날 오후, 우편물 속에 ≪스미소니언Smithsonian≫지가 배달되어 그것을 뜯어보았는데, 주요 기사의 제목 중 하나가 '최후의 위대한 정찰병(Great Scout) 돌아오다'였다. 그것은…버팔로 빌에 관한 내용이었다(말 나온 김에 밝히자면 나는 친구의 퀴즈 문제에 대답하지 못했고, 그것이 배리모어가 남긴 최후의 말인지는 아직도 모른다).

이 경험은 믿을 수 없는 일이기는 했지만 그 중 의미 있어 보이는 유일한 점은 그것이 매우 일어나기 힘든 일이라는 사실이다. 그런데 단지 일어나기 힘든 일이라는 이유뿐만 아니라 인간정신 깊숙한 곳에서 일어나는 일들과의 명백한 상관성 때문에도 주목할 가치가 있는 또 다른 형태의 동시성도 존재한다. 그 고전적인 예로서는 융의 풍뎅이 이야기가 있다. 융은 삶을 너무나 철두철미하게 합리적으로 살려는 태도 때문에 치료효과가 잘 나타나지 않았던 한 여성을 돌보고 있었다. 만족스럽지 못했던 수차례의 진료 끝에 하루는 환자가 융에게 풍뎅이 꿈 이야기를 들려주었다. 융은 이집트 신화에서는 풍뎅이가 환생을 의미한다는 것을 알고 있었기 때문에 이것은 환자의 무의식이 그녀가 바야흐로 심리적 재탄생을 겪을 때가 왔음을 상징적으로 알려주고 있는 것이 아닐까 생각했다. 그가 이 사실을 그녀에게 막 이야기해주려던 찰나에 창문에 무엇이 부딪히는 소리가 들렸다. 그가 눈을 돌리자 유리창 밖에 황금빛과 초록빛을 띤 풍뎅이가 앉아 있었다(융이 사무실 창문에서 풍뎅이를 본 것은 그것이 처음이자 유일한 일이었다). 그는 그 꿈의 해석을 들려주면서 창문을 열어 풍뎅이가 사무실 안으로 들어오게 하였다. 환자는 너무나 놀란 나머지 자신의 지나치게 합리적인 태도를 누그러뜨렸고, 그때부터 그녀의 치료효과는 개선되기 시작했다.

융은 치료과정 중에 이 같은 의미심장한 우연을 무수히 마주쳤는데, 그것은 거의 항상 강한 감정적 경험과 변화를 동반한다는 사실에 주목했다. 즉, 신념의 변화, 갑작스럽고 새로운 통찰, 죽음, 탄생, 심지어 직업의 변화에 이르기까지 말이다. 그는 또 그것이 환자의 의식 속에 새로운 깨달음이나 통찰이 막 떠오르려고 하는 시점에 빈번히 나타나는 경향이 있음을 발견했다. 그가 확립한 이 개념이 널리 알려진 이후로는 다른 치료자들도 저마다 동시성 체험들을 보고하기 시작했다.

예컨대 융과 오랜 동료이며 취리히에서 일하는 정신의학자 칼 알프레드 마이어(Carl Alfred Meier)는 여러 해에 걸쳐 경험한 동시성 체험을 털어놓는다. 심한 우울증에 시달리고 있던 미국인 여성이 중국의 우창에서 먼 길을 여행하여 마이어의 치료를 받으러 왔다. 그녀는 외과의사로, 우창에 있는 선교병원장으로 20년 동안 일해왔다. 그녀는 또 중국문화에도 친숙하여 중국철학 전문가였다. 치료 받는 동안 그녀는 마이어에게 꿈 이야기를 했는데 꿈 속에서 병원 건물의 한쪽 날개가 파괴된 모습이 보였다고 말했다. 마이어는 그녀의 자아의식이 그 병원과 매우 깊게 뒤얽혀 있었기 때문에 그 꿈이 그녀의 자아감각, 즉 미국인이라는 정체성이 상실되고 있음을 암시하며, 그것이 우울증의 원인이라고 느꼈다. 그는 그녀에게 미국으로 돌아가기를 권했고, 그렇게 하자 예상대로 우울증은 금방 사라졌다. 마이어는 그녀가 떠나기 전에 무너진 병원의 모습을 자세히 스케치하게 했다.

몇 년 후 일본이 중국을 침략하여 우창병원을 폭격했다. 그 여자 환자는 부분적으로 파괴된 병원의 사진이 두 쪽에 걸쳐 실린 《라이프》지를 마이어에게 보내왔다. 그런데 그것은 9년 전 그녀가 그렸던 그림과 똑같았다. 그녀의 꿈이 지닌 매우 개인적이고 상징적인 메시지가 어떻게인지는 몰라도 그녀의 마음의 울타리 밖으로 넘쳐흘러서 물리적 현실 속으로 스며들었던 것이다.[24]

융은 동시성의 이 같은 놀라운 성질 때문에 그것이 우연한 사건이 아니라 실제로는 그것을 체험하는 개인의 심리작용과 관련된다고 확신하게 되었다. 우리의 정신 깊숙한 곳에서 일어나는 일이 어떻게 물리적 세계 속의 한 사건, 또는 일련의 사건들을 '야기할' 수 있는지 최소한 고전적인 의미에서조차도 이해할 수 없었으므로 그는 뭔가 새로운 원리, 즉 여지껏 과학계에 알려지지 않은 모종의 비인과적 연관성이라는 원리가 개입되어야만 한다는 견해를 내놓았다.

융이 이러한 생각을 처음으로 개진했을 때 대부분의 물리학자들은 이것을 진지하게 받아들이지 않았다(단지 뛰어난 물리학자인 볼프강 파울리(Wolfgang Pauli)만이 '정신의 본질과 해석'이라는 주제로 융과 공저해 집필할 필요성을 느낄 만큼 그 중요성을 인식했다). 그러나 비국소적 연결성의 존재가 확실해진 지금에 이르러서는 일부 물리학자들이 융의 생각에 새로운 시선을 보내고 있다.* 물리학자 폴 데이비스는 "이 '비국소적인' 양자효과야말로 그 어떤 형태의 인과적 상관관계도 있을 수 없는 사건들 사이에 연관성 — 더 정확히 말해서 상호연결성 — 을 지어준다는 의미에서 참으로 동시성의 일종이다"라고 말한다.[25]

동시성을 진지하게 받아들이는 또 다른 물리학자는 F. 데이비드 피트(F. David Peat)다. 피트는 융이 제시한 형태의 동시성은 실재할 뿐만 아니라 감추어진 질서를 뒷받침하는 증거를 보여준다고 믿는다. 봄의 견해에 의하면 의식과 물질이 외형상 서로 분리되어 있는 것처럼 보이는 것은 착각이며 그것은 의식과 물질이 순차적 시간과 드러난 대상의 세계 속으로 전개되었을 때만 일어나는 가공의 산물이다. 만물이 비롯되는 근원인 감추어진 질서 속에서는 마음과 물질 사이에 분리가 없다면, 현실 또한 이 깊은 연결성의 흔적으로 가득 차 있으리라고 생각하는 것은 하나도 이상할 것이 없다. 그러므로 피트는 동시성이 실재라는 직물에 생긴 '구멍', 즉 우리로 하여금 자연의 배후에 감춰져 있는 광대하고 귀일적(歸一的)인 질서를 흘긋이나마 엿볼 수 있게 하는 찰나적인 틈새라고 믿는다.

달리 말하자면 피트는 동시성 현상이 물리적 세계와 우리 내면의 심리적 현실 간에 분리란 존재하지 않는다는 사실을 계시해주고 있다고

---

*이미 말했듯이 비국소적 효과는 인과관계에 기인한 것이 아니므로 비인과적이다.

믿는 것이다. 그러므로 우리가 삶에서 동시성을 경험하는 일이 비교적 드물다는 사실은 우리가 의식의 전체 장으로부터 분리되어 있는 정도를 나타낼 뿐만 아니라 마음과 실재의 심층차원의 무한하고 눈부신 잠재력으로부터 우리가 자신을 얼마나 차단시켜놓고 있는지 보여주는 것이다. 피트에 의하면, 우리가 동시성을 체험할 때 실제로 체험하는 것은, "인간의 마음이 잠시 그 진정한 차원 속에서 작용함으로써 인간세계와 자연 너머로 확장하여 점점 더 섬세미묘해지는 차원들을 지나 마음과 물질의 근원을 통과하여 창조성 그 자체에 도달하는 것이다."[26]

이것은 놀라운 생각이다. 세계에 대한 우리의 상식적 관념은 열이면 열, 주관적 현실과 객관적 현실은 전혀 별개라는 가정에 뿌리를 두고 있다. 동시성이 우리에게는 그토록 당혹스럽고 불가사의하게 보이는 이유도 이 때문이다. 그러나 본질적으로 우리 내부의 심리작용과 물리적 세계 간에 어떤 분리도 없다면 우리는 단순히 우주에 대한 상식적 이해의 변화, 그 이상의 어떤 것에 단단히 대비해야 할 것이다. 왜냐하면 그것이 시사하는 바는 우리를 아찔하게 만들 것이기 때문이다.

그것이 시사하는 내용 중의 하나는, 객관적 현실이라는 것이 우리가 앞에서 의심해봤던 정도보다도 훨씬 더 꿈 같은 것이라는 사실이다. 예컨대, 당신이 직장상사 부부와 함께 저녁식사를 하고 있는 꿈을 꾸고 있다고 상상해보라. 경험을 통해서 알고 있듯이 꿈 속에 나오는 다양한 소도구들―테이블, 의자, 쟁반, 소금병, 후추병 등―은 서로 분리된 대상들처럼 보인다. 그 꿈 속에서 당신이 동시성을 체험하고 있다고 상상해보라. 예컨대 당신이 먹고 있는 음식 맛이 형편없어서 웨이터를 불러 그것이 무슨 요리냐고 물어봤더니 공교롭게도 그 요리의 이름이 당신 상사의 이름이었다든가 말이다. 당신은 그 요리의 맛이 당신이 상사에 대해 가지고 있는 솔직한 느낌을 드러내고 있음을 깨닫고 당황하여 자신의 '내면적' 자아의 한 측면이 어떻게 자신이 꿈꾸고 있는 '외부'

현실의 장면 속으로 넘쳐흘러 나올 수 있을까 의아해한다. 물론 꿈에서 깨자마자 당신은 그 동시성이 전혀 기이한 일이 아니었음을 깨닫는다. 왜냐하면 당신의 '내면적' 자아와 꿈 속의 '외부' 현실 간에는 사실상 아무런 분리도 없었기 때문이다. 이와 마찬가지로 당신은 꿈 속의 온갖 대상들이 외견상 분리된 것처럼 보였던 것도 역시 착각이었음을 깨닫는다. 왜냐하면 모든 것이 더 깊고 근본적인 질서, 즉 당신의 무의식이라는 분리되지 않는 전체에 의해 만들어졌기 때문이다.

정신세계와 물질세계 간에 분리가 없다면 이와 동일한 속성이 객관적 현실에도 똑같이 존재할 것이다. 피트에 의하면 이것은 물질우주가 환영임을 의미하지는 않는다. 왜냐하면 현실을 창조하는 데는 감추어진 질서와 드러난 질서 모두가 나름의 역할을 하기 때문이다. 그것은 개체성의 상실을 의미하지도 않는다. 그것은 장미꽃의 모습이 홀로그램 필름 속에 기록된다고 해서 상실되지 않는 것과 마찬가지다. 그것은 단지 우리라는 존재가 강물 속의 소용돌이 물결과도 같아서, 독특한 개성을 지니고 있으면서도 자연의 흐름으로부터 따로 떼놓을 수 없음을 의미할 뿐이다. 혹은 피트가 표현하듯이, "자아는 존속하되, 다만 의식 전체의 질서와 이어져 있는 한층 더 미묘한 움직임의 한 측면으로서 존속한다."[27]

이리하여 우리는 한 바퀴의 순환을 마친 셈이다. 즉, 의식이 객관적 현실 전체 —지구상 생명체들의 전체 역사, 세계의 종교와 신화, 그리고 적혈구와 별들의 운동— 를 담고 있다는 발견으로부터 물질우주 역시 그 씨줄과 날줄 속에 의식의 가장 내밀한 작용을 담을 수 있다는 사실의 발견에 이르기까지 말이다. 이것이 홀로그램 우주 속의 만물 간에 존재하는 깊은 상호연결성의 본질이다. 다음 장에서는 이러한 상호연결성이 홀로그램 개념의 다른 측면들과 더불어 건강에 대한 우리의 현재의 이해에 어떤 영향을 미칠지 탐사해볼 것이다.

4

홀로그램 신체의 노래

그대는 내가 누구인지, 내가 무엇을 말하는지 결코 모르리.
하지만 그럼에도 나는 곧 그대에겐 건강이라…

—월트 휘트만 〈자아의 노래 *Song of Myself*〉 중에서

프랭크라는 61세 노인은 매우 치명적인 종류의 후두암에 걸려, 살아남을 수 있는 확률이 5% 미만이라는 진단을 받았다. 그의 체중은 59kg에서 41kg으로 떨어졌다. 그는 극도로 허약해져서 침조차 겨우 삼킬 정도였고 숨을 쉬기도 힘들어했다. 실제로 그의 의사들은 방사선 치료조차 할 필요가 있을지 망설이고 있었다. 왜냐하면 그것이 그의 생존가능성을 눈에 띄게 높이기보다는 오히려 고통만 가중시킬 가능성이 불보듯 했기 때문이다. 하지만 그들은 결국 치료를 해보기로 결정했다.

그때 프랭크로서는 천만다행스럽게도, 텍사스 주 댈러스의 암 상담 연구센터의 의료감독이자 방사선 종양학자인 O. 칼 사이먼튼(O. Carl Simonton) 박사로부터 그의 치료에 참여하도록 초청을 받았다. 사이먼튼은 프랭크에게 환자 자신이 병의 치료경과에 영향력을 미칠 수 있음을 깨우쳐주었다. 그리고 그는 프랭크에게 자신과 동료들이 개발한 몇 가지 이완법과 심상화 기법을 가르쳐주었다. 그때부터 프랭크는 하루

에 세 번씩 쬐는 방사선이 암세포를 폭격하는 수백만 개의 에너지 탄알을 가지고 있다고 마음 속에 심상을 그리기 시작했다. 그리고 그는 자신의 암세포가 정상세포보다 더 약하고 혼란된 상태에 놓여 있어서 방사선 주사에 의한 손상으로부터 회복하지 못한다고 상상했다. 그리고 면역계통의 군사인 백혈구들이 몰려와서 죽어가는 암세포들을 포위하여 그것을 몸 밖으로 버리기 위해 간과 신장으로 실어내는 모습을 상상했다.

그 결과는 극적이어서, 단지 방사선 치료만을 받은 환자들에게 일반적으로 나타난 효과를 훨씬 능가했다. 방사선 치료는 마치 마술처럼 효과를 보였다. 프랭크는 방사선 치료에 흔히 수반되는 부작용―피부와 점막의 손상―을 거의 겪지 않았다. 그는 잃었던 체중과 체력을 회복했고, 단 2개월 만에 암의 모든 징후가 사라져버렸다. 사이먼튼은 프랭크의 놀라운 회복이 날마다 규칙적으로 한 심상화 훈련에 크게 기인했다고 믿는다.

한 추적조사 연구에서 사이먼튼과 그 동료들은 불치로 간주된 159명의 암환자들에게 심상화 기법을 가르쳤다. 이런 환자들의 기대 생존기간은 12개월이다. 4년 후 조사해본 결과 63명의 환자가 살아 있었다. 그들 중 14명은 병의 징후가 없었고, 12명은 종양이 퇴화되고 있었으며, 17명은 병이 정체상태였다. 전체 그룹의 평균 생존기간은 24.4개월로, 전국 평균치의 두 배 이상이었다.[1]

사이먼튼은 그 후에도 이와 비슷한 연구를 몇 번 행했는데, 모두 긍정적인 결과를 얻었다. 그처럼 긍정적인 발견에도 불구하고 그의 연구는 아직도 반론의 여지가 있다고 간주된다. 예컨대 회의론자들은 사이먼튼의 연구에 참여하는 자원자들은 '평균적인' 환자들이 아니라고 이의를 제기한다. 그들 중 많은 사람들이 그의 기법을 배우려는 다급한 목적으로 그를 찾아왔고, 이것은 그들이 이미 비범한 정도의 투병의지를 갖춘 사람들임을 입증한다는 것이다. 그럼에도 불구하고 많은 학자들이 사이먼튼이 얻어낸 결과가 그의 연구를 뒷받침할 만큼 충분히 설득력 있다고 인정하고 있으며 사이먼튼 자신도 캘리포니아 퍼시픽 팰리세이드에 자리한 성공적인 연구치료기관인 사이먼튼 암센터를 설립하여 온갖 질병과 싸우고 있는 환자들에게 심상화 기법을 가르치는 데 전념하고 있다. 심상화 기법의 치료적 활용성은 많은 사람들의 상상력을 사로잡아서, 최근의 조사 결과 이것이 암 치료의 대체요법으로서 네 번째로 많이 활용되는 기법임이 밝혀졌다.[2]

마음 속에서 그리는 심상이 어떻게 불치의 암과 같은 무서운 병에 영향을 미칠 수 있을까? 놀랄 것도 없이 이 현상 또한 홀로그램 두뇌 모델로 설명할 수 있다. 텍사스 주 댈러스에 있는 텍사스 대학 건강과학센터의 갱생과학 연구책임자이며, 사이먼튼이 사용하는 심상화 기법의 개발을 도왔던 과학자 중 한 사람인 심리학자 진 액터버그(Jeanne Achterberg)는 두뇌가 지닌 홀로그램적 상상력이 이것을 이해하는 열쇠라고 믿는다.

앞서 지적했듯이, 모든 경험은 본질적으로 단지 두뇌 속에서 일어나는 신경생리적 작용에 지나지 않는다. 홀로그램 모델에 따르면, 우리가 감정 따위는 내부적인 현실로, 새소리나 개 짖는 소리 등은 외부적인 현실로 경험하는 이유는, 우리가 현실로 경험하는 내부의 홀로그램을 만들어낼 때 그것을 위치시키는 곳이 바로 두뇌이기 때문이다. 그러나 또 이미 살펴봤듯이, 두뇌는 '외부에' 있는 것과 '외부에' 있다고 '믿는' 것을 항상 구분해낼 수 있는 것은 아니어서, 그것이 수족절단 수술을 받은 사람들로 하여금 환상지 현상을 경험하게 만든다. 달리 말하자면, 홀로그램식으로 작용하는 두뇌 속에서는 기억된 사물의 이미지는 사물 그 자체와 동일한 효과를 감각에 미칠 수 있는 것이다.

그것은 또, 사랑하는 사람과 포옹하는 장면을 상상할 때 심장이 뛰는 것을, 혹은 매우 공포스러운 기억을 떠올리면 손에 땀이 배어나는 것을 느껴본 사람이라면 누구나 직접 경험하는 일이지만, 신체의 생리에도 동일한 강도의 효과를 미친다. 얼핏 생각하면 신체가 상상한 사건과 실제의 사건을 항상 구분해내지는 못한다는 사실이 의아하게 느껴질 수도 있다. 그러나 홀로그램 모델을 염두에 둔다면, 즉 실제건 상상이건 간에 '모든' 경험은 홀로그램 방식으로 구성된 공통의 파형언어로 해석될 수 있다는 사실을 상기한다면 상황은 훨씬 더 명확해진다. 액터버그가 말하듯이, "우리가 심상을 홀로그램 방식으로 인식한다면 심상이 신체의 기능에 전능한 힘을 미친다는 것은 당연한 일이다. 심상, 행동방식, 그리고 생리적 수반효과는 동일한 현상의 한 단일화된 측면들이다."[3]

봄은 온 우주가 비롯되는 심층적, 초공간적 존재차원인 감추어진 질서라는 개념을 통해서 다음과 같은 자신의 견해를 비치고 있다. "모든 행위는 감추어진 질서 속의 어떤 의도에서 비롯된다. 상상은 이미 어떤 형체의 창조다. 그것은 이미 의도를 지니고 있고, 그것을 실현하는 데 필요한 모든 움직임의 씨앗을 품고 있다. 그리고 상상력은 신체 등에 영향을 미쳐서 감추어진 질서의 미묘한 차원으로부터 창조가 일어나 드러난 질서 속으로 펼쳐질 때까지 자신이 그 속을 관통하여 흐르게 한다."[4] 달리 말하면, 감추어진 질서 속에서는 두뇌 자체가 그런 것과 마찬가지로 상상과 현실이 본질적으로 구분 불가능하며, 그러므로 마음속의 상상된 이미지가 결국 신체상의 현실로 나타난다는 것은 별로 놀라운 일이 아니다.

액터버그는 상상을 통해 촉발되는 생리작용은 실제적 힘을 가지고 있을 뿐만 아니라 동시에 매우 구체적이라는 것을 발견했다. 예를 들면, '백혈구'라는 용어는 실제로는 여러 가지 다른 종류의 세포들을 의미한다. 한 연구에서 액터버그는 피험자로 하여금 몸 속에 한 가지 특정한 백혈구 수를 증가시키도록 훈련시킬 수 있는지 시험해보기로 했다. 이를 위해서 그녀는 한 그룹의 대학생들에게 백혈구 중 가장 많은 종류인 뉴트로필이라는 세포를 상상하는 방법을 훈련시켰다. 또 다른 그룹에게는 좀더 특수한 백혈구인 T - 세포를 상상하는 방법을 훈련시켰다. 시험 결과 뉴트로필을 상상한 그룹은 체내에 뉴트로필의 수가 현저히 증가했지만 T - 세포의 수는 변화가 없었다. T - 세포를 상상한 그룹에서는 이 세포의 수가 현저히 증가했고 뉴트로필의 수는 전과 같았다.[5]

액터버그는 신념이 또한 사람의 건강에 매우 중요한 역할을 한다고 말한다. 그녀가 지적하듯이 병원을 들락거려본 사람이라면 거의 누구나, 가망성이 없어서 집으로 돌려보내진 환자가―환자 자신은 그 사실을 믿지 않았다―결국 깨끗이 나아서 의사를 놀라게 만들었다는 식의 이야기를 한 번쯤은 듣는다. ≪치유과정에 작용하는 상상력 *Imagery in Healing*≫이라는 놀라운 책에서 그녀는 자신이 직접 목격한 이런 예를 몇 가지 이야기하고 있다. 그 중 하나는, 한 여성이 혼수성 마비증세로 입원했는데 아주 큰 뇌종양이 있다고 진단받았다. 그녀는 종양을 '들어내는' 수술을 받았지만 죽을 때가 다 됐다는 판단으로 더 이상의 방사선 치료나 화학치료를 받지 않고 집으로 돌려보내졌다. 그런데 그녀는 죽지 않고 오히려 날이 갈수록 더 건강해졌다. 그녀의 바이오피드백 치료를 맡았던 액터버그는 그 환자의 병의 경과를 지켜볼 수 있었다. 16개월이 지나자 그녀는 암의 징후를 전혀 보이지 않았다. 어떻게 된 일일까? 그녀는 보통 수준의 교육을 받았으므로 일반적인 의미의 지성을 갖추고 있었다. 그러나 그녀는 '종양'이라는 말의 의미, 즉 그것이 사망선고를 의미한다는 사실을 제대로 모르고 있었다. 그래서 그녀는 자신이 곧 죽게 되리라고 믿지 않고 여느 질병을 대하는 것과 마찬가지의 투병의지로 암을 극복해냈던 것이라고 액터버그는 말한다. 액터버그가 그녀를 마지막으로 보았을 때 그녀에게는 더 이상 마비증세가 없

었고 부목과 지팡이도 던져버린 후였다. 심지어 댄스파티에도 몇 번이나 참석했다고 한다.[6]

액터버그는 암이 일종의 사망선고임을 인식하지 못하는 정신박약아나 정서장애자에게는 암 발생률이 적다는 사실도 자신의 견해를 뒷받침한다고 주장한다. 미국 전체의 평균 암 사망률이 15~18%인데, 텍사스 주에 거주하는 이 두 그룹의 사람들 중에서는 4년 동안 단 4%만이 암으로 사망했다. 흥미로운 것은, 이 두 그룹의 사람들 중에서 1925년~1978년 백혈병 진단을 받은 사람은 한 명도 없었다. 미국 전체의 조사에서나, 영국, 그리스, 루마니아 등 다른 나라들의 조사에서도 비슷한 결과가 보고되었다.[7]

이러한 사실로부터 액터버그는 병을 앓는 사람들, 심지어 흔한 감기를 앓고 있는 사람들이라도 건강과 조화의 신념이나 이미지, 그리고 특정한 면역체계가 왕성한 활동을 하고 있는 심상의 형태로 건강의 '신경 홀로그램(neural hologram)'을 가능한 한 많이 만들어내야 한다고 생각한다. 그리고 건강에 부정적인 영향을 미치는 신념이나 심상을 몰아내고, 우리가 그리는 신체 홀로그램이 한낱 그림에 지나지 않는 것이 아님을 깨달아야 한다는 것이다. 이 신체 홀로그램에는 지적 이해, 의식적·무의식적 선입견, 두려움, 희망, 근심 등을 비롯하여 많은 종류의 정보가 담겨 있다.

부정적인 이미지를 자신 속에서 제거해야 한다는 액터버그의 권고는 잘 받아들여지고 있다. 왜냐하면 상상이 병을 만들어낼 수도 있고 그것을 고칠 수도 있다는 증거가 있기 때문이다. 베르니에 지겔(Bernie Siegel)은 그의 저서 ≪사랑, 의술, 기적*Love, Medicine, and Miracles*≫에서 환자가 자신이나 삶을 묘사하는 데 사용하는 정신적 이미지가 그들 자신의 건강상태를 지어내는 데 한몫 한다는 실례를 자주 목격한다고 말한다. 그 중에는 유방절제술을 받아야 할 환자가 '가슴에서 뭔가를 떼내야 한다'고 말한 예, 척추에 여러 개의 골수종양이 있는 환자가 '늘 척추가 없는 것처럼 느꼈다'고 말한 예, 그리고 어릴 때 아버지가 걸핏하면 '입 닥쳐!' 하며 자기의 목을 졸라 벌주었던 기억을 가진 후두 암 환자의 예 등이 있다.

때로는 심상과 병의 상관관계가 너무나 뚜렷해서 그 병을 앓고 있는 사람이 이 상관관계를 왜 깨닫지 못했는지 이해하기 힘든 경우도 있다. 예컨대 한 심리치료가는 수십 센티 길이의 죽은 내장을 제거하는 응급 수술을 받고 나서 지겔에게 이렇게 말했다고 한다. "수술을 받게 되어 서 기분이 좋아요. 나는 교수분석(teaching analysis)을 받고 있는 중인 데 속에서 온갖 욕지거리가 올라오는 것을 어떻게 할 수가 없었습니다. 안 그러면 그 더러운 것을 평생 속으로 삭히고 있든지 말이지요."[8] 이 와 같은 일들이 지겔로 하여금 거의 모든 질병이 최소한 어느 정도는 마음에서 비롯되는 것이라고 확신하게 했다. 그러나 그는 그렇다고 해 서 모든 병들이 단지 심인성이라거나 환상이라고는 생각하지 않는다. 그는 이런 경우들을 '신체와 상관된 현상(soma-significant)'이라고 부 르기를 좋아한다. 이 말은 이러한 상관관계를 함축하여 표현하기 위해 봄이 만들어낸 용어로서, '신체'를 의미하는 그리스어인 'soma'에서 만 들어낸 말이다. 모든 질병이 마음에서 그 뿌리를 찾을 수 있다는 생각 은 지겔에게는 전혀 골칫거리가 아니다. 그는 그것을 오히려 크나큰 희 망의 징조로 바라본다. 왜냐하면 사람이 병을 만들어낼 수 있다면 건강 도 또한 만들어낼 수 있을 것이기 때문이다.

심상과 질병 사이의 연관성은 그 잠재된 가능성이 무궁무진해서, 환 자가 지닌 심상을 통해서 그 환자가 생존할 기대치까지도 예측해낼 수 있다. 사이먼튼과 그의 아내, 심리학자 스테파니 매튜-사이먼튼(Sta-phanie Matthews-Simonton), 액터버그, 그리고 심리학자 G. 프랭크 롤리스(G. Frank Lawlis)는 126명의 말기 암환자들의 혈액을 정밀검사했다. 그리고 정밀한 심리검사도 실시했다. 여기에는 환자들로 하여금 자기 자신, 자신의 암, 그들이 받는 치료, 자신의 면역기능 등에 대해 갖고 있는 이미지를 그림으로 그리게 하는 일도 포함되었다. 혈액검사는 환자의 상태에 대한 몇 가지 정보는 제공해주었지만 뚜렷한 사실을 알려주지는 못했다. 그러나 심리검사, 특히 환자들이 그린 이미지는 그야말로 환자의 건강상태와 관련된 정보를 담고 있는 백과사전이었다. 실제로 액터버그는 단지 환자들의 그림만 분석하여 누가 몇 달 만에 사망할 것이며 누가 병과 싸워 이겨낼 것인지를 95%의 정확도로 예측해냈다.[9]

마음의 농구시합

앞서 언급된 학자들이 모아들인 증거들은 믿기 힘든 사실이지만 홀로그램 마음이 신체를 지배하는 힘에 관한 한 그것은 빙산의 일각에 불과하다. 이러한 힘을 실제적으로 활용할 수 있는 용도는 건강문제에만 한정되어 있지 않다. 전세계적으로 행해진 많은 연구들이 심상이 신체적 기능과 운동능력에도 엄청난 효과를 미친다는 사실을 입증해주고 있다.

최근의 실험에서, 예루살렘 헤브루 대학의 심리학자 슬로모 브레츠니츠(Shlomo Breznitz)는 몇 그룹의 이스라엘 군인들에게 40km 행군을 시켰는데 이 그룹들에게 각기 다른 정보를 주었다. 어떤 그룹에게는 30km를 행군하게 하고는 다시 10km를 더 가게 하였다. 다른 그룹에게는 60km를 행군할 것이라고 해놓고 실제로는 40km만 행군시켰다. 어떤 그룹에게는 이정표를 보게 하였고 어떤 그룹에게는 얼마나 걸었는지 알지 못하게 하였다. 조사결과 브레츠니츠는 군인들의 혈액 속에 나타나는 스트레스 호르몬 수치가 실제 행군거리와는 상관없이 언제나 그들의 판단내용에 좌우된다는 사실을 발견했다.[10] 달리 말해서 '그들의 신체는 현실에 반응하는 것이 아니라 그들이 현실이라고 상상하는 것에 반응한 것이다.'

전직 미항공우주국(NASA)의 연구원이자, 현재 캘리포니아 버클리에 있는 경기력 과학연구소 장인 찰스 A. 가필드(Charles A. Garfield) 박사에 의하면 구소련은 상상과 신체의 능력 간의 상관관계를 깊이 연구했다고 한다. 그 중 어떤 연구에서는 소련의 세계정상급 운동선수들을 네 그룹으로 나눴다. 첫번째 그룹은 연습시간의 100%를 훈련에만 전념시켰다. 두 번째 그룹은 75%의 시간은 훈련을 시키고 25%의 시간은 그들이 하는 운동에서 바라는 성과를 그대로 이루는 모습을 상상하는 데 쓰게 했다. 세 번째 그룹은 그 비율을 50 : 50으로 했고 네 번째 그룹은 25 : 75로 했다. 믿을 수 없었던 것은, 1980년 뉴욕의 레이크 프레시드에서 벌어진 동계올림픽에서 네 번째 그룹이 가장 뛰어난 경기력 향상을 보였고 그 다음이 세 번째, 그 다음이 두 번째, 그 다음이 첫 번째 그룹 순이었다.[11]

세계의 운동선수, 스포츠 연구가들과 수백 시간의 인터뷰를 행했던 가필드 박사는 소련은 선수들의 훈련 프로그램에 고도의 심상화 기법을 활용했으며 그들은 정신적 이미지가 근육신경 임펄스를 만들어내는 과정에서 선도적인 역할을 한다고 믿고 있다고 말한다. 가필드는 심상화가 효과를 발휘하는 것은 신체의 움직임이 두뇌 속에서 홀로그램 방식으로 기록되기 때문이라고 믿는다. 그는 자신의 저서 ≪최고 경기력 : 세계적 운동선수들의 정신훈련기법*Peak Performance: Mental Training Techniques of the World's Greatest Athletes*≫에서 이렇게 말한다. "이 심상들은 홀로그램적이며 주로 잠재의식 차원에서 작용한다. 홀로그램적인 심상화의 메커니즘은 복잡한 기계를 조립한다든가, 무용의 춤사위를 안무한다든가, 마음 속으로 경기장면을 심상화하는 등의 공간적 문제를 신속히 해결할 수 있게 해준다.”[12]

호주의 심리학자 앨런 리처드슨(Alan Richardson)은 농구선수들에게서 이와 비슷한 연구결과를 얻었다. 그는 농구선수들을 세 그룹으로 나눠서 자유투 능력을 시험했다. 그리고는 첫째 그룹은 하루 20분 동안 자유투 연습을 하게 했다. 두 번째 그룹은 연습을 하지 않게 했고 세 번째 그룹은 완벽하게 골을 넣는 장면을 하루 20분 동안 심상화하게 했다. 예측할 수 있었겠지만 아무것도 안한 그룹은 전혀 실력이 향상되지 않았다. 첫번째 그룹은 24%의 실력향상을 보였는데 세 번째 그룹은 심상화 연습만 했는데도 실제로 훈련을 한 그룹과 거의 비슷한 23%라는 놀라운 실력향상을 보였다.[13]

건강과 질병의 모호한 경계

외과의 래리 돗시(Larry Dossey)는 홀로그램 마음이 신체에 변화를 일으키기 위해 사용할 수 있는 도구는 심상화뿐만이 아니라고 믿는다. 다른 하나는, 단순히 만물의 불가분한 전일성을 인식하는 것이다. 돗시가 지적하듯이 우리는 질병을 외부적인 것으로 보려는 경향이 있다. 질병은 외부로부터 와서 우리를 공격하고 건강을 위협한다. 그러나 시간과 공간, 그리고 우주의 만물이 진실로 불가분하다면 우리는 건강과 질병을 서로 떼놓을 수 없는 것이다.

우리는 실제로 삶 속에서 이 이치를 어떻게 이용할 수 있을까? 우리가 질병을 분리된 어떤 것으로 보지 않고 더 큰 전체의 일부로 본다면, 즉 질병을 행동, 식사, 잠, 운동패턴, 기타 전반적 세계와의 다양한 관계들 중의 일부로 본다면 병은 종종 회복된다고 돗시는 말한다. 그 증거로서 그는 만성 두통환자들에게 두통의 빈도와 강도를 기록하게 했던 연구 결과를 제시한다. 증세를 기록하게 한 것은 단지 앞으로 치료를 하기 위한 첫 단계일 뿐인데도 대부분의 피실험자들이 기록을 시작하자 두통이 사라져버린 사실을 깨달았다.[14]

돗시가 예로 든 또 다른 실험에서는, 간질증세가 있는 아동들을 대상으로 그들이 가족과 함께 지내는 모습을 비디오로 녹화했다. 녹화 중 가끔씩 감정의 폭발이 일어났고 그 뒤에는 흔히 발작이 뒤따랐다. 아동들에게 이 녹화 테이프를 보여주어, 감정적 사건과 발작 간의 상관관계를 알게 하자 그들은 거의 발작에서 해방될 수 있었다.[15] 왜일까? 일지를 기록하거나, 비디오 테이프를 봄으로써 환자는 자신의 삶의 전반적인 패턴과 자신의 상태 간의 상관관계를 인식할 수 있게 되었던 것이다. 이런 일이 일어나면 질병을 더 이상 '다른 곳에서 생겨나서 침입해 들어오는 병이 아니라 불가분의 전체로서 정확히 설명될 수 있는 삶의 과정의 일부'로 볼 수 있게 되며, "우리의 관심이 분리와 고립으로부터 떠나 관계의 법칙과 일체성으로 돌려지면 건강은 따라온다"고 돗시는 말한다.[16]

돗시는 '환자(patient)'라는 말은 '입자(particle)'라는 말만큼이나 의미가 오도된 단어라고 느낀다. 우리는 근본적으로 분리되고 고립된 생물학적 존재가 아니라 본질적으로 전자만큼이나 부분으로 나눠서 분석할 수 없는 역동적 패턴이요, 과정이다. 뿐만 아니라 우리는 서로 연결되어 있다. 건강과 질병 모두를 만들어내는 힘과, 우리 사회의 신념과, 우리 친구들과 가족과 의사의 태도와, 심상과 신념과, 심지어 우리가 우주를 이해하려고 할 때 사용하는 언어 자체와도 연결되어 있는 것이다.

홀로그램 우주에서 우리는 신체와도 연결되어 있으며, 이러한 상호 연결성이 스스로 그 모습을 드러내는 방식의 일면을 지금까지 살펴보았다. 하지만 아마도 무한한 다른 예들이 있을 것이다. 프리브램이 말하듯이, "만일 우리 몸의 모든 부분들이 정말 전체의 반영이라면 몸의 현상을 지배하는 다양한 메커니즘이 반드시 존재할 것이다. 지금으로 서는 아무것도 확실하지 않다."[17] 이 문제에 관한 우리의 무지를 인정 한다면 마음이 '어떻게' 홀로그램 신체를 다스리는가 하는 것보다 더 중요한 의문은 아마도 이 힘이 미치는 범위는 어디까지인가 하는 것이 리라. 그것은 한계가 있는가? 만일 그렇다면 어디까지인가? 이제 우리 가 관심을 돌릴 부분은 바로 이 의문이다.

무(無)의 치유력

마음이 신체에 대해 가지고 있는 영향력을 일별할 수 있게 하는 또 다 른 의학적 현상은 플러시보 효과(placebo effect)이다. 플러시보 (placebo)란 환자를 안심시키는 방법으로서, 혹은 이중맹검실험 (double-blind experiment)—한 그룹의 환자에게는 실제로 치료를 하고 다른 그룹의 환자들에게는 가짜 치료행위를 하는 연구—에서 대 조군에게 사용하는 방법으로서, 실제로 신체에 대해 아무런 조치도 취 하지 않으면서 행하는 위장의술을 말한다.

이중맹검실험에서는 연구자도, 피험자도 자신이 어느 그룹에 속해 있는지 모른다. 그럼으로써 실제 치료 효과를 더욱 정확히 평가해볼 수 있는 것이다. 약물 연구에서는 플러시보로서 흔히 설탕으로 만든 가짜 약을 사용한다. 플러시보가 항상 약물이어야 하는 것은 아니지만 소금 을 녹인 정제수도 흔히 사용된다. 많은 사람들이 수정, 구리 팔찌, 그리 고 기타 비전통적인 처방에서 얻는 치료효과 또한 플러시보 효과라고 믿는다.

외과 수술조차도 하나의 플러시보로 사용되었다. 심장에서 혈액공급이 감소되어 생기는 가슴과 왼팔의 반복적인 통증인 협심증의 경우 1950년대에는 흔히 수술로써 치료했다. 그러다가 어떤 융통성 있는 의사들이 실험을 해보기로 결심했다. 그들은 유방의 동맥을 묶어서 혈행을 막는 관행적인 수술 대신 단순히 환자의 신체를 절개했다가 다시 봉합했다. 가짜 수술을 받은 환자들은 진짜 수술을 받은 환자들처럼 병이 회복되었다. 진짜 수술은 단지 플러시보 효과만 낳았을 뿐이라는 것이 판명된 것이다.[18] 어쨌든 가짜 수술의 성공은 우리는 누구나 협심증을 다스리는 능력을 지니고 있음을 보여주는 것이다.

그리고 이것만이 아니다. 지난 50년 동안 플러시보 효과는 전세계적으로 수백 회의 연구를 통해 광범위하게 조사되었다. 이제 우리는 플러시보 치료를 받은 사람의 평균 35%가 상당한 효과를 나타낸다는 사실을 알고 있다(개별적인 상황에 따라 이 수치가 심하게 변동될 수는 있다). 플러시보 치료에 효과를 보이는 것으로 입증된 병에는 협심증뿐만 아니라 편두통, 알레르기, 열병, 일반감기, 여드름, 천식, 사마귀, 다양한 통증, 구토증, 배멀미, 위궤양, 우울증, 초조와 같은 정신과적 증후군, 류머티즘, 퇴행성 관절염, 당뇨병, 방사선 멀미, 파킨슨병, 다발성 경화증, 그리고 암도 포함된다.

보다시피 그 효과는 가벼운 질병에서 치명적 질병에 이르기까지 광범위하다. 그러나 가장 경미한 병에 대해서조차 플러시보 효과는 거의 기적적인 생리적 변화를 가져올 수 있다. 예컨대 가벼운 사마귀의 경우를 살펴보자. 사마귀는 바이러스로 인해 피부 위에 자라나는 작은 종양이다. 이것도 플러시보로 매우 쉽게 치료된다. 이것은 다양한 문화권 속에서 동원되는 무수한 민간의식 ─ 의식 자체도 일종의 플러시보다 ─이 증명하고 있다.

뉴욕의 메모리얼 슬론-케터링 암센터의 명예소장인 루이스 토머스 (Lewis Thomas)는 환자의 사마귀에 단지 인체에 무해한 보라색 염색

물감만 칠해주어 낫게 하는 한 외과의사를 예로 든다. 토머스는 이 작은 기적을 단지 잠재의식의 작용으로 설명하는 것은 플러시보 효과를 정당하게 평가하는 것이 아니라고 느낀다. "만일 나의 무의식이 이 바이러스를 이기는 데 필요한, 그리고 조직 거부(tissue rejection)에 대해 올바른 순서로 모든 다양한 세포들을 배치시키는 데 요구되는 메커니즘을 조종하는 법을 알고 있다면, 나의 무의식은 나보다도 훨씬 낫다고 말할 수밖에 없다"고 말한다.[19]

플러시보 효과는 또 주어진 상황에 따라서 매우 심한 차이를 보인다. 아스피린과 플러시보의 효과를 비교하는 아홉 번의 이중맹검 조사에서 플러시보는 진통제의 54%의 효과를 보이는 것으로 나타났다.[20] 또 모르핀과 같은 훨씬 더 강력한 진통제에 비한다면 효과가 미미하리라고 생각할 수도 있지만 그렇지 않다. 6회의 이중맹검 조사에서 플러시보의 진통효과는 모르핀 효과의 56%인 것으로 나타난 것이다.[21]

왜 그럴까? 플러시보 효과에 영향을 줄 수 있는 한 가지 요인은 그것을 투여하는 방법이다. 일반적으로 주사가 먹는 약보다 효과가 큰 것으로 인식되어 있으므로 플러시보를 주사로 투여하는 것이 효과를 높일 수 있다. 이와 유사하게, 흔히 알약보다는 캡슐이 더 큰 효과를 가져오며, 심지어는 약의 크기, 모양, 색깔도 영향을 미칠 수 있다. 알약의 색깔이 미칠 수 있는 효과를 알아보기 위해서 고안된 연구에서 연구자들은 사람들이 노란색이나 오렌지색 약은 기분을 고양시키든지, 누그러뜨리든지 하는 역할을 하는 것으로 보는 경향이 있음을 발견했다. 그리고 짙은 붉은색 약은 진정효과를, 보라색 약은 환각효과를, 흰 약은 진통 효과를 가진 것으로 간주하는 경향이 있었다.[22]

또 다른 한 가지 요인은 의사가 플러시보를 처방할 때 환자에게 보여주는 태도다. 캘리포니아 카이저 병원의 플러시보 전문가인 데이비드 소벨(David Sobel) 박사는 기도가 열려 있게 하기도 힘든 상태의 천식

환자를 다뤘던 한 의사의 일화를 이야기한다. 의사는 새로운 효능이 있는 것으로 기대되는 신약 샘플을 제약회사에 주문하여 그 환자에게 주었다. 몇 분 지나지 않아 그는 놀라운 차도를 보여서 좀더 수월하게 호흡할 수 있었다.

그러나 다음 번 발작이 일어났을 때, 의사는 그에게 플러시보를 주면 어떤 반응을 보일지 살펴보기로 했다. 환자는 이번 약에 무슨 문제가 있는 것이 틀림없다고 불평했다. 호흡곤란이 완전히 해소되지 않았기 때문이다. 그래서 의사는 이 신약이 과연 효능 있는 천식약임을 확신하게 되었다. ─그가 제약회사로부터, 착오로 진짜 약을 보낸 것이 아니라 플러시보를 보냈음을 사과하는 편지를 받기 전까지는 말이다. 이것은 분명히 의사가 첫번째 약(사실은 플러시보인)을 주었을 때의, 자신도 알아차리지 못한 열성적인 태도와, 두 번째 플러시보를 주었을 때의 태도 차이 때문이었던 것이다.[23]

홀로그램 모델의 관점에서 보면, 플러시보에 대한 환자의 눈에 띄는 반응 또한 실제의 현실과 상상 속의 현실을 본질적으로 구분하지 못하는 마음/신체의 속성으로 설명된다. 환자는 자기가 매우 효능이 있는 새로운 천식약을 받았다고 믿었고, 이 신념이 그의 폐에 마치 진짜 약을 먹은 것과 같이 극적인 생리적 효과를 미친 것이다. 우리의 건강에 영향을 미치는 신경 홀로그램이 다양하고 다측면적이라는 액터버그의 경고의 의미도 의사의 미묘한 태도 차이 등이 플러시보 효과의 성패를 좌우할 만큼 큰 요인으로 작용한다는 사실을 통해 확인된다. 이로 미루어보아 무의식중에 받은 정보조차 건강과 관련된 신념이나 심상을 좌우할 수 있음이 분명하다. 의사가 약을 처방할 때 환자에게 보여주는 태도로 인해 얼마나 많은 약이 효과를 거뒀는지(혹은 그렇지 못했는지) 궁금하다.

난로 위의 눈덩이처럼 녹아내리는 종양

플러시보에 작용하는 이러한 요인들의 역할을 이해하는 것은 중요하다. 왜냐하면 그것은 신체 홀로그램을 제어하는 우리의 능력이 신념에 의해 어떻게 영향받는지 보여주기 때문이다. 우리의 마음은 사마귀를 제거하고 기관지를 청소하고 모르핀의 진통효과를 흉내내는 힘을 가졌지만 우리는 자신의 그러한 능력에 대해 무지하기 때문에 그런 능력을 발휘하기 위해서는 감쪽같이 속아야만 한다. 이같은 무지로 인해 종종 겪게 되는 비극적인 사건들만 아니라면 이것은 거의 코미디 같은 일이다.

지금은 유명해진, 심리학자 브루노 클로퍼(Bruno Klopfer)가 보고한 다음 사례는 이것을 가장 극명하게 보여준다. 클로퍼는 라이트라는 남자 환자를 치료하고 있었다. 그는 림프절에 말기 암이 있었는데 일반적인 치료법은 다 시도해보았고 아무래도 오래 살지 못할 것으로 보였다. 그의 목, 겨드랑이, 가슴, 복부, 사타구니 등에는 오렌지 크기의 종양이 불거져 있었고 지라와 폐는 팽창되어 날마다 약 2리터의 우유 같은 복수를 빼내야만 했다.

그러나 라이트는 죽을 생각이 없었다. 그는 크레비오젠이라는 획기적인 신약에 대한 소문을 듣고 의사에게 그것을 시험해볼 수 있게 해달라고 졸랐다. 처음에 의사는 그것을 거절했다. 그 약은 최소한 3개월의 기대수명을 가진 환자에게만 실험되고 있었기 때문이다. 그러나 라이트는 끈질기게 간청하여 마침내 의사의 허락을 받았다. 의사는 금요일에 크레비오젠을 주사했다. 그러나 그는 속으로 라이트가 이번 주말을 넘기지 못하리라고 느끼고 있었다. 그리고 의사는 퇴근했다.

다음 월요일, 그는 놀랍게도 라이트가 병상에서 일어나서 걸어다니고 있는 모습을 발견했다. 클로퍼는 환자의 종양이 마치 난로 위의 눈덩이처럼 녹아내려 처음 크기의 반으로 줄어들었다고 보고했다. 이것은 가장 강력한 X선으로 줄일 수 있는 것보다도 훨씬 더 빠른 속도였다. 라이트는 크레비오젠을 투약받은 지 10일 만에 퇴원했고, 의사가 판별할 수 있는 한, 암으로부터 깨끗이 해방되었다. 처음 입원할 때 그는 산소호흡기로 호흡했지만 퇴원할 때는 자가용 비행기로 1만2000피트 상공을 아무 불편 없이 조종해서 날아갈 정도로 건강을 회복했다.

라이트는 약 두 달 동안 건강하게 살았다. 그런데 크레비오젠이 사실은 림프절 암에는 아무런 효능이 없다는 기사가 신문에 실리기 시작했다. 완고할 정도로 합리적이고 과학적인 사고방식의 소유자인 라이트는 맥이 풀려서 병이 재발되었고 다시 입원했다. 이번에는 그의 의사가 한 가지 실험을 해보기로 했다. 그는 크레비오젠이 경험한 바와 같이 정말 효과가 좋은 약이지만 처음에 왔던 약은 우송과정에서 변질되었던 것이며, 하지만 이번에는 고농축된 새로운 약을 구했고, 이것으로 치료할 수 있다고 설명했다. 물론 의사는 새로운 약은 가지고 있지 않았고 환자에게 증류수를 주사할 작정이었다. 적당한 분위기를 조성하기 위해 의사는 라이트에게 플러시보를 주사하기 전에 복잡한 준비절차를 밟았다.

이번에도 결과는 극적이었다. 종양 덩어리가 녹아버리고 가슴의 복수도 사라졌다. 라이트는 곧 기분이 좋아졌다. 그는 이후 또 두 달 동안 아무런 증세도 보이지 않았다. 그런데 이번에는 미국 의사협회가 크레비오젠의 효능을 전국적으로 조사해본 결과 이 약이 암 치료에 아무런 효과가 없음이 밝혀졌다는 발표를 했다. 이번에는 라이트의 신앙이 완전히 박살나버렸다. 그의 암은 새로이 발생했고 이틀 후 그는 죽어버렸다.[24]

라이트의 일화는 비극적이다. 그러나 그것은 강력한 메시지를 전해준다. 즉, 의심을 피해갈 수 있는 행운만 있다면 우리는 내부의 치유력을 열어 종양까지도 하룻밤 만에 녹여버릴 수 있다는 것이다.

　크레비오젠의 경우에는 단 한 사람만이 관련되었지만 많은 사람들이 관련된 비슷한 예가 있다. 시스 플래티늄(cis-platinum)이라는 화학약품을 살펴보자. 이것이 처음 나왔을 때 이 또한 기적의 약으로 세간의 이목을 집중시켰다. 그리고 이 치료를 받은 사람의 95%가 치료효과를 보았다. 그러나 최초의 흥분의 물결이 지나가고 시스 플래티늄의 사용이 좀더 일반화되자 그 효과가 25~30%로 떨어졌다. 물론 시스 플래티늄으로부터 얻어진 효과의 대부분은 플러시보 효과에 기인한 것이었다.[25]

약은 정말 듣는가?

이 같은 사실들은 중요한 의문을 제기한다. 크레오비젠이나 시스 플래티늄 같은 약이 그것을 믿을 때는 효과를 발휘하고, 믿지 않을 때는 효능이 없어진다면 이것은 전반적으로 약의 성질에 대해 무엇을 시사하는가? 이것은 대답하기 어려운 의문이다. 그러나 약간의 단서는 있다. 예컨대 하버드 의대의 외과의 허버트 벤슨(Herbert Benson)은 거머리로 피를 빨아내는 것에서부터 도마뱀의 피를 약으로 사용하는 일에 이르기까지 20세기 이전에 처방된 대개의 중요한 요법들이 모두 소용없는 짓이었지만 플러시보 효과로 인해 최소한 한때는 분명히 도움이 되었다는 점을 지적한다.[26]

　벤슨은 하버드 대학 손다이크 연구소의 데이비드 P. 매컬리(David McCallie) 박사와 함께 여러 해 동안 협심증에 처방된 다양한 요법들을 연구한 결과, 여러 가지 치료법이 부침했지만, 지금은 더 이상 신뢰하지 않는 요법들조차 당시에는 그 성공률이 늘 높았다는 사실을 발견했다.[27] 이 두 가지 관찰사실로 보아 과거에는 플러시보 효과가 중요한 역할을 했음이 분명하다. 그것이 지금도 여전히 한몫을 하고 있는 것일까? 그 대답은 '그런 것 같다'이다. 미연방 기술평가소는 현행 모든 요법들의 75% 이상이 충분한 과학적 검증을 거치지 않은 것이라고 추정한다. 이 숫자는 의사들이 아직도 자신도 모르는 중에 플러시보를 처방하고 있음을 의미한다(한 예로, 벤슨은 아주 최소한, 진찰 없이 처방되는 많은 약들이 주로 플러시보로서 작용한다고 믿는다).[28]

지금까지 살펴본 증거들에 비추어보면 거의 모든 약이 플러시보가 아닌가 하고 의심해볼 수도 있다. 그 대답은 분명히 '아니다'이다. 많은 약이 우리가 그것을 믿건 안 믿건 효능을 발휘한다. 비타민 C는 괴혈병을 없애주고 인슐린은 당뇨병 환자가 의심을 품고 있더라도 증세를 호전시킨다. 그러나 문제는 아직도 생각처럼 그렇게 확연하지는 않다. 다음 사실을 살펴보자.

1962년의 실험에서 해리엇 린턴(Harriet Linton) 박사와 로버트 랭스(Robert Langs) 박사는 피실험자들에게 그들이 LSD 효과를 연구하는 실험에 참여하게 되리라고 일러주었다. 그러나 그 대신 그들에게 플러시보를 주었다. 그런데 플러시보를 복용하고 30분이 지나자 피실험자들은 실제의 환각제가 보이는 전형적인 증후군, 즉 자제력 상실, 존재의 의미에 대한 상상된 통찰 등의 기미를 경험하기 시작했다. 이 '플러시보 여행'은 몇 시간 동안 지속되었다.[29]

몇 해 후인 1966년 지금은 유명해진 하버드 대학의 심리학자 리처드 앨퍼트(Richard Alpert)가 LSD 체험의 의미에 대한 통찰을 제공해줄 성자를 찾아 동양으로 여행을 떠났다. 그는 기꺼이 약을 먹어보겠다는 몇 명을 만났고, 흥미롭게도 그들로부터 다양한 반응을 목격했다. 인도의 한 경전학자는 그것이 좋긴 했지만 명상만큼은 좋지 않다고 말했다. 또 티베트의 어떤 라마는 두통만 느꼈다고 불평했다.

그런데 앨퍼트를 가장 매혹시켰던 것은 히말라야 산자락에서 만난

몸집이 작고 쭈글쭈글하게 늙은 성자가 보여준 반응이었다. 그는 60살이 넘었으므로 앨퍼트는 처음에 50~75미크로그램만 주려고 했다. 그러나 그 사람은 앨퍼트가 가지고 있던 305미크로그램짜리 알약 쪽에 더 호기심을 보였다. 그것은 비교적 많은 용량이었다. 앨퍼트는 성화에 못 이겨서 그 약을 주었는데 그래도 그는 만족해하지 않았다. 눈을 깜박거리면서 그는 한 알을 더, 그리고 또 한 알 더, 모두 915미크로그램의 LSD를 혓바닥 위에 놓았다. 그것은 어떤 기준으로 보나 매우 많은 양이었는데 그는 그것을 삼켰다(참고로, 그로프가 환자들에게 투여한 평균 복용량은 200미크로그램이었다).

앨퍼트는 겁에 질린 채, 그가 곧 팔을 내저으며 귀신처럼 울부짖기 시작하리라고 예상하면서 그를 지켜보았다. 그러나 그는 아무 일도 없었던 것처럼 행동했다. 그는 그날 내내 같은 상태로 있었고 그의 행동은 늘 그랬던 것처럼 맑고 흔들리지 않았다. 가끔씩 앨퍼트를 향해 보내는 윙크만 빼고는 말이다. 분명히 LSD는 그에게 아무런 영향도 주지 못했다. 앨퍼트는 그 경험에 너무나 마음이 흔들린 나머지 LSD를 포기하고 자신의 이름을 람 다스(Ram Dass)로 바꾸고는 신비주의자의 길로 들어섰다.[30]

이처럼 플러시보가 진짜 약과 동일한 효험을 보일 수도 있는가 하면 진짜 약을 복용했는데도 아무런 효과도 나타나지 않을 수도 있다. 이처럼 본말이 전도된 현상은 암페타민에 대한 실험에서도 나타났다. 한 연구에서는, 각각 10명의 피실험자를 2개의 방에 나누어 배치했다. 첫째 방에서는 9명에게는 각성제인 암페타민을, 나머지 한 명에게는 수면제(바르비투르산염)를 주었다. 두 번째 방에서는 이와 반대로 했다. 두 경우 모두 혼자 남겨진 사람은 나머지 9명의 사람들과 똑같은 반응을 보였다. 즉, 첫번째 방에서 혼자 수면제를 복용한 사람은 잠드는 대신 더 활기찬 모습을 보였고 두 번째 방에서 혼자 암페타민을 복용한 사람은 잠이 들었다.[31] 흥분제인 리탈린에 중독되었던 사람이 나중에는 플러시보 중독으로 바뀐 사례에 관한 기록도 있다. 다시 말해서, 의사는 리탈린을 끊을 때 흔히 겪게 되는 모든 불쾌감을 피할 수 있도록 처방약을 몰래 설탕약으로 바꿔서 주었던 것이다. 그러나 불행하게도 그 사나이는 그 플러시보에 다시 중독되는 증상을 보였다.[32]

이런 일들은 실험실에서만 일어나는 일이 아니다. 플러시보는 일상생활 속에서도 한몫을 하고 있다. 카페인이 밤에 잠이 오지 않게 하는가? 연구에 의하면 카페인에 예민한 사람이라도 자신이 진정제 주사를 맞고 있다고 믿는 한 카페인을 주사해도 그를 깨어 있게 하지 못한다는 것이 밝혀졌다.[33] 항생제가 감기나 기관지염을 낫게 한 적이 있는가? 그렇다면 당신은 플러시보 효과를 경험한 것이다. 모든 감기는 바이러스로 인한 것이고, 기관지염의 몇 가지 종류도 그렇다. 그리고 항생제는 단지 박테리아에 의한 감염에만 효과가 있다. 바이러스 감염에는 효과가 없는 것이다. 당신은 약을 먹은 후 불쾌한 부작용을 경험한 적이 있는가? 메페네신(mephenesin)이라는 진정제에 대한 연구에서 연구자들은 피실험자의 10～20%가 진짜 약을 먹었든지, 플러시보를 먹었든지 상관없이 좋지 않은 부작용―구토, 발진, 가슴 두근거림 등―을 경험함을 발견했다.[34]* 이와 비슷한 예로, 새로운 종류의 화학요법에 관한 최근의 연구에서, 플러시보 치료를 받은 표준그룹의 30%가 탈모증상을 보였다.[35] 그러므로 화학요법을 받는 사람이 주변에 있다면 희망적인 기대를 가져도 좋다고 일러주라. 마음의 능력은 대단한 것이다.

플러시보는 인간의 이 같은 능력을 엿볼 수 있게 해줄 뿐만 아니라, 심신의 상관관계를 더욱 홀로그램적으로 이해할 수 있는 배경을 제공

---

*물론 모든 약의 부작용이 플러시보 효과라고 말하려는 것은 결코 아니다. 약의 부작용이 나타나면 반드시 의사와 상담하라.

해준다. 건강과 영양에 관한 글을 쓰는 칼럼니스트인 제인 브로디(Jane Brody)는 뉴욕 타임스의 한 기사에서 다음과 같은 견해를 피력한다. "플러시보 효과는 인체 조직에 대한 '전일적인(holistic)' 관점을 극적으로 뒷받침해준다. 의학 연구에서 갈수록 큰 주목을 끌고 있는 이 전일적 사상은 몸과 마음이 끊임없이 상호작용하고 있기 때문에 그것을 각각 독립적인 실체로 보기에는 너무나 밀접하게 이어져 있다고 본다."[36]

플러시보 효과는 또 생각보다 훨씬 더 광범위하게 우리에게 영향을 미치고 있을지도 모른다. 최근에 발생한 매우 알쏭달쏭한 의학계의 수수께끼가 그 증거다. 지난해 아스피린이 심장마비의 위험을 줄여줄 수 있다고 선전하는 대대적인 TV 광고를 본 적이 있을 것이다. 이 사실을 뒷받침해주는 확실한 증거가 많이 있다. 그렇지 않다면 의학적인 주장을 담은 광고에 대해서는 엄밀한 근거를 요구하는 방송검열당국이 이런 광고문구를 허용하지 않았을 것이다. 여기에는 문제가 없다. 유일한 문제는, 아스피린이 유독 영국인에게만은 그와 같은 효과를 보여주지 않는 것 같다는 점이다. 5139명의 영국 의사들이 6년 동안 연구조사한 바로는 아스피린이 심장마비의 위험을 줄여준다는 증거가 없다는 결과가 나왔다.[37] 누군가의 연구에 오류가 있는 것일까? 아니면, 모종의 대중 플러시보 효과에 그 원인이 있는 것일까? 어느 쪽이든 간에 아스피린이 가진 예방효과에 대해서만은 믿음을 버리지 말라. 그것은 여전히 당신의 생명을 구해줄 수 있다.

다중인격이 시사하는 건강 개념

마음이 신체에 미칠 수 있는 힘을 웅변적으로 예시해주는 또 다른 경우는 다중인격장애다. 다중인격 장애자의 하위인격들은 제각기 다른 뇌파패턴을 가지고 있을 뿐만 아니라, 아울러 각각의 인격들이 생리학적으로 매우 뚜렷이 분리되어 있다. 그 각각이 고유의 이름과 나이와 기억과 능력을 갖고 있다. 또, 대개 각각이 서로 다른 필체, 주장하는 성별, 문화적, 인종적 배경, 예술적 재능, 외국어 구사력, 지능지수 등을 가지고 있다.

더 주목할 만한 것은, 다중인격 장애자가 인격을 바꿀 때 신체에서 일어나는 생리적 변화다. 한 인격이 가지고 있던 의학적 상태가 다른 인격이 나타날 때는 종종 신기하게도 감쪽같이 사라져버린다. 시카고에 있는 다중인격연구 국제협회의 베네트 브라운(Bennett Braun) 박사는 한 환자의 모든 하위인격들 중 하나만 빼놓고 모두가 오렌지 주스에 알레르기 반응을 보인 사례에 관한 기록을 보관하고 있다. 오렌지 알레르기를 가지고 있는 인격이 나타났을 때 그가 오렌지 주스를 마시면 으레 끔찍한 두드러기가 나곤 했다. 그러나 알레르기가 없는 인격으로 바뀌면 두드러기는 즉시 사라지기 시작했고, 오렌지 주스를 마음대로 마실 수 있었다.[38]

예일 대학의 정신의학자이며 다중인격장애 전문가인 프랜신 하울랜드(Francine Howland) 박사는 말벌에 쏘인 다중인격 장애자의 반응에 관한, 이보다 한층 더 놀라운 사례를 제시한다. 이 이야기 속의 남자는 말벌에 쏘여 눈이 완전히 감긴 모습으로 예약된 상담시간에 나왔다. 그가 치료를 받아야 할 상태임을 깨달은 하울랜드는 안과 의사에게 연락했다. 그러나 불행하게도 안과 의사는 1시간 후에나 환자를 만날 수 있다고 말했다. 그가 너무나 심한 통증으로 괴로워하고 있었기 때문에 하울랜드는 한 가지 방법을 시도해보기로 마음먹었다. 그는 환자의 대체인격 중 하나가 아무런 통증도 느끼지 않는 '무감각한 인격'임을 알고 있었다. 하울랜드가 그 하위인격으로 하여금 몸을 점령하게 하자 통증은 사라졌다. 그러나 다른 문제가 생겼다. 환자가 약속한 시간에 안과 의사를 만났을 때는 이미 부기가 사라지고 눈이 정상으로 돌아와 있었던 것이다. 치료할 증세가 없었기 때문에 안과 의사는 그를 집으로 보냈다.

그러나 조금 지나 무감각한 인격이 몸의 통제권을 놓아버리자, 통증과 눈의 부기와 함께 원래의 인격이 되돌아왔다. 다음날 그는 다시 안과 의사를 찾아가서 치료를 받았다. 하울랜드도, 환자 자신도 안과 의사에게 그가 다중인격 장애자라는 사실을 일러주지 않았다. 그를 치료해주고 나서 안과 의사가 하울랜드에게 전화를 걸어왔다. 하울랜드는 웃음을 터뜨리며 이렇게 회고한다. "그는 시간이 자신을 속이고 있다고 생각했다. 그는 내가 분명히 '그 전날' 그에게 전화를 했었고, 자기가 꿈을 꾸고 있는 것이 아니라는 사실을 확인하고 싶었던 것이다."[39]

다중인격 장애자가 변신할 수 있는 부분은 알레르기 반응만이 아니다. 무의식이 약물의 효과에 미치는 영향력에 대해 털끝만큼의 회의라도 있다면 그것은 다중인격 장애자들이 보여주는 약학적 마술을 대하면 당장 사라져버릴 것이다. 다중인격 장애자는 인격을 바꾸면 술취한 사람에서 순식간에 멀쩡한 사람으로 변한다. 각각의 인격들은 여러 가지 약물에 대해서도 제각기 다르게 반응한다. 브라운 박사는 한 인격을 5밀리그램의 다이아제팜(진정제)으로 잠재웠지만 다른 인격은 100밀리그램에도 거의 멀쩡했던 사례를 기록하고 있다. 흔히 다중인격 장애자의 하위인격 중 몇 가지는 어린아이의 인격이다. 성인의 인격이 약을 먹고 나서 어린이의 인격으로 바뀌면 성인의 복용량이 아이에게는 과용효과를 가져올 수도 있다. 어떤 다중인격 장애자들은 마취하기가 어려운 경우도 있다. 그래서 '마취불가능한' 하위인격이 들어서면 수술대 위에서 깨어나버리는 경우도 있다.

인격의 변화와 함께 변하는 것들 중에는 상처, 화상자국, 낭종, 오른

손잡이와 왼손잡이 습성 등도 포함된다. 시력도 가변적이어서, 어떤 장애자는 두세 개의 안경을 가지고 다니면서 변하는 인격들에 맞추어 바꿔주어야만 한다. 어떤 인격은 색맹이고 어떤 인격은 그렇지 않을 수도 있으며, 눈동자의 색깔조차도 변할 수 있다. 하위인격들이 각각 자신의 주기를 갖고 있어서 한 달에 두세 번 월경을 치르는 여성의 사례도 있다. 언어장애 병리학자(speech pathologist)인 크리스티 러들로우(Christy Ludlow)는 각 인격들이 가지고 있는 음성패턴이 다르다는 사실을 발견했다. 이것은 극적인 생리적 변화가 요구되는 요술이어서, 아무리 뛰어난 성우라도 자신의 음성패턴을 위조할 수 있을 만큼 음성을 바꾸지는 못한다.[40] 어떤 다중인격 장애자는 당뇨병으로 입원했는데 다른 인격이 나타나자 아무런 증세도 보이지 않아서 담당의사를 당혹시키기도 했다.[41] 인격에 따라서 간질병이 나타났다가, 사라졌다가 하는 예도 있으며, 심리학자 로버트 A. 필립스 2세(Robert A. Philips, Jr.)는 종양조차도 나타났다 사라졌다 하게 할 수 있었다고(어떤 종류의 종양인지는 구체적으로 밝히지 않았지만) 보고한다.[42]

　다중인격 장애자는 정상적인 사람들보다 병이 빨리 낫는 경향을 보인다. 예컨대 3도 화상이 놀라운 속도로 나아버린 사례기록도 몇 가지 있다. 무엇보다도 기이한 일은, 최소한 한 사람의 학자—≪무녀*Sybil*≫라는 저서에서 자신이 개발 중인 시빌 도싯(Sybil Dorsett) 요법을 소개하고 있는 요법가 코넬리아 윌버(Cornelia Wilbur) 박사—는 다중인격 장애자들이 보통사람들만큼 빨리 늙지 않는다고 믿고 있다.

　어떻게 이런 일이 일어날 수 있을까? 다중인격 증후군에 관한 최근의 한 심포지엄에서 카산드라라는 다중인격 장애자가 한 가지 가능한 해답을 제공했다. 카산드라는 자신의 빠른 치유력이 자신이 배운 심상화 기법 훈련의 덕분이기도 하지만 한편으로는 그녀가 말하는 소위 '동시처리' 능력 덕분이라고 말했다. 그녀의 설명에 따르면, 그녀의 대체

인격들은 몸을 점유하고 있지 않을 때라도 깨어 활동하고 있다는 것이다. 이 때문에 그녀는 동시에 여러 다른 채널로 '생각할 수' 있으며, 몇 개의 다른 논문들을 한꺼번에 쓸 수도 있다. 심지어 다른 인격들이 저녁을 준비하고 집안 청소를 하는 동안 '잠을 잘' 수도 있다는 것이다.

그러므로 정상적인 사람들이 치유심상 연습을 하루에 두세 번 정도 할 수 있는 데 비해서 카산드라는 24시간 계속하고 있는 것이다. 그녀는 심지어 해부학과 생리학 전반의 지식을 지닌 셀레스라는 이름의 하위인격을 가지고 있는데, 이 인격의 유일한 일은 하루 24시간 계속 명상에 잠겨 건강한 몸상태를 심상화하는 일이라고 한다. 카산드라의 말에 의하면, 그녀가 정상인을 능가하는 것은 바로 이 건강에 대한 24시간의 관심이라는 것이다. 다른 다중인격 장애자들도 이와 비슷한 주장을 했다.[43]

우리는 어떤 일이 불가피하다는 생각에 깊이 빠져 있다. 어떤 불길한 징조를 보면 삶에 대해서도 불길한 예측을 하게 된다. 그리고 만일 우리가 당뇨병에 걸리면 그 상태가 어떤 기분이나 생각의 변화에 의해 사라질 수 있으리라고는 조금도 생각하지 않는다. 그러나 다중인격 장애 현상은 이러한 신념에 도전장을 내밀며, 심리상태가 신체의 생리를 얼마나 변화시켜 놓을 수 있는지에 대한 수많은 증거를 제공해준다. 다중인격장애를 가진 사람의 정신이 일종의 다중화상 홀로그램이라면 신체 또한 그리리라고 보인다. 그래서 카드를 바꾸는 만큼이나 빠른 속도로 한 생리상태에서 다른 생리상태로 변해갈 수 있는지도 모른다.

이러한 능력을 설명하기 위해 존재해야만 할 제어시스템은 우리의 기가 질리게 하며 사마귀를 마음의 힘으로 없애는 정도의 능력 따위는 보잘것없게 만든다. 말벌에 쏘일 때 나타나는 알레르기 반응은 복잡다단한 과정으로서, 항체의 조직적인 활동과 히스타민 생성, 혈관 팽창과 파열, 면역물질의 과도한 방출 등을 수반한다. 그 어떤 미지의 힘의 통로가 있어서 다중인격 장애자의 마음으로 하여금 이 모든 작용을 그 자리에서 정지시킬 수 있게 하는 것일까? 혹은, 무엇이 그들로 하여금 혈액 중의 알코올이나 기타 약물성분의 작용을 저지하거나, 당뇨를 나타났다 사라졌다 하게 하는 것일까? 지금으로서는 이유를 모른다. 다만 한 가지 단순한 사실로써 자신을 위안하는 수밖에 없다. 즉, 일단 다중인격 장애자가 치료를 받아 어떤 방법으로 정상인이 되더라도 그는 여전히 마음만 먹으면 이러한 변덕을 부릴 수 있다는 사실이다.[44] 이것은 우리의 정신 속 어딘가에 우리는 '누구나' 이런 일들을 해낼 수 있는 능력을 갖추고 있음을 암시한다. 하지만 이것만이 우리가 할 수 있는 일의 전부는 아니다.

임신, 장기이식, 그리고 유전자 차원

앞서 살펴보았듯이 단순한 일상적 신조도 신체에 강력한 영향을 미칠 수 있다. 물론 우리 대부분은 자신의 신념을 완전히 제어할 수 있는 정신능력이 없다(이 때문에 의사들은 우리 내부의 치유력을 이끌어내기 위해 플러시보를 동원한다). 그러한 지배력을 회복하기 위해서 우리는 먼저 자신에게 영향을 미칠 수 있는 신념들의 여러 가지 형태를 이해해야만 한다. 왜냐하면 이들 또한 심신의 상관관계의 가변성에 각기 고유한 창구를 제공하기 때문이다.

문화적 신념

사회가 우리에게 부여하는 신념형태가 있다. 예컨대 트로브리앤드(Trobriand) 섬의 부족은 결혼 전에 자유롭게 성관계를 가지지만 혼전임신은 엄격히 금한다. 그들은 어떤 형태의 피임도 하지 않으며, 낙태도 거의 시키지 않는다. 그럼에도 불구하고 혼전임신의 사례는 거의 알려진 바가 없다. 이것은 그들의 문화적 신념 때문에 미혼여성들이 무의식적으로 임신을 스스로 방지한다는 사실을 암시한다.[45] 우리 문화 속에서도 이와 비슷한 일이 생기고 있다는 증거가 있다. 여러 해 동안 아기를 가지려고 해봤지만 실패한 부부들의 이야기는 흔히 들을 수 있다. 마침내 그들은 입양을 했는데, 입양한 지 얼마 안 되어서 여자가 임신을 한다. 이 또한 마침내 아이를 갖게 됨으로써 부부 중의 어느 한쪽이 수태력을 저지하고 있던 모종의 방어막을 극복했다는 것을 암시한다.

동일문화권 속에서 공유되는 두려움 또한 우리에게 큰 영향을 줄 수 있다. 19세기에는 결핵이 수만 명의 목숨을 앗아갔다. 그러나 1880년대부터 사망률이 급강하하기 시작했다. 왜 그럴까? 그 이전에는 결핵의 원인이 무엇인지 아무도 몰랐다. 그것이 결핵이라는 병에 신비에 싸인 공포의 오라(aura)를 둘러놓은 것이다. 그러나 1882년 로베르트 코흐(Robert Koch) 박사가 결핵은 박테리아에 의해 발생한다는 역사적인 발견을 해냈다. 이 사실이 대중들에게 알려지자, 이에 대한 치료약은 거의 50년 후에나 개발될 수 있으리라는 비관적인 소식에도 불구하고 사망률이 10만 명당 600명에서 200명으로 뚝 떨어졌다.[46]

장기이식의 성공률에서도 두려움은 분명히 중요한 요인으로 작용했다. 1950년대만 해도 신장이식의 성공 가능성은 희박했다. 그러다가 한 의사가 성공적으로 수술을 해냈다. 그는 자신이 발견한 사실을 발표했고, 그 후 전세계적으로 다른 이식수술의 성공적인 사례가 잇달아 발표되었다. 그러다가 처음으로 이식이 실패했다. 그 의사는 인체가 사실은 애초부터 신장이식을 거부했다는 사실을 발견했다. 그러나 그것은 상관없었다. 이식수술을 받는 사람이 일단 성공을 믿기만 하면 성공률은 모든 예상을 능가했던 것이다.[47]

우리의 태도 속에 녹아 있는 신념

삶 속에서 나타나는 신념의 또 다른 형태는 우리의 태도다. 아이를 낳게 될 여성이 뱃속의 아이와 임신 전반에 대해 갖는 태도가 출산 중에 겪게 될 문제와 출산 후 아기가 겪을 건강문제에 직접적으로 관련된다는 사실이 연구 결과 밝혀졌다.[48] 실제로 지난 10여 년 동안 우리의 태도가 여러 가지 질병에 미치는 영향을 보여주는 연구결과가 엄청나게 쏟아졌다. 적대감과 공격성을 측정하는 실험에서 높은 점수가 나오는 사람들은 점수가 낮은 사람들보다 심장병으로 사망할 확률이 7배 높다.[49] 결혼한 여성은 별거중인 여성이나 이혼한 여성보다 면역체계가 더 강하고, '행복한' 결혼생활을 하는 여성은 면역체계가 이보다도 더 강하다.[50] 투병의지를 보이는 에이즈 환자는 수동적인 태도를 보이는 에이즈 환자보다 더 오래 산다.[51] 암 환자도 투병의지가 있으면 더 오래 산다.[52] 비관론자는 낙천적인 사람보다 감기에 더 잘 걸린다.[53] 스트레스는 면역반응을 저하시키고[54] 배우자를 잃은 지 얼마 되지 않는 사람들은 병에 걸리는 일이 잦다는 등등.[55]

의지력으로써 표출하는 신념

지금까지 살펴본 신념 형태들은 대체로 수동적인 신념이라고 볼 수 있다. 즉, 문화나 일반적인 사고방식으로부터 받아들이는 신념들이다. 흔들리지 않는 꿋꿋한, 의식적인 신념도 신체의 홀로그램을 다듬고 제어하는 데 사용될 수 있다. 1970년대에 네덜란드 태생의 작가이며 강연가인 잭 슈바르츠(Jack Schwarz)는 의지로써 자기 몸의 생리작용을 제어함으로써 미국 전역 연구소의 학자들을 놀라게 만들었다.

멘닝거 재단과 캘리포니아 대학의 랭글리 포터 신경정신의학연구소를 비롯한 기타 다른 기관들에서 행한 조사에서 슈바르츠는 6인치짜리 그물용 대형바늘을 피도 흘리지 않고, 눈 하나 깜박하지 않고, 통증을 느낄 때 발생하는 뇌파인 베타파도 내지 않고 팔 속에 완전히 찔러넣어서 의사들을 놀라게 했다. 바늘이 제거되었을 때도 슈바르츠는 피를 흘리지 않았고, 바늘구멍은 꼭 닫혀 있었다. 게다가 슈바르츠는 의지로써 뇌파 리듬을 바꾸며, 불붙은 담배를 살갗에 대고도 끄떡없었으며, 벌겋게 타는 석탄을 손에 들고 있기도 했다. 그는 이러한 능력은 나치의 집단수용소에서의 혹독한 구타를 견뎌내기 위해서 고통을 다스리는 방법을 스스로 터득하는 데서 얻은 것이라고 주장했다. 그는 누구든지 자신의 신체를 자율적으로 제어하는 방법을 배움으로써 자신의 건강을 책임질 수 있다고 믿는다.[56]

기이하게도 1947년에는 또 다른 네덜란드인이 이와 비슷한 능력을 시범 보였다. 이 사나이의 이름은 미린 다조(Mirin Dajo)였다. 그는 취리히에 있는 코르소 극장에서 행한 대중시범에서 관중들을 경악시켰다. 그는 노출된 공간에서 조수를 시켜 펜싱 칼이 분명히 생명에 지장이 있는 내장들을 뚫고 자기 몸을 완전히 관통하게 했지만 아무런 상처도 입지 않고 통증도 느끼지 않았다. 다조는 슈바르츠와 마찬가지로 칼을 뺐을 때 피를 흘리지 않았고 단지 희미한 붉은 선만 칼이 들어가서 뚫고 나온 자리를 알려줄 뿐이었다.

다조의 시연은 관중들에게 너무나 충격적이어서 어떤 관중은 끝내 심장마비를 일으켰다. 그 후 그의 대중시범은 법적으로 금지당했다. 그러나 스위스의 의사 한스 네겔리 – 오스조드(Hans Naegeli-Osjord)가 다조의 능력에 대한 소문을 듣고 그에게 과학적 검증을 받아볼 의사가 있는지 타진해왔다. 다조는 이에 호응했고 1947년 5월 31일 그는 취리히 주립병원에 도착했다. 이 자리에는 네겔리 – 오스조드 박사 외에도 이 병원의 외과과장인 베르너 브루너(Werner Brunner) 박사와 다른 의사들, 학생, 기자 등이 참석했다. 다조는 가슴을 드러내고 정신집중을 한 후 이들이 지켜보는 가운데 조수에게 칼로 몸을 관통시키게 했다.

늘 그랬던 것처럼 피도 나지 않았고 다조는 완전한 평정상태를 지켰다. 하지만 거기서 미소를 띠고 있는 사람은 그뿐이었다. 나머지 사람들은 놀라서 바위처럼 굳어버렸다. 분명히 다조의 내장기관은 치명적인 손상을 입어야만 했다. 그런데도 외견상 이상 없는 그의 상태는 의사들의 눈으로는 믿기 힘든 일이었다. 의심에 가득 찬 그들은 다조에게 X선을 찍어볼 수 있느냐고 물었다. 그는 이에 동의했고, 복부에 여전히 칼을 꽂은 채 아무렇지도 않게 그들과 함께 계단을 올라 X선실로 걸어갔다. X선 사진이 나왔고 그 결과는 더 이상 부인할 수 없었다. 다조는 정말 칼에 찔려 있었다. 칼을 꽂은 지 정확히 20분 후에 그는 마침내 칼을 빼냈다. 단지 2개의 희미한 자국만 남긴 채. 그 후 다조는 바젤에서 과학자들의 조사를 받았고 심지어 의사들에게 직접 칼을 찔러보도록 하였다. 네겔리 – 오스즈드 박사는 후일 그 이야기를 독일의 물리학자 알프레드 슈텔터(Alfred Stelter)에게 들려주었고, 슈텔터는 그 내용을 그의 저서 ≪초상적(超常的) 치유 *Psi-Healing*≫에 실었다.[57]

이같이 상식을 초월하는 묘기는 네덜란드에서만 있었던 것이 아니다. 1960년대 국립지리학회 회장인 길버트 그로스베너(Gilbert Grosvenor)와 그의 아내 도나(Donna), 그리고 ≪내셔널지오그래픽≫ 지의 촬영팀은 모호타라는 이름의 기인이 보여주는 기적을 목격하기 위해 실론의 한 마을에 도착했다. 모호티는 어린 소년 시절에 카타라가마(Kataragama)라는 실론 지방의 신에게 기도를 올리면서 아버지가 살인자의 혐의를 벗어나게만 해준다면 카타라가마 신에게 해마다 올리는 의식에서 고행을 하겠노라고 기도했다. 모호티의 아버지는 혐의에서 벗어났고 그는 자신의 맹세를 지켜서 해마다 벌어지는 의식에서 고행을 했다.

그 고행이란, 뜨거운 석탄과 불 속을 걷고, 나사모양의 쇠꼬챙이로 뺨을 찌르고, 어깨에서 팔목까지 관통하여 집어넣고, 등에 커다란 갈고리를 박아넣고 그 갈고리에 밧줄을 매어서 엄청나게 큰 수레를 끌고 마당을 도는 등의 일이었다. 훗날 그로스베너가 보고한 바에 의하면, 모호티의 등에 박힌 갈고리는 살을 매우 팽팽하게 잡아당기고 있었지만 피한 방울 나오지 않았다고 한다. 고행을 마치고 갈고리를 뺀 후에는 상처의 흔적조차도 남아 있지 않았다. ≪내셔널지오그래픽≫ 팀은 이 소름 끼치는 광경을 촬영하여 1966년 4월호에 사진과 관련 기사를 실었다.[58]

1967년 ≪사이언티픽 아메리칸≫ 지는 인도에서 행해진 이와 비슷한 의식에 관한 기사를 실었다. 그 지방은 해마다 다른 사람을 제물로 선정하는데, 이들은 온갖 의식을 치른 후 돼지갈비 한 짝을 달 수 있을만큼 큰 갈고리 2개를 희생자의 등에다 찔러넣었다. 그리고 풍요의 신께 드리는 이 신성한 제물을 황소 수레에 달린 기중기 모양의 기둥 위에 밧줄로 길게 매달았다. 수레가 농경지들을 지나다니는 동안 이 제물은 커다란 호를 그리며 흔들렸다. 갈고리를 뺐을 때 희생자는 전혀 상처를 입지 않았고 피 흘린 흔적도 없었을 뿐만 아니라 피부에 구멍난 흔적조차 없었다.[59]

무의식적 신념

우리에게 다조나 모호티처럼 자신을 지배하는 힘이 없을 때 치유력에 접근하는 또 다른 방법은, 의식적으로 마음 속에 존재하는 두꺼운 회의와 의심의 갑옷을 우회하여 지나가는 것이다. 플러시보에 속는 것도 그 한 가지 방법이다. 최면은 또 다른 방법이다. 외과의사가 환자의 뱃속으로 들어가서 내장기관의 상태를 바꿔놓는 것처럼, 유능한 최면치료사는 우리의 정신 속으로 들어와서 모든 신념들 중에서도 가장 중요한 형태의 신념인 무의식적 신념들을 바꿔놓을 수 있다.

최면 상태에서는 평소에는 무의식적으로 일어나는 것으로 생각되는 작용에도 영향력을 미칠 수 있음을 많은 연구결과가 명백히 보여주었다. 예를 들면, 깊은 최면 상태에 들어간 사람은 마치 다중인격 장애자처럼 알레르기 반응, 혈액순환 패턴, 시력 등을 조절할 수 있다. 그뿐 아니라 심장박동수, 통증, 체온 등을 조절하고 심지어 태어날 때부터 있던 몸의 반점을 없애버리기도 한다. 최면은 또 복부에 칼을 관통시키고도 아무런 상처를 입지 않는 것 못지않게 모든 면에서 놀라운 일들을 최면만의 고유한 방법으로 해낼 수 있다.

브로크씨 병(Brocq's disease)이라고 알려진, 끔찍한 모습을 갖게 되는 유전병과 관련된 한 사례가 그 보기다. 브로크씨 병 환자는 피부에 파충류 비늘과 비슷한 두껍고 딱딱한 껍질이 생긴다. 이 껍질이 매우 단단해지면 조금만 움직여도 껍질이 갈라져서 출혈을 일으킨다. 서커스의 막간 쇼에 등장하는 소위 '악어인간'들은 사실 이 브로크씨 병에 걸린 사람들이다. 이들은 질병에 감염되기 쉽기 때문에 비교적 수명이 짧다.

이 병을 심하게 앓고 있는 16살의 한 소년이 마지막 기대를 걸고 런던 퀸빅토리아 병원의 메이슨이라는 최면치료사를 찾아갔을 때인 1951년까지도 브로크씨 병은 불치의 병이었다. 메이슨은 이 소년이 최면감수성이 매우 예민하여 쉽게 깊은 최면에 빠질 수 있다는 것을 발견했다. 메이슨은 최면 상태에서 소년에게 그의 병이 낫고 있으며, 곧 씻은 듯이 나아질 것이라고 말해주었다. 5일이 지나자 소년의 왼팔을 덮고 있던 껍질층이 벗겨져 나가고 그 밑의 부드럽고 건강한 살이 드러났다. 10일 후에는 팔이 완전히 정상으로 돌아왔다. 메이슨과 소년은 몸의 다른 부위에 대해서도 작업을 계속하여 비늘피부를 모두 제거했다. 최소한 5년 후, 메이슨이 소년을 더 이상 만나지 못하게 되었을 때까지 소년은 더 이상 아무런 증세도 보이지 않았다.[60]

이것은 매우 기이한 현상이다. 왜냐하면 브로크씨 병은 유전병이며 그것을 제거하는 것은 단지 혈행 패턴이나 면역세포 작용과 같은 신체

자율작용을 제어하는 차원 이상의 일이 요구되기 때문이다. 즉, 인체의 설계도인 DNA 자체의 제어를 뜻하는 것이다. 그렇다면 우리가 신념의 올바른 층에 접근하기만 한다면 우리의 마음은 유전자 구조까지도 재배열할 수 있다는 뜻일 것이다.

신앙 속에 녹아 있는 신념

아마도 그 중 가장 강력한 형태의 신념은 영적인 신앙을 통해 표현되는 신념일 것이다. 1962년 비토리오 미켈리(Vittorio Michelli)라는 남자가 이탈리아 베로나 육군병원에 입원했다. 그의 왼쪽 엉덩이에는 커다란 암 덩어리가 있었다.(그림 11) 그의 병의 예후는 너무나 심각해서 치료도 받지 못하고 집으로 보내졌다. 그리고 10개월이 지나자 그의 골반은 완전히 분해되어, 허벅다리뼈는 부드러운 세포 덩어리에 둥둥 떠있는 꼴이 되었다. 그는 말 그대로 산산조각이 나고 있었다. 그는 마지막 희망을 걸고 루르드(Lourdes ; 프랑스에 있는 영험의 샘물)로 길을 떠났다(이 당시 그는 깁스를 해서 마음대로 움직일 수 없는 상태였다). 그는 샘물 속에 몸을 담갔다. 물 속에 들어가자마자 그는 뜨거운 것이 온몸을 지나다니는 것을 느꼈다. 목욕을 하고 나자 그는 식욕이 돌아왔고 에너지가 재충전된 듯한 느낌을 느꼈다. 그는 몇 번 더 목욕을 하고 나서 고향으로 돌아왔다.

이후 몇 달 동안 그는 자신이 아주 건강해지고 있는 느낌이 강하게 들어서 의사에게 다시 X선을 찍어봐 달라고 졸랐다. 그들은 그의 종양이 작아진 것을 발견했다. 그들은 부쩍 호기심이 생겨서 그의 이러한 호전경과를 단계별로 자세히 기록해두었다. 그것은 다행한 일이었다. 왜냐하면 종양이 사라진 후 그의 뼈도 재생되기 시작했는데, 의학계에서는 일반적으로 이런 일은 불가능하다고 보기 때문이었다. 두 달이 지나자 그는 일어서서 걸어다녔고 이후 몇 년 동안 그의 뼈는 완전히 옛

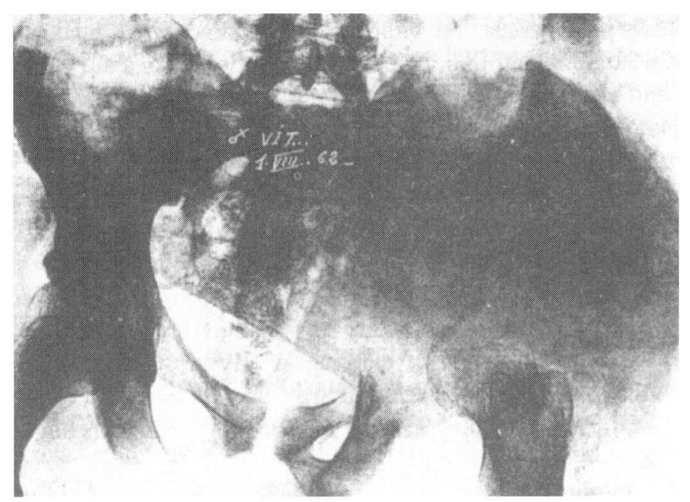

그림 11. 1962년 찍은 X선은 비토리오 미켈리의 골반이 악성 육종으로 인해 분해되어 있는 상태를 보여준다. 뼈가 거의 남아 있지 않아서 허벅다리뼈의 골두가 사진에서 회색 안개처럼 나타나는 부드러운 조직 속을 제멋대로 떠다니고 있다.

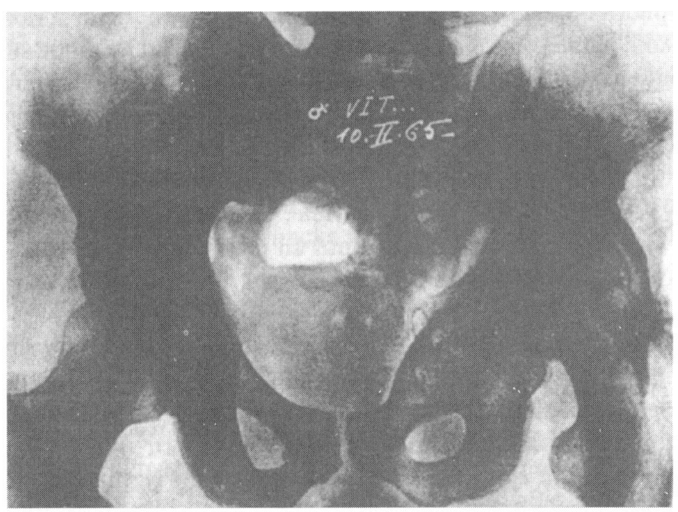

그림 12. 루르드의 샘물에서 몇 번 목욕을 한 후 미켈리는 기적적인 치유를 경험했다. 그의 골반뼈는 몇 달 만에 완전히 재생되었고 이것을 의학계에서는 불가능한 일로 간주한다. 1965년에 찍은 이 사진은 기적적으로 회복된 고관절을 보여준다. '미첼-마리에 살몬(Michel-Marie Salmon) 저 ≪비토리오 미켈리의 기적적 치유≫에 게재된 사진.

모습을 되찾았다.(그림 12)

미켈리의 사례에 관한 기록은 바티칸의 교황청 의학심사위원회에 보내졌고 이런 사례를 조사하기 위해 구성된 국제적인 의학심사위원단은 증거를 조사한 끝에 미켈리가 정말 기적을 체험한 것으로 결론지었다. 위원단이 공식보고한 내용에 의하면, "골반이 놀랍게 재생되었다. 1964년, 1965년, 1968년, 1969년에 찍은 X선은 세계의학회 연감에 보고된 일이 없는 형태의 예상 밖의, 놀랍기조차 한 골반재생이 일어났음을 단계적으로 확인해준다."[61]*

미켈리의 치유사례가 알려진 과학법칙을 위반했다는 점에서 기적이라는 것일까? 심사위원단도 이 점은 언급하지 않고 있지만 어떤 법칙도 위배된다고 믿을 만한 뚜렷한 증거는 없는 것 같다. 차라리 미켈리의 치유는 단지 우리가 아직 이해하지 못하고 있는 어떤 자연현상에 기인한 것일지도 모른다. 우리가 지금까지 살펴본 치유능력의 광범위한 현상에 비추어본다면 우리가 아직 이해하지 못하고 있는 심신의 상호작용 통로가 무수히 존재하는 것이 분명하다.

만약 미켈리의 치유가 발견되지 않은 자연현상에 의한 것이 아니라면 우리는 뼈가 재생되는 일이 왜 그토록 드문 현상이며, 미켈리의 경우에는 무엇이 그것을 촉발시켰는지 의문해보는 것이 좋을 것이다. 그것은 어쩌면 뼈가 재생되는 것과 같은 드문 현상은 의식의 일상적인 활동을 통해서는 잘 접근되지 않는 정신층, 즉 매우 깊은 정신층에 접근할 때만 일어나기 때문일지도 모른다. 브로크씨 병을 치유하는 데 최면

---

*정말 놀라운 동시성의 예로서, 내가 바로 이 글을 쓰고 있는 도중에 하와이 카우아이에 살고 있는 내 친구로부터 편지가 왔다. 그녀 또한 암으로 골반이 분해된 상태였는데 뼈가 완전히 재생되는 '설명할 수 없는' 체험을 했다는 내용이었다. 그녀가 치료를 위해 사용한 방법은 화학요법과 강력한 명상, 그리고 심상화 훈련이었다. 그녀의 회복에 관한 일화는 하와이 현지 신문에 기사화되었다고 한다.

이 필요했던 것도 이 때문인 것으로 보인다. 무엇이 미켈리의 치유를 촉발시켰는가 하는 의문에 관해서는 그토록 무수한 심신의 성형력(成形力)의 실례에서 신념이 차지하는 역할로 비추어보아 신념이 중요한 피의자임이 틀림없다. 미켈리가 루르드의 치유력에 대한 믿음을 통해서 의식적으로든 무의식적으로든 아무튼 자신을 스스로 치유시켰다고 볼 수는 없는 것일까?

기적적 사건의 최소한 몇몇 사례에서는 신의 섭리가 아니라 신념이 주된 요인으로 작용했으리라는 강력한 증거가 있다. 모호티가 카타라가마 신께 기도를 함으로써 초인간적인 자기통제력을 얻었음을 상기해보라. 우리가 카타라가마 신의 존재를 기꺼이 받아들이지 않는 한 모호티의 능력은 그가 신의 보호를 받고 있다는 깊고 흔들리지 않는 신념이 더 잘 설명해주는 것 같다. 기독교의 성자들과 기적을 일으킨 사람들의 기사(奇事)에서도 이것은 마찬가지인 것으로 보인다.

마음의 힘으로 일어나는 것으로 보이는 카톨릭 기적 중의 하나는 성흔발현(聖痕發顯)이다. 아시시의 성 프란시스(St. Francis of Assisi)가 이 십자가 혈흔을 나타낸 최초의 성자라는 데 대부분의 신학자들은 의견을 같이한다. 그런데 그가 죽은 이후로 수백 건의 다른 성흔발현 현상이 일어났다. 어떤 성흔도 똑같은 형태를 보이는 것은 아니었음에도 불구하고 그 모두가 한 가지 사실만은 공통적으로 가지고 있다. 성 프란시스를 비롯한 모든 성흔발현자들이 예수가 십자가에 못박혔던 자국을 나타내는 상처를 손과 발에 가지고 있었다. 이것은 성흔이 하느님이 내린 기적이라고 생각할 만한 증거가 못 된다. 캘리포니아 주 오린다의 존 F. 케네디 대학의 대학원 교수인 초심리학자 스코트 로고(D. Scott Rogo) 박사가 지적한 바에 따르면 '손목'에 못을 박는 것이 로마의 관습이었으며 예수 시대의 유골이 이 사실을 증거하고 있다고 한다. 못을 손바닥에 박아서는 십자가에 매달린 사람의 무게를 지탱해내지 못하는

것이다.[62]

성 프란시스와, 그 이후에 나타난 다른 모든 성흔발현자들은 왜 못이 손바닥에 박혀 있다고 믿었을까? 그것은 미술가들이 8세기 이래로 그렸던 성화와 조각상들에 그렇게 묘사되어 있었기 때문이다. 특히 1903년 죽은 이탈리아의 겜마 갈가니라는 성흔발현자의 경우는 성흔의 위치와 심지어 크기와 모양마저 조각상의 영향을 받았다는 사실이 뚜렷이 나타난다. 겜마의 성흔은 그녀가 좋아했던 십자가상의 성흔과 정확히 일치했다.

성흔이 스스로 만들어낸 것이라고 믿은 또 다른 학자는 기적에 관한 몇 권의 책을 저술한 영국의 신부 허버트 서스턴(Herbert Thurston)이다. 1952년 그의 사후에 출판된 역작 ≪신비주의의 물리적 현상*The Physical Phenomena of Mysticism*≫에서 그는 성흔이 자기암시의 산물이라고 믿을 만한 몇 가지 이유를 열거했다. 성흔의 크기와 모양과 위치는 성흔발현자에 따라 모두 다르다. 이러한 불일치는 그것이 동일한 근원, 즉 예수의 실제 성흔으로부터 비롯된 것이 아님을 알려준다. 성흔발현자들이 체험한 환시를 비교해보아도 거의 일관성이 보이지 않는다. 이것 또한 그것이 역사적인 십자가 고난의 재현이 아니라 성흔발현자 자신의 마음이 만들어낸 작품임을 암시한다. 그리고 아마도 가장 중요한 것은, 놀라울 정도로 많은 성흔발현자들이 히스테리를 가지고 있다는 점이다. 서스턴이 해석하는 바로는, 이것은 성흔 현상이 비정상적으로 변덕스럽고 감정적인 정신이 보여주는 부수작용일 수 있으며 반드시 성인의 경지에서 나오는 것은 아님을 알려주는 또 다른 증거라는 것이다.[63] 이러한 증거에 비추어본다면 일부 진보적인 카톨릭 지도자들조차 성흔이 '신비적인 묵상기도'의 산물, 즉 깊은 명상 중에 마음이 '만들어낸' 것이라고 믿고 있다는 사실도 그리 놀랍지 않다.

만일 성흔이 자기암시의 산물이라면 마음이 신체 홀로그램에 대해

가지고 있는 지배력의 범위가 훨씬 더 확장되어야 한다. 모호티의 상처와 마찬가지로 성흔 또한 놀라운 속도로 치유될 수 있다. 신체의 거의 무한한 성형력은 일부 성흔발현자들이 성흔 속에 못처럼 생긴 돌기를 만들어내는 능력에서 더욱 강력한 증거를 찾을 수 있다. 이 현상을 최초로 선보인 인물 또한 성 프란시스였다. 성 프란시스의 성흔을 목격했고 그의 전기를 썼던 셀라노의 토머스(Thomas of Celano)에 의하면, "그의 손과 발은 가운데가 못으로 관통된 것처럼 보였다. 이 자국은 손바닥 쪽은 둥글고 손등 쪽은 길었고, 끝이 구부러져서 반쯤 뽑힌 못처럼 보이는 살이 바깥으로 돌출되어 있었다."[64]

성 프란시스와 동시대인인 성 보나벤추라(St. Bonaventura)도 이 성인의 성흔을 목격했고, 못이 너무나 뚜렷이 나와 있어서 못을 따라 손가락을 상처 속으로 집어넣어볼 수도 있었다고 말한다. 성 프란시스의 못은 검고 딱딱해진 살처럼 보였지만 그것은 못과 같은 또 다른 성질을 갖고 있었다. 즉, 셀라노의 토머스에 의하면 그 못을 한쪽에서 누르면 마치 손바닥 가운데를 진짜 못이 관통하여 왔다갔다하는 것처럼 다른 쪽 끝이 튀어나왔다는 것이다.

1962년 죽은 바이에른의 유명한 성흔발현자인 테레제 노이만(Therese Neumann) 수녀도 못처럼 생긴 돌기를 가지고 있었다. 그것은 성 프란시스의 것처럼 분명히 딱딱해진 피부로 만들어져 있었다. 몇 명의 의사가 그것을 철저히 조사했는데 그것은 그녀의 손과 발을 완전히 관통해 있는 조직이라는 사실이 밝혀졌다. 항상 있는 성 프란시스의 성흔과는 달리 노이만의 성흔은 일정 기간에만 드러났고 출혈이 그치면 부드러운 막조직처럼 생긴 것이 곧 그 자리를 메우고 자라났다.

다른 성흔발현자들도 이와 비슷한, 신체의 심한 변형현상을 보여주었다. 1968년 죽은 이탈리아의 유명한 성흔발현자인 파드레 피오 (Padre Pio)는 손을 완전히 관통한 성흔을 가지고 있었다. 그의 옆구리에 난 상처는 너무나 깊어서 그것을 조사한 의사는 그의 내장을 다치게 할까 봐 조사하기를 겁냈다. 18세기 이탈리아의 성흔발현자였던 가경자(可敬者, 천주교에서 福者 다음의 성자) 조바나 마리아 솔리마니(Giovanna Maria Solimani)는 손바닥의 상처 속으로 열쇠를 찔러넣을 수 있을 정도로 깊은 상흔을 가지고 있었다. 모든 성흔발현자들의 상처와 마찬가지로 그녀의 상처도 결코 썩거나 감염되거나 염증이 생기지 않았다. 그리고 이탈리아의 움브리아에 있는 시타 디 카스텔로 수도원의 대수녀원장이었던 성흔발현자 성 베로니카 귤리아니(St. Veronica Giuliani)는 옆구리에 '명령에 따라 열렸다 닫혔다 하는' 커다란 상처가 있었다.

두뇌 밖으로 투사되는 이미지

홀로그램 모델은 구소련 학자들의 관심을 불러일으켰고 두 사람의 소련 심리학자 알렉산더 P. 두브로프(Alexander P. Dubrov) 박사와 베냐민 N. 푸슈킨(Veniamin N. Pushkin) 박사는 홀로그램 사상을 깊이 있게 다룬 글을 썼다. 그들은 두뇌의 주파수처리 능력이 그 자체로서 인간의 마음속의 이미지와 생각이 홀로그램과 같은 성질을 지니고 있음을 입증하는 것은 아니라고 믿는다. 그러나 그들은 그 증거가 될 만한 사실들을 제시했다. 두브로프와 푸슈킨은 두뇌가 이미지를 외부로 투사시키는 곳에서 하나의 실례를 발견할 수 있다면 마음의 홀로그램적인 성질을 확실하게 입증할 수 있다고 믿는다. 그들의 표현을 빌리자면, "두뇌 외부에 정신물리학적인(psychophysical) 구조물이 투사된 것에 대한 기록이 있다면 그것은 홀로그램 두뇌 가설에 대한 직접적인 증거가 될 것이다."[65]

　실제로 성 베로니카 귤리아니가 이러한 증거를 제공하고 있는 것으

로 보인다. 그녀는 생애의 마지막 몇 년 동안 그리스도 수난의 이미지
—가시왕관, 3개의 못, 십자가, 검—가 그녀의 심장에 새겨져 있다고
확신하게 되었다. 그녀는 이것을 그림으로 그리고, 심지어 그것이 어
디에 있는지까지도 말했다. 그녀가 죽은 후 검시해본 결과, 정확히 그
녀가 묘사했던 그대로 심장에 이 상징이 새겨져 있었음이 밝혀졌다.
검시를 했던 두 의사는 자신들이 발견한 사실을 증언하는 서약문에 서
명했다.[66]

다른 성흔발현자들도 이와 비슷한 체험을 했다. 아빌라의 성녀 테레
사(St. Teresa of Avila)는 천사가 검으로 그녀의 심장을 찌르는 광경
을 환시로 보았고 그녀가 죽은 후 심장에서 깊게 찔린 자국이 발견되
었다. 이 기적적인 칼자국이 선명히 나타나 있는 그녀의 심장은 지금
도 스페인의 알바 데 토르메스(Alba de Tormes)에 성보(聖寶)로서
전시되어 있다.[67] 19세기 프랑스의 성흔발현자인 마리-줄리에 자니
(Marie-Julie Jahenny)는 꽃의 심상을 계속 보았는데 마침내 그녀의 가
슴에 꽃 그림이 나타났고, 그것은 20년 동안 남아 있었다.[68] 이러한 능
력은 성흔에만 국한된 것이 아니다. 1913년 프랑스 아빌라 근처에 있
는 뷰세-뷰스-주엘(Busses-Bus-Suel)이라는 마을의 12살짜리 소녀
가 자신의 팔, 다리, 어깨 등에 개, 말 등의 그림과 같은 이미지를 마음
대로 나타나게 할 수 있다는 사실이 신문 머리기사로 실렸다. 그녀는
글씨도 만들어낼 수 있었고, 누가 어떤 질문을 하면 그 대답이 즉시 피
부에 나타나곤 했다.[69]

이러한 실례는 분명히 정신물리학적 구조물이 두뇌 외부로 투사된
예다. 사실 성흔발현 그 자체도, 특히 피부가 변하여 못처럼 생긴 돌기
를 형성하는 것은, 어떤 의미에서는 두뇌가 이미지를 외부에다 투사하
여 홀로그램 신체의 부드러운 점토 속에다 그것을 각인한 예인 것이다.
기적이라는 주제에 관해 방대한 저술을 했던 저지 시티 주립대학의 철

학자 마이클 그로소(Michael Grosso) 박사도 이러한 결론을 내렸다. 파드레 피오의 성흔발현을 직접 조사하기 위해 현지로 여행했던 그로소는 이렇게 말한다. "파드레 피오의 경우를 분석한 결과 나는 그가 물리적 현실을 상징적으로 변화시키는 능력을 가졌다고 본다. 바꿔 말해서, 그가 기능하고 있는 의식차원이 그로 하여금 물리적 현실을 특정한 상징적 관념에 따라 변형시킬 수 있게 했던 것이다. 예컨대 그는 자신을 십자가 고난의 상처와 동일시함으로써 그의 몸은 그러한 정신적 상징 속에 침투할 수 있게 되었고 점차 그 형태를 취해 갔다."[70]

그러므로 두뇌는 이미지를 사용하여 신체에게 할 일을 일러줄 수 있는 것으로 보인다. 더 많은 이미지를 만들도록 지시하는 것까지 포함해서 말이다. 즉, 이미지가 이미지를 만드는 것이다. 서로를 무한히 비춰주는 2개의 거울. 홀로그램 우주 속의 심신 상관관계의 본질은 이러하다.

알려진 법칙과 알려지지 않은 법칙

이 장의 서두에서 나는 마음이 신체를 지배하는 데 사용하는 다양한 메커니즘을 살펴보는 대신 이 장에서는 주로 그 지배력의 범위를 살펴볼 것임을 일러두었다. 그렇게 말한 것은 그러한 메커니즘의 중요성을 부정하거나 가볍게 여겨서가 아니다. 그 메커니즘은 심신의 상관관계에 대한 우리의 이해를 위해 매우 중요하다. 그리고 이 분야에 대한 새로운 발견들이 날마다 드러나고 있다.

예컨대 최근에 열린 정신신경면역학 — 정신(psycho)과 신경계(neuro)와 면역계(immunology)가 상호작용하는 방식을 연구하는 새로운 과학분야 — 학회에서 국립정신건강연구소의 두뇌생화학과장인 캔

데이스 퍼트(Candace Pert)는 면역세포들이 뉴로펩티드(neuropeptide) 수용체를 가지고 있다는 사실을 발표했다. 뉴로펩티드란 두뇌가 정보 전달에 사용하는 분자인데 두뇌의 전보라고 할 수도 있다. 뉴로펩티드가 오직 두뇌 속에만 있다고 믿었던 때도 있었다. 그러나 우리 면역계 속의 세포에 뉴로펩티드 수용체(전보 수신자)가 존재한다는 사실은 면역계가 두뇌와 별개의 것이 아니라 두뇌의 연장(延長)이라는 사실을 시사한다. 뉴로펩티드는 신체의 다른 여러 부분에서도 발견되었다. 이 사실은 퍼트로 하여금 두뇌와 신체의 경계를 더 이상 구분할 수 없다는 사실을 인정하지 않을 수 없게 했다.[71]

나는 마음이 어디까지 신체를 형성시키고 지배하는지 살펴보는 것이 당장의 논의와 더 관련이 깊고, 또 심신의 상호작용에 관련된 생물학적 과정은 이 책으로서는 너무나 광범위한 주제이기 때문에 그 구체적인 내용은 배제시켰다. 기적에 관한 글의 서두에서 나는 미켈리의 뼈의 재생이 우리의 현재의 과학지식으로써 설명할 수 없다고 믿을 만한 뚜렷한 이유가 없다고 말했다. 성흔의 경우에는 약간 설명하기가 힘들다. 역사를 통틀어 신뢰할 만한 인물들이 보고해왔고, 근래에는 생물학자, 물리학자, 기타 다양한 분야의 학자들이 보고하고 있는 각종 초상현상 또한 매우 설명하기가 어렵다.

이 장에서 우리는 마음이 해낼 수 있는 놀라운 일들—완전히 이해하지는 못해도 알려진 물리법칙을 위반하는 것처럼 보이지는 않는—을 살펴보았다. 다음 장에서는 현재의 과학지식으로 설명되지 않는 마음의 능력들을 살펴볼 것이다. 홀로그램 개념이 이 방면에서도 새로운 빛을 조명해줄 수 있다. 이런 영역들 속으로 모험해 들어가다보면 가끔씩은 흔들리는 것처럼 느껴지는 불안한 바닥에 발을 딛거나, 즉석에서 나아버리는 모호티의 상처나 성 베로니카 귤리아니의 심장에 아로새겨진 이미지보다도 더 믿기 힘들고 현기증 나는 현상들과 마주치게 될 것이다. 하지만 우리는 이같이 아찔한 영역으로도 이미 과학이 그 탐험로를 개척하기 시작하고 있음을 발견하게 될 것이다.

침술의 소우주 체계와 귓속의 작은 인체

이 장을 일단락짓기 전에 신체의 홀로그램과 같은 성질의 마지막 증거를 언급할 필요가 있다. 고대 중국의 침술은 몸 속의 모든 내장기관과 뼈는 몸 표면의 특정지점과 연결되어 있다는 생각에 근거하고 있다. 이 침자리들을 침이나 기타 자극방법으로 자극함으로써 그 지점과 연결된 신체 부위에 영향을 미치는 병이나 불균형상태가 완화되고, 낫기까지 한다고 믿어졌다. 신체의 표면에는 경락이라는 가상적인 선을 따라 나 있는 수천 개의 경혈이 있다. 아직도 의문의 여지가 있기는 하지만 침술은 의학계에서 수용되고 있으며 경마용 말들의 만성요통을 치료하는 데 성공적으로 사용되고 있기도 하다.

1957년 프랑스의 외과의이자 침술가인 폴 노지에(Paul Nogier)는 ≪이침(耳針)요법 논설 *Treatise of Auriculotherapy*≫이라는 책을 썼는데, 거기서 그는 일반 침술체계 외에 두 귀에도 작은 침술체계가 존재한다는 사실을 발견했다고 발표했다. 그는 이 두 '침술소체계'를 합성해보았고 그것을 가지고 일종의 점잇기 놀이를 하면 그것은 마치 태아처럼(그림 13) 거꾸로 서 있는 작은 인체의 해부학적 그림이 된다는 것을 발견했던 것이다. 노지에로서는 몰랐던 사실이지만, 중국은 이 '귓속의 작은 사람'을 거의 4000년 전에 발견했지만 이 중국의 이침 체계도는 노지에가 그런 생각을 주창한 이후에도 대중화되지 않고 있었던 것이다.

귓속의 작은 사람은 침술 역사의 한낱 흥미로운 여담거리가 아니다.

캘리포니아 대학교 의대 통증 클리닉의 정신생물학자인 테리 올슨 (Terry Oleson) 박사는 귓속의 소체계가 신체의 상태를 정확하게 진단하는 데 이용될 수 있음을 발견했다. 예컨대 그는 귓속의 한 침점에서 전기활동이 증가되면 그것은 보통 그에 대응하는 신체부위에 병적 증세가 있음을(과거든 현재든) 가리킨다는 사실을 발견했다. 한 연구에서는 환자 40명을 대상으로 만성적인 통증이 있는 신체부위를 알아내기 위한 신체검사를 했다. 검사가 끝난 후 그는 눈에 띄는 환부를 감추기

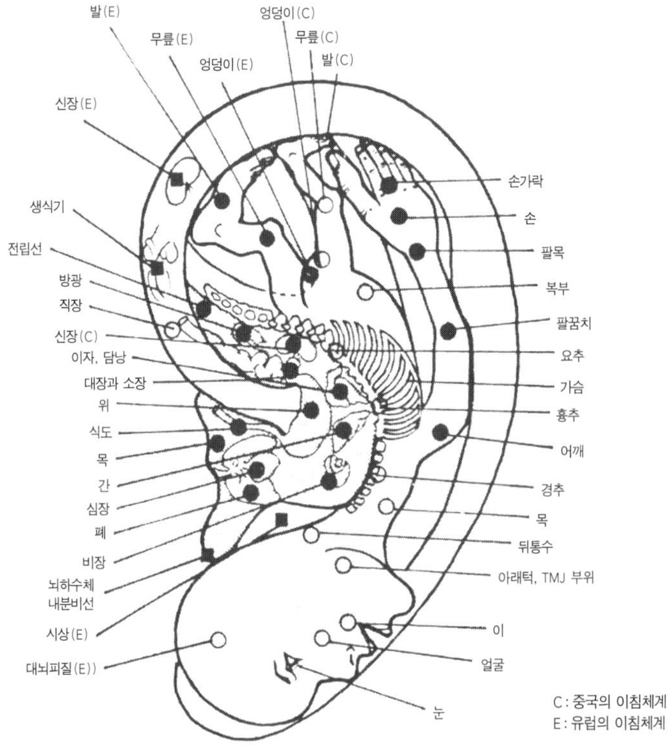

그림 13. 귓속의 작은 사람. 침술가들은 귓속의 침점들이 신체의 모습을 하고 있다는 사실을 발견했다. UCLA 의대의 정신생리학자인 테리 올슨 박사는 이것이 신체는 홀로그램이며 신체의 각 부위는 전체의 이미지를 담고 있기 때문이라고 믿는다.

위해서 환자들의 몸을 시트로 덮어 놓고 검사결과를 모르는 침술가에게 이들의 귀만 진찰하게 했다. 결과가 나왔을 때, 귀 진찰이 기존의 의학적 진단과 75.2%나 일치한다는 사실이 드러났다.[72]

귀를 진찰함으로써 뼈와 내장기관의 문제도 밝혀낼 수 있다. 올슨이 하루는 아는 사람과 보트놀이를 갔다가 그의 귀에서 비정상적으로 얇은 피부 부위를 발견했다. 올슨은 자신이 연구한 바에 따라 그곳이 심장과 대응된다는 것을 알았다. 그래서 그는 그 사람에게 심장검사를 해보는 게 좋겠다고 권했다. 그 사람은 다음날 의사를 찾아가 진찰받은 결과 즉각적인 심장절개수술이 필요한 심장병이 있음을 발견했다.[73]

올슨은 또 만성적 통증, 체중문제, 청력감퇴, 그리고 거의 모든 종류의 중독증상들을 치료하는 데 귀의 침점에 전기자극을 주는 방법을 사용한다. 14명의 마약중독자들을 대상으로 한 연구에서 올슨과 그의 동료들은 평균 5일 만에 12명의 약물요구 증세를 없앴고 금단증상은 매우 적었다.[74] 실제로 이침(耳針)은 마약중독 해독에 신속한 효과가 있어서 L.A.와 뉴욕의 병원들은 이제 거리의 중독자들을 치료하는 데 이 방법을 사용하고 있다.

귓속의 침자리가 왜 작은 인체의 형상으로 배열되어 있는 것일까? 올슨은 이것이 심신의 홀로그램과 같은 성질 때문이라고 믿는다. 홀로그램의 모든 작은 부분들이 전체상을 담고 있듯이 신체의 모든 부분들도 전체상을 담고 있다는 것이다. "논리적으로 보면 귀 홀로그램은 두뇌 홀로그램과 연결되어 있고 두뇌 홀로그램은 전신과 연결되어 있다. 다른 신체 부위들에 영향을 주기 위해 귀를 사용하는 방법은 두뇌 홀로그램을 통해 작업하는 것이다"라고 그는 말한다.[75]

올슨은 신체의 다른 부위들에도 침술 소체계가 존재한다고 믿는다. 플로리다 주 북마이애미 해변에 있는 침술교육센터 원장인 랄프 앨런 데일(Ralph Alan Dale) 박사도 이에 동의한다. 그는 지난 20년 동안 중국, 일본, 독일 등지에서 임상데이터와 연구데이터를 추적해본 결과 손, 발, 팔, 목, 혀, 심지어 잇몸을 포함한 18개의 다른 침술 소체계 홀로그램의 증거들을 수집했다. 데일은 올슨과 마찬가지로 이 소체계야말로 '홀로그램판 신체해부학'이라고 느끼며, 아직도 발견되지 않은 다른 비슷한 체계들이 존재한다고 믿는다. 낱낱의 전자들 속에 모종의 방식으로 우주가 담겨 있다는 봄의 주장을 상기시키기나 하듯이, 데일은 손가락 하나하나, 심지어는 낱낱의 세포들도 각기 고유의 침술 소체계를 지니고 있다는 가설을 제시한다.[76]

침술 소체계가 지니는 홀로그램적 의미에 관해 글을 썼던 ≪이스트 웨스트*East West*≫ 지의 편집주간 리처드 리바이턴(Richard Leviton)은 대체의학의 요법들—예컨대 발반사요법(발을 자극함으로써 신체의 모든 부위에 접근하는 마사지 요법의 일종), 홍채진단법(눈의 홍채를 검사하여 신체상태를 진단하는 진단법) 등—도 신체의 홀로그램적 성질을 반영하는 것일 수 있다고 생각한다. 리바이턴은 어떤 분야도 아직은 실험적으로 증명되지 않았음을 시인하지만(특히 홍채진단법은 극도로 부정확한 결과를 보였다) 만약 이들의 타당성이 확증된다면 홀로그램 모델이 이것들을 이해하는 방법을 제공하리라고 느끼고 있다.

리바이턴은 손금을 보는 것에도 뭔가 의미가 있다고 생각한다. 이것은 쇼윈도 안에 앉아서 손님을 불러들여 손금을 봐주는 점쟁이들이 쓰는 방법이 아니라 4500년 묵은 고대 인도의 과학을 말한다. 그는 인도 아그라 대학에서 이 분야의 박사학위를 딴, 몬트리올에 사는 인도인 손금관상가와의 의미 깊은 만남을 통해 이런 주장을 하게 되었다. "홀로그램 패러다임은 수상술의 뭔가 신비적이고 미심쩍은 주장에도 검증을 시도해볼 만한 여지는 있다는 사실을 깨우쳐준다"고 말한다.[77]

이중맹검 조사 없이는 리바이턴의 인도인 손금관상가가 사용하는 형태의 수상술에 대해 평가를 내리기는 힘들다. 그러나 광학은 우리 손의

손금과 소용돌이 지문 속에 최소한 신체에 관한 약간의 정보가 담겨 있
다는 사실을 받아들이기 시작하고 있다. 뉴욕 대학의 신경학자 허만 와
인렙(Herman Weinreb)은 말굽무늬라고 불리는 지문이 일반인들보다
치매증 환자들에게서 더 많이 발견된다는 사실을 발견했다.(그림 14)
50명의 치매증 환자와 50명의 정상인에 대한 조사에서 치매증 환자 그
룹에는 최소한 8개의 손가락에 이 지문이 있는 사람이 72%나 되었지
만 비교 그룹에는 26%밖에 없었다. 그리고 열 손가락 모두 말굽무늬를
가진 사람 중에서 14명은 치매증 환자였고 정상인은 4명뿐이었다.[78]

지금은 다운증후군을 포함해서 10가지의 흔한 유전병도 손가락의 다
양한 지문들과 관련되어 있다는 사실이 알려져 있다. 옛 서독의 의사들
은 이제 부모의 지문을 조사하여 산모에게 양막천자술을 행해야 할지
판단한다. 양막천자란 위험성이 큰 유전병 검진법으로서, 자궁에 바늘
을 넣어 양수를 뽑아내어 시험하는 검사다.

함부르크에 있는 피문(皮紋)연구소의 서독 학자들은 환자의 손바닥
무늬를 디지털화한 '사진'을 만들기 위해 스캐너(화상 입력기)를 사용하
는 컴퓨터 시스템을 개발하기도 했다. 그러면 이 컴퓨터는 그것을 기억
장치에 저장되어 있는 1만 개의 다른 손바닥 무늬와 비교한다. 그리고
현재 갖가지 유전적 장애와 관련된 것으로 알려져 있는 50개 가량의 손

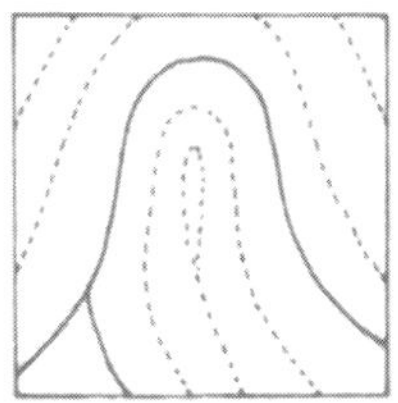

그림 14. 신경학자들은 치매증 환자들에게 말굽무늬로 알려진 지문이 평균치보다 많다는 사실을 발견했다. 최소
한 10가지의 다른 흔한 유전병도 손의 다양한 지문들과 관계가 있다. 이러한 사실은 신체의 모든 부분들이 전체
에 관한 정보를 지니고 있다는 홀로그램 모델의 주장에 증거를 제공하는 것인지도 모른다.

바닥 무늬들과 비교하여 환자에게 해당되는 위험인자(risk factor : 특정 질병을 일으키는 인자)를 재빨리 파악해내는 것이다.[79] 그러니, 손금 관상을 함부로 무시하지 않는 편이 좋을 것이다. 손금과 지문은 우리의 전체상에 관해 생각보다 많은 정보를 담고 있을지도 모른다.

홀로그램 두뇌의 능력 기르기

이 장에서는 두 가지의 보편적인 메시지가 두드러진다. 홀로그램 모델에 의하면 마음/신체는 두뇌가 현실을 '경험'하는 데 사용하는 신경 홀로그램과 현실을 '상상'할 때 그려내는 신경 홀로그램 간의 본질적인 차이를 구별하지 못한다. 이 두 가지가 다 인체에 극적인 영향을 미친다. 그 영향은 면역체계를 바꿔놓고 약효를 없애버리거나 강화시키기도 하여 상처를 놀라운 속도로 치유하고, 암 덩어리를 녹이고 유전자 프로그램을 고쳐놓으며, 눈을 의심하지 않을 수 없는 방법으로 살아 있는 살을 재성형시켜놓을 정도로 강력한 힘을 가지고 있다. 그렇다면 첫 번째 메시지는 이것이다. 즉, 우리는 누구나, 최소한 어떤 차원에서는, 건강을 좌지우지하고 몸의 형태까지도 마음대로 바꿀 수 있는 놀라운 능력을 지니고 있다는 사실이다. 우리는 잠재적으로 누구나 기적술사이며 요기로서, 지금까지 제시된 증거에 비추어보면 이러한 소질을 탐사하고 가다듬는 데 충분한 노력을 기울이는 것이 한 개인으로서, 한 종으로서 우리의 의무임이 분명하다.

두 번째 메시지는, 이 신경 홀로그램을 형성하는 요소는 다양하고 미묘하다는 것이다. 거기에는 우리가 떠올리는 심상, 희망과 두려움, 의사의 태도, 무의식적인 선입견, 개인적ㆍ문화적 신념, 영적인 것이나 과학기술에 대한 믿음 등이 포함된다. 이것들은 단순한 사실 이상의 것으로서, 우리가 이러한 재능을 발휘하는 방법을 터득하고자 한다면 인식하고 숙달해야만 할 것들이 무엇인지 알려주는 중요한 단서이자 표지인 것이다. 물론 이 밖의 다른 요소, 즉 이 같은 능력을 형성시키고 한정하는 다른 영향력들도 분명히 존재한다. 왜냐하면 이제 한 가지 사실은 분명해졌기 때문이다. 곧, 홀로그램 우주에서는—태도상의 경미한 차이가 생과 사의 차이를 의미할 수 있는 우주에서는, 사물이 너무나 미묘하게 상호연결되어 있어서 꿈 하나가 풍뎅이의 신비로운 출현을 야기할 수 있는 우주에서는, 그리고 병을 일으키는 인자가 또한 손바닥에 독특한 손금과 지문 패턴을 만들어낼 수 있는 우주에서는—낱낱의 모든 현상이 무한수의 원인을 가지고 있으리라고 생각할 만한 충분한 이유가 있다. 낱낱의 연관성은 수십 가지의 또 다른 연관성의 출발점이다. 왜냐하면 월트 휘트맨의 표현을 빌리자면 "보편적인 유사성이 만물을 서로 묶어놓고 있기" 때문이다.

5

호주머니 가득한 기적

해마다 5월과 9월이면 나폴리의 가장 중요한 성당인 두오모 산 제나로(Duomo San Gennaro) 성당에는 많은 사람들이 기적을 목격하기 위해 몰려든다. 그 기적이란, 서기 305년 로마의 황제 디오클레티안(Diocletian)에 의해 참수형을 당한 산 제나로, 즉 성 재뉴어리어스(St. Januarius)의 피로 알려진 갈색 응고물이 담겨 있는 작은 유리병에 관련된 것이다. 전설에 의하면 이 성자가 순교한 후 그의 시중을 들던 여인이 그의 피를 유보(遺寶)로서 조금 받아놓았다. 그것이 13세기 말에 와서 성당 안의 은제 유보함 속에 안치될 때까지 다시 혈액으로 변하지 않았다는 사실 외에는 그 이후 정확히 어떤 일이 일어났는지 아무도 모른다.

그 기적이란 1년에 두 번씩 군중들이 유리병을 바라보며 함성을 지를 때 그 갈색 응고물이 거품을 품은 밝은 적색의 액체로 변한다는 것이다. 이 액체가 진짜 혈액이라는 것은 거의 의심의 여지가 없다. 1902년 나폴리 대학교의 일단의 과학자들이 이 액체에 빛을 비추어 스펙트럼 분석을 한 결과 그것은 혈액임이 판명되었다. 불행하게도 혈액이 담긴 유보함이 너무 낡고 깨지기 쉬운 상태여서 교회측은 다른 실험을 하기 위해 그것을 여는 것을 허락하지 않았기 때문에 이 현상을 철저하게 조사하지는 못했다.

그러나 이 같은 변성현상이 일상적인 사건과는 다른 차원의 것임을 말해주는 더 많은 증거가 있다. 역사상 간혹(대중의 눈앞에서 벌어진 이 기적에 관한 최초의 기록은 1389년으로 거슬러 올라간다) 유리병을 공개했을 때 응고된 혈액이 액체상태로 변하지 않는 경우가 있었다. 드문 일이기는 했지만 이것은 나폴리 시민들에게는 매우 불길한 징조로 받아들여졌다. 과거에는 기적이 일어나지 않으면 베수비오 화산이 폭발하고 나폴레옹이 나폴리를 침공해왔다. 좀더 최근인 1976년과 1978년에는 동일한 현상이 일어나 각각 이탈리아 역사상 가장 극심한 지진과 자치선거에서 공산당의 집권을 예언했다.

산 제나로의 피가 액체로 변하는 것은 기적일까? 그런 것처럼 보인다. 최소한 그것이 알려진 과학의 법칙으로 설명하기가 불가능해 보인다는 점에서는 말이다. 이 변성현상은 산 제나로 그 자신에 의해 일어나는 것일까? 더 그럴 듯한 원인은 기적을 목격하는 사람들의 강렬한 헌신과 믿음인 것 같다. 이렇게 말하는 것은 위대한 종교의 성자와 기적술사들이 행한 기적의 거의 모두를 심령술가들이 재현해냈기 때문이다. 성흔발현 현상과 마찬가지로 기적은 우리 모두에게 잠재되어 있는, 인간의 마음 깊은 곳에 숨어 있는 힘에 의해 일어나는 것임을 암시한다. ≪신비주의의 물리학적 현상*Physical Phenomena of Mysticism*≫을 쓴 허버트 서스턴(Herbert Thurston) 신부는 자신이 이러한 유사성을 인식하고 있었고 어떤 기적도 진정으로 초자연적인(supernatural) 원인(심령적, 초상적超常的 원인이 아닌)에 기인한다고 보지 않았다. 이러한 관점을 뒷받침하는 또 다른 증거는 파드레 피오와 테레제 노이만을 비롯한 많은 성흔발현자들은 심령적 능력 또한 뛰어났던 것으로 알려져 있다는 사실이다.

기적에서 한몫을 담당하는 것으로 보이는 한 가지 영능력은 염력(psycho-kinesis, 흔히 줄여서 PK라고 한다)이다. 산 제나로의 기적은 물질의 물리적 변화를 수반하므로 염력도 분명히 의심해볼 만한 요인 중 하나다. 로고(Rogo)는 성흔발현 현상 중 좀더 극적인 현상들에도 염력이 관련된다고 믿는다. 그는 피하의 작은 혈관이 터져서 출혈하는 것은 정상적인 생물학적 능력 범위에 충분히 포함시킬 수 있지만 큰 상처가 즉석에서 나타나는 현상은 염력만이 설명할 수 있다고 느낀다.[1] 이것이 사실인지 아닌지는 판명되어야 하겠지만 염력은 분명히 성흔발현과 함께 나타나는 일부 현상들의 한 요인이다. 테레제 노이만의 발에 난 상처에서 피가 흐를 때 그 피는 발이 어떻게 놓여 있든지 상관없이 예수가 십자가에 매달려서 흘렸던 것과 똑같이 언제나 발가락을 향해서 흐른다. 말하자면 그녀가 침대 위에 똑바로 누워 있을 때도 피가 실제로 중력을 거슬러 위로 흐르는 것이다. 이것은 대전 후 독일에 주둔했던 미군 장교들을 비롯해서 그녀의 기적적인 능력을 구경하러 온 수많은 증인들에 의해 목격되었다. 피가 중력을 무시하고 위로 흐르는 현상은 다른 성흔발현 기적들에서도 보고되었다.[2]

이 같은 일들은 우리를 흥분시킨다. 왜냐하면 우리의 현재의 세계관은 염력을 이해할 수 있는 시각을 제공하지 못하기 때문이다. 봄은 우주를 홀로무브먼트로 보는 관점이 한 가지 시각을 제공한다고 믿고 있다. 그는 자신이 말하는 뜻을 이해하기 위해서 다음과 같은 상황을 생각해보라고 한다. 당신이 밤늦게 길을 가고 있는데 난데없이 어떤 그림자가 당신을 덮친다. 순간 당신은 그 그림자가 당신을 공격해오는 물체이며 자신이 위험에 처해 있다고 생각할 수도 있다. 그러면 이 생각 속에 담긴 정보는 여러 가지의 상상 활동을 일으킬 것이다. 예컨대 달아나거나, 다치거나, 싸우는 등으로. 그러나 당신의 마음 속에 이런 상상된 반응이 일어나는 것은 순전히 '정신적인' 작용만이 '아니다.' 왜냐하면 그것은 그것과 관련된 일단의 생리적 작용과 분리시킬 수 없기 때문이다. 예컨대 신경의 흥분, 심장박동 증가, 아드레날린과 기타 호르몬 분비, 근육긴장 등등으로. 거꾸로 당신이 그 그림자는 단지 그림자일 뿐이라고 생각했다면 이와는 다른 정신적, 생리적 반응이 일어날 것이다. 뿐만 아니라 약간만 생각해보면 우리는 우리가 경험하는 모든 것에 대해서 정신적/생리적으로 반응한다는 사실을 알 수 있을 것이다.

봄에 의하면, 이 사실에서 이끌어낼 수 있는 중요한 사실은 '의미 (meaning)'에 대해 반응할 수 있는 것은 의식만이 아니라는 사실이다. 신체도 역시 의미에 반응할 수 있다. 그리고 이것은 의미란 본질적으로 정신적인 것인 동시에 신체적인 것이라는 사실을 깨우쳐준다. 이것은 야릇한 일이다. 왜냐하면 우리는 일반적으로 의미를 사물과 대상으로 이루어진 물리세계 속에 반응을 야기할 수 있는 어떤 것이 아니라 오직 주관적인 현실, 즉 우리 머릿속의 생각에 대해서만 영향을 미칠 수 있는 것으로 생각하기 때문이다. 그러므로 "의미는 이 두 가지 현실 사이의 '가교', 혹은 고리 역할을 할 수 있다. 우리가 '정신적' 세계에 속해 있다고 느끼는 생각 속에 담긴 정보는 동시에 이 생각이 '물질적' 세계에서 의미하는 바인 신경생리학적, 화학적, 물리적 활동이므로 이 고리는 끊어놓을 수가 없다"고 봄은 말한다.[3]

봄은 객관적으로 작용하는 의미의 예는 물리적 현상 속에서도 발견된다고 느낀다. 그 하나는 컴퓨터 칩(컴퓨터의 반도체 기억소자)의 기능이다. 컴퓨터 칩은 정보를 담고 있다. 그리고 그 정보의 의미는 그것이 컴퓨터 내에서 전류가 어떻게 흐를지를 결정한다는 의미에서 실제로 작용한다. 또 다른 예는 아원자 입자의 행동이다. 물리학에서는 양자파 (quantum wave)가 입자에 기계적으로 작용한다고 보는 것이 정통적인 견해다. 즉, 파도가 수면에 떠 있는 탁구공의 움직임을 좌우하는 것과 같은 방식으로 양자파가 입자의 움직임을 조종한다는 것이다. 그러나 봄은 이러한 시각으로는 플라스마 속에서 안무되는 전자의 조직적인 춤을 설명할 수 없다고 느낀다. 만약 플라스마 속의 전자처럼 잘 안무된 핑퐁의 운동이 바다 위에서 발견된다면 그것을 물결의 움직임으로 설명할 수 없듯이 말이다. 그는 입자와 양자 파동 간의 관계는 오히려 레이더파의 안내를 받아 자동항해하는 배와 더 유사하다고 믿는다. 레이더파가 배를 물리적으로 떠밀지 않듯이 양자파는 전자를 떠밀지 않는다. 대신 양자파는 전자에게 그 주변환경에 대한 '정보'를 제공해주고, 전자는 자신을 운신하는 데 그것을 이용하는 것이다.

달리 말해서, 봄은 전자가 마음과 같은 것일 뿐만 아니라 고도로 복잡한 존재라고 믿는데, 이것은 전자란 하나의 단순하고 구조성이 없는 일개의 점이라고 보는 일반적인 관점과는 한참 거리가 먼 주장이다. 전자가, 그리고 사실상 모든 아원자 입자들이 정보를 적극적으로 이용한다는 사실은 의미에 반응하는 능력이 의식만의 속성이 아니라 모든 물질의 속성임을 말해준다. 봄은 염력을 설명할 수 있게 하는 것은 바로 모든 물질의 이 같은 보편적 본질이라고 말한다. 그는 이렇게 말한다. "이 같은 토대에서는 어떤 물질적 시스템의 기본 메커니즘에 부합하는 어떤 의미에 한 사람, 혹은 많은 사람들의 정신작용이 집중된다면 염력 현상이 일어날 수 있다."[4]

이런 종류의 염력은 어떤 인과적인 작용에 인한 것이 아님을, 즉 물리학이 이해하고 있는 어떤 힘이 개입된 인과관계에 의해서 일어나는 것이 아님을 아는 것이 중요하다. 그것은 일종의 초공간적 '의미의 공명', 혹은 2장에서 이야기했듯이 2개의 쌍둥이 광자가 동일한 각도로 편광되게 만드는 초공간적인 상호연결성과 같지는 않더라도 비슷한, 일종의 초공간적 상호작용의 결과일 것이다(봄은 양자의 비국소성만으

로는 염력이나 텔레파시를 기술적으로 설명할 수 없으며 오직 어떤 깊은 차
원의 비국소성, 혹은 일종의 '초'비국소성이 그것을 설명해준다고 믿는다).

기계 속의 그렘린*

염력에 대해서 봄과 비슷하지만 그보다 한 단계 더 나아간 생각을 가지
고 있는 학자는 로버트 G. 얀(Robert G. Jahn)이다. 그는 프린스턴 대
학교 응용공학대학의 수석 명예교수이며 우주과학 교수다. 얀이 염력
을 연구하게 된 것은 매우 우연한 일로 인해서였다. NASA와 국방성의
전직 고문이었던 그의 원래 관심분야는 우주공간의 추진력이었다. 실
제로 그는 ≪전기추진력의 물리학*Physics of Electric Propulsion*≫의
저자로서, 이 책은 관련분야의 훌륭한 교과서다. 한 학생으로부터 염력
실험에 참관해줄 수 있느냐는 요청을 받았을 때만 해도 그는 초상현상
이란 것을 믿지도 않았다. 얀은 마지못해 승낙했는데 그 결과는 너무나
놀라운 것이었다. 그는 거기서 영감을 받아 1979년 프린스턴 이상(異
常) 공학현상연구소(Princeton Engineering Anomalies Research,
PEAR)를 설립했다. 그로부터 PEAR 학자들은 염력이 존재한다는 강력
한 증거들을 찾아냈을 뿐만 아니라 이 분야에서 미국 내의 다른 어떤
기관들보다도 많은 데이터를 수집했다.

　한 일련의 시험에서 얀과 그의 동료인 임상심리학자 브렌다 듄(Bren-
da Dunne)은 임의사건 발생기, 즉 REG(random event generator)를
사용했다. REG는 방사성 붕괴와 같은 예측불가능한 자연현상에 의존
하여 임의의 2진수 수열을 만들어낼 수 있었다. 그런 수열의 예는 다음

---

*기계에 고장을 일으키는 작은 악마

과 같다. 1212211211121……. 달리 말하면 REG는 일종의 동전 자동 투척기로 매우 짧은 시간에 무수히 동전을 던질 수 있는 장치인 셈이다. 완벽하게 무게중심이 잡힌 동전을 1000회 던지면 앞면과 뒷면이 나올 확률은 50 : 50이 된다는 것은 누구나 알고 있다. 실제로 동전을 1000번 던지면 그 비율은 한쪽으로 약간 쏠릴 수도 있다. 그러나 던지는 횟수가 많아질수록 비율은 50 : 50에 가까워질 것이다.

얀과 듄이 한 일은 자원자를 REG 앞에 앉히고 그로 하여금 REG가 앞면, 혹은 뒷면을 비정상적으로 많이 내게끔 정신을 집중시킨 것이다. 말 그대로 수백, 수천 번의 시험을 통해서 그들은 자원자들로 하여금 오직 정신집중만으로 REG 결과에 통계학적으로 상당한 의미가 있는 효과를 미치게 할 수 있었다. 그들은 두 가지의 다른 사실들도 발견했다. 염력효과를 낼 수 있는 능력은 선천적으로 타고난 몇몇 사람들에게만 한정된 것이 아니라 그들이 시험한 대다수의 자원자들에게도 있었다. 이것은 우리들 대다수가 어느 정도 염력을 소유하고 있음을 뜻한다. 또 자원자들이 저마다 다른, 일관성 있는 특징을 띤 결과를 만들어냈고 그 결과는 사람마다 너무나 독특했기 때문에 얀과 듄은 그것을 '사인(sign)'이라고 부르기 시작했다.[5]

다른 실험에서 얀과 듄은 핀볼처럼 생긴 장치를 써서 위에서 떨어지는 9,000개의 2cm 크기의 구슬이 330개의 플라스틱 핀(작은 말뚝)에 이리저리 부딪히면서 바닥에 있는 19개의 수집홈통에 분산되어 들어가게 하였다. 이 장치는 높이 3m, 폭 2m의 수직의 얇은 상자 속에 고정시키고 전면을 유리로 덮었으므로 지원자들은 구슬이 홈통 속으로 들어가는 것을 볼 수 있었다. 대개는 외곽의 홈통보다 가운데 있는 홈통에 더 많은 구슬이 들어갔고 전체적인 분포는 마치 종과 같은 곡선을 그렸다.

REG에서와 마찬가지로 얀과 듄은 자원자를 이 장치 앞에 앉혀놓고 가운데 홈통보다 외곽의 홈통에 더 많은 구슬이 들어가도록 마음을 쓰게 하였다. 여기서도 역시 여러 번의 시험을 거치는 동안 피험자들은 구슬이 각 홈통에 분포되는 양상에 작지만 측정할 수 있는 변화를 만들어냈다. REG 실험에서 자원자들은 미시적 작용인 방사능 물질의 붕괴에 대해 염력효과를 미쳤지만, 핀볼 실험에서 피실험자들은 염력을 사용하여 일상세계의 대상들에게도 영향력을 미칠 수 있음을 보여준 것이다. 그뿐 아니라 REG 실험에 참여했던 각 개인의 '사인'이 핀볼 실험에서도 다시 나타나, 특정 개인의 염력은 실험의 종류와 상관없이 동일하게 나타나며, 개인별 염력은 개인별 재능과 같이 사람마다 다양하다는 것을 말해주었다. 얀과 듄은 말한다. "이 결과를 작은 부분들로 떼놓고 보면 기존 과학사상의 수정을 정당화하기에는 너무나 우연한 현상에 가까운 것으로 그 의미를 평가절하해버려도 될 것처럼 보이지만 전체적으로 보면 그것은 반박할 수 없을 정도로 상당한 비율의 일탈 상태를 형성하고 있다."[6]

얀과 듄은 그들의 발견이 간혹 어떤 사람들이 기계에 대한 징크스를 가지고 있어서 장비를 고장내곤 하는 현상도 설명할 수 있으리라고 생각한다. 볼프강 파울리(Wolfgang Pauli)라는 물리학자의 경우에도 그러했다. 그의 이 방면의 소질은 거의 신화가 되다시피 해서 물리학자들은 농담조로 이런 현상에 '파울리 효과'라는 이름을 붙이기까지 했다. 항간의 소문에 의하면 파울리가 연구소에 들어오기만 해도 유리 실험기구가 폭발하고 예민한 계측장치가 두 쪽으로 깨져버렸다고 한다. 특히 유명한 일화로는, 한 물리학자가 파울리에게 편지를 썼는데 그 내용인즉, 최근에 복잡한 실험장치 하나가 이유 없이 고장났는데 파울리가 그 자리에 없었기 때문에 그를 탓할 수는 없지만 바로 그 사고의 순간에 파울리가 기차를 타고 연구소 근처를 지나갔다는 사실이 밝혀졌다는 것이다. 얀과 듄은 이 유명한 '그렘린 효과', 즉 항공기 조종사, 승무

원, 군사작전 장교들이 자주 보고하듯이 정밀검사를 한 장비가 어처구니없는 상황에서 설명할 수 없는 고장을 일으키는 경향 또한 무의식적인 염력현상의 예일지도 모른다고 생각한다.

만일 우리의 마음이 외부에 힘을 미쳐서 쏟아지는 구슬 폭포의 움직임이나 기계의 작동을 바꿔놓을 수 있다면 어떤 기이한 마법이 그러한 능력을 설명해줄 수 있을까? 얀과 듄은 알려진 모든 물리현상이 파동/입자의 이원성을 지니고 있으므로 의식 또한 그렇다고 가정하는 것은 비합리적이 아니라고 믿는다. 의식은, 입자와 같은 성질을 가질 때는 우리의 머릿속에 자리잡고 있는 것으로 보일 것이다. 그러나 파동과 같은 성질에서는 의식도 다른 모든 파동현상과 마찬가지로 원격적인 효과를 만들어낼 수 있을 것이다. 그들은 이처럼 원격적으로 영향력을 미치는 작용의 하나가 염력이라고 믿는다.

그러나 얀과 듄은 여기서 그치지 않는다. 그들은 현실 자체가 의식의 파동적 측면과 물질의 파동패턴 간의 간섭결과라고 믿는다. 그러나 봄과 마찬가지로, 그들은 의식과 물질세계를 서로 따로 떼놓고 생각할 수 없다고 믿으며, 또 염력도 어떤 힘이 전달되는 것이라고 볼 수 없다고 믿는다. "메시지는 그보다 더 심오한 것일지도 모른다. 그런 식의 생각은 한마디로 존립할 수 없는 것이어서 이론상의 환경이나 이론상의 의식 따위에 대해 논해봤자 아무런 소득이 없을지도 모른다. 우리가 경험할 수 있는 유일한 것은 이 둘(의식과 물질)이 모종의 방식으로 상호침투하는 현상이다"라고 얀은 말한다.[7]

염력을 모종의 힘이 전달되는 것이라고 볼 수 없다면 마음과 물질의 상호작용을 좀더 잘 요약해줄 용어는 무엇일까? 역시 봄과 비슷한 생각으로서, 얀과 듄은 염력이 실제로 의식과 물리적 현실 간의 정보교환을 일으킨다는 견해를 제시한다. 즉, 정신과 물질 간의 흐름이라고 보기보다는 둘 간의 '공명'으로 보아야 될 교환이라는 것이다. 공명의 중

요성은 염력실험의 자원자들도 느끼고 언급했는데, 성공적인 성과와
관련하여 가장 자주 언급된 요인은 기계와 '공명되는' 느낌을 얻는 것
이었다. 어떤 자원자는 이 느낌을 "그 과정 속에 녹아드는 상태로서,
그것은 자신에 대한 의식을 잊어버리게 한다. 나는 장치를 직접 제어하
는 느낌은 느끼지 않고, 내가 그 기계와 공명하고 있을 때는 약간의 영
향력 비슷한 것을 느낀다. 그것은 카누 안에 타고 있는 것과 같아서 카
누가 내가 원하는 방향으로 가면 나는 그것과 함께 떠간다. 원하는 방
향으로 가지 않으면 나는 그 흐름을 깨버리고, 다시 그것이 나와 공명
할 기회를 주려고 애쓴다."[8]

얀과 듄의 생각은 다른 몇 가지 중요한 면에서도 봄의 생각과 유사
하다. 그들은 우리가 현실을 묘사하는 데 사용하는 개념들—전자, 파
장, 의식, 시간, 주파수—은 오직 '정보를 조직화하는 틀(information-
organizing categories)'로서만 유용할 뿐이지 그 자체로서 독립적인
어떤 상태를 지니고 있는 것이 아니라고 믿는다. 그들은 또 그들 자신
의 이론을 포함하여 모든 이론들은 단지 비유에 지나지 않는다고 믿는
다. 그들은 스스로 자신들의 이론이 홀로그램 모델이라고 주장하지는
않지만(실제로 그들의 이론은 몇 가지 중요한 면에서 봄의 생각과 다르다)
그것이 부분적으로 홀로그램 모델과 일치됨을 알고 있다. "우리가 파
동기계적 양태(wave mechanical behavior)에 대해 기본적으로 믿고
있는 바를 논하고 있는 한, 우리의 가정과 홀로그램 개념 간에는 약간
의 공통성이 있다. 홀로그램 사상은 의식에게 파동기계적으로 작용할
수 있는 능력(capacity to function in a wave mechanical sense)을
줌으로써 의식을 시간과 공간 속에서 자유롭게 해방시킨다"고 얀은 말
한다.[9]

듄도 이에 동의한다. "어떤 의미에서 홀로그램 모델은 의식이 바로
그러한 파동기계적이고 원초적이고 감지해낼 수 있는 것들과 상호작용

하여 그것을 어떻게든 사용할 수 있는 정보로 변환시켜내는 메커니즘을 다루고 있다고 볼 수 있다. 또 다른 의미에서는, 만일 개개인의 의식이 각기 고유한 파동패턴을 가지고 있다고 본다면 그것을 우주의 홀로그램 속에서 특정 이미지를 불러내는 특정 주파수의 레이저로 볼 수 있다. 물론 비유적으로 말이다."[10]

예상했겠지만 얀과 듄의 연구는 정통 과학계로부터 상당한 반발을 받았지만 일부에서는 수용되고 있다. PEAR의 많은 기금이 맥도널 더글러스 회사의 제임스 S. 맥도널 3세가 설립한 맥도널 재단으로부터 나오고 있으며 최근에는 뉴욕 타임스 매거진이 얀과 듄의 연구내용을 기사로 실었다. 얀과 듄은 자신들이 대부분의 과학자들이 그 존재조차 믿지 않는 현상들의 변수를 탐사하는 데 그토록 많은 시간과 노력을 바치고 있다는 사실에 대해 두려워하지 않는다. 얀은 이렇게 말한다. "이 분야의 중요성에 대한 나의 직감적 느낌은 내가 연구했던 어떤 분야보다도 강하다."[11]

더 큰 규모의 염력현상

지금까지 실험실 안에서 만들어낸 염력현상은 비교적 작은 대상들에만 국한되어 있었지만 증거에 의하면 어떤 사람들은 염력을 사용하여 물리적 세계에서 최소한 이보다는 큰 변화를 가져올 수 있는 것 같다. 베스트셀러인 ≪초자연*Supernature*≫의 저자이며 전세계를 다니며 초상현상을 연구한 과학자인 생물학자 라이얼 왓슨(Lyall Watson)은 필리핀에 갔을 때 이러한 능력을 지닌 사람을 만났다. 그는 소위 필리핀의 심령치료가 중 한 사람이었다. 그런데 그가 환자의 몸에 손도 대지 않고 단지 환자의 몸 위 약 10인치 높이에 손을 들고 있는 채로 환자의

피부 한 지점에 초점을 맞추면 즉석에서 절개자국이 나타났다. 왓슨은
이 사람의 염력 수술능력을 몇 차례 목격했을 뿐 아니라 그가 보통 때
보다 손가락을 더 넓게 펴서 휙 지나가자 왓슨의 손등에도 절개자국이
생기는 것을 경험했다. 그는 아직도 그 상처자국을 가지고 있다.[12]

  염력을 뼈를 낮게 하는 데 사용할 수 있다는 증거도 있다. 영국 선덜
랜드 지구 종합병원의 내과의 렉스 가드너(Rex Gardener) 박사가 보
고한 몇 가지 치유사례가 있다. 열렬한 기적 탐구가인 가드너는 1983
년 '영국 의학저널'에 이에 관한 기사를 실었는데 흥미로운 것은, 영국
의 7세기 역사학자이자 신학자인 부주교 비드(Bede)가 수집했던 치유
사례와, 그것과 거의 똑같은 현대판 치유기적을 나란히 실어놓았다는
점이다.

  이 현대의 치유기적은 독일의 다름슈타트에 살고 있는 루터교단의
수녀들과 관계가 있다. 수녀들은 성당을 짓고 있었는데 그 중 한 수녀
가 새로 칠한 시멘트 위를 밟는 바람에 그 아래 걸침목 위에 떨어졌다.
그녀는 급히 병원으로 옮겨졌고 X선을 찍어보니 골반이 심하게 골절되
었다. 수녀들은 기존의 의료수단에 의존하는 대신 철야기도회를 열기
로 했다. 여러 주일 동안 교정치료를 받아야 한다는 의사의 권고에도
불구하고 수녀들은 이틀 후 환자를 데리고 돌아가 계속 기도하고 차례
대로 안수를 했다. 안수가 끝나자마자 놀랍게도 수녀는 골절로 인한 고
문과도 같은 통증에서 벗어나 침대에서 일어났다. 완전히 회복되기까
지 2주일밖에 걸리지 않았다.[13]

  가드너는 이 현상이나, 혹은 그가 쓴 기사 속의 어떤 치유사례에 대
해서도 설명하려 들지 않았지만, 염력이 그럴 듯한 설명이 될 수 있을
것 같다. 골절의 자연치유는 기간이 오래 걸리며, 미켈리의 골반이 기
적적으로 재생성되는 데도 수개월이 걸렸다는 사실을 감안한다면 안수
를 한 수녀들의 무의식적인 염력이 이 일을 해냈다고 볼 수도 있다.

가드너는 7세기 영국의 헥스햄에서 성당 건축 중에 일어난, 당시 헥스햄의 주교였던 성 윌프리드(St. Wilfrid)에 관련된 이와 비슷한 치유 사례를 이야기한다. 성당 건축공사 중 보델름이라는 석공이 매우 높은 곳에서 떨어져서 팔과 다리가 부러졌다. 그가 죽어가고 있을 때 윌프리드가 그를 위해 기도를 올리며 다른 동료 석공들도 함께 기도를 올리게 하였다. 동료들은 시키는 대로 함께 기도를 올렸고, 그 동안 보델름은 '생명의 숨결이 돌아와서' 빠른 속도로 치유되었다. 성 윌프리드가 다른 석공들에게 그와 함께 기도하기를 제안하기 전까지는 분명히 치유가 일어나지 않았던 점을 고려할 때, 성 윌프리드가 이 치유의 촉매였거나, 아니면 이 또한 거기 모인 모든 사람들의 결합된 무의식의 염력 덕이 아니었을까?

호놀룰루의 비숍 박물관장이며 저명한 식물학자이고 개인적 삶을 초상현상의 연구에 바쳤던 윌리엄 터프츠 브릭햄(William Tufts Brigham) 박사는 하와이 원주민 주술사, 즉 '카후나(kahuna)'가 부러진 뼈를 즉석에서 회복시킨 사건을 기록하고 있다. 그 사건은 브릭햄의 친구인 콤즈가 목격했다. 콤즈의 양할머니는 이 섬에서 가장 권위 있는 여자 카후나로 인정받고 있었고 콤즈는 그녀의 집에서 열린 잔치에 참석했다가 그녀의 능력을 직접 목격하게 되었다.

사건인즉, 손님 중 한 사람이 해변 모래사장에서 넘어지면서 다리뼈를 심하게 다쳐 뼈가 살가죽을 뚫고 삐져나왔다. 부상의 정도가 심한 것을 알고 콤즈는 그 남자를 즉시 병원으로 보내야 한다고 주장했다. 그러나 나이 지긋한 카후나는 이 말을 들은 척도 하지 않았다. 남자 옆에 무릎을 꿇고 앉은 그녀는 다리를 똑바로 펴놓고 부러진 뼈가 살가죽을 뚫고 나온 부위를 눌렀다. 그녀는 몇 분 동안 기도와 명상을 하고 나서 일어서며 치료가 끝났다고 말했다. 그 사나이는 놀랍게도 제발로 일어서서 걸음을 한 발 두 발 옮겨놓았다. 그는 완전히 나았고, 그의 다리

는 언제 다쳤냐는 듯 멀쩡해져 있었다.[14]

18세기 프랑스의 군중염력

염력현상의 가장 놀라운 사례이자 역사상 가장 놀라운 기적현상의 하나는 18세기 초반 파리에서 일어났다. 이 사건은 네덜란드의 영향을 받은 얀센파라는 청교도의 한 지파를 중심으로 일어난 사건인데, 그것은 존경받던 성자 프랑수아 드 파리(François de Paris)라는 얀센파 신부의 죽음에 의해 촉발되었다. 현대인 중에는 얀센파의 기적에 대해 들어본 사람이 거의 없지만 이것은 유럽에서는 수십 년 동안 사람들의 입에 가장 많이 오르내리던 화제 중의 하나였다.

　얀센파의 기적을 제대로 이해하기 위해서는 프랑수아 드 파리의 죽음 이전의 역사적 내막을 조금 알아둘 필요가 있다. 얀세니즘은 17세기 초엽에 창시되었고 초창기부터 그것은 로마 카톨릭 교회와 프랑스 교단에 의해 이단시되었다. 그들의 교리는 대부분 기존 교회의 교리와 첨예하게 대립되었다. 그러나 그것은 대중적인 운동이었고 프랑스 서민들 사이에 급속도로 전파되었다. 가장 큰 문제는 교황과 헌신적인 카톨릭 교도인 국왕 루이 15세가 그것을 카톨릭을 가장한 개신교로 의심했던 점이다. 그 결과 교회와 왕은 이 운동세력을 저지하기 위해 끊임없이 책략을 꾸몄다. 여기에 한 가지 장애물이자, 이 운동이 대중의 추종을 얻게 하는 데 공헌한 요인은, 얀센파 지도자들은 특히 기적적인 치유를 일으키는 능력이 뛰어났다는 사실이다. 그럼에도 불구하고 교회와 국왕은 계속 이들을 핍박하여 프랑스 전역에서 이에 대한 맹렬한 논쟁이 들끓게 만들었다. 이 힘싸움이 고조에 달했던 1727년 5월 1일 프랑수아 드 파리가 죽었고 그는 파리의 생 – 메다 교구묘역에 묻히게 되었다.

이 신부의 거룩한 명성 때문에 참배자들이 그의 묘소에 몰려들기 시작했고 기적적인 치유의 보고가 쏟아졌다. 그렇게 해서 치유된 병은 악성 종양, 사지 마비, 귀머거리, 천식, 류머티즘, 위궤양, 만성열병, 만성출혈, 맹인 등이었다. 이것만이 아니었다. 애도자들은 이상한 자발적 경련 내지 발작을 경험하기 시작했고 마치 곡예처럼 놀라운 사지의 비틀림이 일어났다. 이 발작은 곧 주위로 전염되기 시작하여 마치 들불처럼 거리로 번져나가 근방이 온통 초현실적인 마법에 사로잡힌 것처럼 몸을 꼬고 비트는 남녀노소로 가득 메워졌다.

이렇게 무아지경에서 묘기를 부리던, 소위 '발작하는 사람들'은 가장 구경할 만한 재주를 선보이기 시작했다. 그 중 한 가지는 상상할 수 없을 정도로 다양한 육체적 고문에도 상처입지 않고 견뎌내는 능력이었다. 그 고문이란 심한 구타, 무거운 물건이나 날카로운 것으로 치기, 목 조르기 등이었다. 이 모든 고문을 아무런 부상도, 상처도, 살짝 긁힌 자국조차 없이 견뎌냈다는 말이다.

이 기적적인 사건을 더욱 독특하게 만든 것은 이것을 수천 명의 군중이 목격했다는 사실이다. 파리 신부의 무덤에 모인 흥분된 사람들은 조금 있다가 흩어져 돌아가버릴 사람들이 아니었다. 수년 동안 묘역과 주변에는 밤낮으로 사람들이 들끓었고 20년이 지난 후까지도 기적이 보고되었다(이 현상이 얼마나 엄청났는지 알려주는 단편적인 예로서, 1733년의 공식적인 기록에 의하면 발작자들 중에서 예컨대 여자들이 신체 발작 중에 지나치게 몸이 노출되지 않도록 도와주는 데만도 3,000명이 넘는 자원자들이 필요했다고 한다). 그 결과 발작자들의 이 비범한 능력은 나라 밖까지 소문이 났고 그것을 보려고 수천 명의 군중이 모여들었다. 그 중에는 모든 사회계층, 많은 정부기관들과 교육·종교기관 종사자들도 포함되어 있어서 이들이 목격한 무수한 기적들은 당시 문헌 속에 공식·비공식적으로 기록되었다.

그뿐 아니라 애초에 얀센파의 기적을 평가절하하려는 목적으로 왔던 그들 로마 카톨릭 교회에서 파견된 조사관조차도 그 사실을 더욱 확실히 확인하고 돌아갔을 뿐이다(로마 카톨릭 교회는 나중에 이 당혹스러운 상황에 대해 기적이 일어난 것은 사실이지만 그것은 악마의 행실이므로 얀센파는 타락한 세력임이 틀림없다고 결론지음으로써 상황을 모면하려고 했다).

파리 의회 의원인 루이 바실 카레 드 몽제롱(Louis-Basile Carre de Montgeron)은 네 권의 두꺼운 책을 채울 정도의 수많은 기적들을 목격하고 이것을 1737년 ≪기적의 증언*La Verite des Miracles*≫이라는 제목으로 출판했다. 이 저술에서 그는 발작자들이 고문을 끄떡없이 견뎌냈던 수많은 사례를 제시했다. 그 한 예로서 장 몰레라는 스무 살의 발작자는 돌담에 몸을 기대서는 군중들 가운데서 자원한 '매우 힘센 사나이'에게 14kg짜리 망치로 그녀의 배를 100번이나 때리게 했다(발작자들은 자청해서 고문을 받았는데, 왜냐하면 그들은 그것이 발작시의 극렬한 아픔을 덜어주기 때문이라고 말했다). 망치의 힘을 시험해보기 위해서 몽제롱 자신이 그 망치를 들고 소녀가 기대서 있는 담벼락을 쳐보았다. 그는 이렇게 썼다. '내가 스물다섯 번째로 담을 치자 그때까지 계속 충격을 받았던 그 담은 15cm 이상 크기의 구멍을 남기면서 반대쪽으로 허물어져내렸다.'[15]

몽제롱은 또 다른 사례를 묘사하는데, 이번에는 한 여자가 몸을 뒤로 젖혀서 등허리에 '말뚝의 뾰족한 끝'을 받치고 있었다. 그 상태에서 그녀는 밧줄에 달린 돌을 '가장 높이' 당겨올린 후 자신의 배 위로 떨어지게 하였다. 돌을 당겨올려서 떨어뜨리기를 여러 번 반복했지만 그 여자는 전혀 미동도 보이지 않았다. 그녀는 조금도 힘들이지 않고 그 괴상한 자세를 유지하고 있었고 아무런 통증도, 상처도 없었으며 등에 자국조차 나지 않은 채 이 시련을 예사로이 끝냈다. 몽제롱은 이 끔찍한 묘기가 진행되는 동안에도 그녀는 "더 세게 쳐요, 더 세게!" 하고 계속 외쳤다고 적고 있다.[16]

발작자들에게 해를 입힐 수 있는 것은 사실 아무것도 없는 것처럼 보였다. 그들은 쇠몽둥이, 쇠사슬, 통나무 몽둥이 등으로 두들겨패도 상처를 입지 않았다. 아무리 힘센 사나이라도 그들의 숨이 넘어가게 하지 못했다. 어떤 사람은 십자가에 매달렸지만 어떤 상처의 흔적도 보이지 않았다.[17] 그 중에서도 가장 기이한 것은, 심지어 칼이나 검, 혹은 도끼로도 그들을 베거나 찌를 수 없었다는 것이다. 또 발작자의 배에다 쇠 드릴의 날카로운 끝을 대고 망치로 '척추를 뚫고 내장이 모두 파열될 정도로' 사정없이 내리치기도 해보았지만 그것은 불가능한 일이었다. 발작자는 '완벽한 황홀경에 빠진 얼굴로' 이렇게 소리쳤다. "오, 참 좋아요! 힘내시오 형제여, 할 수 있거든 그보다 두 배로 세게 쳐주오!"[18]

얀센파들이 발작기간 동안 보여준 묘기는 상처 입지 않는 재주만이 아니었다. 어떤 사람들은 투시가가 되어 '감춰져 있는 물건들을 알아낼' 수 있었다. 또 어떤 사람은 눈을 단단히 가린 상태에서도 글을 읽을 수 있었고, 공중부양의 예도 보고되었다. 공중부양자 중의 한 사람인 몽삥리에에서 온 베셔랑이라는 수사는 발작이 시작되면 '너무나 센 힘으로 공중에 떠오르기 때문에' 목격자들이 그를 땅 위에 붙잡아 놓아 떠오르지 못하게 해봤지만 성공하지 못했다.[19]

오늘날에는 이 얀센파의 기적이 깡그리 잊혀져버렸지만 그 당시에는 지식인들이라면 결코 무시하고 지나칠 수 없던 사건이었다. 수학자이자 철학자인 파스칼의 조카는 얀센파 기적의 결과로 몇 시간 만에 눈에 난 심한 염증을 없앨 수 있었다. 국왕 루이 15세가 생 – 메다 묘역을 폐쇄하여 발작자들을 저지하려고 하다가 실패했을 때 볼테르(Voltaire)는 이렇게 빈정댔다. "신은 국왕의 명으로 금족당했다. 거기서 어떤 기적도 행사하지 못하도록." 그리고 스코틀랜드의 철학자 데이비드 흄(David Hume)은 ≪철학적 에세이*Philosophycal Essays*≫에서 이렇게 썼다. "프랑스 파리 신부의 묘에서 최근에 일어난 것으로 들려오는 사건만큼 한 사람으로부터 비롯되어 일어난 그토록 무수한 기적은 분명히 전대미문이다. 그 기적의 대부분이 저명하고 신뢰받는 판관들 앞에서 즉석의 확증을 받아냈다. 이 지식의 시대에, 현재 세계에서 가장 유명한 무대 위에서 말이다."

발작자들이 이루어낸 기적을 우리는 어떻게 설명해야 할까? 봄은 염력이나 기타 초상현상이 일어날 가능성이 있음을 기꺼이 받아들이는 사람이지만 얀센파의 초능력 같은 어떤 특정한 사건에 대해서는 고려해보기를 원치 않는다. 하지만 이토록 수많은 목격자들의 증언을 진지하게 받아들인다면 여기서도 마찬가지로 염력이야말로 가장 그럴 듯한 설명이 될 것 같다. 신께서 로마 카톨릭 교회보다 얀센파 카톨릭을 더 좋아하셨다고 주저없이 결론내리지 않는 한 말이다. 발작 중 일어난 투시 등 여타 심령능력의 출현은 모종의 심령적 작용이 개입되었음을 강하게 암시한다. 덧붙여서, 우리는 앞서 강력한 믿음과 히스테리가 마음의 심층적 능력을 불러일으켰던 예를 여러 가지 살펴보았는데 이런 현상 또한 많이 나타났다. 사실 염력현상은 한 개인에게서 만들어진다기보다는 현장에 있는 모든 사람들의 염원과 신념의 결합에 의해서 만들어진 것일지도 모른다. 그렇다면 이것이 이 현상이 비범할 정도로 왕성하게 일어난 이유를 설명해줄 수 있을 것이다. 이런 생각은 새로운 것이 아니다. 1920년대 하버드 대학의 위대한 심리학자 윌리엄 맥도걸(William McDougall) 또한 종교적인 기적은 많은 신자들의 집합적 영능력의 산물일지도 모른다는 의견을 제시한 바 있다.

발작자들이 상처를 입지 않는 능력은 상당 부분 염력으로 설명할 수 있다. 장 몰레의 경우 그녀가 망치의 충격효과를 차단하기 위해 무의식적으로 염력을 사용했다고 설명할 수 있다. 발작자들이 쇠사슬과 통나무 몽둥이, 칼 등을 조종하여 정확히 충격의 순간에 그것이 멈추도록 무의식적인 염력을 사용했다면 이것은 그들이 아무런 상처도 입지 않았던 이유까지 설명해준다. 이와 비슷하게 사람들이 얀센파들의 목을 졸라보려고 했을 때도 그들의 손은 어쩌면 염력에 의해 허공 속에 놓여 있었는지도 모른다. 그래서 그들은 자신이 목을 조르고 있다고 생각하지만 실제로는 허공을 조르고 있었는지도 모르는 것이다.

우주의 필름을 재편집한다

하지만 염력이 발작자들의 상처입지 않는 능력을 구석구석 속시원히 설명해주지는 못한다. 관성의 문제―움직이는 물체가 계속 움직이려고 하는 성질―를 고려해야 한다. 23kg의 돌이나 나무둥치가 떨어질 때 거기에는 큰 에너지가 수반된다. 그리고 그것이 도중에 멈춰 선다면 그 에너지는 어딘가로 가야만 한다. 예컨대 만일 갑옷을 입은 사람이 14kg짜리 망치에 맞는다면 비록 갑옷의 쇠비늘이 충격을 분산시키더라도 그 사람은 상당한 충격을 입는다. 장 몰레의 경우에는 그 에너지가 어떤 이유에서인지는 몰라도 그녀의 몸을 비켜나가 그 뒤의 벽으로 전달되었다. 왜냐하면 몽제롱이 조사했듯이 돌담이 '그 충격에 부스러져 있었기' 때문이다. 하지만 몸을 활처럼 뒤로 젖혀 배 위에 23kg의 돌이 떨어지게 했던 여자의 경우에는 문제가 더 모호하다. 그녀가 왜 마치 크로케의 골문처럼 땅 속으로 박혀 들어가지 않았을까, 혹은 발작자들이 통나무 몽둥이에 맞았을 때 왜 나가떨어지지 않았을까? 분산된 에너지는 어디로 사라진 것일까?

여기서도 홀로그램적 관점은 한 가지 가능한 해답을 제공한다. 앞서 살폈듯이 봄은 의식과 물질은 다만 동일한 본체, 즉 감추어진 질서 속에 연원을 둔 무엇의 각기 다른 측면들일 뿐이라고 믿는다. 어떤 학자들은 이것은 의식이 물질세계 속에서 단지 몇 가지 염력현상을 일으키는 따위보다 훨씬 더 큰 일을 할 수 있음을 의미한다고 믿는다. 예컨대 그로프 박사는 만일 감추어진 질서와 드러난 질서가 실재를 묘사하는 정확한 이론이라면 "어떤 비범한 의식상태를 통해서 감추어진 질서를 직접 경험하고 거기에 개입할 수 있으리라고 상상할 수 있다. 그리하여 그 모태에 영향을 미침으로써 현상계에 나타나는 현상을 조작 내지 변화시키는 것이 가능할 것이다"라고 말한다.[20] 달리 말하면 물체를 염력으로써 이리저리 움직이는 것뿐만 아니라 마음은 그런 물체들을 처음에 만들어낸 우주의 필름에 접근시켜 그 내용을 재편집할 수도 있다는 것이다. 그리하여 관성과 같은 기존의 자연법칙을 완전히 우회할 수 있을 뿐 아니라, 마음은 염력이 시사하는 것보다도 훨씬 더 극적인 방식으로 물질계를 재구성하고 변형시킬 수 있다는 것이다.

이런 이론, 혹은 다른 모종의 이론이 사실임이 틀림없다는 것은 역사상 다양한 인물들이 보여주는 초능력이 증명하고 있다. 즉, 불에 타지 않는 능력이 그것이다. 서스턴은 자신의 저서 ≪신비의 물리적 현상 *The Physical Phenomena of Mysticism*≫에서 이러한 능력을 지닌 성자들의 무수한 예를 소개하고 있다. 그 중에서 가장 유명한 것은 파울라의 성 프란시스(St. Francis of Paula)의 일화다. 파울라의 성 프란시스는 타고 있는 숯을 아무렇지도 않게 손에 쥐고 있을 뿐 아니라 1519년 그를 성자로 서품하기 위한 심사에서는 8명의 목격자가 증언하기를, 그가 불아궁이의 무너진 벽을 고치기 위해 아궁이의 타오르는 불꽃 속을 예사롭게 걸어다니는 것을 보았다고 했다.

이 이야기는 구약성서에 나오는 샤드라(Shadrach), 메샤흐(Meshach), 아베드네고(Abednego)의 이야기를 상기시킨다. 네부카드네자르 (Nebuchadnezzar) 왕은 예루살렘을 포위한 후 사람들에게 자신의 동상에 예배드리게 했다. 샤드라와 메샤흐, 아베드네고는 이것을 거부했다. 그래서 네부카드네자르는 그들을 '극도로 뜨거운' 화로에 던져넣으라고 명령했는데, 그 불은 너무나 뜨거워서 그들을 던져넣은 사람들까지도 태워버렸다. 그러나 그들은 신앙으로 불 속에서도 타지 않고 살아남았다. 그들은 머리카락 한 올, 옷자락 하나도 상하지 않고 불에 그을린 냄새조차 풍기지 않고 걸어나왔던 것이다. 루이 15세 국왕이 얀센파들에게 가했던 것과 같은 신앙에 대한 박해는 종종 기적을 만들어내는 듯하다.

하와이의 카후나들은 벌겋게 타오르는 화로 속을 걷지는 않지만 뜨거운 용암 위를 예사롭게 걸어다닐 수 있다는 보고가 있다. 브릭햄은 그런 묘기를 보여주기로 약속한 3명의 카후나를 만났던 얘기를 한다. 그는 그들을 따라 용암이 분출되고 있는 킬라우에아 화산 근처의 용암 줄기를 향해 먼 산행을 했다. 그들은 몸무게를 받쳐줄 정도로 굳어진 50m 폭의 용암 줄기를 택했다. 하지만 그것은 아직도 매우 뜨거워서 백열체 조각들이 아직도 그 위를 떠다니고 있었다. 브릭햄이 지켜보고 있는 앞에서 카후나들은 샌들을 벗고 갓 굳은 용암 위를 걸어가기 전 자신들을 보호해줄 긴 기도문을 외우기 시작했다.

사실 산행 전에 카후나들은 브릭햄이 원한다면 그도 불 위를 걸을 수 있다는 것을 확인시켜 주겠다고 했었고, 그는 용감하게 그 제안을 받아들였었다. 그러나 막상 뜨거운 용암을 눈앞에 대하자 그는 두려운 생각에 사로잡혔다. 브릭햄은 이렇게 썼다. "결국 나는 신발 벗기를 거부하고 돌처럼 꼼짝달싹 않고 앉아 있었다." 기도로 신을 불러내고 나서 가장 나이 많은 카후나가 먼저 용암 속으로 뛰어들어가 50m를 아무렇지도 않게 걸어갔다. 브릭햄은 이 광경에 놀랐지만 여전히 선뜻 나서지 않았다. 그는 다음 카후나가 걸어가는 모습을 보려고 일어섰는데 뒤에서 등을 떠미는 바람에 용암 속에 코를 처박지 않기 위해서 엉겁결에 용암 위를 달려야 했다.

정말 브릭햄은 용암 위를 달렸다. 그가 저편의 높은 곳에 도착했을 때는 신발 한 짝이 타고, 양말에 불이 붙어 있었다. 그러나 놀랍게도 그의 발은 멀쩡했다. 카후나들은 브릭햄의 놀란 꼴에 배꼽을 잡으며 웃고 있었다. 브릭햄은 이렇게 썼다. "나도 웃었다. 내 몸이 멀쩡하다는 것을 깨달았을 때보다 더 마음이 놓였던 적은 없었다. 나는 이 체험을 말로 다 설명할 수 없다. 몸과 얼굴에서는 뜨거운 열기를 느꼈지만 발은 거의 감각이 없었다."[21]

발작자들도 간혹 불에 전혀 데지 않는 능력을 보여주었다. 이 '인간 불도마뱀'—중세에는 '불도마뱀(salamander)'이란 불 속에 사는 것으로 믿어지던 신화 속의 도마뱀을 가리켰다—의 두 가지 유명한 일화의 주인공은 마리 소네트와 가브리엘 몰러다. 한번은 몽제롱을 포함한 수많은 목격자 앞에서 소네트가 타오르는 불의 양 옆에 의자를 놓고 그 위에 몸을 걸친 채 불 위에서 30분 동안을 버텼다. 그녀의 몸도, 옷도 불에 그을린 자국이 없었다. 또 한번은 벌건 석탄이 가득 든 놋화로 속에 발을 넣은 채 앉아 있었다. 브릭햄의 경우처럼 그녀의 신발과 양말은 타버렸지만 발만은 아무렇지도 않았다.[22]

가브리엘 몰러의 묘기는 이보다 더 입이 벌어지게 하는 것이었다. 그녀는 칼로 찌르고 삽으로 후려쳐도 상처를 받지 않았을 뿐 아니라 머리를 화로의 불꽃 속에 처박아도 아무런 화상도 입지 않았다. 목격자들은 그녀의 옷이 너무나 뜨거워서 손을 댈 수도 없었지만 그녀의 머리카락, 눈썹과 속눈썹은 그을린 흔적조차 없었다고 보고했다.[23] 두말 할 것도 없이 그녀는 파티에서는 언제나 대인기였다.

사실 프랑스에서 처음으로 이 같은 발작현상을 보여준 것은 얀센파가 아니었다. 1600년대 말 루이 14세 국왕이 악랄하게 유그노 개신교도, 즉 세반느 계곡의 유그노 저항세력이며 카미사르(Camisards)라고 알려진 사람들을 추방하려고 했을 때 이들도 이와 비슷한 능력을 보여주었다. 로마 교황청으로 보내진 공식 보고서에서 박해자 중 한 사람인 샤일라라는 신부는 아무리 해도 카미사르를 죽일 수가 없었다고 실토했다. 그가 그들을 총으로 쏘라고 명령하면 총탄은 그들의 옷과 피부 사이에서 납작해진 채로 발견되었고, 그들의 손을 묶어 불타는 석탄 위에 놔두어도 타지 않았으며 기름에 적신 솜을 머리부터 발끝까지 덮어 씌워서 불 속에 집어넣어도 타지 않았다는 것이다.[24]

이것이 성에 차지 않는 듯 카미사르의 지도자 클라리(Claris)는 화형대를 짓게 하고 그 위에 올라가서 황홀경의 설교를 행했다. 그는 화형대에 불을 지르게 하고는 600명의 목격자들이 지켜보는 가운데 불꽃이 그의 머리 위를 날름거리는 속에서 계속 열광적인 설교를 했다. 화형대가 완전히 탄 후에도 클라리는 머리카락 한 올, 옷자락 하나 상한 데 없이 멀쩡히 살아 있었다. 카미사르를 평정하도록 파견되었던 프랑스 군대의 우두머리였던 장 카발리에(Jean Cavalier) 대령은 나중에 영국으로 추방되어 거기서 1707년 ≪사막에서 외치는 소리 *A Cry from the Desert*≫라는 제목의 책을 썼다.[25] 샤일라 신부는 끝내 카미사르들의 보복공격을 받아 죽었는데, 그는 그들과는 달리 다치지 않는 특별한 능력이 없었던 것이다.[26]

불 속에서 타지 않는 현상에 대한 믿을 만한 사례들은 수백 가지 존재한다. 루르드의 베르나데트(Bernadette)도 황홀경에 들어 있을 때는 불에 타지 않는다고 보고되었다. 목격자에 의하면 한번은 그녀가 초월 상태에 있을 때 그녀의 손이 촛불에 매우 가까이 닿아서 불꽃이 그녀의 손가락 주위에서 날름거렸다. 그 자리에는 루르드 시립병원 내과의였던 도조 박사도 있었다. 재치 있는 그는 그 사건의 시간을 측정했고 그녀가 초월상태에서 빠져나와 손을 촛불에서 거둬들이기까지 꼬박 10분이 지났음을 알았다. 그는 나중에 이렇게 썼다. "내 두 눈으로 그것을 똑똑히 보았다. 하지만 누군가가 나에게 그런 이야기를 믿게 하려고 했다면 나는 틀림없이 그를 비웃었을 것이다."[27]

1871년 9월 7일자 ≪뉴욕 헤럴드≫는 매릴랜드 주 이스턴에 사는 흑인 대장장이인 네이던 코커(Nathan Coker) 노인이 발갛게 단 쇠를 화상도 입지 않고 손으로 만질 수 있다는 소식을 전했다. 그는 몇 명의 의사까지 낀 조사단의 입회하에 쇠삽을 백열이 날 때까지 달군 후 그것이 다 식을 때까지 발바닥으로 들고 있었다. 그는 또 벌겋게 단 쇠삽의 가장자리를 혀끝으로 핥았고 녹은 납덩어리를 입 안에 부어넣어 그것이 다 굳을 때까지 이빨과 잇몸 사이로 지나다니게 하였다. 이런 묘기를 행할 때마다 의사들은 그를 조사하였지만 아무런 화상 흔적도 없음을 확인하였다.[28]

뉴욕의 내과의사인 위센(K. R. Wissen)은 테네시 주의 산에서 사냥여행을 하던 중 열두 살짜리 소년을 만났는데 그도 이와 비슷한 능력을 가지고 있었다. 위센은 그 소년이 불자리에서 발갛게 단 쇠를 손으로 꺼내는 것을 보았다. 그 소년은 삼촌의 대장간에서 발갛게 단 말굽을 꺼내다가 우연히 자신에게 그런 능력이 있음을 발견했다고 말했다.[29] 또 그로스베너가 목격한, 모호티가 지나간 숯구덩이는 길이가 7m에 ≪내셔널지오그래픽≫ 팀의 온도계로 측정한 온도는 화씨 1,328도였다. 월간 ≪애틀랜틱≫의 1959년 5월판에는 일리노이 대학교의 레오나드 파인버그(Leonard Feinberg) 박사가 실론에서 불 위를 걷는 의식을 목격했던 기사가 실렸는데 이 원주민들은 발갛게 단 쇠항아리를 머리에 이고 있었지만 화상을 입지 않았다. 계간 ≪정신의학≫의 한 기사에서 정신과 의사 버트홀트 슈바르츠(Berthold Schwarz)는 애팔래치아의 오순절교회파 교인들은 아세틸렌 불꽃 속에 손을 집어넣고도 화상을 입지 않았다고 보고한다.[30] 이런 식의 이야기는 끝이 없다.

물리법칙 ― 습관인가 현실인가

앞에서 살펴본 염력현상의 예에서 비켜간 에너지가 어디로 사라졌는지 상상하기 힘든 것과 마찬가지로, 실론 원주민들의 머리 위에 놓인 발갛게 단 쇠항아리의 에너지가 어디로 사라진 것인지도 이해하기 힘들다. 하지만 만일 의식이 감추어진 질서 속에 직접 관여할 수 있다면 문제는 좀더 쉬워진다. 이 역시 현실의 틀 '안에서' 작용하는 어떤 미지의 에너지나 물리법칙(단열작용을 하는 모종의 역장力場 같은)에 의한 것이라기보다는 물리법칙과 물질우주의 첫 창조과정을 포함하는, 훨씬 더 근원적인 차원에 대한 작용으로부터 기인된 현상이라는 말이다.

한 현실로부터 전혀 다른 현실로 옮아갈 수 있는 의식의 능력은 다음 사실을 시사한다. 즉, '불은 사람의 살을 태운다'는, 보통은 범할 수 없는 법칙은 우주의 컴퓨터 안에서는 단지 한 가지 프로그램에 불과하지만 그 프로그램은 너무나 자주 반복되었기 때문에 그것이 마치 자연의 습관 중 하나처럼 되어버린 것일지 모른다는 사실이다. 이미 언급했듯이 홀로그램 가설에 의하면 물질 또한 일종의 습관으로서, 감추어진 질서로부터 매순간 끊임없이 새롭게 창조되어 나온다. 마치 분수의 모양이 그 형태를 형성시키는 물의 끊임없는 분출에 의해 매순간 새로 만들어지듯이 말이다. 피트는 이러한 과정의 반복적인 성질을 우주의 노이로제의 일종이라고 유머스럽게 표현한다. "노이로제에 걸리면 삶 속에서 똑같은 패턴을 반복하거나, 혹은 같은 행위를 반복하기 쉽다. 마치 기억이 고형화되어 그 기억 속에 갇혀 있는 것처럼 말이다. 나는 의자나 식탁 같은 사물들 또한 그와 유사하다고 생각한다. 그것들은 일종의 물질적 노이로제, 즉 반복이다. 하지만 여기엔 좀더 미묘한 작용이 있다. 끊임없는 접혀 들어가기와 펼쳐져 나오기 말이다. 이런 의미에서 의자와 식탁은 이 흐름 속의 습관에 지나지 않는다. 하지만 이 흐름이야말로 실재다. 우리의 눈에는 이 습관만이 보이는 경향이 있긴 하지만 말이다."[31]

우주와 그것을 다스리는 물리법칙 또한 이 흐름의 산물이라고 한다면 그것들 또한 습관이라고 보아야 할 것이다. 분명히 그것은 홀로무브먼트 속에 깊이 배어 있는 습관이다. 물리법칙들은 불변적인 것처럼 보이지만 불에 타지 않는 능력과 같은 초능력들은 현실을 지배하는 법칙 중 최소한 어떤 것들은 유보될 수 있는 것임을 시사해준다. 이것은 물리법칙이란 돌에다 새겨놓은 글이라기보다는 샤인버그의 소용돌이 물결 쪽에 더 가까워서, 마치 우리의 습관이나 깊은 확신이 우리의 사고 속에 고정되어 있는 것처럼 홀로무브먼트 속에 너무나 큰 관성력을 가지고 고정되어 있음을 의미한다.

감추어진 질서 속에 그러한 변화를 만들어내는 데는 변성된 의식상태가 요구될지도 모른다는 그로프 박사의 견해는 불에 타지 않는 능력이 고도의 신앙과 종교적 헌신과 관련되어 있는 경우가 많다는 사실에 의해서도 입증되고 있다. 앞장에서 모습을 드러내기 시작한 패턴은 계속되고 있으며, 그것이 주는 메시지는 더욱 명확해지고 있다. 즉, 우리의 신념이 깊으면 깊을수록, 감정적으로 더 많이 충전되어 있을수록, 우리의 신체나 현실 속에다 일으켜놓을 수 있는 변화는 더 커진다는 것이다.

이 시점에서 우리는 이렇게 물어볼 수도 있으리라. 만일 의식이 어떤 특정한 조건에서 그토록 놀라운 변화를 일으킬 수 있다면 그것은 우리의 일상적 현실의 창조에는 어떤 역할을 하고 있는 것일까? 이에 대한 의견은 매우 분분하다. 봄은 사적인 대화 중에, 우주는 모두가 '생각'이며, 현실이란 오직 우리의 생각 속에서만 존재한다고 믿고 있음을 시인한 적이 있다.[32] 그러나 그 역시 기적적인 사건들에 관해서는 추론하기를 꺼린다. 프리브램 또한 이와 비슷하게 특정 사례에 대해 논평하는 것을 삼간다. 그러나 서로 다른 잠재적 현실들이 다수 존재하고 있어서 의식은 그 중 어느 쪽이 나타나게 할 것인가를 택할 수 있는 일정한 허용범위를 갖고 있다고 믿는다. 그는 이렇게 말한다. "나는 어떤 일이든 가능하다고 믿지는 않는다. 하지만 저 밖에는 우리가 이해하지 못하는 많은 세계들이 있다."[33]

기적적인 일들을 여러 해에 걸쳐 직접 경험했던 왓슨은 이보다 좀더 대담하다. "나는 현실이 다분히 상상의 산물임을 의심하지 않는다. 나는 입자물리학자나, 심지어 그 분야의 첨단 상황을 완전히 파악하고 있는 사람으로서 이렇게 말하는 것이 아니다. 나는 우리가 우리 주변의 세계를 매우 근본적인 방식으로 변화시켜 놓는 능력이 있다고 생각한다." (한때 홀로그램 가설에 대해 매우 열성적이었던 왓슨은 현재의 '어떤' 물리학 이론도 마음의 비범한 능력을 제대로 설명할 수 없다고 믿는다.)[34]

어빈에 있는 캘리포니아 대학교의 정신의학 교수이자 철학교수인 고든 글로버스(Gordon Globus)는 이와는 다르지만 비슷한 견해를 갖고 있다. 글로버스는 마음이 감추어진 질서의 원질료로부터 구체적인 현실을 지어낸다는 홀로그램 이론의 주장이 옳다고 본다. 한편 그는 또 유명한 인류학자 카를로스 카스타네다(Carlos Castaneda)가 야키 인디언 주술사 돈 후앙을 통해 경험한 이차원(異次元) 체험 이야기에서 많은 영향을 받았다. 프리브램과는 대조적으로 그는 카스타네다가 돈 후앙의 가르침 밑에서 경험했던 '이차원 현실들'의 끝없는 행렬—그리고 일상적 꿈 속에서 경험하는, 이와 똑같이 광대한 현실들의 행렬—은 감추어진 질서 속에 깃들어 있는 잠재적 현실이 실로 무수함을 시사한다고 믿는다. 그뿐만 아니라 두뇌가 일상의 현실을 지어내는 데 사용하

는 홀로그램적 메커니즘은 두뇌가 꿈이나, 카스타네다처럼 변성된 의
식상태에서 체험하는 현실을 지어내는 데 사용하는 메커니즘과 동일하
기 때문에 그는 세 가지 종류의 현실(일상적 현실, 꿈, 변성의식상태에서
의 현실)이 모두 본질적으로는 동일하다고 믿는다.[35]

의식이 아원자 입자를 만들어내는가, 아닌가, 그것이 문제로다

이 같은 견해의 엇갈림은 홀로그램 가설이 아직도 형성 단계에 있는 사
상임을 또 한 번 상기시키고 있다. 그것은 마치 태평양의 새로 생긴 섬
들처럼 화산활동 때문에 확실한 해안선이 확정되지 않은 것과 같다. 어
떤 사람들은 이러한 일치성의 결여를 이 이론을 비판하는 빌미로 이용
하기도 하지만 과학사상 가장 강력하고 성공적인 이론임이 틀림없는
다윈의 진화론조차도 아직도 여전히 유동적인 상태에 있어서, 진화이
론가들은 아직도 이 이론의 범위와 해석과 조절 메커니즘, 분류법 등에
대해 논란을 벌이고 있다.

이러한 견해차는 또한 기적이란 것이 얼마나 복잡한 퍼즐인지 부여
준다. 얀과 듄은 일상적 현실의 창조에 있어서 의식이 하는 역할에 대
한 또 다른 견해를 제시한다. 그리고 그것은 봄의 기본가정 중 하나와
는 차이가 있음에도 불구하고 기적이 일어나는 과정에 대해 그것이 제
공하는 통찰은 우리의 주목을 끌기에 충분하다.

봄과는 달리 얀과 듄은 아원자 입자들이 의식이 그 현장에 입장하기
전까지는 뚜렷한 실재성을 가지지 '않는다'고 믿는다. "나는 우리가 고
에너지 물리학에서 수동적인 우주의 구조를 탐사하던 때는 오래 전에
이미 지났다고 생각한다. 나는 우리가 의식과 환경의 상호작용이 워낙
원초적으로 일어나고 있어서 어떤 의미로 보나 우리가 현실을 그야말

로 창조하고 있는 그런 영역에 발을 딛고 있다고 생각한다”고 얀은 말한다.[36]

이미 말했듯이 이것은 대부분의 물리학자들이 견지하고 있는 견해다. 그러나 얀과 듄의 입장은 중요한 면에서 주류 과학자들과는 다르다. 대부분의 물리학자들은 의식과 아원자 입자세계 간의 상호작용이 어떤 식으로라도 염력(기적은 차치하고라도)을 설명하는 데 사용될 수 있다는 생각에 반대할 것이다. 실제로 대부분의 물리학자들은 이러한 상호작용이 의미할 수 있는 어떤 종류의 시사점도 무시할 뿐 아니라 실제로 그런 것은 존재하지도 않는다는 듯한 태도를 보인다. “대부분의 물리학자들은 정신분열증적인 견해를 취한다. 그들은 한편으로는 양자이론의 표준해석을 받아들이고, 한편으로는 양자 시스템의 실재성을 그것이 관찰되지 않는 때조차도 고집한다”고 시라쿠스 대학의 양자이론가 프리츠 롤리히(Fritz Rohrlich)는 말한다.[37]

‘그것이 사실임을 안다고 해도 나는 그에 대해선 생각하지 않겠다’는 이 야릇한 태도 때문에 많은 물리학자들이 양자물리학의 불가해한 발견들의 철학적 의미에조차 관심을 두지 않고 있다. 코넬 대학교의 물리학자 N. 데이비드 머민(N. David Mermin)이 지적하듯이, 물리학자들은 세 가지 부류로 나눌 수 있다. 일부 소수의 집단은 그 철학적 의미를 두고 고민한다. 두 번째 그룹에게는 그런 것 때문에 고민할 필요가 없는 이유가 많이 있다. 하지만 그들의 논조는 ‘초점에서 완전히 빗나가 있는’ 경향이 있다. 세 번째 그룹은 설명도 늘어놓지 않지만 그런 것을 고민하지 않는 이유조차 말하려 하지 않는다. “그들의 태도는 난공불락이다”라고 머민은 말한다.[38]

얀과 듄은 그처럼 소심하지는 않다. 그들은 물리학자들이 입자를 발견하는 것이 아니라 사실은 입자를 ‘만들어내고 있다’고 믿는다. 그 증거로서 그들은 최근에 발견된 아원자 입자인 ‘아나말론(anamalon)’의 예를 든다. 이 입자의 성질은 실험실마다 다르게 관측되었다. 운전자에 따라 색상과 기능이 변하는 자동차를 가지고 있다고 생각해보라. 이것은 매우 흥미로운 일이며 아나말론의 현실은 누가 그것을 발견/창조하느냐에 따라 달라짐을 시사한다.[39]

이와 비슷한 증거가 또 다른 아원자 입자에서도 나타난다. 1930년대 파울리는 방사능과 관련된 문제가 해결되려면 '뉴트리노(neutrino)'라는 질량 없는 입자가 존재해야 한다는 견해를 제기했다. 몇 해가 지나도록 뉴트리노는 단지 이론 속에서만 존재했다. 그러다가 1957년 물리학자들이 그것의 존재를 시사하는 증거를 발견했다. 그러나 좀더 최근에 와서 물리학자들은 뉴트리노가 질량을 가진다면 파울리가 부딪혔던 문제보다 더 곤란한 몇 가지 문제가 풀릴 수 있다는 사실을 깨달았다. 1980년대 들어서자 뉴트리노가 작지만 계측가능한 질량을 가지고 있다는 증거들이 출현하기 시작했다. 그보다 더 흥미로운 사실은, 유독 구소련의 실험실들에서만 뉴트리노에서 질량이 발견되었다는 것이다. 미국의 실험실에서는 질량을 발견하지 못했다. 1980년대가 다 가도록 그러한 상황은 계속되었고 현재는 다른 실험실에서도 구소련의 발견이 재현되고 있지만 상황은 아직도 불투명하다.[40]

뉴트리노가 보여주는 변덕스러운 성질은 부분적으로는 그것을 연구하는 물리학자들의 저마다 다른 기대와 문화적 선입견 때문이라고 할 수 있을까? 만약 그렇다면 그러한 사태는 흥미로운 의문을 제기한다. 만일 물리학자들이 아원자 입자의 세계를 발견해내는 것이 아니라 만들어내는 것이라면 전자와 같은 일부 입자들은 왜 관찰자와는 상관없이 안정된 현실을 지니고 있는 것처럼 보이는 것일까? 달리 말하자면, 전자에 대해 아무것도 모르는 햇병아리 물리학도도 노장 물리학자와 똑같이 전자에서 동일한 성질을 발견하는 이유는 무엇일까?

한 가지 가능한 대답은, 우리가 어쩌면 단지 오감을 통해서 받아들이는 정보에만 의존해서 세계를 인식하는 것은 아닐지도 모른다는 것이다. 이 말이 얼토당토않게 들릴지도 모르지만 이러한 생각을 뒷받침할 좋은 설명이 있다. 그것을 설명하기 전에 내가 1970년대 목격했던 사건을 얘기하고 싶다. 아버지께서 하루는 집에 친구들을 초대해놓고 그들을 즐겁게 해주기 위해 전문 최면술사를 초빙하여 나도 구경하게 하셨다. 최면술사는 먼저 참석한 사람들의 최면감수성을 재빨리 시험해본 후 톰이라는 사람을 최면대상으로 삼았다. 톰은 최면술사를 만난 것이 그때가 처음이었다.

톰은 매우 훌륭한 최면대상임이 밝혀졌다. 그는 단 몇 초 만에 깊은 최면상태로 유도되었다. 최면술사는 무대에서 흔히 보여주는 몇 가지 묘기를 시연했다. 그는 톰에게 방 안에 기린이 있다고 믿게 하여 놀라 입이 벌어지게 만들었다. 또 감자를 사과라고 암시를 주어서 그것을 맛있게 먹게 했다. 하지만 그날 저녁의 하일라이트는 톰에게 그가 최면에서 깨어나면 그의 딸인 로라가 그의 눈에는 보이지 않으리라고 암시한 것이었다. 그리고는 의자에 앉아 있는 톰 앞에 로라를 세워놓고 최면에서 깨어나게 하고는 로라가 보이는지 물어보았다.

톰은 방 안을 둘러보았다. 그의 시선은 킥킥거리면서 서 있는 그의 딸의 몸을 통과하여 지나치는 것처럼 보였다. "아니오" 하고 그가 대답했다. 최면술사는 톰에게 다시 한 번 확인하게 했고 로라의 킥킥거리는 웃음소리에도 불구하고 그는 다시 '아니오'라고 대답했다. 그러자 최면술사는 로라의 뒤쪽으로 가서 톰의 눈에 띄지 않게 호주머니 속에서 물건을 하나 꺼냈다. 그는 그것을 방 안의 아무도 보지 못하게끔 조심스럽게 감춘 채 로라의 등에다 갖다댔다. 그는 톰에게 그 물건이 무엇인지 알아맞혀보라고 했다. 톰은 마치 로라의 뱃속을 꿰뚫어보는 듯 몸을 앞으로 구부려 쳐다보고는 그것이 시계라고 대답했다. 최면술사는 고개를 끄덕이고는 그 시계에 새겨진 글자를 읽을 수 있느냐고 물어보았다. 톰은 글씨를 읽어내려고 애쓰는 것처럼 시선을 모으더니 시계에 새겨진 글귀를 읽어냈다. 최면술사는 그 물건이 정말 시계임을 보여주고 톰이 글씨를 정확히 읽어냈다는 것을 방 안의 사람들이 확인할 수 있도록 시계를 사람들이 돌려보게 했다.

나중에 내가 톰에게 물어보았더니 딸의 모습이 전혀 보이지 않았다고 말했다. 그가 본 것은 단지 최면술사가 시계를 손바닥 속에 감춘 채 들고 서 있는 모습뿐이었다는 것이다. 최면술사가 상황을 말해주지 않았다면 그는 자신이 정상적인 객관적 현실을 지각하고 있는 것이 아니라는 사실을 결코 몰랐을 것이다.

톰이 시계를 본 것은 오감을 통해 받아들이는 정보에 근거한 것이 결코 아니다. 그는 어디에서 그 정보를 받은 것일까? 한 가지 가능한 설명은 그가 그것을 다른 누군가의 마음 속으로부터 텔레파시로 받았으리라는 것이다. 이 경우에는 최면술사로부터다. 최면에 걸린 사람이 다른 사람의 감각 속으로 '들어갈' 수 있다는 사실은 다른 연구자들도 보고하고 있다. 영국의 물리학자 윌리엄 배렛(William Barrett) 경은 한 소녀에 대한 일련의 실험으로부터 이 현상의 증거를 발견했다. 그는 소녀에게 최면을 건 후 소녀에게 그가 먹는 모든 것을 소녀도 맛보게 되리라고 암시했다. "나는 눈을 밴드로 완전히 가린 소녀의 뒤에 서서 소금을 집어 입 안에 넣었다. 그러자 소녀는 즉시 침을 뱉으며 소리쳤다. '왜 내 입 속에 소금을 집어넣는 거예요?' 그 다음에 나는 설탕을 먹었다. 소녀가, '이번엔 좀 낫군요' 하고 말했다. 내가 그것이 어떤 맛이냐고 묻자 소녀는 '달아요' 하고 대답했다. 그 다음엔 겨자, 후추, 생강 등등을 시험했다. 소녀는 그 모두의 이름을 알아맞혔고 내가 그것을 입에 넣을 때 소녀도 분명히 그 맛을 느꼈다."[41]

소련의 생리학자 레오니드 바실리에프(Leonid Vasiliev)는 ≪원격현상 실험_Experiment in Distant Influence_≫이라는 책에서 1950년대 독일에서 행해진, 이와 비슷한 사실을 밝혀낸 연구를 언급했다. 그 연구에서는 최면에 빠진 사람이 최면술사가 먹는 것들의 맛을 함께 느낄 뿐만 아니라 최면술사의 눈앞에 플래시가 지나갈 때 덩달아 눈을 깜박거리고 암모니아 냄새를 맡자 함께 재채기를 했으며 최면술사가 귀에 대고 있는 손목시계의 째깍거리는 소리를 들었고 바늘로 찌를 때의 통증도 함께 느꼈다. 이 모든 실험은 피험자가 정상적인 감각적 단서로부터 정보를 얻어낼 수 없도록 철저히 차단된 상태에서 행해졌다.[42]

다른 사람의 감각 속으로 들어갈 수 있는 인간의 능력은 최면상태에만 국한된 것은 아니다. 캘리포니아 스탠퍼드 연구소의 물리학자 해럴드 푸토프(Harald Puthoff)와 러셀 타그(Russell Targ)의 유명한 실험에서는 그들이 시험한 거의 모든 사람들이 소위 '원격 시력'을 갖고 있었다. 즉, 그들은 멀리 떨어져 있는 사람이 보고 있는 내용을 정확히 묘사할 수 있었던 것이다. 연구자들은 모든 사람들이 그저 몸과 마음을 이완시킨 후 마음 속에 떠오르는 이미지를 그대로 묘사하기만 하면 원격투시를 해낼 수 있다는 사실을 발견했다.[43] 푸토프와 타그의 발견은 전세계의 10여 군데 연구소에서 재확인되었고 이것은 원격투시가 어쩌면 모든 인간에게 보편적으로 잠재되어 있는 능력일 수도 있음을 시사하고 있다.

프린스턴 이상현상 연구소의 실험실에서도 푸토프와 타그의 발견내용을 연구했다. 한 연구에서 얀은 자신이 수신자가 되어서 파리에 있는 동료가 보고 있는 광경을 보려고 시도해보았다. 얀은 파리에 가본 적이 없었다. 그는 마음 속에서 혼잡한 거리의 모습과 함께 갑옷과 투구를 걸친 기사의 모습을 보았다. 나중에 밝혀진 바에 의하면 송신자는 관청 건물 앞에 서 있었고 거기에는 역사상 이름난 무사들의 조각상이 서 있었는데 그 중 하나는 실제로 갑옷과 투구를 입은 기사였다는 것이다.[44]

그러므로 우리는 또 한 가지 전혀 다른 방식을 통해 깊숙이 상호연결되어 있는 것 같다. 홀로그램 우주에서는 이것은 그리 새삼스러운 현상이 아니다. 게다가 이런 상호연결성은 우리가 그것을 인식하고 있지 않을 때도 나타난다. 한 방에 앉은 사람에게 전기충격을 가하면 그것은 다른 방에 있는 사람의 폴리그래프(고동, 혈압, 발한상태 등을 기록하는 의학적 장치, 일명 거짓말 탐지기)에도 기록된다는 사실이 연구 결과 밝혀졌다.[45] 피험자의 눈앞에서 번쩍이는 플래시는 다른 방에 격리되어 있는 피험자의 뇌파도에 기록된다.[46] 그리고 다른 방에 있는 '송신자'가 모르는 사람들의 이름이 나열된 명단 속에서 아는 이름을 발견했을 때, 예민한 자율신경기능 감지기(plethysmograph)로 측정한 결과 다른 방에 있는 피험자의 손가락의 혈류량까지도 변하는 것으로 나타났다.[47]

우리가 깊은 차원에서 상호연결되어 있으며 톰이 그랬던 것처럼 이러한 상호연결성을 통해 받아들인 정보로부터 감쪽같이 현실을 만들어내는 능력이 있다면, 두 사람 이상의 최면된 사람들이 동일한 환상현실을 만들어내려고 할 때 어떤 일이 일어날까?

흥미롭게도 이 의문은 캘리포니아 대학교 데이비스 캠퍼스의 심리학 교수인 찰스 타트(Charles Tart)가 행한 실험을 통해 풀렸다. 타트는 대학원생인 앤과 빌 두 사람이 깊은 최면상태에 들어갈 수 있으며, 스스로도 능숙한 최면술사의 재능을 가지고 있음을 발견했다. 그는 앤에게 빌을 최면시키게 했고 그가 최면에 빠진 후에는 반대로 빌에게 앤을 최면시키게 했다. 타트의 생각은, 이 비범한 절차를 사용하면 최면자와 피최면자 사이에 이미 존재하는 강한 교감상태를 더욱 강화시킬 수 있으리라는 것이었다.

그는 옳았다. 그들이 이 상호 최면된 상태에서 눈을 떴을 때는 모든 것이 흐릿하게 보였다. 그러나 그 흐릿함은 곧 생생한 색채와 밝은 빛으로 바뀌었고 잠시 후 그들은 지구상의 장소가 아닌 것처럼 아름다운 해변에 있는 자신을 발견했다. 모래알은 다이아몬드처럼 영롱하게 빛났고 바닷물은 무수한 포말로 부서지며 샴페인처럼 빛났다. 해안에는 맥동하는 빛을 발하는 투명한 수정바위들이 점점이 널려 있었다. 타트는 앤과 빌이 무엇을 보고 있는지 알 수 없었지만 그들이 이야기를 나누고 있는 양상을 관찰하고는 곧 그들이 '동일한 환상현실을 경험하고 있음'을 깨달았다.

그들은 곧 바닷속을 헤엄치고 수정바위를 조사하면서 자신들이 새로 발견한 세계를 탐사하러 나섰다. 타트로서는 불행한 일이었지만 그들은 곧 대화를 중단해버렸다. 아니, 최소한 타트가 보기에는 그랬다. 왜 말을 하지 않느냐고 묻자 그들은 그 공유된 꿈나라 속에서 '이야기를 나누고 있는 중'이라고 말했다. 타트는 그것이 모종의 초상적 통신방식을 통한 것이라고 느꼈다.

실험이 거듭됨에 따라 앤과 빌은 다양한 현실들을 만들어갔고 그것은 모두 실제적인 현실이어서 오감으로 느낄 수 있었으며 깨어 있는 일상적 상태에서 경험하는 것과 마찬가지로 입체적으로 지각되었다. 사실 타트는 앤과 빌이 방문하는 세계가 실제로는 우리가 만족해야 하는 이 창백한 현실보다 '훨씬 더' 생생하다는 결론을 내렸다. 그가 말하듯이, "그들은 서로의 경험을 얼마 동안 이야기하고 나서, 자신들이 최면 유도 테이프의 내용과는 무관한 세부적 사건들을 함께 경험했음을 깨닫고는 자신들이 실제로 이 세상이 아닌 어떤 장소 '속에' 가 있었던 것이 틀림없다고 느꼈다."[48]

앤과 빌의 바다세계는 홀로그램적 현실의 완벽한 예다. 즉, 그것은 상호연결성에 의해 창조된 3차원적 구조물로서, 의식의 흐름에 의해 유지되며, 그것을 만들어낸 사고과정만큼이나 유연하고 성형성(成形性)이 있는 현실이었다. 그러한 성형성은 그 성질의 몇 가지 측면에서 분명하게 드러났다. 그것은 3차원 공간이었지만 그 공간은 일상적 현실의 공간보다 유연해서 가끔은 앤과 빌이 묘사할 말을 잃을 만큼 부드럽고 신축적이었다. 더욱 기이한 것은, 그들은 자신의 외부에다 공유하는 세계를 만들어내는 데는 매우 능숙했지만 자신의 몸을 만들어내는 것은 종종 잊어버리고는 단지 얼굴이나 머리만 지닌 채 떠돌아다니곤 하는 일이 많았다. 앤의 말처럼 말이다. "한번은 빌이 손을 잡자고 했을 때 나는 그 자리에서 손을 만들어내야만 했지요."[49]

이 상호최면 실험의 결말은 어떻게 되었을까? 슬프게도, 이 장관이 너무나 생생하다는, 어쩌면 일상적 현실보다도 더 생생하다는 생각이, 어째서인지는 몰라도 앤과 빌을 두렵게 만들어서 그들은 갈수록 자신들이 하고 있는 일에 대해 불안감을 느끼기 시작했다. 그들은 결국 탐사를 중단했고 심지어 빌은 최면을 완전히 포기해버렸다.

앤과 빌로 하여금 공유된 현실을 만들어낼 수 있게 한 초감각적 상호연결성은 필시 그들 간에 존재하는 일종의 장 효과, 혹은 '현실장(reality field)'이라고 말할 수도 있을 것이다. 아버지가 초대한 최면술사가 거기 모였던 모든 사람들을 최면에 걸리게 했다면 어떤 일이 일어났을까 하고 생각해본다. 위의 사실에 비추어본다면 우리가 그를 충분히 신뢰했더라면 로라가 우리 모두의 눈에도 보이지 않았으리라고 믿을 만한 이유가 충분하다. 우리는 집단적으로 시계의 현실장을 만들어내어 거기에 새겨진 글씨를 읽고, 우리가 보고 있는 것이 실재임을 확신했을 것이다.

의식이 아원자 입자의 창조에 한몫을 한다면 우리의 아원자 세계 관찰 역시 일종의 현실장일 가능성은 없을까? 만일 얀이 파리에 있는 동료의 눈을 통해 갑옷 입은 기사를 볼 수 있었다면 전세계 물리학자들이 무의식적으로 상호연결되어서 타트의 피실험자들이 사용했던 것과 비슷한 일종의 상호 최면술로 전자로부터 일치된 성질을 만들어내어 관찰하고 있는 것이라고 보는 것을 더 이상 억지라고 할 수 있을까? 이 같은 가능성은 최면술의 또 다른 기이한 성질로 뒷받침될 수 있을 것이다. 최면상태에서는 다른 변성된 의식상태와는 달리 뇌파의 패턴에 아무런 변화가 나타나지 않는다. 생리학적으로 말하자면 최면에 빠진 사람과 가장 가까운 정신상태는 정상적으로 깨어 있는 의식 상태인 것이다. 이것은 일상적으로 깨어 있는 상태 자체가 일종의 최면 상태여서 우리가 모두 끊임없이 현실장 속으로 들어가고 있음을 의미하는 것일까?

소설가 조지프슨(Josephson)은 이와 비슷한 일이 일어나고 있을지도 모른다고 말한다. 그는 글로버스와 마찬가지로 카스타네다의 작업을 진지하게 받아들이고 그것을 양자물리학과 연관시키는 시도를 했다. 그는 객관적 현실은 인류의 집단기억으로부터 만들어져 나오는 것이며, 카스타네다가 경험한 것과 같은 초상적인 사건들은 개인의 의지가 현실화된 것이라는 견해를 제시한다.[50]

인간의 의식만이 현실장을 만들어내는 데 작용하는 유일한 것이 아닐지도 모른다. 원격투시 실험은 인간이 관찰자가 없더라도 먼 곳의 장면을 정확히 묘사해낼 수 있다는 사실을 입증했다.[51] 이와 유사한 예로, 피험자들은 내용물을 전혀 알 수 없도록 봉인된 상자들 중에서 아무것이나 골라서 그 속에 들어 있는 내용물을 알아맞힐 수도 있었다.[52] 이것은 우리가 단지 다른 사람의 감각 속으로 들어가는 것 이상의 묘기도 부릴 수 있음을 의미한다. 우리는 정보를 얻기 위해 현실 그 자체 속으로 들어갈 수가 있는 것이다. 이것은 기괴하게 들릴지도 모르지만 홀로그램 우주에서는 의식이 모든 물질 속에 편재해 있으며 '의미'는 정신세계와 물질세계 양쪽에 모두 존재하여 작용하고 있다는 사실을 상기한다면 그리 이상한 일이 아니다.

봄은 의미의 편재성이 텔레파시와 원격투시를 모두 설명해줄 수 있다고 믿는다. 그는 이 두 가지가 다 사실은 염력의 다른 형태뿐일지 모른다고 생각한다. 염력이 마음으로부터 물질대상에 전달된 의미의 공명인 것처럼, 텔레파시는 마음으로부터 마음으로 전달된 의미의 공명으로 볼 수 있다고 봄은 말한다. 이와 마찬가지로 원격투시는 의미가 물질대상으로부터 마음으로 전달되어 공명한 것으로 볼 수 있다. "'의미'끼리의 조화, 혹은 공명이 일어나면 그 작용은 양쪽으로 일어난다. 그리하여 멀리 떨어져 있는 계(system)의 '의미'는 관찰자의 마음 속에서 일종의 역(逆)염력 현상을 일으키도록 작용하여 결국 그에게 그 계의 이미지를 전달하는 효과를 가져오는 것이다"라고 그는 말한다.[53]

얀과 듄도 이와 비슷한 견해를 가지고 있다. 그들은 의식이 그 주변 환경과 상호작용함으로써만 현실이 만들어진다고 믿고 있지만 의식을 정의하는 데 있어서는 매우 개방적이다. 그들의 견해로는 정보를 만들어내고 받아들이고 활용할 수 있는 모든 것은 의식이 될 수 있다는 것이다. 그러므로 동물, 바이러스, DNA, 기계(인공지능을 갖춘 것과 그렇지 못한 것을 다 포함해서), 그리고 소위 무생물들도 모두 현실을 창조하는 일에 참여할 자격조건을 갖추고 있을지도 모른다는 것이다.[54]

이러한 주장이 사실이라면 우리는 다른 인간의 마음으로부터 정보를 얻어낼 수 있을 뿐만 아니라 현실의 살아 있는 홀로그램 그 자체로부터도 정보를 얻어낼 수 있으며, 정신측정능력(psychometry) — 단지 만져보기만 함으로써 그 대상의 내력에 관한 정보를 얻을 수 있는 능력 — 또한 설명할 수 있을 것이다. 그런 대상들은 생명이 없는 것이 아니라 그것의 고유한 형태의 의식으로 채워져 있을 것이다. 그것은 우주로부터 따로 떨어져 존재하는 '사물'이 아니라 만물의 상호연결성의 일부가 되어 그것과 접촉하는 모든 사람들의 생각과 연결되고, 그 존재와 인연의 옷깃을 스친 모든 동물과 사물 속에 편재해 있는 의식과 연결되며, 감추어진 질서를 통해 자신의 과거와 연결되며 그것을 손에 들고 있는 정신측정능력자의 마음과 연결되어 있을 것이다.

허공에서 만들어낸다

물리학자들이 과연 아원자 입자를 창조해내는 데 한몫 하는 것일까?
현재로서는 이 수수께끼를 풀 수가 없다. 하지만 상호연결성을 통해 일
상적인 현실보다 더 생생한 현실을 함께 만들어내는 능력만이 이것이
사실일 수도 있음을 뒷받침해줄 유일한 단서는 아니다. 실제로 기적에
대한 여러 증거들은 우리가 이 방면의 능력을 아직 추측하기 시작조차
못했음을 지적해주고 있다. 가드너(Gardner)라는 사람이 보고한 기적
적인 치유의 사례를 살펴보자. 1982년 파키스탄에서 일하던 영국인 내
과의사 루스 코긴(Ruth Coggin)은 캄로라는 35세 된 파키스탄 여인을
진찰하게 되었다. 캄로는 임신 8개월이었고 임신 기간 동안 하혈과 간
헐성 복통으로 시달렸다. 코긴은 그녀에게 즉시 입원하라고 권했지만
캄로는 입원을 거부했다. 그렇지만 이틀 후 하혈이 너무 심해져서 그녀
는 응급실로 실려왔다.

코긴이 진찰해본 결과 캄로는 출혈이 매우 심해서 발과 복부가 병적
으로 부어 있었다. 다음날 캄로는 또다시 심한 하혈을 일으켜 제왕절개
수술을 하지 않을 수 없게 되었다. 코긴이 자궁을 열자마자 엄청난 양
의 검붉은 피가 끊임없이 흘러내려 캄로에게는 지혈기능이 거의 없다
는 사실이 분명해졌다. 코긴이 캄로의 건강한 아이를 꺼냈을 때는 '응
고되지 않은 피가 작은 웅덩이처럼 고여서' 침대를 흥건히 적셨고 절개
부에서도 출혈이 계속되고 있었다. 코긴은 심한 빈혈상태에 빠진 여인
에게 간신히 2파인트(약 1100cc)의 혈액을 수혈해주었지만, 흘린 것에
비해 턱없이 모자라는 양이었다. 다른 도리가 없어진 코긴은 기도에 매
달렸다.

그녀는 이렇게 적고 있다. "우리는 수술 전에 우리가 의지하고 기도
했던 위대한 치유가인 예수에 대해 설명해주고 나서 그녀와 함께 기도

했다. 나는 또 그녀에게 걱정할 필요가 없다는 것을 말해주었다. 나는 예수께서 이런 상황에서도 치료해주시는 것을 전에도 보았고 그녀 또한 고쳐주실 것으로 확신했다.”[55]

그리고 나서 그들은 기다렸다.

이후 몇 시간 동안 캄로는 계속 출혈했다. 그러나 전체적인 상태는 더 이상 악화되지 않고 안정되었다. 그날 저녁 코긴은 캄로와 다시 기도를 올렸다. 그녀의 ‘엄청난 출혈’은 줄기차게 계속되었지만 그녀는 피의 손실에 영향받지 않는 것 같았다. 수술한 지 48시간이 지나자 마침내 하혈이 멈추면서 회복되기 시작했다. 열흘 후 그녀는 아기와 함께 집으로 돌아갔다.

코긴은 캄로가 실제로 얼마나 출혈했는지 재보지는 못했지만, 이 젊은 산모가 수술하는 동안과 그에 이어진 엄청난 양의 출혈로 자신의 총 혈액량 이상의 피를 흘렸음은 분명했다. 가드너는 이 사례기록을 조사해본 후 이에 수긍했다. 그러나 이 결론의 문제는, 인간은 이렇게 치명적이고 파국적인 혈액상실을 보충할 만큼 빨리 새로운 혈액을 생산해내지 못한다는 사실이다. 만일 그럴 수만 있다면 출혈로 죽는 사람의 숫자가 엄청나게 줄어들 것이다. 이것은, 캄로의 새로운 피는 엷은 공기 속에서 물질화되었을 수밖에 없다는 풀리지 않는 결론을 남겨놓는다.

한두 개의 무한히 작은 입자를 만들어내는 능력은 평균적인 사람의 몸을 재충전하는 데 필요한 10~12파인트의 혈액을 만들어내는 능력에 비하면 아무것도 아닌 것처럼 보인다. 게다가 우리가 허공 속에서 만들어낼 수 있는 것은 혈액만이 아니다. 1974년 6월 왓슨은 인도네시아의 가장 동쪽에 있는 작은 섬인 티모르 티무르를 여행하다가 이에 못지않게 어리둥절한 물질화 사례를 목격했다. 그의 애초의 목적은 인도네시아의 마법사라고 할 수 있는 유명한 ‘마탄 도옥(matan do’ok)’을 만나는 것이었다. 그는 마음대로 비를 내리게 할 수 있는 것으로 알려져 있었다. 그러나 그는 근처 마을의 한 집에 '부안(buan)', 즉 악령이 심하게 날뛰고 있다는 소문에 옆길로 샜다.

그 집에 살고 있는 가족은 부부와 어린 두 아들, 그리고 미혼인 남편의 이복 여동생이었다. 부부와 아이들은 검은 피부에 곱슬머리인 전형적 인도네시아인이었다. 그러나 이름이 알린인 이복 여동생은 외모가 매우 달라서 거의 중국인처럼 훨씬 흰 피부와 신체적 특징을 가지고 있었고 그것이 그녀가 시집을 가지 못한 이유인 듯했다. 그녀는 가족들에게 냉대받고 있었는데 왓슨이 보기에는 한눈에도 그녀가 이 심령적 문제의 진원인 것이 분명했다.

그날 저녁 초가집에서 식사를 하던 중 왓슨은 몇 가지 놀라운 현상을 목격했다. 먼저, 느닷없이 부부의 여덟 살 난 아들이 외마디 소리와 함께 컵을 식탁 위에 떨어뜨리면서 손등에서 영문 모를 피를 흘리기 시작했다. 소년의 곁에 앉아 있던 왓슨은 소년의 손등을 살펴보고 사람이 깨문 자국과 같은, 소년의 이빨보다 반지름이 큰 반원형의 선명한 구멍 자국이 난 것을 발견했다. 이 일이 일어났을 때 언제나 외톨이인 알린은 소년의 맞은편쪽 화덕에서 바쁘게 일하고 있었다.

왓슨이 상처자국을 살펴보는 동안 이번에는 호롱불꽃이 푸르게 변했다가 활활 타오르면서 밝아진 가운데 음식 위로 갑자기 소금이 쏟아져 내리기 시작하여 음식을 못 먹을 정도로 완전히 뒤덮어버렸다. "그것은 갑작스럽게 쏟아져내린 것이 아니라 느리고 의도가 확실한 현상으로서, 테이블 위 1m20cm 정도의 허공에서 소금이 쏟아지는 것을 내가 알아차릴 수 있었을 정도로 비교적 오랜 시간 동안 계속되었다"고 왓슨은 말한다.

왓슨은 즉시 식탁을 박차고 일어났다. 하지만 쇼는 끝나지 않았다. 갑자기 식탁에서 두드리는 소리가 시끄럽게 들리더니 식탁이 흔들리기 시작했다. 식구들도 놀라 자리에서 벌떡 일어났고 식탁이 마치 '맹수를 가둬놓은 상자의 뚜껑처럼' 우당탕거리고 들썩거리는 광경을 지켜보았다. 그리고는 식탁은 마침내 뒤집어졌다. 왓슨은 얼떨결에 가족들과 함께 집 안을 뛰쳐나왔지만 곧 이성을 되찾고는 집 안으로 들어가서 이 현상을 설명해줄 속임수의 증거를 찾아보려고 방 안을 조사했다. 그는 아무런 증거도 발견하지 못했다.[56]

인도네시아의 작은 오두막집에서 일어난 그 사건은 폴터가이스트(poltergeist ; 소리를 내는 유령)의 출몰, 즉 유령이나 환영이 나타나는 것이 아니라 이상한 소리나 염력현상이 특징적으로 일어나는 출몰의 전형적인 예다. 폴터가이스트는 특정 장소보다는 인물을 중심으로 일어나는 경우가 많으므로 많은 초심리학자들은 그런 현상이 사실은 그것이 가장 심하게 일어나는 중심인물(이 경우에는 알린)의 무의식적인 염력이 나타나는 것이라고 믿는다. 폴터가이스트 연구의 연혁 속에는 물질화 현상도 예시가 풍부한 오랜 내력을 가지고 포함되어 있다. 예컨대 케임브리지 성삼위일체 대학의 수학교수이자 특별연구원인 A. R. G. 오웬(Owen)은 이 분야의 고전적 저서인 ≪폴터가이스트를 설명할 수 있는가 Can We Explain Poltergeist≫에서, 서기 530년부터 현대에 이르기까지 일어났던 무수한 폴터가이스트 현상 중 나타났던 물질화 현상의 사례를 제시하고 있다.[57] 하지만 여기서 가장 흔히 일어나는 물질화의 사례는 소금이 아니라 작은 돌멩이다.

이 책의 서두에서 나는 이 책에 언급되는 많은 초상현상들을 직접 경험했으며 그 중 몇 가지를 언급하겠노라고 말했다. 이젠 나도 왓슨이 인도네시아의 작은 오두막에서 느닷없이 염력현상을 목격했을 때 얼마나 놀랐을지 충분히 이해할 수 있었음을 털어놓아야겠다. 왜냐하면 내가 어릴 때 우리 가족이 이사갔던 집(우리 부모님이 직접 지은 새 집)이 폴터가이스트 현상이 빈번히 출몰하는 장소였기 때문이다. 내가 대학교에 들어갔을 때 폴터가이스트는 우리 집을 떠나 나를 따라왔으므로, 그리고 그 현상은 나의 기분상태와 밀접한 관계가 있는 것이 분명했으므로—내가 화나거나 의기소침해 있을 때는 그 내용이 악랄해졌고, 기분이 좋을 때는 좀더 기발하고 장난스러웠다—나는 폴터가이스트가 그 현상의 중심인물의 무의식적인 염력이 나타나는 현상이라는 생각을 받아들이고 있었다.

나의 기분과 이 현상과의 상관관계는 자주 드러났다. 내가 기분이 좋을 때는 잠자리에서 일어나면 내 양말이 모두 집안의 화분 위에 널려 있는 것을 발견하곤 했고, 심기가 불편할 때는 작은 물건들을 내던지거나, 심지어 가끔씩 무엇을 깨버리는 식으로 표출되었다. 수년 동안 나와 가족들과 친구들이 여러 가지 염력현상을 목격했다. 어머니는 내가 아장거리는 아기였을 때부터 이미 식탁 한가운데 놓였던 냄비와 주전자 등이 이유없이 뛰어올라 바닥에 떨어지곤 하기 시작했다고 말했다. 나는 이런 경험 몇 가지를 나의 책 ≪양자를 넘어서*Beyond the Quantum*≫에 써놓았다.

나는 이 같은 사실을 밝히는 것을 가볍게 생각하지 않는다. 대부분의 사람들의 경험에 비추어보면 이러한 경험이 얼마나 기이한 것인지 잘 알고 있으며 이런 것에 대한 일부의 회의론에 대해서도 잘 이해하고 있다. 그럼에도 불구하고 내가 이 이야기를 하지 않을 수 없는 것은, 이러한 현상들을 그저 카페트 밑으로 쓸어넣어버리지 않고 이해하려고 애쓰는 것이 지극히 중요하다고 생각하기 때문이다.

나의 폴터가이스트가 가끔씩은 물질화 현상을 일으켰음을 시인하는 데도 약간의 마음의 동요를 느낀다. 물질화는 여섯 살 때부터 나타나기 시작했는데, 밤중에 난데없이 자갈이 우리 집 지붕 위에 쏟아지곤 했다. 나중에는 해변에서 볼 수 있는 작고 반짝이는 자갈과 닳아서 동글동글해진 유리조각 등이 집 안에 있는 나에게 쏟아졌다. 그리고 그보다는

드물게 동전이나 목걸이, 기타 이상한 물건들이 물질화되었다. 불행히
도 나는 대개 물질화가 실제로 발생하는 광경은 보지 못했고 물질화가
일어난 후에야 그것을 발견했다. 예컨대 어느 날 내가 뉴욕에 있는 아
파트에서 낮잠을 자고 있을 때 가슴 위에 스파게티 국수 한 덩어리가
떨어졌다. 나는 창문과 방문이 닫힌 방 안에 혼자 있었고 아파트 안에
는 다른 사람이 없었으며 누군가가 스파게티를 요리하거나, 나에게 스
파게티를 던지려고 창문을 깨고 들어오지도 않았으므로 나는 어떤 알
수 없는 이유로 허공 속에서 식은 스파게티 국수 한 덩어리가 물질화되
어 내 가슴 위에 떨어진 것으로밖에는 유추할 수가 없었다.

　하지만 나도 몇 번은 물질화가 일어나는 광경을 목격할 수 있었다.
예를 들면, 1976년 공부를 하다가 우연히 위를 쳐다보게 되었는데 천
장에서 몇십 센티 아래쪽의 공중에서 작은 갈색 물체가 갑자기 나타나
는 것을 보았다. 그것은 모습을 나타내자마자 급강하하여 내 발 위로
떨어졌다. 주워서 보았더니 그것은 맥주병을 만드는 데 사용되는 갈색
의 유리조각이었다. 그것은 앞에 이야기했던 몇 초 동안 계속 쏟아지는
소금과 같은 장관은 아니었지만 그런 일이 일어날 수도 있다는 사실을
나에게 가르쳐주었다.

　아마도 현대의 가장 유명한 물질화 사례는 남인도 안드라 프라데시
주의 벽지에 살고 있는 64세의 성자인 사티야 사이 바바(Sathya Sai
Baba)가 보여주는 현상일 것이다. 무수한 목격자들에 의하면 사이 바
바는 소금이나 돌멩이 몇 개 따위가 아니라 그보다 훨씬 더 많은 것을
만들어낼 수 있다는 것이다. 그는 허공에서 로켓(locket ; 작은 사진, 기
념물 등을 넣어 목걸이 등에 다는 작은 금속제 곽), 반지, 보석 등을 끄집
어내어 그것을 사람들에게 선물로 준다. 그는 또 맛있는 음식과 과자
등을 끊임없이 만들어내고 손에서 비부티(vibuti), 즉 신성한 재를 쏟
아낸다. 이런 현상은 과학자, 마술사들을 포함하여 수천 명의 목격자들

에 의해 목격되었고 지금까지 아무도 속임수의 흔적을 발견해내지 못했다. 아이슬랜드 대학교의 심리학자인 얼렌더 해럴드슨(Erlendur Haraldsson)도 그 목격자 중 한 사람이다.

해럴드슨은 사이 바바를 10년 이상 연구했고 자신의 발견을 최근의 저서인 ≪현대의 기적 : 사티야 사이 바바와 관련된 심령현상에 관한 조사보고*Modern Miracles:An Investigative Report on Psychic Phenomena Associated with Sathya Sai Baba*≫에 발표했다. 해럴드슨은 사이 바바가 만들어내는 것들이 속임수가 아니라는 것을 결정적으로 입증하지는 못했음을 스스로 시인하지만 뭔가 초자연적인 일이 일어나고 있음을 강력히 암시하는 방대한 증거를 제시하고 있다.

가장 손쉬운 예로서, 사이 바바는 누가 요청하는 대로 특정한 물건을 물질화시킬 수가 있다. 한번은 해럴드슨이 그와 함께 영적, 도덕적인 문제에 대해 대화를 나누고 있던 중 사이 바바가 세속적인 생활과 영적인 생활은 "'쌍둥이 루락샤'처럼 함께 자라야 한다"고 말했다. 해럴드슨이 쌍둥이 루락샤가 무엇인지 물어보자 사이 바바도, 통역자도 그것을 영어로 뭐라고 하는지 몰랐다. 사이 바바는 하던 이야기를 계속 이어가려고 했지만 해럴드슨은 물러서지 않았다. "그러자 갑자기 사이 바바가 못 참겠다는 듯이 주먹을 쥐고는 공중에 몇 초 간 흔들었다. 그가 손을 펴면서 나를 향해 '바로 이거요' 하고 말했다. 그의 손에는 도토리 같이 생긴 물체가 놓여 있었다. 그것이 쌍둥이 오렌지나 쌍둥이 사과처럼 함께 자란 2개의 루락샤였다"고 해럴드슨은 말한다.

해럴드슨이 그 쌍둥이 루락샤를 기념물로 가지고 싶다고 말하자 사이 바바는 좋다고 하면서 그것을 다시 보라고 했다. "그가 그 루락샤를 두 손으로 감싸고 거기에 숨을 한 번 불어넣고는 손을 펴서 나에게 내밀었다. 이제 그 루락샤는 짧은 금고리로 연결된 2개의 금제 보호틀로 아래 위가 감싸여 있었다. 윗부분에는 작은 루비가 박힌 금십자가가 달

216

려 있고 목걸이에 달 수 있도록 작은 구멍이 나 있었다."[58] 해럴드슨은 나중에 쌍둥이 루락샤는 식물학적으로 매우 보기 드문 기형이라는 사실을 알게 되었다. 그가 만난 몇 명의 인도 식물학자들은 그것을 한 번도 본 적이 없다고 말했으며, 그가 마침내 마드라스의 한 가게에서 작고 기형적으로 생긴 그것을 발견했을 때 가게 주인은 거의 300달러에 해당하는 인도 돈을 요구했다. 런던의 금방에서는 그 금으로 된 장식물의 순도가 최소한 22캐럿 이상임을 확인해주었다.

그런 선물은 드문 것이 아니다. 사이 바바는 그를 성자로 존경하여 날마다 찾아오는 사람들에게 값비싼 반지, 보석, 금으로 만든 물건 등을 자주 건네준다. 그는 또 엄청난 양의 음식을 만들어낸다. 그가 만들어내는 온갖 진귀한 음식이 그의 손에서 떠났을 때, 어떤 때는 음식이 하도 뜨거워서 사람들이 손에 들고 있을 수조차 없었다. 그는 달콤한 시럽이나 향기로운 오일을 손에서(혹은 발에서) 쏟아내는데 그러고도 그의 손에는 끈적끈적한 물질의 흔적조차 없다. 그는 크리슈나의 모습이 완벽하게 새겨진 작은 쌀알과 같은 희귀한 물건이나, 철지난 과일(전기도, 냉장고도 없는 시골 지역에서는 거의 불가능에 가까운)과 기이한 과일, 예컨대 껍질을 벗기면 반쪽은 사과이고 반쪽은 다른 과일인 사과 등을 만들어낼 수 있다.

그가 만들어내는 신성한 재도 이만큼이나 놀랍다. 그가 그를 만나러 온 군중 사이를 걸어다닐 때마다 이 재가 그의 손에서 엄청나게 쏟아진다. 그는 그것을 군중들이 내민 그릇이나 손바닥, 머리 위, 그리고 땅바닥 위에 뱀처럼 길게 뿌리고 다닌다. 아슈람 둘레의 마당을 한 번 지나가는 동안 그는 몇 드럼을 너끈히 채울 양의 재를 만들어낼 수 있다. 한 번은 해럴드슨이 미국 심령학회의 책임연구원인 칼리스 오시스(Karlis Osis) 박사와 함께 방문했을 때 그들은 이 재가 실제로 물질화되는 과정을 목격했다. 해럴드슨은 이렇게 보고한다. "그는 손을 펴고 아래로 향한 채로 작은 원을 그리며 몇 번 재빨리 저었다. 그러자 그의 손바닥 바로 아래에서 회색 물질이 나타났다. 좀더 가까이 앉아 있던 오시스 박사는 이것이 처음에는 완전히 과립의 형태로 보였는데(손에 닿으면 가루로 부서지는) 만일 사이 바바가 그것을 손 속임수로 몰래 만들어냈다면 그것은 그보다 더 이전에 부서졌을 것이라고 말했다."[59]

해럴드슨은 사이 바바가 보여주는 현상들은 집단최면의 결과가 아니라고 말한다. 왜냐하면 그는 자신의 모습을 마음대로 촬영하도록 허용하는데 그가 하는 모든 일이 필름에도 그대로 찍혀 나오기 때문이다. 그리고 사람들이 요구하는 특정한 물건을 만들어낸다든가, 어떤 것들은 희귀한 것이라든가, 음식이 뜨겁다든가 등은 그것이 속임수일 가능성을 일축한다. 해럴드슨은 또 아무도 지금까지 사이 바바가 속임수를 부린다는 믿을 만한 증거를 제시한 적이 없다는 점을 지적하고 있다. 게다가 사이 바바는 열네 살 때부터 반세기 동안 끊임없이 물건들을 물질화시켰고, 이 사실은 물질화의 양과 그의 그칠 줄 모르는 명성의 의미를 증명한다. 사이 바바는 아무것도 없는 허공에서 물질을 만들어내는 것일까? 현재로서는 판단하기 어렵지만 해럴드슨은 자신의 견해를 분명히 밝힌다. 그는 사이 바바의 본보기가 "모든 인간의 내면 어딘가에 잠재되어 있는 엄청난 가능성"을 상기시켜 준다고 믿는다.[60]

물질화를 일으킬 수 있는 사람들에 대한 소문은 인도에서는 드문 일이 아니다. 서양에 영주한 인도 최초의 유명한 성자인 파라마한사 요가난다(Paramahansa Yogananda ; 1893-1952)는 자신의 저서 ≪요가난다*Autobiography of a Yogi*≫(정신세계사 간)에서 철 지난 과일, 금쟁반, 기타 물건들을 물질화시킬 수 있는 몇몇 힌두 수행자들과의 만남을 이야기하고 있다. 흥미로운 것은, 요가난다는 그러한 능력, 즉 싯디(siddis)를 지니고 있다는 것이 반드시 영적으로 진화되어 있음을 증명하는 것은 아님을 경고하고 있다는 점이다. "이 세계는 한낱 객관화된 꿈에 지나지 않는다. 그대의 권능 있는 마음이 매우 강하게 믿는 것은 즉석에서 현실화된다”고 요가난다는 말한다.[61] 그런 사람들은 봄이 말하듯이 매 제곱인치의 허공 속을 채우고 있는 무한한 우주 에너지의 대양을 한 방울이나마 끌어내는 방법을 발견했던 것일까?

테레제 노이만 수녀는 사이 바바에 대해 해럴드슨이 확언했던 것보다 더 확실한 입증을 받아낸 놀라운 물질화 현상들을 보여주었다. 노이만 수녀는 성흔발현뿐만 아니라 이네디아(inedia), 즉 음식을 먹지 않고 사는 초인간적인 능력을 보였다. 그녀의 이네디아는 1923년 한 젊은 수사의 목에 있던 병을 자신의 몸으로 ‘옮겨온’ 다음 수년 동안 물만 먹고 살 때부터 시작되었다. 그러다가 1927년에는 음식과 물을 완전히 끊어버렸다.

레겐스부르그의 지역 주교가 처음으로 노이만의 단식 소문을 전해 듣고는 그녀의 집으로 사람을 보내 조사하게 하였다. 1927년 7월 14일 ~29일까지 자이들(Seidl)이라는 의사의 감독하에 4명의 프란시스코 수도회 수녀들이 그녀의 일거수 일투족을 감시했다. 그들은 노이만을 밤낮으로 감시했고 노이만이 사용한 세숫물과 양칫물의 무게와 부피를 철저히 측정했다. 수녀들은 노이만에게서 몇 가지 이상한 점을 발견했다. 그녀는 화장실을 가지 않았다(6주일 동안 그녀는 단 한 번 배변을 했는데 라이즈만 박사가 변을 검사해본 결과 거기에는 약간의 점액과 담즙만 있을 뿐, 음식의 흔적은 없었다). 그녀는 또 탈수 증상도 보이지 않았다. 보통사람은 날마다 400g의 수분을 호흡과 땀구멍을 통해서 배출한다고 한다. 그리고 그녀의 체중은 일정하게 유지되었다. 다만 일주일에 한 번씩 성흔이 발현할 때는 거의 4kg이 줄었지만(혈액의 무게) 그것도 하루나 이틀 후면 정상으로 되돌아왔다. 조사 결론은 분명했다. 왜냐하면 인체는 음식을 먹지 않고 2주일 동안 견딜 수 있지만 물이 없이는 그 반도 견디지 못하기 때문이다. 하지만 이 정도는 노이만에게는 아무것도 아니었다. '그녀는 그 후 35년 동안 아무것도 먹지도 마시지도 않았던 것이다.' 그러므로 그녀는 성흔을 계속 발현하는 데 필요한 엄청난 양의 혈액뿐만 아니라 건강하게 살아 있기 위해 필요한 영양분과 물을 규칙적으로 물질화해내고 있었음이 분명하다. 이네디아는 노이만에게만 나타난 것은 아니다. ≪신비주의의 물리적 현상≫에서 서스턴은 음식이나 물을 먹지 않고 몇 년을 견뎠던 성흔발현자의 사례를 몇 가지 보여준다.

물질화 현상은 우리가 알고 있는 것보다 더 흔한 일일지도 모른다. 조각상이나 그림, 예수나 성모상, 심지어 역사적 혹은 종교적 의미를 지니고 있는 바위조차도 피를 흘린 명백한 실례들을 기적에 관한 문헌에서 많이 찾아볼 수 있다. 그리고 성모상이나 다른 성자상이 눈물을 흘린 실화도 많이 있다. 1953년 이탈리아에서 '눈물을 흘리는 성모'의 유행이 한 차례 휩쓸고 지나갔다.[62] 그리고 인도에서는 사이 바바 추종자들이 해럴드슨에게 그의 사진이 신기하게도 신성한 재를 유출시키는 것을 보여주었다.

전체 현실을 바꿔놓는다

어떤 점에서 물질화는 무엇보다도 실재에 대한 우리의 전통적 관념을 뒤흔들어 놓는다. 왜냐하면 염력현상 같은 것은 어떻게든 기존의 세계관에 끼워맞출 수가 있지만, 엷은 공기 속에서 물질을 만들어낸다는 것은 그러한 우주관을 송두리째 흔들어놓기 때문이다. 하지만 그것도 마음이 해낼 수 있는 일의 전부는 아니다. 지금까지 우리는 단지 현실의 '일부분'만 개입된 기적 ― 어떤 것의 일부분을 염력으로 움직이는 사람들, 불 속에서 견디도록 일부분(물리적 법칙)을 변화시키는 사람들, 그리고 일부분(혈액, 소금, 돌, 보석, 재, 영양분, 눈물 등)을 물질화시키는 사람들의 예를 살펴보았다. 하지만 만일 실재가 진정 나뉠 수 없는 일체라면 기적은 왜 단지 그 일부분에만 일어나는가?

만일 기적이 마음이 지닌 잠재능력의 실례라면 그 대답은 물론 우리 자신이 우주를 부분적으로 바라보도록 마음 깊숙이 프로그램되어 있기 때문이다. 이것은 만일 우리가 우주를 부분으로 나눠서 생각하도록 깊이 세뇌되어 있지 않다면 기적 또한 달라지리라는 사실을 암시한다. 우리는 실재의 일부분만이 변화되는 기적의 온갖 사례를 목격하는 대신 전체 현실이 변화하는 기적을 더 많이 발견하게 될 것이다. 실제로 그러한 기적이 몇 가지 존재한다. 하지만 그런 기적은 흔하지는 않다. 그리고 이런 기적은 우리의 전통적인 관념을 물질화보다도 더 깊숙이 뒤흔들어놓는다.

왓슨이 그 한 가지 사례를 보고하고 있다. 그는 인도네시아에서 그런 능력을 지닌 또 한 사람의 젊은 여인을 만났다. 그 여자의 이름은 티아였다. 그러나 그녀의 능력은 알린의 능력과는 달리 무의식적인 심령능력의 표현처럼 보이지는 않았다. 그것은 티아가 천부적으로 우리들 대부분의 내면에 잠재되어 있는 힘과 연결되어 있어서, 거기에서 의식적으로 발휘되어 나오는 것이었다. 티아는 간단히 말해서 주술사가 되는 과정에 있는 여자였다. 왓슨은 그녀의 여러 가지 능력을 목격했다. 그는 그녀가 기적적인 치유를 일으키는 것을 보았고, 한번은 그녀가 그 지역 회교 지도자와 능력을 다툴 때 마음의 힘으로 회교 사원의 첨탑에 불을 일으키는 광경도 목격했다.

그러나 그는 우연히 그녀가 '케나리(kenari)' 나무숲의 그늘 밑에서 한 소녀와 이야기하고 있는 모습을 지켜보다가 그녀의 가장 놀라운 능력을 목격했다. 왓슨은 멀리서도 티아의 몸짓을 통해 그녀가 소녀에게 뭔가 중요한 사실을 말하려고 하고 있음을 알 수 있었다. 그들이 하는 이야기는 들을 수가 없었지만 그는 그녀가 자신의 뜻을 잘 전달하지 못해서 안타까워하고 있음을 알 수 있었다. 마침내 그녀는 한 가지 좋은 생각이 떠올랐는지 기이한 춤을 추기 시작했다.

왓슨은 넋이 빠진 채 그녀가 나무숲을 향해 춤을 추는 모습을 계속 지켜보았다. 그녀는 거의 움직이지 않는 것처럼 보였지만 그 미묘한 움직임에는 뭔가 최면적인 요소가 있었다. 그러다가 그녀는 갑자기 왓슨이 경악할 어떤 일을 했다. 그녀는 나무숲 전체를 갑자기 시야에서 사라지게 만들었던 것이다. 왓슨은 이렇게 말한다. "티아는 '케나리' 나무숲의 그늘에서 춤을 추고 있었다. 다음 순간 그녀는 밝은 땡볕 아래 혼자 서 있었다."[63]

몇 초 후 그녀는 나무숲이 다시 나타나게 하였다. 그러자 소녀는 기뻐 날뛰면서 나무들을 어루만지며 돌아다녔다. 왓슨은 소녀도 같은 경험을 한 것이 분명하다고 생각했다. 하지만 티아의 기적은 끝나지 않았다. 그녀는 몇 번 더 나무숲을 사라졌다 나타나게 하면서 소녀와 손을 잡고 깔깔거리고 춤을 추면서 그것을 즐겼다. 왓슨은 머리가 어질어질해져 자리를 떠났다.

1975년 내가 미시간 주립대 4학년생이었을 때 나는 이와 비슷한, 현실을 깊숙이 뒤흔들어놓는 체험을 했다. 나는 교수님과 근처 식당에서 저녁식사를 하고 있었다. 우리는 카를로스 카스타네다의 체험이 지니는 철학적 의미에 대해 토론을 하고 있었다. 특히 우리는 카스타네다가 ≪익스틀란으로의 여행*Journey to Ixtlan*≫에서 이야기한 어떤 사건을 중심으로 이야기하고 있었다. 돈 후앙과 카스타네다는 밤중에 사막에서 정령을 찾고 있다가 늑대의 귀와 새의 부리를 가진 송아지처럼 생긴 동물을 만났다. 그 동물은 마치 고통스럽게 죽어가는 것처럼 단말마의 비명을 지르며 몸을 비틀고 있었다.

처음에 카스타네다는 겁에 질렸다. 그러나 자신이 보고 있는 것이 현실일 리 없다고 스스로 다짐하자 그가 보고 있던 광경은 죽어가고 있던 정령의 모습에서 바람에 떨고 있는 나뭇가지의 모습으로 바뀌었다. 카스타네다는 그 물체의 정체를 알아낸 것을 자랑스럽게 이야기했지만 늘 그랬던 것처럼 늙은 야키 주술사는 그를 나무랐다. 그는 카스타네다에게 그것이 능력을 지니고 살아 있었을 동안은 죽어가는 정령이 '맞았다'고 말한다. 하지만 카스타네다가 그것의 존재를 의심했을 때 그것은 나뭇가지로 변했다는 것이다. 그는 그러나 두 가지 현실이 다 똑같이 생생한 현실임을 강조한다.

교수님과 이야기를 나누면서 나는 두 가지의 상호 배타적인 현실이 똑같이 생생한 현실이라는 돈 후앙의 주장에 매력을 느끼며, 이러한 관점이 다양한 초상현상들을 설명해줄 수 있으리라고 생각한다고 말했다. 이런 이야기를 나눈 후 조금 있다가 우리는 식당을 나왔다. 그리고 맑은 여름밤이었으므로 우리는 산책을 하기로 했다. 우리가 대화하고 있는 동안 나는 우리 앞에서 걷고 있는 몇 명의 사람들을 보았다. 그들은 알아들을 수 없는 외국어로 이야기하고 있었고 거친 행동을 보아하니 술에 취해 있는 것 같았다. 그리고 그 중 한 여자는 초록색 우산을 들고 있었는데 하늘은 구름 한 점 없이 개어 있었고 비가 오리라는 일기예보도 없었기 때문에 그것은 이상한 광경이었다.

그들과 부딪치지 않기 위해서 우리는 몇 발자국 뒤떨어져 걸어갔다. 그런데 그 여자가 갑자기 우산을 거칠고 변덕스럽게 흔들어대기 시작했다. 그녀는 공중에 큰 원을 그리며 우산을 돌렸고 그렇게 몇 번 흔드는 동안 우산 끝이 거의 우리 눈앞에까지 다가왔다. 우리는 걸음을 더 늦췄지만 그녀의 행동은 우리의 주의를 끌기 위한 것임이 점점 더 분명해졌다. 마침내 우리의 시선을 자신의 행동에 완전히 묶어놓은 후 그녀는 두 손으로 우산을 머리 위로 치켜들었다가는 아슬아슬하게 우리의 발앞에다 던졌다.

우리는 말문이 막힌 채 그것을 바라보며 그녀가 왜 그런 짓을 하는지

의아해했다. 그때 놀라운 일이 일어나기 시작했다. 우산은 마치 막 불빛이 꺼지려는 랜턴처럼 '깜박거린다'고밖에 표현할 수 없는 모습을 보여주었다. 우산은 마치 셀로판지를 구길 때 나는 바삭바삭한 소리와 함께 다채로운 빛을 내며 현기증나게 번쩍거리더니 끝이 구부러지며 울퉁불퉁한 회갈색 지팡이로 변했다. 나는 너무나 놀라 몇 초 동안 아무 말도 할 수 없었다. 교수님이 먼저 입을 열어, 충격받은 나지막한 목소리로 자기는 그것이 우산인 줄 알았다고 말했다. 나는 그녀에게 뭔가 이상한 일이 일어나는 것을 보았는지 물어보았고 그녀는 고개를 끄덕였다. 우리는 각자 일어났다고 생각하는 일을 종이에 적어보았고 우리의 묘사는 정확히 일치했다. 유일한 차이는 우산이 지팡이로 변할 때 '지글지글' 하는 소리를 냈다고 했는데, 그것은 셀로판지를 구기는 소리와 전혀 다른 것은 아니었다.

이 모두가 무엇을 의미하는가?

이 사건은 나로서는 대답할 수 없는 많은 의문을 제기한다. 나는 우리의 발 밑에 우산을 던진 사람들이 누구인지 모른다. 그리고 그 여자의 기이하고 다분히 고의적인 행동으로 미루어 그들이 전혀 몰랐을 리 없다고 추측하지만, 과연 그들이 남기고 떠난 그 물건이 마술처럼 둔갑한 사실을 그들이 알기나 했을지는 나도 모른다. 나와 교수님은 그 우산의 마술적인 둔갑에 너무나 정신이 팔려 있어서, 정신을 차리고 그들에게 물어보려고 했을 때는 그들은 이미 그 자리에 없었다. 그 사건이 왜 일어났는지는 나도 모른다. 우리가 그와 비슷한 경험을 한 카스타네다에 대한 이야기를 나누고 있었다는 사실과 틀림없이 뭔가 연결성이 있어 보인다는 점만 빼고는 말이다.

나는 내가 천부적으로 여러 가지 심령능력을 가지고 있다는 사실과 연관이 있으리라는 점 외에는 내가 왜 유독 이 같은 초상현상을 자주 경험하는지조차 모른다. 성인이 되고 나서 나는 나중에 일어날 사건에 관한 자세하고도 생생한 꿈을 꾸기 시작했다. 나는 직접적으로 알지 못하는 사람들에 관한 사실들을 자주 알아냈다. 열일곱 살 때 나는 생체 주변의 일종의 에너지 장인 '오라(aura)'를 보는 능력을 갖게 되었고 지금까지도 사람들 주위를 둘러싸고 있는 이 빛의 안개의 색깔과 패턴을 통해서 그 사람의 건강상태를 종종 알아낸다. 그 이외에 내가 말할 수 있는 것은 단지 우리는 모두가 저마다 다른 성질과 재능을 타고났다는 것이다. 어떤 사람은 타고난 예술가이고 어떤 사람은 타고난 무용가다. 나는 현실이 변화되도록 촉발시키는, 즉 초상적인 현상이 일어나게 하는 데 필요한 힘을 촉발시키는 데 필요한 능력을 타고난 것 같다. 나는 이 능력에 대해서 감사한다. 왜냐하면 그것은 나로 하여금 우주에 대해 많은 것을 깨우치게 해주었기 때문이다. 그러나 내가 왜 그런 능력을 지니고 있는지는 모른다.

내가 아는 것은 내가 스스로 이름붙인 '우산 사건'이 이 현상계 속에 급격한 변화를 가져왔다는 것이다. 이 장에서 우리는 현실을 갈수록 더 크게 변화시키는 기적들을 차례로 살펴보았다. 염력현상은 허공에서 물질을 만들어내는 능력보다는 상상하기가 더 쉽다. 그리고 어떤 물건을 물질화시키는 것은 나무숲 전체가 나타났다 사라졌다 한다든가 물체를 한 형체에서 다른 형체로 변화시키는 능력을 가진 사람들이 나타난다든가 하는 것보다는 받아들이기가 쉽다. 이러한 현상들은 갈수록 현실이 진정한 의미에서는 하나의 홀로그램, 하나의 가상구조물임을 암시한다.

의문은 이렇게 줄여진다. 즉, 봄의 견해대로 현실이란 오랫동안 비교적 안정되어 있고 의식은 단지 미세한 변화만을 가할 수 있는 홀로그램인가, 아니면 그것은 단지 안정된 것처럼 '보일' 뿐이며, 기적의 증거들이 암시하듯이 특정한 조건에서는 거의 무한한 방법으로 변화, 변모시킬 수 있는 홀로그램인가? 홀로그램 개념을 받아들이는 몇몇 연구자들은 후자가 맞다고 믿는다. 예컨대 그로프는 물질화와 기타 초상현상을 진지하게 받아들일 뿐만 아니라 현실이란 의식의 오묘한 권능에 비하면 구름처럼 희박하고 가변적인 구조물이라고 느낀다. "우주는 우리가 느끼는 것처럼 그렇게 견고한 것이 아니다"라고 그는 말한다.[64]

스탠퍼드 대학교 재료과학장이고 물리학자이며 홀로그램 우주관의 지지자인 윌리엄 틸러(Willam Tiller)도 이에 동의한다. 틸러는 현실이란 TV SF물인 〈스타 트렉 : 후세대(Star Trek : The Next Generation)〉에 나오는 '홀로데크(holodeck)'와 비슷한 것이라고 생각한다. 이 드라마에 나오는 홀로데크란 그 속에 들어간 사람이 혼잡한 도시나 울창한 숲 등 자신이 원하는 어떤 현실도 홀로그램 시뮬레이션으로 불러낼 수 있게 해주는 장치다. 그들은 시뮬레이션된 각각의 현실을, 예컨대 램프가 만들어지게 한다든지, 불필요한 책상이 사라지게 하는 등 마음대로 변화시킬 수가 있다. 틸러는 우주 또한 모든 생명체들의 '총합체(integration)'에 의해 창조된 일종의 홀로데크라고 생각한다. "우리는 그것을 하나의 경험의 도구로서 만들어냈다. 그리고 그것을 지배할 법칙을 만들어냈다. 그리하여 우리가 지식의 첨단에 다다르면 실제로 그 법칙을 변화시킬 수가 있다. 곧 우리는 갈수록 새로운 물리학을 만들어내고 있는 것이다."[65]

만일 틸러의 생각이 맞다면, 그리고 우주가 하나의 거대한 홀로데크라면 금반지를 물질화시키는 능력이나 '케나리' 나무숲을 사라졌다 나타나게 만드는 능력은 더 이상 신기한 것이 아니다. 우산 사건조차도 우리가 일상적 현실이라고 부르는 홀로그래픽 시뮬레이션 속의 일시적인 일탈현상으로 볼 수 있다. 나와 교수님이 그러한 능력을 지니고 있는지 스스로 알지 못했지만, 어쩌면 그것은 카스타네다에 관한 토론의 열정이 우리의 무의식으로 하여금 우리가 그 당시 믿고 있었던 사실을 좀더 잘 반영하도록 현실의 홀로그램을 변화시킨 것인지도 모른다. 무의식이, 깨어 있는 상태에서 의식하지 못하는 것들을 우리에게 가르쳐주려고 끊임없이 애쓰고 있다는 융만의 주장을 받아들인다면 어쩌면 무의식은 우리가 스스로 만들어내는 우주가 궁극적으로는 꿈 속의 현실만큼이나 무한히 창조적인 것임을 보여주기 위해서, 현실의 진정한 본질을 힐끗이나마 엿볼 수 있게 해주기 위해서 그러한 기적을 가끔씩 만들어내도록 프로그램되어 있는 것인지도 모른다.

현실은 모든 생명의 총합체에 의해 창조된 것이라고 말하는 것은 사실상 우주가 현실장으로 이루어져 있다고 말하는 것과 다르지 않다. 만일 이것이 사실이라면 그것은 왜 전자와 같은 어떤 아원자 입자는 비교적 안정되어 있는 것처럼 보이고 아노말론 같은 다른 입자들의 현실은 더 유동적으로 보이는지 설명해준다. 그것은 우리가 지금 전자라고 인식하는 현실장은 오래 전에—어쩌면 인간이 만물의 총합체의 일부가 되기도 전에—이미 우주 홀로그램의 일부가 되어 있었기 때문일지도 모른다. 그래서 전자는 이 홀로그램 속에 깊이 각인되어 있어서 더 이상 다른 최근의 현실장들처럼 인간의 의식의 힘에 영향받지 않게 되었는지도 모른다. 마찬가지로 아노말론은 좀더 최근의 현실장으로서 아직도 미완성품이기 '때문에' 지금까지 그래왔던 것처럼 실험실을 전전하면서 아직도 시행착오를 거치면서 자신의 정체성을 찾아 변덕을 부리고 있는 것인지도 모른다. 어떤 의미에서 그것들은 마치 타트의 피험자들이 샴페인과 같은 해변이 그 감추어진 질서로부터 완전히 합성되지 않아 아직 희끄무레한 상태에 있을 때 본 모습과 비슷하다.

이것은 아스피린이 미국에서는 심장마비를 예방하는 데 도움이 되고 영국에서는 그렇지 못한 이유도 설명해줄 수 있다. 이 또한 아직도 형성 중인 비교적 최근의 현실장(reality field)인지도 모른다. 혈액을 물질화하는 능력조차도 비교적 최근의 현실장일지 모른다는 증거가 있다. 로고는 성혈의 기적은 14세기 산 제라노의 기적에서 비롯되었다고 말한다. 산 제라노 이전 시대에는 성혈의 기적이 없었다는 사실은 이 능력이 그 시대에 존재 속으로 등장했다는 사실을 암시한다. 그렇게 일단 자리를 잡은 후에는 다른 사람들에게도 그와 같은 가능성의 현실장 속으로 들어가는 것이 더 쉬웠을 것이다. 이것이 산 제라노 이전에는 없었던 성혈의 기적이 그 이후로 무수히 나타났던 이유를 설명해줄 수 있다.

정말이지 우주가 하나의 홀로데크라면 물리법칙으로부터 은하계 물질에 이르는 안정되고 영원해 보이는 모든 것들은 현실장, 곧 함께 꾸는 거대한 꿈 속의 소품들보다 더 현실적이지도, 덜 현실적이지도 않은 환영으로 생각해야 할 것이다. 모든 영원성은 환상이며 오직 의식만을, 살아 있는 우주의 의식만을 영원한 것으로 보아야 할 것이다.

물론 다른 가능성도 한 가지 있다. 그것은 우리가 배워서 믿는 바와 같이, 우산 사건과 같은 초상적 현상만이 현실장이며 전반적인 세계는 여전히 속속들이 안정되어 있고 의식의 영향을 받지 않는다는 것이다. 이러한 가정의 문제점은 그것을 결코 입증할 수 없다는 것이다. 어떤 것이 현실인지 아닌지 알아볼 수 있는 유일한 리트머스 시험지는 그것을 다른 사람들도 볼 수 있는지 알아보는 것이다. 하지만 일단 둘이나 그 이상의 사람들이 어떤 현실을 만들어낼 수 있다는 사실을 인정하고 나면—그것이 우산을 변신시키는 것이든 '케나리' 나무숲을 사라지게 만드는 것이든—그 밖의 다른 모든 세계도 마음이 만들어낸 것이 아님을 증명할 길이 없어진다. 모든 것이 개인적 철학의 문제로 귀결되어버리는 것이다.

그리고 개인적인 철학은 저마다 다르다. 얀은 의식의 상호작용에 의해 만들어진 현실만이 실재라고 생각하는 편을 좋아한다. "외부에 '외부세계'가 존재하는가 하는 문제는 난해하다. 우리가 이것을 증명할 방법을 가지고 있지 않다면 그것을 모델화하려는 시도는 아무런 이득이 없다"고 그는 말한다.[66] 현실은 의식의 구조물이라는 생각에 찬동하는 글로버스는 우리의 지각이라는 거품 너머에 우주가 존재한다는 생각의 편을 든다. "나는 멋진 이론에 관심이 많다. 그리고 멋진 이론은 존재를 전제로 한다."[67] 하지만 그는 이것이 단지 자신의 사고경향일 뿐이며 그러한 가정을 입증할 뾰족한 방법은 없다는 것을 인정한다.

나는 경험을 통해, "우리는 인식하는 자다. 우리는 의식이다. 대상이 아니다. 우리는 견고하지 않다. 우리는 한계가 없다. 견고한 대상의 세계는 우리가 이 땅 위의 길을 가기에 편하도록 하기 위한 한 가지 배려다. 그것은 단지 우리를 돕기 위해 만들어진 한 가지 설명일 뿐이다. 우리는, 아니 우리의 '이성'은 설명은 단지 설명일 뿐임을 망각하고는 우리 자신의 전일성을 불완전성의 굴레 속에 가둬놓고 평생 그 속에서 거의 헤어나지 못한다"고 한 돈 후앙의 말에 동의한다.[68]

달리 말하면, 모든 의식의 총합체에 의해 창조된 것을 초월하는 현실은 '존재하지 않으며' 홀로그램 우주는 마음에 의해 거의 무한한 모습으로 빚어질 수 있는 가능성을 갖고 있다는 말이다.

만일 이것이 사실이라면 물리학의 법칙과 은하계의 물질만이 유일한 현실장이 아니다. 이 생에서 우리의 의식을 담고 있는 그릇인 우리의 신체 또한 샴페인 해변이나 아노말론보다 더 현실적이지도, 덜 현실적이지도 않은 것으로 보아야 할 것이다. 혹은, 또 한 사람의 홀로그램 우주론 지지자인 버지니아 인터몬트 대학의 심리학자 케이스 플로이드 (Keith Floyd)가 말하듯이, "사람들이 알고 있는 것과는 반대로, 두뇌가 의식을 만들어내는 것이 아니라 오히려 의식이 두뇌—그리고 물질, 공간, 시간, 그리고 우리가 물질우주라고 해석하기를 즐기는 그 밖의 모든 것들—의 출현을 지어내는 것일지도 모른다."[69]

아마도 이것은 지극히 혼란스러운 말일 것이다. 왜냐하면 우리는 우리의 몸이 견고하고 객관적인 현실임을 믿어 의심치 않으므로 우리 자신 또한 허깨비에 지나지 않을지도 모른다는 생각은 그저 재미삼아 해보기조차 힘든 일이기 때문이다. 그러나 이 또한 사실이라는 반박하기 힘든 증거가 있다. 성자들과 관련된 또 다른 현상 중의 하나로서 '분신 (分身, bilocation)', 즉 동시에 두 장소에 나타나는 능력이 있다. 해럴드슨에 의하면 사이 바바는 분신에 능하다고 한다. 무수한 목격자들은 그가 손가락을 까딱하자 즉시 수백 야드 떨어진 곳에서 나타나는 것을 보았다고 한다. 이러한 일은 우리의 몸이 객관적인 물체가 아니라 마치 비디오 화면에서 이미지가 사라졌다 나타났다 하는 것만큼이나 쉽게 한 장소에서 '꺼졌다가' 다른 장소에서 다시 '켜질' 수 있는 홀로그램 입체상임을 강하게 암시한다.

아이슬란드의 영매인 인드리디 인드리데이슨(Indridi Indridason)이 보여주는 현상에서는 신체의 비물질성과 홀로그램적 성질을 더욱 부각시켜 주는 예를 찾아볼 수가 있다. 1905년 아이슬란드의 몇몇 지도적인 과학자들이 초상현상을 연구해보기로 하고 인드리데이슨을 피실험자 중의 한 사람으로 택했다. 그 당시 인드리데이슨은 심령현상을 경험해본 적이 없는 시골뜨기에 지나지 않았다. 그러나 그는 곧 놀라운 재능을 지닌 영매임이 밝혀졌다. 그는 금방 몽환상태에 들어가서 극적인 염력현상을 보여줄 수 있었다. 하지만 그 중에서도 가장 기이한 것은, 그가 몽환상태에 들어가 있을 때 가끔씩 그의 신체 여러 부분들이 완전히 사라져버리곤 한다는 사실이었다. 놀란 과학자들이 지켜보고 있는 가운데 그의 팔이나 손이 존재계로부터 사라져버렸다가는 그가 깨어날 때가 되어서야 다시 물질화되곤 했던 것이다.[70]

이런 사건들은 우리 내부에 잠재되어 있는 엄청난 가능성을 안타깝

게나마 살짝 보여준다. 앞서 살펴보았듯이, 우주에 대한 현재의 과학적 이해수준으로는 이 장에서 살펴보았던 여러 가지 현상들을 전혀 설명하지 못하며, 그래서 그런 것들을 무시해버리는 수밖에는 다른 도리가 없다. 그러나 그로프나 틸러 같은 학자들의 주장이 옳아서, 우리가 우주라고 부르는 홀로그램을 탄생시키는 홀로그램 필름인 감추어진 질서에 마음이 개입하여 자신이 원하는 어떤 현실이든, 어떤 물리법칙이든 만들어낼 수 있다면 그러한 일들은 가능하다.

만일 이것이 사실이라면 우주의 겉으로 드러나는 견고성은 우리의 지각에 감지되는 것의 단지 일부분에 지나지 않는다. 대부분의 사람들은 현재의 우주관 속에 꽁꽁 갇혀 있지만 몇몇 사람들은 우주의 견고성 너머를 들여다볼 수 있는 능력을 실제로 가지고 있다. 다음 장에서는 이런 사람들과, 그들이 보는 바를 살펴보기로 하자.

6

홀로그램적 투시안

인간은 자신이 '견고한 물질'로 이루어져 있다고 생각한다. 사실 물질적 신체는 우리의 육체뿐만 아니라 모든 물질을 담고 있는 그릇인 미묘한 정보의 장이 만들어내는 '최종산물'이다. 이런 장들은 시간과 함께 변화하며 우리의 일상적 감각영역 너머에 존재하는 홀로그램이다. 투시가들의 눈에 보이는, 우리 신체를 둘러싸고 있는 달걀 모양의 여러 가지 색깔의 후광, 즉 오라가 바로 이것이다.

—이차크 벤토프 《우주심과 정신물리학 *Stalking the Wild Pendulum*》

여러 해 전 나는 친구와 함께 길을 걷다가 거리의 표지판에 시선이 멈췄다. 그것은 흔히 보는 주차금지 표지판으로, 얼핏 보면 다른 표지판과 별다른 점이 없어 보였다. 그러나 어찌된 일인지 그 표지판은 나의 눈길을 끌었다. 나는 친구가 갑자기 "저 표지판은 표기가 잘못되었잖아!" 하고 소리칠 때까지도 내가 그 표지판을 쳐다보고 있다는 사실조차 의식하지 못했다. 그녀의 목소리에 정신을 차리고 다시 살펴보자 Parking이라는 단어의 i자가 e자로 바뀐 것을 알았다.

올바르게 표기된 표지판에 너무나 익숙해 있었던 나머지 내 무의식은 표지판에 적힌 내용을 스스로 편집하여 내 눈으로 하여금 거기에 적혀 있을 것으로 기대한 대로 보게 만들었던 것이다. 나중에 알았지만 그 친구도 처음에는 그것이 올바로 표기되었다고 생각했기 때문에 그것이 잘못 표기되었음을 깨닫고는 소리를 질렀던 것이다. 우리는 다시 가던 길을 갔지만 그 사건은 내 마음 속에서 떠나지 않았다. 나는 처음으로 눈/두뇌가 믿을 만한 카메라가 아니라 세상의 모습을 우리에게 넘겨주기 전에 어설프게 만지작거려 고쳐놓는 수선공임을 깨달았다.

신경생리학자들은 이 사실을 오래 전부터 알고 있었다. 프리브램은 시각에 대한 초기의 연구에서 원숭이가 시신경을 통해서 받아들이는 시각정보는 시각피질로 바로 보내지는 것이 아니라 두뇌의 다른 영역을 거쳐 일단 여과된다는 사실을 발견했다.[1] 무수한 연구 결과 인간의 시각도 마찬가지임이 증명되었다. 우리의 두뇌에 들어오는 시각정보는 시각피질에 전해지기 전에 측두엽에 의해 편집되고 변형된다. 어떤 연구결과는 우리가 '보는' 내용의 50% 이상은 실제로 눈으로 들어온 정보에 근거한 내용이 아님을 시사하고 있다. 이 50% 이상의 내용은 세상이 어떻게 보여야 한다는 우리의 기대(그리고 어쩌면 현실장과 같은 다른 정보원)로부터 짜깁기되는 것이다. 즉, 시각기관은 눈일지 모르나 정작 보는 것은 두뇌라는 것이다.

이것이 친한 친구가 면도한 것을 간혹 알아차리지 못한다거나, 휴가를 보내고 돌아온 집이 늘 낯설어 보이는 이유다. 두 가지 경우 모두 우리는 그러리라고 생각하는 바에 대해 반응하는 데 너무나 익숙해 있어서 실제로 거기에 있는 그대로를 항상 알아차리지는 못하는 것이다.

마음이 우리가 보는 것을 만들어낸다는 사실을 더욱 극적으로 증명하는 것은 소위 눈의 맹점이라는 것이다. 망막의 한가운데, 시신경이 안구와 연결되는 부위에는 광수용체가 없는 맹점이 있다. 이것은 그림 15에 있는 그림으로 금방 알아낼 수 있다.

주변세계를 볼 때도 우리는 우리의 시각에 맹점이 존재한다는 사실을 전혀 의식하지 못한다. 우리가 빈 종이를 들여다보고 있든지, 페르시아산 장식 카페트를 들여다보고 있든지 상관없다. 두뇌는 마치 구멍난 곳을 짜깁기하는 능숙한 수선공처럼 교묘하게 빈 곳을 채워넣는다. 그보다도 더 놀라운 것은, 두뇌는 우리의 시각적 현실이라는 직물을 너무나 능수능란하게 짜깁기하기 때문에 우리는 그것을 전혀 눈치채지도

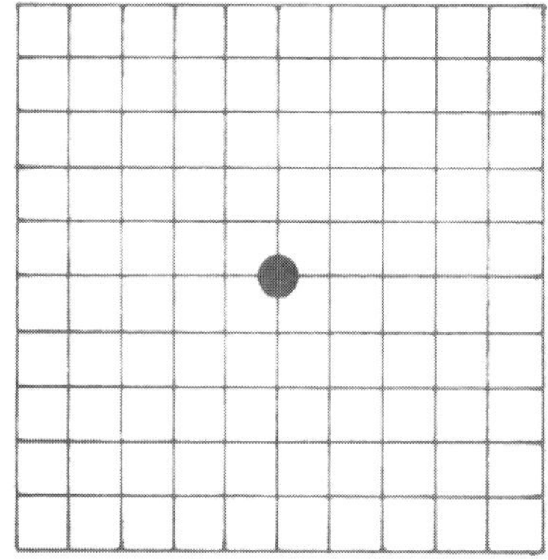

그림 15. 두뇌가 우리가 현실이라고 인식하는 것을 만들어내는 메커니즘을 알아보기 위해 이 그림을 눈높이에 들고 왼쪽 눈을 감아보라. 그리고 오른쪽 눈으로 격자무늬 그림의 한가운데 있는 점을 주시하라. 별 모양이 사라질 때까지 시선을 따라 그림을 앞뒤로 움직여보라(약 25~32cm 거리). 별 모양이 사라지는 것은 상이 맹점에 맺히기 때문이다. 이제 오른쪽 눈을 감고 별을 주시하라. 격자무늬 그림 속의 점이 사라질 때까지 그림을 앞뒤로 움직여보라. 점이 사라지면, 점은 없어졌지만 격자무늬는 손상되지 않고 보인다는 사실에 주목하라. 이것은 두뇌가 스스로 있어야 한다고 생각하는 무늬를 그 자리에 채워넣기 때문이다.

못한다는 사실이다.

이것은 곤란한 문제를 제기한다. 만일 우리가 외부에 있는 사물을 반도 보지 못한다면, 우리가 보지 못하는 무엇이 거기에 있다는 말인가? 또 어떤 잘못된 표지판과 맹점이 우리의 눈을 피해 감쪽같이 새나가고 있는 것일까? 우리의 훌륭한 과학기술이 몇 가지 대답을 제공한다. 예컨대, 우리의 눈에는 단조로운 흰색으로만 보이는 거미줄은 그것이 노리고 있는 곤충들의 자외선을 감지하는 눈에는 실제로 밝은 색채를 띤 유혹적인 모습으로 보인다는 것을 우리는 알고 있다. 우리의 과학기술은 또 형광등이 빛을 지속적으로 방출하는 것이 아니라 사실은 우리가 감지할 수 있는 것보다 약간 빠른 속도로 깜박거리고 있다는 사실도 알려준다. 하지만 이러한 깜박거림도 목장 위를 빠른 속도로 날아가면서도 스쳐 지나가는 모든 꽃을 살펴볼 수 있는 꿀벌에게는 너무나 확연하게 보인다.

그렇다면 우리의 기술이 미치지 못하는, 그래서 우리가 보지 못하는 다른 중요한 현실 측면들이 존재할까? 홀로그램 모델에 의하면 그 대답은 '그렇다'이다. 프리브램에 의하면 현실은 실제로는 하나의 주파수 영역으로서, 우리의 두뇌는 이 주파수를 외형적인 객관세계로 변환시키는 일종의 렌즈라는 사실을 상기하라. 프리브램은 빛이나 소리 같은 우리의 일상적 감각세계의 주파수를 연구하는 것에서 시작했지만 이제 그는 감추어진 질서를 이루고 있는 간섭무늬를 지칭하기 위해 '주파수 영역'이라는 말을 사용하고 있다.

프리브램은 우리가 보지 않고 있는 주파수 영역 속에는 온갖 것들이, 단단히 훈련된 두뇌가 우리의 시각적 현실로부터 삭제해내고 있는 것들이 존재하고 있으리라고 믿는다. 그는 신비가들이 초월적인 경험을 할 때 그들이 실제로 하고 있는 일은, 그 주파수 영역을 잠시 힐끗 보고 있는 것이라고 생각한다. "신비체험은 인간을 일상적 세계, 곧 '형상－객체'의 영역과 '주파수' 영역 사이를 드나들게 할 수 있는 수학공식이 제시될 때 이해할 수 있게 될 것이다"라고 그는 말한다.[2]

인체의 에너지 장

현실의 주파수적 측면을 볼 수 있는 능력과 관련되어 있는 듯한 한 가지 신비현상은 오라, 즉 인체의 에너지 장이다. 인체를 둘러싸고 있는 미묘한 에너지 장, 즉 정상적인 인간의 지각범위 너머에 후광과 같은 빛의 막이 존재한다는 생각은 고대의 여러 전통 속에서 찾아볼 수 있다. 인도에서는 5000년 이상 거슬러 올라가는 경전들 속에 '프라나'라는 생명 에너지가 언급되어 있다. 중국에서는 기원전 3000년부터 이것을 '기'라고 부르고, 이 에너지가 침술체계의 경락을 따라 흐른다고 믿어

왔다. 기원전 600년에 발생한 유태교의 신비철학인 카발라는 이 생명
원리를 '네피시(nefish)'라고 부르고 모든 사람의 신체를 달걀 모양을
한 무지개 빛깔의 거품이 둘러싸고 있다고 가르친다. ≪미래의 과학
Future Scienc≫이라는 책에서 공저자인 존 화이트(John White)와 초
심리학자 스탠리 크리프너(Stanley Krippner)는 오라를 97가지의 다른
이름으로 부르는 97개의 문화권을 나열해놓고 있다.

많은 문화권에서, 고도로 영적인 사람의 오라는 매우 밝아서 정상적
인 사람의 눈에도 보인다고 믿고 있다. 기독교, 중국, 일본, 티베트, 이
집트 등을 포함한 여러 문화전통에서 그림 속의 성자들이 머리 둘레에
후광이나, 다른 원형의 상징물을 지니고 있는 모습으로 그려져 있는 것
도 이 때문이다. 서스턴은 기적에 관한 그의 저서에서 카톨릭 성인들과
관련된 발광현상에 대한 이야기로 한 장을 채우고 있는데, 노이만 수녀
와 사이 바바도 몸 주위에 눈에 보이는 오라를 가끔 방사했다고 보고되
어 있다. 1927년 타계한 위대한 수피 신비가인 하즈라트 이나야트 칸
(Hazrat Inayat Khan)은 가끔씩 매우 밝은 빛을 발해서 사람들이 실제
로 그 빛으로 책을 읽을 수 있었다고 전해지고 있다.[3]

그러나 일반적인 조건에서 인체의 에너지 장은 그것을 볼 수 있는 특
별한 능력을 지닌 사람에게만 보인다. 어떤 사람들은 그런 능력을 타고
난다. 때로는 나의 경우처럼 그런 능력이 그 사람의 삶의 어떤 시기에
저절로 나타난다. 그리고 때로는 그것이 어떤 수련이나 공부―대개는
영적인 내용의―의 결과로 개발되기도 한다. 내 팔 주위의 안개 같은
빛을 처음으로 보았을 때 나는 그것이 연기인 줄 알고 소매에 불이 붙
은 것이 아닌지 팔을 쳐들어보았다. 물론 불이 붙은 것은 아니었고 나
는 곧 그 빛이 내 몸 전체를 감싸고 있으며 다른 모든 사람들의 주변에
도 마찬가지로 빛의 막이 형성되어 있음을 발견했다.

어떤 철학체계에 의하면 인체의 에너지 장은 몇 개의 구별되는 층을

236

가지고 있다고 한다. 나는 이 장에 층이 있는 것을 보지 못하며 그것이 사실인지 아닌지 개인적으로 판단할 만한 근거를 가지고 있지 않다. 이러한 층들은 실제로는 3차원적인 에너지의 신체로서 육체와 동일한 공간을 차지하고 있지만 갈수록 크기가 커지므로 육체로부터 바깥으로 확장되는 모습이 마치 층, 혹은 겹으로 보인다는 것이다.

많은 심령가들이 여기에는 7개의 중요한 층, 즉 미묘한 신체가 있으며 각각은 그 전의 것보다 갈수록 밀도가 낮아지고 더욱 눈에 잘 보이지 않는다고 주장한다. 체계에 따라서 이 에너지체는 저마다 다른 이름을 가지고 있다. 그 중 널리 통용되는 용어로는 처음의 네 가지 층을 각각 에테르체, 아스트랄체(혹은 감성체), 멘탈체, 그리고 원인체(혹은 직관체)라고 부른다. 육체와 가장 크기가 비슷한 에테르체는 일종의 에너지 청사진으로서, 일반적으로 육체의 형성과 성장을 이끄는 일에 관여하는 것으로 믿어지고 있다. 이름이 시사하듯이 나머지 3개의 신체는 정서적, 정신적, 직관적 작용과 관계된다. 다른 나머지 세 가지 신체에 대해서는 사실상 통용되는 이름이 없는데 다만 이들이 영혼과 고도의 영적 기능에 관련되어 있다는 점에는 일반적으로 의견이 일치한다.

인도의 요가 경전과 다수 심령가들의 말에 의하면 인체 내에는 특별한 에너지 중추가 있다고 한다. 이 미묘한 에너지의 중추는 육체의 내분비선과 주요 신경중추와 연결되어 있지만 동시에 에너지 장 속으로도 확장되어 있다. 이들을 정면에서 보면 에너지의 소용돌이처럼 보이므로 요가 문헌에서는 이것을 산스크리트어로 '차크라(chakra)', 즉 '바퀴'라고 하며, 이 용어가 오늘날까지도 사용된다.

두뇌 꼭대기에서 비롯되는 중요한 차크라이며 영적인 깨달음과 관련된 정수리의 차크라는 투시가들이 에너지 장 속에서 소용돌이치는 작은 태풍처럼 보인다고 묘사하는데 내가 분명하게 볼 수 있는 유일한 차크라가 이것이다(나의 능력은 다른 차크라를 볼 수 있기에는 너무 초보적인 수준이다). 이 차크라는 높이가 수십 센티에서 1자 사이다. 사람들이 즐거운 상태일 때 이 에너지의 소용돌이는 더 높아지고 밝아진다. 춤을 출 때 이것은 마치 촛불처럼 깜박거리며 흔들린다. 나는 예수의 사도 루크가 사도들 위로 성령이 내려왔을 때 그들의 머리 위에 '성령강림의 불꽃(flame of Pentecost)', 즉 불의 혓바닥이 나타났다고 묘사한 것이 바로 이것이 아니었을까 하고 자주 생각해보았다.

인체의 에너지 장은 항상 창백한 푸른 빛만은 아니고 다양한 색깔을 가질 수 있다. 능력 있는 심령가들의 말에 의하면 이 색깔과 농도, 그리고 오라 속에서의 색깔의 위치 등이 그 사람의 정신적·정서적 상태, 활동, 건강, 그리고 분류된 기타 요소들과 관계된다. 나는 가끔씩만 색깔을 볼 수 있고 때로는 그 의미도 알아낼 수 있는데 이 분야에서도 나의 능력은 그리 발달되어 있지 않다.

정말 고도의 능력을 갖춘 사람 중 하나는 신유가(神癒家)인 바바라 브레넌(Barbara Brennan)이다. 브레넌은 원래 NASA의 고다드 우주비행센터에서 근무한 대기권 물리학자였는데 나중에 상담가가 되었다. 그녀가 자신이 심령능력을 가졌음을 처음 알게 된 것은 어릴 적 숲 속에서 눈을 가리고도 손에 느껴지는 나무의 에너지만으로 나무를 피해 다닐 수 있다는 사실을 알고부터였다. 상담가가 된 지 몇 년 후 그녀는 사람들의 머리 주위에서 색깔이 있는 후광을 보기 시작했다. 처음의 충격과 의심을 극복한 후 그녀는 자신의 능력을 계발하기 시작했고 결국 자신이 신유가로서 비범한 능력을 지니고 있음을 깨닫게 되었다.

브레넌은 차크라와 층들, 그 밖의 미묘한 인체 에너지 장을 매우 선명하게 볼 수 있을 뿐만 아니라 자신이 보는 것을 바탕으로 놀라울 정도로 정확한 처방을 내릴 수 있다. 한 여자의 에너지 장을 보고 나서 브레넌은 그녀의 자궁에 이상이 있다고 진단했다. 그 여자는 브레넌에게 의사가 이미 같은 문제를 발견했으며 그 때문에 한 번 유산을 했다고

말했다. 사실 몇 명의 의사들이 자궁적출 수술을 권했고 그것이 브레넌
을 찾아오게 된 이유였다. 브레넌은 한 달 동안 휴가를 내어 몸을 돌보
면 병이 사라지리라고 말했다. 브레넌의 충고는 옳았고 한 달 후 담당
의사는 자궁이 정상으로 돌아왔음을 확인했다. 1년 후 그 여자는 건강
한 남아를 출산했다.[4]

또 한번은 한 남자가 열두 살 때 꼬리뼈를 다쳤기 때문에 성생활을
제대로 못한다는 사실을 알아맞혔다. 아직도 제자리를 찾지 못한 꼬리
뼈가 척추에 무리한 압박을 가하고 있었고, 그것이 그의 성불구의 원인
이었다.[5]

인체의 에너지 장을 봄으로써 브레넌이 알아낼 수 없는 것은 거의 없
어 보인다. 그녀는 초기암의 경우 오라에서 회청색으로 보이고 계속 진
전되면 검은색으로 변한다고 말한다. 그리고 결국은 검은색 속에 흰 반
점이 나타나는데 이 흰 점이 번쩍이고 마치 화산이 분출하는 것처럼 보
이기 시작하면 그것은 암이 전이되고 있음을 의미한다고 말한다. 술,
마리화나, 코카인 등의 약물은 오라의 생기 있고 건강한 색깔에 손상을
입히며 브레넌이 이름붙인 소위 '에테르 점액'을 만들어낸다. 한번은
자신을 찾아온 상담객이 코카인을 어느 콧구멍으로 흡입하는 버릇을
가지고 있는지 알아맞혀 그를 놀라게 했다. 왜냐하면 그의 그쪽 얼굴의
에너지 장에는 언제나 끈적끈적한 에테르 점액이 묻어 회색이 되어 있
었기 때문이다.

처방약도 예외가 아니어서 종종 폐 위의 에너지 장에 검은 부위가 형
성되게 하며, 화학요법과 같은 독한 약은 전체 에너지 장을 막히게 한
다. 척추부상을 진단하기 위해서 사용되는, 무해한 것으로 여겨지는 방
사성 염색약이 남긴 오라의 흔적이 그것을 주사한 지 꼬박 10년이 지나
도록 남아 있는 것을 발견한 적도 있다고 한다. 브레넌에 의하면 사람
들의 심리상태도 에너지 장에 나타난다고 한다. 정신병적 기질이 있는

사람의 오라는 가장 무겁고, 마조히즘 기질이 있는 사람의 오라는 거칠고 조밀하며 푸른색보다는 회색이 더 짙다. 삶을 완고하게 사는 사람의 에너지 장도 거칠고 회색인데 그 에너지는 대부분 오라의 바깥쪽 가장자리에 집중되어 있다는 등이다.

브레넌은 질병이 실제로 슬픔, 막힘, 오라의 불균형 등에 의해서 야기될 수 있으며 이 고장난 부위를 자신의 손이나 에너지 장으로 조절해 줌으로써 그 사람의 자기치유 능력을 크게 증진시켜 줄 수 있다고 말한다. 그녀의 능력은 사람들의 눈에 띄었다. 스위스의 정신의학자이며 사망학자(thanatologist)인 엘리자베스 큐블러 로스(Elisabeth Kubler-Ross)는 브레넌이 "아마도 서반구 최고의 신유가 중의 한 사람일 것"이라고 말한다.[6] 베르니에 지겔(Bernie Siegel)도 마찬가지로 칭찬을 아끼지 않는다. "바바라 브레넌의 작업은 사람의 마음을 열어준다. 질병의 역할과 치유가 일어나는 메커니즘에 대한 그녀의 생각은 나의 경험과 확실히 일치한다."[7]

브레넌은 한 사람의 물리학자로서 인체의 에너지 장을 과학적인 용어로 설명하는 데 큰 관심을 가지고 있으며, 우리의 일반적인 지각범위 너머에 주파수 영역이 존재한다는 프리브램의 주장이 현재로서는 이 현상을 설명하는 가장 나은 과학적 모델이라고 믿고 있다. "홀로그램 우주론의 관점에서 보면 이러한 현상(오라와 그 에너지를 조정하는 데 필요한 치유 에너지)은 시간과 공간을 초월한 파동으로부터 나오며 그것은 전송할 필요가 없다. 그것은 동시에 모든 곳에 잠재해 있다"고 그녀는 말한다.[8]

인체의 에너지가 인간의 지각에 의해 주파수 영역으로부터 차단되기 전까지는 모든 곳에 존재하며 초공간적이라는 사실은 그녀가 매우 멀리 떨어져 있는 사람의 오라를 읽을 수 있다는 사실을 깨달음으로써 입증되었다. 그녀가 지금까지 가장 원거리에서 오라를 읽은 것은 뉴욕에서 이탈리아로 전화 통화를 하면서 읽은 것이다. 그녀는 이 사실과 자신의 다른 놀라운 능력들을 최근의 매력적인 저서 ≪빛의 손*Hands of Light*≫에서 이야기하고 있다.

인간 정신의 에너지 장

오라를 아주 자세히 읽을 수 있는 또 한 사람의 유능한 심령가는 로스앤젤레스에 사는 '인체 에너지 장 상담가'인 캐럴 드라이어(Carol Dryer)다. 드라이어는 자신의 기억이 미치는 때부터 오라를 볼 수 있었다고 한다. 실제로 다른 사람들은 오라를 보지 못한다는 사실을 깨달은 것은 시간이 좀 지난 후의 일이었다. 그녀가 이 사실을 몰랐던 것이 어릴 때부터 자주 말썽거리를 초래했다. 그녀는 친구들이나 사물에 관해 전혀 알아낼 길이 없어 보이는 세세한 사실들을 부모님께 이야기하곤 했던 것이다.

드라이어는 심령가가 직업이며 지난 15년 동안 5000명 이상의 고객을 상담해주었다. 그녀는 매스컴을 통해 잘 알려져 있다. 왜냐하면 그녀의 손님 중에는 티나 터너, 마돈나, 로재너 아퀘트, 주디 콜린스, 발레리 하퍼, 그리고 린다 그레이 같은 유명인사들도 있기 때문이다. 하지만 그녀의 고객명단에 올라 있는 스타들의 명성도 그녀의 진정한 능력을 알려주지는 못한다. 예컨대 드라이어의 고객 중에는 물리학자, 저명한 저널리스트, 고고학자, 변호사, 정치인 등도 포함되어 있으며 그녀는 자신의 능력을 경찰을 돕는 데도 사용하고 또한 심리학자, 정신의학자, 의사들의 연구에도 자주 자문해준다.

브레넌과 마찬가지로 드라이어도 원격 리딩(readings)을 할 수 있지만 그녀는 상대방을 직접 만나는 것을 더 좋아한다. 그녀는 사람의 오

라를 눈을 감고도 눈을 떴을 때와 마찬가지로 읽어낸다. 실제로 그녀는
에너지 장에만 의식을 집중하기 위해 대개 눈을 감은 채 리딩을 한다.
이것은 그녀가 오라를 오직 마음의 눈으로만 읽는다는 뜻은 아니다.
"그것은 마치 영화나 연극을 보고 있는 것처럼 언제나 내 앞에 있습니
다. 그것은 내가 앉아 있는 이 방만큼이나 실제적입니다. 사실은 그쪽
이 더 생생하고 더 밝고 다채롭지요"라고 드라이어는 말한다.[9]

그러나 그녀는 다른 투시가들이 묘사하는 것과 같은 다양한 층은 보
지 못한다. 그리고 그녀는 종종 육체의 윤곽조차도 보지 못한다. "육체
가 시야에 들어올 수도 있지요, 하지만 그것은 에테르체를 보고 있을
때가 아니라 그 주위의 오라나 에너지 장을 보고 있을 때입니다. 내가
에테르체를 보는 것은 대개 에테르체에 오라의 건강한 상태를 방해하
는 누출이나 손상이 있을 때죠. 그래서 나는 그것을 완전하게 볼 수 없
습니다. 단지 그 조각만이 있지요. 그것은 찢어진 담요나 커튼과도 같
습니다. 에테르 장의 구멍은 대개 정서적 충격, 부상, 질병, 혹은 다른
파괴적인 경험 등의 결과입니다."

그러나 드라이어는 에테르체 외에는 오라가 마치 팬케이크가 겹겹이
쌓여 있는 모습과 같은 층이 보이는 것이 아니라 그것을 그 질감과 시
각적 강도의 변화로서 '경험한다'고 말한다. 그녀는 이것을 바닷물 속
에 들어갈 때 온도가 다른 물살이 스쳐 지나가는 것을 느끼는 것에 비
유한다. "나는 에너지 장을 어떤 겹겹의 층과 같은 엄밀한 개념으로 이
해하기보다는 에너지의 움직임과 파동이라는 측면에서 보는 경향이 있
습니다. 나의 시각은 마치 에너지 장의 다양한 수준과 차원을 망원경으
로 관통하여 보는 듯합니다만 깔끔하게 정돈된 다양한 층 같은 것이 실
제로 보이지는 않습니다."

이것이 인체 에너지 장에 대한 드라이어의 감각이 브레넌의 감각보
다 덜 섬세하다는 뜻은 아니다. 그녀는 현란한 색깔의 빛과 복잡한 이

미지와 반짝이는 형체, 섬세한 안개 등 만화경 속의 구름 같은 다양한 패턴과 구조를 본다. 하지만 모든 에너지 장이 똑같이 형성되어 있지는 않다. 드라이어의 말에 의하면, 천박한 사람들은 천박하고 단조로운 오라를 가지고 있으며, 복잡한 사람의 오라는 더 복잡하고 흥미롭다. "사람의 에너지 장은 마치 지문처럼 사람마다 다르다. 나는 똑같은 모양의 오라를 본 일이 없다"고 그녀는 말한다.

브레넌과 마찬가지로 드라이어도 사람의 오라를 보고 병을 진단할 수 있다. 그리고 마음을 먹으면 시각을 바꾸어 차크라를 볼 수도 있다. 그러나 드라이어의 특별한 재능은 상대방의 마음 속 깊은 곳을 들여다봄으로써 그 사람의 약점과 장점, 욕구, 정서적·심리적·영적 존재의 전반적 건강상태 등을 무서울 정도로 정확하게 집어내는 능력이다. 그녀의 이런 능력은 너무나 심오해서 드라이어와 한 번 상담하는 것이 6개월 동안 심리치료를 받는 것과 맞먹는다고 말하는 사람도 있다. 무수한 내담자들이 그녀로 인해서 삶이 완전히 변화되었다고 말하며 그녀의 방명록에는 감사의 글로 가득 채워져 있다.

나 또한 드라이어의 능력을 증언할 수 있다. 나에 대한 첫번째 리딩에서, 그녀는 사실상 나를 처음 보는 것이나 다름없었지만 나의 가장 가까운 친구조차 모르는 나에 관한 사실들을 알아냈다. 그것은 상투적인 대강의 설명 정도가 아니라 나의 능력과 성격, 약점 등을 자세하고도 구체적으로 읽어내는 것이었다. 2시간의 상담을 마쳤을 때 나는 드라이어가 나의 육체적 존재를 보고 있는 것이 아니라 나의 정신 자체의 에너지 상태를 보고 있다는 것을 확신할 수 있었다. 나는 또 특별히 드라이어와 상담했던 20여 명의 내담자들과 이야기하거나 그들의 상담내용이 담긴 녹음 테이프를 들어볼 수 있었는데 그들 또한 나와 마찬가지로 거의 예외없이 그녀가 매우 정확하고 통찰력이 뛰어나다는 것을 인정하고 있음을 발견했다.

인체 에너지 장을 보는 의사들

정통 의학계에서는 인체 에너지 장의 존재를 인정하지 않지만 임상 의사들이 모두 이것을 깡그리 무시하는 것은 아니다. 신경학자이자 정신의학자인 샤피카 캐러귤라(Shafica Karagulla)는 에너지 장을 진지하게 생각하는 의료인 중의 한 사람이다. 캐러귤라는 레바논의 베이루트에 있는 아메리칸 대학교에서 외과 의학박사 학위를 받았고 에든버러 왕립 정신신경장애 병원의 유명한 정신의학 교수인 데이비드 K. 헨더슨(David K. Henderson) 경에게서 정신의학 수련과정을 마쳤다. 그녀는 또 캐나다의 신경외과의 윌더 펜필드(Wilder Penfield)의 보조연구원으로 3년 반을 지냈다. 펜필드는 기억력에 관한 기념비적인 연구로 래실리와 프리브램으로 하여금 그들의 필생의 연구에 매진하도록 동기를 주었던 사람이다.

캐러귤라는 처음에는 회의론자였지만 오라를 볼 수 있는 몇몇 사람을 만나 그들이 그것을 통해 정확한 진단을 내릴 수 있다는 사실을 확인한 후로는 그것을 믿게 되었다. 캐러귤라는 인체의 에너지 장을 볼 수 있는 능력을 '고차원감각 지각능력(higher sense perception ; HSP)'이라고 부르고, 1960년대에 의료인 중에서도 이런 능력을 가진 사람이 있는지 알아보기 시작했다. 그녀는 자신의 동료나 친구들 중에서 다양한 지각능력을 발견했지만 초창기에는 일의 진전이 느렸다. 그런 능력을 가지고 있다는 의사들도 그녀를 만나기를 꺼렸다. 거듭 거절당한 끝에 그녀는 마침내 그의 환자로서 면담 약속을 얻어냈다.

그녀는 진료실에 들어서자마자 진찰을 받는 대신 그의 HSP로 자신의 상태를 진단해달라고 요구했다. 막다른 골목에 몰린 것을 깨달은 의사는 드디어 항복했다. "좋아요. 아무 말도 하지 말고 서 있으세요." 그는 그녀의 몸을 훑어보고는 그녀의 건강상태를 간단히 진단해주었다.

거기에는 그녀 스스로 진단하여 결국은 수술을 해야 한다는 사실을 알고 있었던 병도 포함되어 있었다. "그는 하나도 빠짐없이 정확히 맞혔다"고 캐러귤라는 말한다.[10]

캐러귤라의 정보망이 확대되어 가면서 그녀는 이와 비슷한 능력을 가진 많은 의사들을 만났고 이것을 자신의 저서 ≪창조성으로의 돌파구Breakthrough to Creativity≫에서 이야기하고 있다. 이 의사들의 대부분은 다른 사람들도 비슷한 능력을 가지고 있다는 사실을 모르고 있었고 그런 면에서 그들은 고독한 별종들이었다. 그러나 그들은 어김없이 자신이 보는 것을 신체를 둘러싸고 그것을 관통하고 있는 '에너지장'이라거나 '움직이는 파동의 망'으로 표현했다. 어떤 사람들은 차크라를 보았지만 그런 용어를 모르고 있었기 때문에 그것을 '내분비선과 연결되어 있거나 영향을 주는, 척추상의 특정한 지점에 있는 에너지의 소용돌이'라고 묘사했다. 그리고 그들은 거의 예외없이 직업적 명성에 누가 될까봐 자신의 능력을 비밀로 지키고 있었다.

캐러귤라는 책에서 그들의 프라이버시를 지켜주기 위해 이름의 약자만 언급하고 있지만 그 중에는 유명한 외과의사들, 코넬 대학 의과대 교수, 큰 병원의 과장, 메이요 클리닉의 의사 등이 포함되어 있다고 말한다. "나는 HSP 능력을 가진 의료인들이 너무나 많다는 사실에 끊임없이 놀랐다. 그들 대부분은 자신의 능력에 대해 약간씩 불안감을 가지고 있었지만 그것이 진단에 유용하다는 것을 알고는 그것을 활용하고 있었다. 이들은 여러 지방에 흩어져 있고 서로를 모르지만 모두 비슷한 종류의 경험을 보고했다"고 그녀는 적고 있다. 그녀는 이 보고서의 끝에서 이렇게 결론을 내렸다. "다수의 신뢰할 만한 사람들이 각자 독립적으로 동일한 현상을 보고하고 있다면 과학이 나서서 그것을 인정해야 할 때가 온 것이다."[11]

모든 의료인이 자신의 능력을 공개하는 것을 꺼리는 것은 아니다. 그렇지 않은 사람 중의 하나가 뉴욕 대학교 간호학 교수인 돌로레스 크리거(Dolores Krieger) 박사다. 크리거는 유명한 헝가리 출신 치유가인 오스카 에스테바니(Oscar Estebany)의 능력에 관한 연구에 참여한 이후로 인체의 에너지 장에 관심을 가지게 되었다. 에스테바니가 단지 환자의 에너지 장을 조절해주는 것만으로 헤모글로빈 수치를 높일 수 있다는 사실을 발견한 크리거는 이 신비한 에너지에 대해 더 깊이 파고들기 시작했다. 그녀는 '프라나'와 차크라, 오라에 관한 연구에 몰두했고 결국은 또 다른 유명한 투시가인 도라 쿤츠(Dora Kunz)의 제자가 되었다. 쿤츠의 지도하에 그녀는 인체 에너지 장의 막힌 곳을 감지하는 법과 손으로 그것을 조절함으로써 치유하는 법을 배웠다.

쿤츠의 방법이 지니고 있는 엄청난 의학적 가능성을 깨달은 크리거는 자신이 배운 방법을 다른 사람들에게도 가르치기로 결심했다. 그녀는 '차크라'니, '오라'니 하는 용어들이 많은 의료인들에게 부정적인 어감을 줄 수 있다는 것을 알고 있었기 때문에 자신의 치유법에 '치료안수법(therapeutic touch)'이라는 이름을 붙였다. 그녀가 이 치료안수법을 처음 가르친 것은 뉴욕 대학교 간호학과 대학원 강의에서였고 제목은 〈간호의 첨단 : 치유장이 작용하게 하는 잠재력 자극법〉이었다. 강의와 기법이 모두 성공적이어서 크리거는 그 이후 수천 명의 간호사들에게 치료안수법을 가르쳤으며 이제 그것은 전세계 병원에서 사용되고 있다.

치료안수법의 효과는 몇몇 연구를 통해 입증되기도 했다. 예컨대 컬럼비아 주 사우스캐럴라이나 대학교 간호학 연구실 부주임이자 부교수인 자넷 퀸(Janet Quinn) 박사는 치료안수법이 심장병 환자의 불안도를 낮춰줄 수 있는지 시험해보기로 했다. 이를 위해서 그녀는 이중맹검법을 고안했는데, 즉 이 기법을 훈련받은 한 그룹의 간호사에게 일단의 심장병 환자들의 몸 위로 손을 지나보내도록 하고 이 기법을 훈련받지 않은 다른 그룹 간호사들은 다른 그룹의 심장병 환자들 몸 위로 손을 지나보내게 했다. 다만 이들은 그저 제스처로서 손만 지나보내는 것이다. 퀸은 진짜 치료를 받은 환자들의 불안도는 단 5분 간의 치료를 받고도 17％나 떨어진 반면 가짜 치료를 받은 환자들의 불안도에는 변화가 없다는 사실을 발견했다. 퀸의 연구는 1985년 3월 26일자 ≪뉴욕 타임스≫의 '사이언스 타임스' 섹션에서 중요화제로 다루어졌다.

인체의 에너지 장에 관해 공개적으로 강의하는 또 다른 의료인은 사우스캘리포니아 대학교 흉곽 전문의 W. 브루 조이(W. Brugh Joy)다. 존스 홉킨스와 메이요 클리닉을 졸업한 조이는 1972년 한 환자를 진찰하다가 자신의 능력을 발견했다. 그는 처음에는 오라를 본 것이 아니라 손으로만 그 존재를 느낄 수 있었다. "나는 20대 초반의 건강한 남자를 진찰하고 있었다. 내 손이 복부의 움푹 들어간 부분인 태양신경총 부근을 지날 때 마치 따뜻한 구름 같은 뭔가가 느껴졌다. 그것은 몸 표면에서 수직으로 92cm～1m22cm 정도 외부로 방사되는 것 같았고 지름 10cm 정도의 실린더 형태였다."[12]

조이는 계속해서 모든 환자들이 복부뿐만 아니라 몸의 여러 다른 부위에서도 손으로 느낄 수 있는 실린더처럼 생긴 방사 에너지 장을 가지고 있는 것을 발견했다. 그가 자신이 '차크라'를 발견, 아니 재발견했다는 사실을 안 것은 인체의 에너지 체계에 관한 고대 힌두교 문헌을 읽은 후였다. 브레넌과 마찬가지로 조이는 인체의 에너지 장을 가장 잘 이해하게 하는 설명은 홀로그램 모델이라고 생각한다. 그는 또 오라를 보는 능력은 모든 사람들에게 잠재되어 있다고 느낀다. "나는, 확장된 의식상태에 도달한다는 것은 단지 우리의 중추 신경계를 조율함으로써 늘 존재하고 있지만 정신적 한정에 둘러싸여 차단되어 있던 그 상태와 교감되게 하는 것이라고 믿는다"고 조이는 말한다.[13]

조이는 자신의 견해를 입증하기 위해서 현재 다른 사람들에게 인체 에너지 장을 감지하는 방법을 가르치는 데 거의 모든 시간을 보내고 있다. 그의 학생 중 한 사람은 ≪안드로메다 종족≫, ≪천체≫ 등의 베스트셀러 저자이자 영화 '코마(Coma)', '최초의 대 열차강도'의 감독인 마이클 크라이튼(Michael Crichton)이다. 하버드 대학교 의과대학에서 학위를 받은 크라이튼은 최근의 베스트셀러 자서전인 ≪여행*Travels*≫에서 자신이 조이와, 다른 능력 있는 스승들에게서 배우면서 인체의 에너지 장을 느끼고 마침내는 그것을 볼 수 있게 된 과정을 서술하고 있다. 그 경험은 크라이튼을 놀라게 했고 변화시켰다. "이것은 결코 착각이 아니다. 이것은 절대적으로 확실하며 이 신체의 에너지는 모종의 진짜 현상이다"라고 그는 말한다.[14]

카오스 홀로그래프 패턴

캐러귤라의 연구 이래로 일어난 변화는 갈수록 더 많은 의료인들이 기꺼이 그런 능력을 공개하고 나서게 된 현상만이 아니다. 물리요법가이자 UCLA 신체운동학 교수인 발레리 헌트(Valerie Hunt)는 20년에 걸쳐서 실험적으로 인체 에너지 장의 존재를 확인할 수 있는 방법을 개발해냈다. 의학은 인간이 전자기적 존재라는 사실을 오래 전부터 알고 있었다. 의사들은 심장의 전기적 활동을 기록하기 위해 심전도계를 사용하고 뇌의 전기적 활동상태를 기록하기 위해 뇌파측정기를 일상적으로 사용한다. 헌트는 근육 속의 전기적 활동을 측정하는 데 사용되는 기구인 근전도계가 인체 에너지 장이 전기적으로 존재한다는 것을 감지해 낼 수 있음을 발견했다.

헌트의 원래 연구분야는 인체의 근육 움직임에 관한 것이었지만 한 무용가로부터 자신은 춤을 잘 추기 위해서 자신의 에너지 장을 이용한다는 말을 들은 이후 이 에너지 장에 관심을 가지게 되었다. 이것이 헌트에게 영감을 주어 근전도계를 만들어 그 무용가가 춤을 추는 동안 근육 속의 전기적 활동을 계측하고, 또 치유가에게 치료받는 사람의 근육 속의 전기적 활동에 미치는 영향을 조사하게 했다. 그녀의 연구대상은 마침내 인체의 에너지 장을 볼 수 있는 사람들까지도 포함시키게 되었고, 여기서 그녀는 가장 중요한 발견을 해냈다.

두뇌 속의 전기적 활동의 정상적인 주파수 범위는 1초당 0~100사이클이며 대부분의 활동은 0~30사이클에서 일어난다. 근육의 주파수는 초당 225사이클까지 올라가고 심장은 250사이클까지 올라간다. 하지만 이것은 생리기능과 관련된 전기적 활동이 저하되는 지점이다. 헌트는 이것 외에 근전도계의 전극봉이 신체에서 방사되는 또 다른 에너지 장을 감지하는 것을 발견했는데, 그것은 지금까지 인식된 신체전기보다 훨씬 더 미묘하고 진폭이 낮았지만 주파수는 초당 평균 100~1600사이클이었고 때로는 이보다도 높았다. 그뿐 아니라 이 에너지 장은 뇌나 심장이나 근육에서 방사되는 것이 아니라 차크라와 관계된 신체부위에서 가장 강했다. "결과는 너무나 흥미로운 것이어서 나는 그날 밤 잠을 못 이루었다. 내가 지금까지 믿어왔던 과학의 모델로는 이 발견을 도무지 설명할 수 없었다"고 헌트는 말한다.[15]

헌트는 또 오라를 읽는 사람이 어떤 사람의 에너지 장에서 특정한 색깔을 보았을 때 근전도계도 늘 특정한 패턴의 주파수를 감지한다는 사실을 발견하고 그것을 그 색깔과 관련지을 수 있게 되었다. 그녀는 전기적 파동을 흑백 모니터 위에 시각적 패턴으로 변환시켜 보여주는 기계인 오실로스코프를 통해 이 패턴을 관찰할 수 있었다. 예컨대 오라를 읽는 사람이 어떤 사람의 에너지 장에서 푸른색을 보았다면 헌트는 오실로스코프에 나타나는 패턴을 보고 그것이 푸른색이 맞다는 것을 확인할 수 있었다. 한 실험에서는 오라를 읽는 여덟 사람을 동시에 시험

하여 그 결과가 그들끼리, 그리고 오실로스코프와도 일치하는지 알아
보았다. "그것은 완벽하게 일치했다"고 헌트는 말한다.[16]

일단 인체 에너지 장의 존재를 확인하자 헌트도 그것을 이해하는 데
는 홀로그램 가설이 하나의 모델이 될 수 있다는 것을 확신하게 되었다.
그녀는 이 에너지 장과, 사실상 인체의 모든 전기적 체계가 그 주파수
측면뿐만 아니라 다른 측면에서도 홀로그램적 성질을 지니고 있음을
지적한다. 이러한 체계들은 홀로그램상의 정보와 마찬가지로 신체 전
반에 골고루 분포되어 있다. 예컨대 뇌파측정기에 감지되는 전기활동
은 뇌에서 가장 강하지만 전극을 발가락에 갖다대도 뇌파를 측정할 수
있다. 마찬가지로 심전도도 새끼손가락에서 측정할 수 있다. 심전도는
심장에서 그 진폭이 가장 높지만 그 주파수와 패턴은 신체 어디서나 동
일하게 나타난다. 헌트는 이것은 매우 중요한 의미를 갖는다고 믿는다.
그녀가 이름붙인 소위 오라의 '홀로그램장 현실(holographic field
reality)'의 모든 부위가 전체 에너지 장의 모든 측면들을 내포하고 있
지만 그 각각의 부위들이 서로 정확히 동일하지는 않다. 이처럼 서로
다른 진폭이 에너지 장을 정체적이고 안정된 홀로그램이 아니라 동적
이고 유동하는 홀로그램이 되게 만드는 것이라고 헌트는 말한다.

헌트의 놀라운 발견 중 하나는 특정한 소질이나 능력은 그 사람의 에
너지 장 속에 존재하는 특정한 주파수와 관련 있는 것으로 보인다는 사
실이다. 그녀는 어떤 사람의 의식의 주된 관심사가 물질적 세계에 맞추
어져 있으면 그들의 에너지 장의 주파수는 낮은 범위에 머무는 경향이
있고 신체의 생리적 주파수인 초당 250사이클에서 멀리 벗어나지 않는
다는 사실을 알아냈다. 그리고 심령가나 치유능력이 있는 사람들은 에
너지 장 속에 400~800사이클의 주파수를 가지고 있다. 몽환상태에 들
어가서 다른 정보원과 채널링을 할 수 있는 사람들은 이 '심령적' 주파
수대를 완전히 건너뛰어 800~900사이클의 좁은 주파수 영역 안에서

만 활동한다. "그들에게는 심령적 주파수 대역이 전혀 없다. 그들은 그들 고유의 장 속에 머문다. 그것은 좁다. 그곳은 매우 정밀한 곳이며 그들은 말 그대로 고독하다"[17]

900사이클 이상의 주파수를 지닌 사람들은 헌트가 말하는 신비적인 인격들이다. 심령가나 영매들은 흔히 정보의 단순한 매개체에 지나지 않지만 신비가들은 그 정보로 무엇을 할지 아는 지혜를 지니고 있다고 헌트는 말한다. 그들은 만물의 우주적 상호연결성을 인식하고 있으며 인간 경험의 모든 차원과 교감하고 있다. 그들은 일상적인 현실 속에 발을 딛고 있지만 종종 심령가적, 영매적 능력을 모두 지니고 있다. 그러나 그들의 주파수는 동시에 이러한 능력과 관련된 대역을 훨씬 너머 확대되어 있다. 헌트는 개량된 근전도계를 사용해서(보통 근전도계는 2만 사이클까지밖에 감지하지 못한다) 에너지 장 속에 2만 사이클의 주파수를 가지고 있는 사람들도 만났다. 이것은 흥미로운 사실이다. 왜냐하면 신비전통에서는 고도로 영적인 사람들은 일반인들보다 '높은 진동수'를 가지고 있다고 말하기 때문이다. 만일 헌트의 발견이 사실이라면 그것은 이러한 표현에 신빙성을 더해주는 것으로 보인다.

헌트의 또 다른 발견에는 카오스라는 새로운 과학이 개입된다. 이름이 시사하는 것처럼 카오스는 혼돈 현상, 즉 너무나 불규칙하여 어떤 법칙에 의해 지배되는 것으로 보이지 않는 현상을 연구하는 학문이다. 예컨대 촛불을 끄면 연기가 가는 물줄기처럼 위로 피어올라간다. 그러나 결국 그 구조는 깨지고 난류(亂流)가 되어버린다. 연기의 난류는 혼돈스럽다고 말한다. 왜냐하면 그것의 행동은 과학으로 예측할 수 없기 때문이다. 카오스 현상의 다른 예로는, 폭포 바닥에 떨어지는 물, 간질 환자가 발작할 때 뇌 속에 일어나는 불규칙한 전류, 기압과 기온이 다른 몇개의 기단이 충돌할 때의 날씨 등이 있다.

지난 10년 동안 과학은 많은 카오스 현상이 겉으로 보이는 것처럼 무질서한 것이 아니라 흔히 감추어진 패턴과 규칙성을 품고 있다는 사실을 발견했다(무질서란 없고 단지 무한히 높은 차원의 질서만 존재한다는 봄의 주장을 상기하라). 과학자들은 또 카오스 현상 속에 감추어져 있는 규칙성의 일부를 발견해내는 수학적 방법을 찾아냈다. 이 중 한 가지는 카오스 현상에 관한 데이터를 컴퓨터 화면상에 형상으로 변환시켜 나타낼 수 있는 특수한 형태의 수학적 분석법이다. 데이터 속에 감추어진 패턴이 없다면 변환된 결과는 직선으로 나타난다. 그러나 카오스 현상 속에 실제로 감추어진 규칙성이 존재한다면 컴퓨터 화면에 나타나는 형상은 마치 아이들이 널빤지 위에 줄지어 박힌 못 주위로 색실을 감아 만드는 나선형 무늬와 비슷한 모습을 띨 것이다. 이런 형상을 '카오스 패턴', 혹은 '이상한 끌개'*라고 부른다.

헌트는 오실로스코프상에 나타난 에너지 장의 데이터를 관찰하다가 그것이 끊임없이 변화하는 것을 발견했다. 마치 에너지 장 그 자체가 끊임없이 흥망성쇠가 되풀이되는 상태에 있는 것처럼 어떤 때는 커다란 덩어리로 나타나다가 어떤 때는 미약해져서 누덕누덕 기운 듯한 모습이 되었다. 언뜻 봤을 때 이 같은 변화는 제멋대로인 것처럼 보였다. 그러나 헌트는 직관적으로 거기에 모종의 질서가 있음을 감지했다. 카오스 분석이 자신의 판단이 옳은지 그른지 밝혀주리라는 것을 깨닫고 그녀는 한 수학자를 찾았다. 처음에 그들은 심전도계에서 나온 4초간의 데이터를 컴퓨터에 넣어 어떤 일이 일어나는지 살펴보았다. 그들은 직선을 얻어냈다. 그 다음에는 뇌파측정기와 근전도계에서 나온 같은 양의 데이터를 처리해보았다. 뇌파측정기는 직선을 만들어냈고 근전도계

---

*strange attractors. 왜냐하면 그 형상을 이루는 선들이 마치 색실이 줄지어 박혀 있는 못으로 계속 '이끌려' 감긴다고 말할 수 있듯이 컴퓨터 화면상의 특정 부분으로 거듭거듭 이끌리는 것처럼 보이기 때문이다.

는 약간 부풀어진 선을 만들어냈지만 아직도 카오스 패턴은 나오지 않았다. 인체 에너지 장의 낮은 주파수로부터 나온 데이터를 넣었을 때도 직선이 나왔다. 그런데 에너지 장의 매우 높은 주파수를 분석했을 때 그들은 드디어 성공했다. "우리는 이제껏 본 적이 없는 가장 역동적인 카오스 패턴을 얻어냈다"고 헌트는 말한다.[18]

이것은 에너지 장 속에서 일어나는 만화경같이 종잡을 수 없는 변화는 불규칙한 것처럼 보이지만 사실 그것은 고도로 질서잡혀 있으며 풍부한 패턴으로 가득 차 있음을 의미했다. "그 패턴은 결코 반복될 수 없으며 너무나 역동적이고 복잡하다. 나는 이것을 카오스 홀로그래프 패턴이라고 부른다"고 헌트는 말한다.[19]

헌트는 자신이 발견한 것이 주요 생채전기 시스템 속에서 발견된 최초의 진정한 카오스 패턴이라고 믿고 있다. 최근에 학자들은 두뇌의 뇌파측정기록 속에서 카오스 패턴을 발견했다. 그러나 그들이 그러한 패턴을 얻어내기 위해서는 무수한 전극으로부터 수분 동안 나오는 많은 분량의 데이터가 필요했다. 헌트는 하나의 전극으로부터 기록된 3, 4초 분량의 데이터에서 카오스 패턴을 얻어냈다. 그것은 인체의 에너지 장이 두뇌의 전기적 활동보다도 훨씬 더 풍부한 정보와 복잡하고 역동적인 조직성을 지니고 있음을 시사한다.

무엇이 인체 에너지 장을 형성하는가?

인체 에너지 장의 전기적 성질에도 불구하고 헌트는 그것이 순전히 전자기적 성질만 지니고 있다고는 생각지 않는다. "우리는 그것이 훨씬 더 복잡하리라고 느낀다. 그리고 그것이 아직은 발견되지 않은 종류의 에너지로 되어 있다고 믿는다"고 그녀는 말한다.[20]

이 발견되지 않은 에너지란 무엇일까? 현재로서는 모른다. 최선의 단서는, 거의 예외없이 모든 심령가들이 그것은 일반적인 물질에너지보다 높은 주파수를 가지고 있다고 말한다는 사실이다. 에너지 장으로부터 질병을 감지해내는 무서울 정도로 정확한 심령가들의 능력을 감안한다면 우리는 이러한 주장에 진지한 관심을 보내야 할 것이다. 이러한 인식이 이토록 보편적으로—고대 힌두교의 문헌에서조차 에너지체는 일반적인 물질보다 높은 진동수를 지니고 있는 것으로 주장한다—퍼져 있는 것은 그런 사람들이 에너지 장에 관한 중요한 사실을 직관하고 있음을 시사하는 것이다.

또 고대 힌두교 문헌에서는 물질은 '아누(anu)', 즉 원자로 이루어져 있으며 인체 에너지 장의 미묘하게 진동하는 에너지는 '파람아누(pa-ramanu)', 즉 말 그대로 '원자 너머에' 존재한다고 말한다. 이것은 흥미로운 사실이다. 왜냐하면 봄 또한 '원자 너머의' 아양자 차원에는 과학이 아직 알지 못하는 미묘한 에너지가 많이 존재한다고 믿기 때문이다. 그는 인체의 에너지 장이 존재하는지 여부는 자신도 모른다고 고백한다. 그러나 그 가능성에 대해서는 이렇게 말한다. "감추어진 질서는 많은 미세한 차원들을 가지고 있다. 만일 우리의 주의가 그 미세한 차원에 미칠 수 있다면 우리는 일상적으로 보는 것보다 더 많은 것을 볼 수 있게 될 것이다."[21]

우리는 사실상 '그 어떤' 장의 정체도 파악하지 못하고 있음을 주지할 필요가 있다. 봄이 말했던 것처럼, "전기장이란 과연 무엇인가? 우리는 모른다."[22] 새로운 종류의 장을 발견하면 그것은 신비롭게 보인다. 거기에 이름을 붙이고 그것의 성질을 묘사하고 다루는 데 익숙해지면 그것은 더 이상 신비하게 보이지 않는다. 하지만 우리는 여전히 전기장이나 중력장의 진정한 정체를 모른다.

앞장에서 살펴보았듯이, 우리는 전자가 무엇인지조차 모른다. 우리는 단지 그것이 어떻게 행동하는지만 설명할 수 있을 뿐이다. 이것은 인체의 에너지 장 또한 궁극적으로는 그것이 어떻게 행동하는가의 관점에서 정의될 것임을 의미한다. 그리고 헌트의 연구 같은 탐사는 단지 우리의 이해를 좀더 넓혀줄 뿐이다.

오라 속의 3차원 이미지

만일 이 지극히 미묘한 에너지가 인체 에너지 장을 이루고 있는 것이라면 그것은 우리와 친숙해져 있는 그런 종류의 에너지와는 다른 성질을 지니고 있을 것임이 틀림없다. 그 중 하나는 인체 에너지 장의 초공간적인 성질에서 뚜렷이 나타난다. 또 다른, 특히 홀로그램적인 성질은 오라가 에너지의 비정형적인 얼룩무늬로 나타나거나, 가끔은 3차원의 입체상으로 나타나는 능력이다.

능력 있는 심령가들은 종종 이러한 '홀로그램'이 사람들의 오라 속에 떠 있는 것을 본다고 보고한다. 이런 이미지는 대개 어떤 물건이나 생각의 이미지로서 그 사람의 사념 속에 중요한 위치를 차지하고 있는 것들이다. 서양의 어떤 신비전통에서는 이런 이미지가 오라의 세 번째 층, 즉 멘탈체의 산물이라고 말하지만 이러한 주장을 확인하거나 반박할 방법이 없는 한 우리로서는 오라 속의 이미지를 볼 수 있는 심령가들의 경험에 한정시켜 논할 수밖에 없다.

베아트리체 리치(Beatrice Rich)는 이러한 심령가 중의 한 사람이다. 흔히 그런 것처럼 리치의 능력은 어릴 때부터 나타났다. 그녀가 어렸을 때 주위의 물체들이 가끔씩 저 혼자서 움직이곤 했다. 좀더 성장했을 때 그녀는 자신이 정상적인 방법으로는 알 길이 없는 사람들에 관한 사실들을 알고 있음을 깨달았다. 그녀는 화가가 되었지만 자신의 투시능력이 매우 뛰어나다는 것을 깨닫고는 전업 심령가로 나서기로 결심했다. 이제 그녀는 주부에서 기업체 사장에 이르기까지 각계각층 사람들을 위해 리딩을 해주고 있으며 그녀의 능력은 ≪뉴욕≫ 지, ≪월드 테니스≫ 지, ≪뉴욕 여성≫ 지 등 다양한 대중매체에 화제의 기사로 실렸다.

리치는 내담자들의 주변에 떠다니거나 맴돌고 있는 이미지들을 자주 본다. 한번은 어떤 남자의 머리 주변에 은숟가락, 은쟁반, 그와 비슷한 물건들의 모습이 떠돌고 있는 것을 보았다. 그것은 그녀가 심령현상을 탐사하던 초기였기 때문에 그 경험은 그녀를 매우 놀라게 했다. 처음에는 그녀도 자신의 눈에 왜 그런 것이 보이는지 몰랐다. 하지만 그 사실을 그 남자에게 말해준 후에야 그가 바로 그런 물건들을 수출입하는 무역업을 하는 사람임을 알게 되었다. 그 경험은 그녀를 매혹시켜 그녀의 인식을 완전히 바꾸어놓았다.

드라이어도 이와 비슷한 경험을 했다. 한번은 어떤 여자를 리딩해주던 중 그녀의 머리 주위에 여러 개의 감자가 떠돌고 있는 모습을 보았다. 처음에는 그녀도 리치처럼 놀랐지만 용기를 내어 그 여자에게 감자가 어떤 특별한 의미가 있는지 물어보았다. 그 여자는 웃음을 터뜨리면서 명함을 건네주었다. "그녀는 아이다호 주의 감자작목협회 위원이었던가, 뭐 그런 비슷한 직위에 있었습니다. 미국 낙농협회 같은 것 말입니다"라고 드라이어는 말한다.[23]

이러한 이미지는 항상 오라 속에서만 맴도는 것이 아니라 가끔씩은 몸 전체로 유령처럼 확장되기도 한다. 드라이어는 한번은 어떤 여자의 손과 팔에 달라붙는 희미하고 홀로그램과도 비슷한 진흙 층을 보았다. 그 여자의 나무랄 데 없는 차림새와 값비싼 옷으로 보아 드라이어는 자신이 왜 끈적거리는 진흙 생각을 자꾸 떠올리게 되는지 알 수가 없었다. 드라이어는 그녀에게 그런 이미지의 뜻을 이해하는지 물어보았다. 그녀는 고개를 끄덕이며 자신이 조각가인데 그날 아침에 새로운 재료를 사용해 보았는데 그것이 드라이어가 본 것처럼 손과 팔에 달라붙었다고 말해 주었다.

나도 에너지 장을 보다가 이와 비슷한 경험을 한 적이 있다. 한번은 내가 구상하고 있는 늑대인간에 관한 소설(일부 독자들은 아시겠지만 나는 전설과 관련된 픽션물을 쓰기 좋아한다)에 깊이 빠져 있다가 내 몸을 둘러싸고 유령 같은 늑대인간의 모습이 형성되는 것을 발견했다. 나는 이것이 순전히 시각적인 현상이었으며 한시라도 내가 정말 늑대인간이 되었다고 '느낀' 것은 아니라는 점을 강조해두고 싶다. 하지만 내 몸을 감싼 그 홀로그램 같은 이미지는 너무나 생생하여 팔을 들고 보았을 때 나는 낱낱의 털과 내 손을 감싸고 있는 늑대의 발에서 삐져 나온 발톱까지 생생하게 볼 수가 있었다. 정말이지 그것이 일종의 투명성이 있어서 그 아래의 피와 살로 이루어진 내 손을 볼 수 있었다는 사실만 뺀다면 모든 것이 너무나 생생한 현실감을 가지고 있었다. 그 경험은 매우 놀라운 일이었지만 왠지 나는 놀라지 않았다. 나는 그 광경에 매료되어 있었던 것이다.

이 경험이 의미가 있었던 것은, 그 당시 드라이어는 우리 집에 손님으로 묵고 있었고 마침 내가 아직도 그 유령 같은 늑대인간의 몸 속에 둘러싸여 있을 때 그녀가 내 방으로 들어왔다는 사실이다. 그녀는 즉석에서 반응을 보였다. "어머, 늑대인간이 되어 있는 걸 보니 당신은 늑대인간 소설에 대해 생각하고 있었던 게로군요." 우리는 각자가 보는 바를 비교해보았고 둘 다 동일한 형상을 보고 있음을 깨달았다. 우리는 대화 속에 빠졌고 나의 마음이 소설에 대한 생각에서 빠져나가자 늑대인간의 형상도 서서히 사라져버렸다.

오라 속의 영화

심령가들이 보는 에너지 장 속의 이미지는 늘 정지된 것만은 아니다. 리치는 내담자의 머리 주위에서 돌아가는 마치 작은 영화 같은 투명한 동영상을 자주 본다고 말한다. "가끔 나는 사람들의 머리나 어깨 뒤로 그들이 일상적인 행위를 하고 있는 축소된 장면을 봅니다. 나의 고객들은 나의 묘사가 아주 정확하고 구체적이라고 말합니다. 나는 그들의 사무실 모습과 그들의 상사가 어떻게 생겼는지 볼 수 있습니다. 그들이 지난 6개월 동안 무엇을 생각해왔고 그들에게 어떤 일이 일어났는지도 알 수 있습니다. 최근에 한 고객에게 그녀의 집이 보이고 벽에 플룻과 가면이 걸려 있다고 말해주었습니다. 그녀는 '전혀 아닌데요' 하고 말했습니다. 맞다고 우기자 그녀가 말했습니다. '아, 맞아요. 그건 우리 여름별장이에요.'"[24]

드라이어는 자신도 사람들의 에너지 장 속에서 입체영화 같은 것을 본다고 말한다. "대개 그것은 색깔이 있지만 갈색이거나 광택사진처럼 보일 때도 있습니다. 그것은 보통 그 사람에 관한 이야기를 전해주는데 5분 내지 1시간 동안 진행됩니다. 그 이미지는 또 믿기 어려울 정도로 상세합니다. 만약 어떤 사람이 방 안에 앉아 있는 것을 본다면 그 방 안에 화분이 몇 개나 있는지, 화분마다 잎은 몇 개인지, 벽에는 몇 개의 벽돌이 쌓여 있는지까지도 알 수 있습니다. 하지만 나는 보통 그것이 의미 있는 것이 아니라면 그렇게 상세하게 들여다보지는 않습니다."[25]

나는 드라이어의 정확성을 증언할 수 있다. 나는 정돈을 잘 하는 성격이다. 어릴 적에도 이 점에서는 매우 조숙했다. 다섯 살 때 한번은 장롱 속에 장난감을 세심하게 정리하느라고 몇 시간을 보낸 적이 있다. 나는 그 일을 마치고 나서 엄마에게 그것을 보여주며 절대로 손대지 말아달라고 신신당부했다. 내가 세심하게 정리해놓은 장난감을 엄마가

뒤죽박죽으로 만들어놓는 것을 원치 않았기 때문이다. 그 후로 어머니
는 생각날 때마다 이 이야기를 꺼내어 가족들을 웃겼다. 드라이어가 나
에게 처음으로 리딩을 해주었을 때 그녀는 바로 이 사건과 다른 많은
일들을 이야기해주었다. 그녀는 그것이 마치 영화처럼 나의 에너지 장
속에서 펼쳐지는 것을 보았던 것이다. 그녀도 그 이야기를 해주면서 웃
음을 터뜨렸다.

드라이어는 자신이 보는 이미지를 홀로그램에 비유하는데, 그녀가
어떤 이미지를 택하여 그것을 지켜보고 있으면 그것은 확장되어 방 전
체를 채워버린다고 한다. "내가 만일 어떤 사람의 어깨에 생긴 일, 예
컨대 어깨의 부상을 바라보고 있다면 그 광경은 갑자기 확대된다. 이럴
때 나는 그것이 홀로그램이라는 느낌을 갖는다. 왜냐하면 내가 그 속으
로 들어가서 그 일부가 될 수 있을 것같이 느껴지기 때문이다. 그것은
나를 온통 둘러싸고 있다. 그것은 마치 내가 그 사람과 함께 입체영화,
즉 홀로그램 영화 속에 들어 있는 것과 같다."[26]

드라이어의 홀로그램 환시의 내용은 어떤 사람의 삶에 일어난 일에
만 한정되어 있지 않다. 그녀는 무의식적인 마음의 작용을 시각적으로
본다. 잘 알려진 것처럼, 무의식적인 마음은 상징과 비유의 언어로 말
한다. 꿈이 흔히 신비스럽고 터무니없어 보이는 것은 이 때문이다. 하
지만 일단 무의식의 언어를 해석하는 법을 알고 나면 꿈의 의미는 명확
해진다. 무의식의 언어로 쓰이는 것은 꿈만이 아니다. 무의식의 언어―
언어심리학자인 에리히 프롬은 이것을 '잊혀진 언어'라고 한다. 왜냐하
면 우리들 대부분은 그것을 어떻게 번역해야 하는지 잊어버렸기 때문
이다―에 친숙한 사람들은 그것이 신화나 요정의 전설, 종교적인 계시
등 인간의 다른 창조물에서도 나타난다는 사실을 안다.

드라이어가 인체 에너지 장에서 보는 홀로그램 영화 중의 일부도 이
런 언어로 쓰여 있어서 꿈의 은유적인 메시지와 닮아 있다. 이제 우리

는 꿈을 꾸고 있을 때만 아니라 24시간 내내 무의식이 활동하고 있다는 사실을 알고 있다. 드라이어는 사람의 깨어 있는 자아의 껍질을 벗겨내고 그 뒤의 무의식 속을 끊임없이 흐르고 있는 이미지의 강물을 바로 들여다볼 수 있다. 그리고 그녀의 선천적, 후천적 재능은 이 무의식의 언어를 매우 능숙하게 해독할 수 있게 해주었다. "융 학파의 심리학자들은 나를 좋아해요" 하고 드라이어는 말한다.

게다가 드라이어는 자신이 이미지를 올바로 해독했는지 알아내는 특별한 방법을 가지고 있다. "내가 그것을 정확하게 설명하지 않으면 그것은 사라지지 않는다. 그것은 여전히 에너지 장 속에 남아 있는다. 하지만 내가 그 이미지와 관련해서 그 사람이 알아야 할 것을 다 말해주고 나면 그것은 사라져버린다."[27] 드라이어는 이것이 고객의 무의식적인 마음이 드라이어에게 무엇을 보여줄지 선택하기 때문이라고 생각한다. 울만과 마찬가지로 그녀는 무의식은 의식적인 자아에게 그것이 더 건강하고 행복해지고 영적으로 성장하기 위해서 알 필요가 있는 것을 가르쳐주기 위해서 늘 애쓰고 있다고 믿는다.

사람들의 무의식의 내밀한 작용을 관찰하여 해독할 수 있는 드라이어의 능력은 그녀가 많은 사람들에게 그토록 깊은 변화를 겪게 하는 영향력을 미칠 수 있는 이유 중 하나다. 그녀가 처음으로 나의 에너지 장 속에 펼쳐지는 이미지의 흐름을 설명해주었을 때 나는 그녀가 나의 꿈을 이야기하고 있다는 소름끼치는 느낌을 가졌다. 다만 그것이 아직 내가 꾸어보지 못했던 꿈이라는 점만 뺀다면 말이다. 처음에는 주마등처럼 지나가는 그 이미지들이 단지 가물가물하게 친근한 느낌일 뿐이었는데 그녀가 그 상징과 비유들을 하나하나 설명해주자 나는 내가 받아들이는 일들과 받아들이기 싫어하는 일들에 대한 내 내부자아의 꿍꿍이를 깨달을 수 있게 되었다. 아닌 게 아니라 리치나 드라이어 같은 심령가들의 작업을 통해서 보면 에너지 장 안에는 엄청난 양의 정보가 담겨 있음이 확실하다. 이것이 아마도 헌트가 오라에서 나오는 데이터를 분석했을 때 그토록 심오한 카오스 패턴을 발견할 수 있었던 이유가 아닐까?

인체의 에너지 장 속에서 이미지를 투시하는 능력은 새로운 것이 아니다. 거의 300년 전 스웨덴의 위대한 신비가인 엠마누엘 스웨든보그(Emanuel Swedenborg)는 자신이 사람들 주위에서 '파형질(wave-substance)'을 볼 수 있으며 그 파형질 속에 그 사람의 생각이 '그림'으로 나타나 보인다고 보고했다. 그는 다른 사람들이 신체 주위에 있는 이 파형질을 보지 못하는 이유에 대해 이렇게 말했다. "나는 생각의 단단한 개념이 마치 일종의 파동에 둘러싸여 있는 것 같은 모습을 볼 수 있다. 하지만 보통 사람들의 감각에는 한가운데 있는 단단해 보이는 것 외에는 아무것도 감지되지 않는다."[28] 스웨든보그는 자신의 에너지 장에 있는 그림도 볼 수 있었다. "내가 아는 사람에 대해 생각하고 있을 때는 그의 모습이 사람의 형체로 나타나는데 그 주변으로는 내가 어린 시절부터 그에 대해서 생각하고 알아왔던 모든 내용들이 마치 흐르듯이 물결친다."[29]

홀로그램 신체검사

장 속에 홀로그램처럼 분포되어 있는 것은 주파수만이 아니다. 심령가들은 장이 담고 있는 그 사람에 관한 풍부한 정보를 신체 오라의 모든 부위들 속에서도 찾아낼 수 있다고 말한다. 브레넌이 말하듯이, "오라는 전체를 나타낼 뿐만 아니라 동시에 전체를 담고 있다."[30] 캘리포니아의 임상 심리학자 로널드 웡 주(Ronald Wong Jue)도 여기에 동의한다. 초개아 심리학협회의 전 회장이자, 능력 있는 투시가인 주는 개인의 역사는 신체 속에 원래 들어 있는 '에너지 패턴' 속에도 담겨 있음을 발견했다. "신체는 일종의 소우주다. 그 사람이 다루고 통합시키려고 애쓰는 모든 다양한 요소들을 그 자체 속에 반영하고 있는 우주다"라고 주는 말한다.

드라이어와 리치처럼 주도 사람들로부터 그들의 삶에서 중요한 일들에 관한 영화를 들여다볼 수 있는 능력을 가지고 있다. 그러나 그는 그것을 에너지 장 속에서 보는 것이 아니라 자신의 손을 상대방에게 갖다 대어 몸의 심리를 측정함으로써 그것을 심안 속에 영상화시킨다. 주는 이 방법이 그 사람의 삶에서 가장 두드러진 정서적 사건이나 핵심적 문제, 인간관계의 패턴 등을 재빨리 알아낼 수 있게 해주며 자신은 환자들의 치료를 촉진시키기 위해 그것을 자주 사용한다고 말한다. "이 방법은 사실 어니스트 페시(Ernest Pecci)라는 내 동료 정신의학자에게 배운 것인데 그는 이것을 '신체 리딩'이라고 불렀다. 나는 에테르체 등의 용어를 사용하는 대신 홀로그램 모델을 택해서 이것을 설명하는데, 이것은 '홀로그램 신체검사'라고 부른다."[31] 주는 이것을 임상적으로 활용할 뿐만 아니라 그 사용법을 가르치는 세미나도 열고 있다.

X선 투시

앞장에서 우리는 신체가 견고한 구조물이 아니라 그 자체가 일종의 홀로그램 이미지일지도 모른다는 가능성을 탐사해보았다. 많은 투시가들이 가지고 있는 또 하나의 능력이 이 생각을 뒷받침해주고 있다. 그것은 신체 내부를 들여다보는 능력이다. 에너지 장을 보는 능력을 가진 사람들은 종종 신체의 살과 뼈를 마치 그것이 색깔 있는 안개층인 것처럼 관통하여 신체 내부를 들여다볼 수 있다.

캐러귤라는 의료계 안팎의 많은 사람들이 X선 같은 투시력을 가지고 있다는 사실을 발견했다. 그녀가 다이안이라고 부르는 여성은 기업체 사장이었다. 그녀를 만나기 직전 캐러귤라는 이렇게 썼다. "내 속을 '꿰뚫어볼' 수 있다는 사람을 만난다는 것은 정신의학자인 나로서는 입장이 완전히 뒤바뀐 상황이었다."[32]

캐러귤라는 다이안에게 많은 사람들을 만나게 하고 즉석에서 진단을 내리게 하여 철저히 시험했다. 이 중에서 다이안은 한 여성의 에너지장이 '시들고 산산조각이 나 있다'고 말했다. 그리고 이것은 그녀의 신체에 심각한 문제가 있음을 뜻한다고 말했다. 그녀는 그 여성의 몸을 들여다보고 비장 부근이 막혀 있음을 발견했다. 이것은 캐러귤라를 놀라게 했다. 왜냐하면 그 여성에게는 그런 심각한 병의 증상이 전혀 없었기 때문이다. 그래도 그녀는 의사를 찾아가 X선을 찍어보았고, 과연 다이안이 지적한 바로 그 부위가 막혀 있음이 밝혀졌다. 3일 후 환자는 생명을 위협하고 있던 그 장애물을 제거하기 위해 수술을 받았다.

다른 시험에서 캐러귤라는 다이안으로 하여금 뉴욕에 있는 대형 병원의 외래환자들을 임의로 진단해보게 하였다. 다이안이 진단을 내리면 캐러귤라는 환자의 병력을 보고 그 진단이 맞았는지 검사했다. 한번은 다이안이 한 환자를 보고 나서 그 여자는 뇌하수체가 없으며 췌장이 정상적으로 기능하지 못하고, 가슴에 병이 있었기 때문에 지금은 젖가슴이 없으며 허리 아래로 척추에 에너지가 충분히 공급되지 못하고 있었고, 다리에 문제가 있다고 말했다. 그 환자의 병력일지에는 뇌하수체가 수술로 제거되었으며, 그녀가 췌장에 부작용을 일으키는 호르몬을 복용했고 암으로 인해 유방절제 수술을 두 번 받았으며, 다리 통증을 없애기 위해 척추신경의 압박을 없애는 수술을 받았고, 신경이 손상되어 방광을 비우는 데 문제가 있다고 기록되어 있었다.

다이안은 아무런 힘도 들이지 않고 사람의 몸 속을 깊숙이 들여다볼 수 있음을 실제로 보여주었다. 그녀는 내장기관의 상태를 자세히 묘사해냈다. 그녀는 소화기관의 상태와 다양한 내분비선의 존재여부, 심지어 뼈의 강도까지도 알아낼 수 있었다. "에너지체에 대해서는 그녀가 하는 말을 확인해볼 수 없었지만 육체적인 상태에 관한 그녀의 관찰은 의학적 진단 내용과 놀라울 정도로 정확하게 일치되었다"고 캐러귤라는 결론짓는다.[33]

브레넌도 인체 내부를 들여다보는 능력을 가지고 있으며 그녀는 이것을 '내부투시'라고 부른다. 그녀는 이 내부투시력을 사용하여 뼈의 골절, 유섬유종(類纖維腫), 암 등을 포함한 다양한 범위의 병을 정확하게 진단해낸다. 그녀는 장기의 색깔을 보고 종종 그 상태를 알아낼 수 있다고 한다. 예컨대 건강한 간은 암적색인데 황달에 걸린 간은 황갈색이며 화학요법을 받고 있는 사람의 간은 대개 녹갈색을 띠고 있다는 것이다. 내부투시력을 가지고 있는 다른 많은 사람들과 마찬가지로 브레넌은 시야의 초점을 조절하여 바이러스나 혈구 세포 같은 현미경적 구조까지도 투시할 수 있다.

나는 내부투시력을 가진 심령가들을 몇몇 만나 보았고 그 신빙성을 확증할 수 있다. 그런 심령가 중의 한 사람이 드라이어다. 한번은 그녀가 나의 몸 속의 병을 정확히 진단했을 뿐만 아니라 그와는 전혀 다른 성질의 놀라운 정보를 제공해주었다. 몇 년 전부터 나는 비장에 문제가 생기기 시작했다. 이 상태를 고치기 위해서 나는 날마다 심상화 연습을 시작했다. 그것은 건강한 상태의 비장의 이미지를 떠올리고 그것이 치유의 빛 속에 잠겨 있는 모습을 심상화하는 등의 기법이었다. 하지만 불행히도 나는 매우 참을성이 없는 성격이어서 하룻밤에 그것이 제대로 이루어지지 않자 화가 치밀었다. 나는 다음 명상 시간에 나의 비장을 꾸짖었다. 그리고는, 내가 시키는 대로 하는 편이 좋을 것이라는 식으로 경고를 주었다. 이것은 순전히 내 마음 속에서 일어난 일이었고 나는 곧 그 일을 잊어버렸다.

며칠 뒤 드라이어를 만났고 나는 그녀에게 나의 몸을 들여다보고 내가 알아야 할 사항이 있으면 알려달라고 청했다(나의 건강 문제에 관해서는 그녀에게 이야기하지 않았다). 그럼에도 불구하고 그녀는 즉시 내 비장의 문제를 이야기해주고는 혼란스러운 듯이 얼굴을 찌푸린 채 잠시 말을 멈추었다. "당신의 비장은 뭔가로 매우 흥분해 있어요" 하고 그녀가 중얼거렸다. 그러다가 갑자기 그녀가 소리쳤다. "당신이 비장에게 '야단친' 적이 있나요?" 나는 부끄러워하며 시인했다.

드라이어는 기막혀 하면서 두 손을 번쩍 치켜들었다. "결코 그래선 안 돼요. 당신의 비장은 당신이 시키는 대로 해왔다고 생각하기 때문에 병이 난 거예요. 당신은 무의식적으로 비장에게 잘못된 지시를 해왔어요. 그래놓고 이제는 야단을 치니까 비장은 정말 혼란스러운 거죠." 그녀는 걱정스럽다는 듯이 머리를 저었다. "당신의 몸에 대해 결코 화를 내지 마세요. 오직 긍정적인 메시지만 보내세요" 하고 그녀가 충고해주었다.

이 일은 인체 내부를 들여다보는 드라이어의 능력을 보여준 것뿐만 아니라 나의 비장도 자신의 고유한 모종의 마음 내지 의식을 지니고 있음을 시사하는 듯했다.

이것은 두뇌가 어디에서 끝나고 몸은 어디에서 시작되는지 알 수 없다고 한 퍼트의 주장을 상기시켜 주었을 뿐만 아니라 어쩌면 신체의 모든 부속물—내분비선, 뼈, 내장기관, 세포 등—이 자신의 고유한 지능을 지니고 있는 것이 아닌지 의심하게 하였다. 만일 신체가 실제로 홀로그램 같은 것이라면 퍼트의 말은 우리가 생각하는 것보다 더 정확한 사실이며 전체의 의식은 그 부분들 속에도 고스란히 담겨 있는 것일지도 모른다.

내부투시력과 샤머니즘

일부 무속전통에서는 무속인이 되기 위한 필수조건 중의 하나가 내부
투시력이다. 칠레와 아르헨티나 팜파스 지역의 아라우칸 인디언들은
새로 입문한 무당에게 이 능력을 얻기 위한 특별한 기도를 올리는 방법
을 가르쳤다. 아라우칸 문화에서 무당의 중요한 역할은 병을 진단하고
고치는 것이었고 이를 위해서 내부투시력은 필수적인 것이었기 때문이
다.[34] 호주 원주민 무당들은 이 능력을 '강력한 눈', 혹은 '가슴으로 보
기'라고 불렀다.[35] 에콰도르의 안데스 동쪽 산록의 밀림에 사는 지바로
인디언은 심령능력을 갖게 해준다고 믿는 환각물질이 들어 있는 식물
인 '아야후아스카'라 불리는 정글의 덩굴에서 뽑아낸 음료를 마심으로
써 이 능력을 얻는다. 뉴욕에 있는 사회연구를 위한 뉴스쿨(New Sch-
ool for Social Research)의 인류학자이며 샤머니즘을 연구하는 마이클
하너(Michael Harner)의 말에 의하면 '아야후아스카'는 지바로의 무당
으로 하여금 "환자의 신체를 마치 유리처럼 들여다볼 수 있게 해준다"
고 한다.[36]

실로 질병을 '들여다보는' 능력은—그것이 실제로 몸 안을 들여다보
는 것이든, 몸 안이나 그 근처에서 보이는 역신(疫神)처럼 불쾌하게 생
긴 생물의 입체상 등 일종의 상징적인 홀로그램으로서 나타나는 질병
을 보는 것이든 간에—샤머니즘 전통 속에 보편적으로 퍼져 있다. 하
지만 내부투시력이 어떤 무속문화권에서 보고되었든 간에 그것이 시사
하는 바는 동일하다. 즉, 신체는 에너지로 이루어진 구조물이며 궁극적
으로 그것을 담고 있는 에너지 장보다 조금도 더 물질적인 것이 아닐지
도 모른다는 것이다.

우주의 청사진으로서의 에너지 장

육체가 인간의 에너지 장 속의 단지 밀도만 다른 또 하나의 층이며 그 자체가 오라의 간섭무늬로부터 합성된 일종의 홀로그램이라는 생각은 마음이 지닌 놀라운 치유력과 신체 전반에 대한 엄청난 지배력을 설명해줄 수 있다. 질병이 육체에 나타나기 수주일, 심지어 몇 개월 이전에 에너지 장 속에 먼저 나타날 수 있기 때문에 많은 심령가들은 질병이 사실은 에너지 장에서 비롯되는 것이라고 믿는다. 이것은 에너지 장은 육체보다 어느 면에서는 더 근원적이어서 육체가 형성될 단서를 주는 일종의 청사진으로 기능한다는 사실을 암시한다. 달리 말하자면 에너지 장은 육체가 지니고 있는 감추어진 질서일지도 모른다는 것이다.

이것은 환자들이 질병이 몸에 나타나기 여러 달 전에 이미 그 질병을 '상상하고' 있다는 액터버그와 지겔의 발견을 설명해줄 수 있다. 현재로서 의학은 마음 속의 상상이 어떻게 실제로 질병을 만들어낼 수 있는지 전혀 설명할 수 없다. 그러나 우리가 보아온 것처럼, 우리의 사념 속의 두드러진 생각은 에너지 장 속에서 금방 하나의 이미지로 나타난다. 만일 에너지 장이 육체의 틀을 만들어 주조해내는 청사진이라면 무의식 속에서라도 질병을 상상하고, 그것이 에너지 장 속에 존재하는 상상을 반복적으로 강화시킨다면 우리는 사실상 육체로 하여금 그 질병을 실현시키도록 프로그램을 짜고 있는 것이다.

이와 마찬가지로, 정신적 이미지와 에너지 장과 육체 사이의 이 역동적 관계는 상상과 심상화가 역으로 몸을 치유시킬 수도 있는 이유 중의 하나가 될 수 있다. 이것은 심지어 믿음과 종교적 이미지에 대한 명상이 어떻게 성흔발현자로 하여금 손에서 못처럼 생긴 살이 돋아나 자라나게 할 수 있는지 설명하는 데도 도움을 줄 수 있다. 현재의 과학지식으로는 그러한 생리적 능력을 설명할 길이 없지만, 반복하거니와 지속

적인 기도와 명상은 그러한 이미지를 에너지 장 속에 깊이 각인시켜서
이러한 패턴이 끊임없이 반복되면 마침내 육체에 그러한 형상을 나타
나게 할 수 있는 것이다.

　에너지 장이 육체를 형성시키는 것이지 그 반대가 아니라고 믿는 학
자 중의 한 사람은 디트로이트의 내과의사인 리처드 거버(Richard
Gerber)로서, 그는 지난 12년 동안 인체의 미묘한 에너지 장의 의학적
의미를 연구했다. “에테르체는 육체가 자라고 발달하도록 안내하는 홀
로그램적 에너지 틀이다”라고 거버는 말한다.[37]

　거버는 일부 심령가들이 오라 속에서 발견하는 서로 구별되는 층들
이 생각과 에너지 장, 그리고 육체 간의 역동적인 관계에서도 하나의
요소로서 작용한다고 믿는다. 육체가 에테르체에 종속되어 있듯이 에
테르체는 아스트랄체에, 아스트랄체는 멘탈체에 등으로 서로 종속되어
각각의 신체는 그 앞의 신체에 대해 일종의 거푸집으로서 작용한다고
거버는 말한다. 그래서 이미지나 생각이 나타나는 곳인 에너지 장의 층
이 섬세하면 섬세할수록 육체를 치료하고 재형성시키는 능력이 커지는
것이다. “멘탈체는 아스트랄체에 에너지를 주고 아스트랄체는 또 에테
르체와 육체에 에너지를 주기 때문에 멘탈 차원에서 치료를 하는 것이
아스트랄 차원이나 에테르 차원에서 치료하는 것보다 더 오래 지속되
는 결과를 가져온다”고 거버는 말한다.[38]

　물리학자 틸러도 이에 동의한다. “사람이 만들어내는 생각은 자연의
마음 차원에 패턴을 만들어낸다. 그래서 우리는 실제로 질병이 먼저 마
음의 패턴의 변형으로부터 에테르 차원에 영향을 미치고 그 다음에 결
국 육체적 차원에 영향을 미쳐서 질병으로 나타나는 것을 목격한다.”
틸러는 질병이 종종 재발하는 것은 의학이 현재는 육체적 차원에서만
그것을 다루기 때문이라고 믿는다. 그는 만일 의사들이 에너지 장도 다
룰 수 있다면 더 오래 지속되는 치료효과를 거둘 수 있으리라고 느낀다.

그렇게 되기 전까지는 많은 치료가 "항구적인 것이 되지 않을 것이다. 왜냐하면 마음의 차원과 영적인 차원의 기초 홀로그램을 변화시키지 못했기 때문이다"라고 그는 말한다.[39]

틸러는 광범위한 추론을 통해서 우주 자체도 하나의 미묘한 에너지 장으로부터 출발하여 점차 밀도가 높아지고 유사한 과정을 통해 물질화되었으리라는 견해를 제시한다. 그의 견해로는, 신은 우주를 신의 마음 속에서 하나의 패턴, 혹은 생각으로 창조했을지도 모른다. 심령가들의 눈에 보이는 인체 에너지 장 속의 이미지처럼 이 신성한 패턴은 하나의 틀로서 작용하여 갈수록 밀도가 큰 우주 에너지 장을 형성시킴으로써 "여러 차원의 홀로그램을 따라 내려와" 결국은 물질우주의 홀로그램으로 나타났으리라는 것이다.[40]

만일 이것이 사실이라면 그것은 인체가 또 다른 면에서 홀로그램적 존재임을 시사한다. 왜냐하면 우리들 각자는 진정 축소된 우주일 것이기 때문이다. 그뿐 아니라 우리의 생각이 우리 자신의 에너지 장 속에뿐만 아니라 현실의 미세에너지 장 그 자체 속에 유령 같은 홀로그램 이미지를 만들어낼 수 있다면 그것은 앞장에서 살펴봤던 기적들의 일부에 인간의 마음이 어떻게 작용할 수 있었는지 설명하는 데 도움을 줄 수 있을 것이다.

또 그것은 동시성이나, 무의식의 가장 내밀한 곳으로부터의 작용이나 이미지가 외부 현실 속의 형상으로 나타나게 되는 메커니즘까지도 설명해줄 수 있을 것이다. 또한 우리의 생각은 홀로그램 우주의 미세에너지 차원에 끊임없이 영향을 미치고 있는지도 모른다. 그러나 위기나 변화—동시성을 발생시키는 것으로 보이는 종류의 사건들—의 순간을 수반하는 생각 같은, 강력한 감정이 실린 생각만이 물질적 현실 속에서 일련의 우연한 사건들로 현현(顯現)되기에 충분한 힘을 지니고 있을 것이다.

참여하는 현실

물론 이러한 작용은 엄밀하게 정의된 층으로 계층화된 우주의 미세에너지 장에서만 일어나는 것은 아니다. 그러한 작용은 우주의 미세에너지 장이 매끄러운 연속체라고 하더라도 일어날 수 있다. 사실, 이 미세에너지 장이 우리의 생각에 지극히 예민하게 반응한다는 사실을 고려한다면 우리가 그것의 조직과 구조에 대해 어떤 고정된 관념을 구축하려고 할 때는 매우 조심해야 한다. 그것에 대해 우리가 믿는 바가 실은 그것의 구조를 형성시켜 만들어내는 작용을 하기 때문이다.

심령가들 사이에서 인체 에너지 장이 여러 층으로 나누어져 있는지 어떤지에 대해 의견이 일치하지 않는 것도 어쩌면 이 때문일지도 모른다. 명확하게 정의된 층으로 나누어져 있다고 믿는 심령가들은 실은 에너지 장을 스스로 여러 층으로 나누어지게끔 하고 있는 것인지도 모른다. 자신의 에너지 장을 리딩받고 있는 사람들도 이 과정에 동참하고 있는 것인지도 모른다. 브레넌은 이 점에 매우 솔직하여서, 그녀의 고객이 에너지 층들 간의 차이점에 대해 더 많이 알게 될수록 그들의 에너지 장은 더욱 확연하게 구분되는 층들을 지니게 된다고 말한다. 그녀는 그러므로 에너지 장으로부터 자신이 관찰하는 구조는 단지 가능한 한 가지 체계일 뿐이며, 다른 사람들은 또 다른 체계를 주장하는 것이라고 말한다. 예컨대 서기 4세기~6세기에 쓰인 탄트라 요가 경전의 저자들은 이 에너지 장에서 단지 3개의 층밖에는 관찰하지 못했다.

에너지 장에 대해 투시가들이 무심코 만들어낸 구조가 놀랍도록 오래 남아 있을 수 있다는 사실을 말해주는 실례가 있다. 고대 인도인들은 수세기 동안 차크라의 중심에 산스크리트 문자가 적혀 있다고 믿어왔다. 차크라의 존재를 전기적으로 측정하는 방법을 고안해낸 임상심리학자인 일본인 히로시 모토야마는 선천적으로 투시능력이 있었던 그의 어머니가 차크라를 선명하게 볼 수 있었기 때문에 차크라에 대해 관심을 갖게 되었다고 한다. 그러나 그의 어머니는 자신의 가슴 차크라에 뒤집힌 배 모양의 문양이 있는 것을 보고는 여러 해 동안 그것을 이상하게 생각해왔다. 그러다가 히로시 자신이 차크라에 대한 연구를 시작하고서야 어머니가 본 것은 고대 인도인들이 가슴 차크라에서 본 산스크리트 문자인 '얌(yam)'이라는 사실을 깨닫게 되었다.[41] 드라이어 같은 일부 심령가들도 차크라에서 산스크리트 문자를 본다고 한다. 그러나 다른 심령가들은 그렇지 않다. 이에 대한 유일한 대답은 산스크리트 문자를 보는 심령가들은 실은 고대 인도인들의 믿음에 의해 에너지 장에 새겨진 홀로그램 구조물에 주파수를 맞추고 있는 것이리라는 것이다.

언뜻 보기에는 이러한 생각이 이상하게 여겨질지 모르나 여기에는 실례가 있다. 앞서 살펴봤듯이 양자물리학의 기본 교의 중 하나는, 우리는 현실을 발견하는 것이 아니라 현실의 창조에 참여하고 있다는 것이다. 우리가 원자 차원을 넘어 현실의 깊은 차원(오라의 미세에너지 차원이 숨어 있는 것으로 보이는)으로 파고들수록 현실의 '참여적' 성질은 더욱더 현저해진다. 그리므로 우리는 인체 에너지 장 속에서 어떤 특정한 구조나 패턴을 발견했다고 섣불리 말하지 않도록 극도로 경계해야 한다. 우리가 발견했다는 그것이 사실은 스스로 만들어낸 것인지도 모르기 때문이다.

마음과 인체 에너지 장

인체 에너지 장에 대한 연구가, 프리브램이 두뇌가 감각이 받아들인 것을 주파수 언어로 변환시킨다는 사실을 발견한 후 내린 결론과 정확히 동일한 결론으로 이끈다는 사실은 중요한 의미를 가지고 있다. 그것은, 우리는 두 가지의 현실을 가지고 있다는 것이다. 한 가지 현실은 우리의 몸이 견고하고 시간과 공간 속에서 정확한 위치를 점하고 있다는 것이고, 또 한 가지 현실은 우리의 존재가 본질적으로 가물거리는 에너지의 구름으로서 존재하여 공간 속에서의 궁극적인 위치를 확정짓기가 애매한 그런 것이다. 이러한 사실을 깨닫는 것은 몇 가지 심오한 의문을 제기한다. 그 하나는, '그렇다면 마음은 어떻게 되는가?' 하는 것이다. 우리는 마음은 두뇌의 산물이라고 배웠다. 하지만 두뇌와 육체가 한낱 홀로그램, 즉 갈수록 미묘해지는 에너지 장의 연속체 중 가장 밀도가 높은 부분이라면 이 사실은 마음에 대해 무엇을 말해주는가? 인체 에너지 장에 관한 연구가 한 가지 대답을 제공한다.

샌프란시스코 시온 산 병원의 신경생리학자 벤자민 리베트(Benjamin Libet)와 버트램 파인슈타인(Bertram Feinstein)이 최근에 발견한 사실은 학계에 파란을 일으키고 있다. 리베트와 파인슈타인은 환자의 피부에 가해진 접촉자극이 두뇌에 전기적 신호로 전달되는 데 걸리는 시간을 측정하고 있었다. 그들은 환자에게 접촉자극이 느껴질 때 버튼을 누르도록 일렀다. 리베트와 파인슈타인은 두뇌가 자극을 0.0001초 만에 감지했고 환자는 자극이 가해진 후 0.1초 만에 버튼을 누른다는 것을 알았다.

그러나 놀랍게도 환자는 '거의 0.5초 동안이나' 자극도, 버튼을 누른 사실도 의식적으로 인식하지 못하고 있었던 것으로 드러났다. 이것은 반응에 대한 결정이 환자의 무의식 속에서 내려진다는 것을 의미했다. 행동에 대한 환자의 인식은 늘 뒷북치기였다. 그보다도 더 당혹스러운 것은 리베트와 파인슈타인이 실험한 어떤 환자도 그들이 의식적으로 행위를 결정하기 전에 무의식이 이미 버튼을 누르게 했다는 사실 자체를 모르고 있다는 점이었다. 그들의 두뇌가 모종의 방법을 통해 사실과는 반대로 그들이 의식적으로 행위를 제어했다고 믿게끔 위안하는 착각을 만들어내고 있었던 것이다.[42] 이것은 일부 학자들로 하여금 자유의지란 것이 환상이 아닌지 의심하게 만들었다. 이후의 연구에서는 우리가 손가락을 움직이는 것과 같이 어떤 근육을 움직이기로 '결정하기' 1.5초 전에 우리의 두뇌는 이미 그 운동을 하는 데 필요한 전기신호를 만들기 시작한다는 사실이 밝혀졌다.[43] 이 또한 누가 그런 결정을 내리는가? 의식적인 마음인가, 무의식적인 마음인가?

그러한 발견에는 헌트가 한 발 앞선다. 그녀는 인간의 에너지 장은 두뇌보다도 빨리 자극에 반응한다는 사실을 발견했다. 그녀는 에너지 장의 근전도와 두뇌의 뇌파도를 동시에 기록하면서 큰 소리를 내거나 밝은 빛을 비출 때 에너지 장의 근전도계는 뇌파도에 반응이 나타나기도 전에 자극에 반응한다는 사실을 발견했다. 이것은 무엇을 의미하는가? "나는 우리가 두뇌를 인간과 세계 사이의 관계에 중요한 요소라고 너무 지나치게 과대평가해왔다고 생각한다. 두뇌는 단지 정말 훌륭한 컴퓨터일 뿐이다. 하지만 창조성, 상상력, 영성 등의 모든 것과 관계되는 마음의 측면들을 두뇌 속에서는 찾아볼 수가 없다. 마음은 두뇌가 아니다. 마음은 바로 이 에너지 장 속에 있다."[44]

드라이어도 에너지 장이 그 사람이 의식적으로 반응을 인식하기 전에 반응한다는 것을 발견했다. 따라서 그녀는 내담자의 표정으로 반응을 살피려고 하지 않고 눈을 감고 그들의 에너지 장이 어떻게 반응하는지 살핀다. "내가 말을 할 때 그들의 에너지 장의 색깔이 변하는 것이 보인다. 나는 나의 말에 대해 그들이 어떻게 느끼는지, 물어보지 않고도 알 수 있다. 예컨대 그들의 에너지 장이 흐릿해지면 나는 그들이 내가 하는 말뜻을 이해하지 못하고 있음을 안다"고 그녀는 말한다.[45]

만일 마음이 두뇌 속에 있는 것이 아니라 두뇌와 신체를 두루 관통하는 에너지 장 속에 있다면 이 사실은 드라이어 같은 심령가가 에너지 장 속에서 그 사람의 마음에 관해 그토록 많은 내용을 읽어낼 수 있는 이유를 설명해준다. 그것은 또 일반적으로 생각과 관련이 없는 내장기관인 나의 비장이 어떻게 자신의 원시적 형태의 지능을 지닐 수 있게 되었는지도 설명해줄 수 있다. 사실 마음이 에너지 장 속에 존재한다면 그것은 우리의 인식, 즉 우리가 생각하고 느끼는 부분의 자아는 육체에조차 한정되지 않을 수도 있음을 시사한다. 그리고 앞으로 살펴보겠지만, 이러한 생각을 뒷받침해줄 상당한 증거도 있다.

하지만 우리는 먼저 주의를 또 다른 문제로 돌려봐야 한다. 홀로그램 우주에서는 견고한 육체라는 생각만이 유일한 착각은 아니다. 이미 살펴보았듯이, 봄은 시간 그 자체도 절대적인 것이 아니며 감추어진 질서로부터 펼쳐져 나오는 것일 뿐이라고 믿는다. 이것은 시간을 과거와 현재와 미래로 직선적으로 나누는 것 또한 마음의 또 다른 공상물임을 의미한다. 다음 장에서는 이러한 생각을 뒷받침해주는 증거들을 살펴보고 이러한 관점이 우리의 지금 삶에 미칠 영향에 대해 살펴볼 것이다.

시간과 공간

7

마음 밖의 시간

다른 만물과 마찬가지로 마음의 '본래자리'도 감추어진 질서다. 전체 현상계 우주의 근원인 이 충만공간의 차원에는 직선적인 시간이란 것은 없다. 감추어진 영역에서는 시간의 지배를 받지 않으며 순간들이 염주알처럼 차례로 한 줄의 끈에 꿰어져 있지 않다.

——래리 돗시 ≪영혼의 회복 Recovering the Soul≫ 중에서

그가 허공 속을 응시하고 있는 동안 그가 있던 방은 유령처럼 희미하게 사라지고 그 자리에 먼 과거의 장면이 나타났다. 갑자기 그는 한 궁전의 안뜰에 서 있었고 그의 앞에는 매우 예쁜 올리브색 피부의 젊은 여인이 서 있었다. 그는 그녀의 목과 팔목과 발목에 걸린 보석 금붙이와 살갗이 비치는 흰색 드레스와 사각형의 높은 관 아래로 기품 있게 땋아올린 검은 머리를 볼 수 있었다. 그가 그녀를 바라보는 동안 그녀의 생애에 관한 정보들이 물밀듯 그의 마음 속으로 밀려왔다. 그는 그녀가 이집트인이고 파라오의 딸이 아니라 왕자의 딸이라는 것을 알 수 있었다. 그녀는 결혼했고 남편은 여윈 몸매로, 여러 가닥으로 가늘게 땋은 머리가 얼굴 양옆으로 흘러내려 있었다.

그는 그 광경을 앞으로 지나가게 하여 마치 영화를 보듯이 그 여인의 삶의 내력을 훑어볼 수 있었다. 그는 그녀가 아이를 낳다가 죽는 것을 보았다. 그는 그녀의 시신이 방부처리되는 복잡하고 지루한 과정과 장례행렬, 그녀가 석관 속에 안치될 때 행해진 의식을 보았고 그 장면이

다 사라지자 다시 방 안의 모습이 시야 속으로 돌아왔다.

그 사나이는 스테판 오소비키(Stefan Ossowiecki)라는 러시아 태생의 폴란드인으로서, 금세기의 가장 뛰어난 투시가의 한 사람이었고 때는 1935년 2월 14일이었다. 그가 본 이 과거의 광경은 화석화된 사람의 발의 한 조각을 만졌을 때 떠오른 것이다.

오소비키는 옛날 물건들로부터 내력을 읽어내는 능력이 매우 뛰어나서 결국 바르샤바 대학교 교수이자 그 당시 폴란드에서 가장 뛰어난 인종학자였던 스타니슬라브 포니아토브스키(Stanislaw Poniatowski)의 눈에 띄게 되었다. 포니아토브스키는 전세계의 고고학 발굴현장에서 발굴된 다양한 부싯돌과 기타 석기들로 오소비키를 시험해보았다. 이 '석기'들의 대부분은 형체가 미묘해서 전문가가 아니면 그것이 인공물인지조차 알아내기 힘드는 것들이었다. 그것들은 또 미리 전문가들로부터 검증받은 것들로서, 포니아토브스키는 그것의 시대와 역사적 기원 등을 알고 있었고 그 정보를 오소비키에게는 용의주도하게 감추었다.

그것은 아무래도 상관없었다. 오소비키는 거듭거듭 그 물건들의 내력을 정확히 알아맞혔다. 그것이 만들어진 시대와 문화권, 그것이 발견된 지리적 위치 등을 말이다. 오소비키가 말하는 장소는 포니아토브스키가 노트에 적어 놓은 것과 몇 번 어긋났는데 포니아토브스키는 실수를 한 쪽은 항상 오스비키 쪽이 아니라 자신의 노트였음을 깨달았다.

오소비키는 언제나 같은 방법을 사용했다. 그는 물건을 손에 들고 눈 앞의 방과, 심지어 자신의 몸조차 그림자처럼 희미해지다가 거의 존재하지 않게 될 때까지 의식을 집중했다. 이렇게 의식이 전환되면 그는 과거의 3차원 입체영화를 보고 있는 자신을 발견하게 되는 것이다. 그런 다음 그는 자신이 원하는 어떤 장면으로든지 마음대로 갈 수가 있었다. 과거를 응시하고 있을 때 오소비키는 자신이 보고 있는 대상이 실

제로 눈앞에 물리적으로 존재하는 것처럼 안구를 앞뒤로 움직이기조차
했다.

그는 식물들, 사람들, 그들이 살고 있는 집들을 볼 수 있었다. 한번은
마들렌기(기원전 1만 5000~1만 년까지 프랑스 지역에 번성했던 구석기시
대의 최종기)의 석기를 만진 후 오소비키는 포니아토브스키에게 마들렌
기의 여자들은 매우 복잡한 헤어스타일을 하고 있었다고 말했다. 그 당
시에 이것은 황당무계한 이야기로 들렸지만 후일 머리장식을 한 여인
상이 발굴됨으로써 오소비키의 말이 옳았음이 입증되었다.

여러 실험을 통해서 오소비키가 제공한 100여 가지의 정보 중에서
처음에는 틀린 것으로 보이던 세세한 과거사들이 나중에는 정확한 것
이었음이 밝혀졌다. 그는 석기시대의 사람들이 기름 램프를 사용했다
고 말했는데 과연 프랑스 도르도뉴 지방에서 그가 말한 것과 똑같은 크
기와 모양을 한 기름 램프가 발굴되었다. 그는 다양한 부족들이 사냥한
동물들, 그들이 살았던 움집, 그들의 장례풍습 등을 묘사하는 상세한
그림을 그렸는데 이들은 모두 훗날 발굴을 통해서 그 정확성이 확인되
었다.[1]

포니아토브스키가 오소비키와 함께 했던 작업은 이런 일의 유일한
예가 아니다. 토론토 대학교 인류학 교수이자 캐나다 고고학협회의 창
립 부회장인 노만 에머슨(Norman Emerson)도 고고학 연구에 투시력
을 활용하는 사안에 관해 조사를 벌였다. 에머슨의 연구는 조지 맥뮬런
이라는 트럭 운전사를 중심으로 진행되었다. 오소비키와 마찬가지로
맥뮬런은 물건으로부터 정보를 읽어내는 능력을 가지고 있어서 그를
통해 과거 속으로 들어갈 수 있었다. 그리고 맥뮬런은 단지 고고학적으
로 유서 깊은 장소에 가 있는 것만으로도 과거 속으로 들어갈 수 있었
다. 그런 곳에 가면 그는 뭔가가 떠오를 때까지 왔다갔다하다가는 한때
그곳에 살았던 사람들과 문화에 대해 설명을 시작한다. 한번은 에머슨

은 맥뮬런이 한 공터를 걸음걸이로 측량하면서 그곳이 북아메리카 원
주민인 이로코이족이 살았던 길다란 집터라고 주장하는 것을 보았다.
에머슨은 그 자리에 푯말로 표시를 해놓았고 6개월 후 맥뮬런이 말했던
바로 그 자리에서 고대의 구조물을 발굴해냈다.[2]

에머슨도 처음에는 회의론자였지만 맥뮬런과 작업한 이후로 신봉자
로 변했다. 그는 1973년 캐나다의 원로 고고학자들이 모인 연례회의에
서 이렇게 말했다. "나는 한 심령가를 통해 지적인 능력을 동원하지 않
고 고고학적 기물이나 장소에 관한 지식을 얻어낼 수 있었음을 확신하
고 있다." 그는 맥뮬런의 시범이 고고학의 '전혀 새로운 전망을' 열어
놓고 있음을 느낀다고 말하고 고고학 연구에 심령가의 능력을 더 활용
하는 방법을 연구하는 것이 '가장 우선적으로' 해야 할 일이라고 결론
지었다.[3]

역행인지(逆行認知), 즉 주의의 초점을 전환시켜 과거를 들여다보는
능력은 실제로 연구를 통해 거듭 확인되었다. 네덜란드 유트렉트 주립
대학교의 초심리학 연구소장인 W.H.C. 텐하에프(W.H.C. Tenhaeff)
와 남아공화국 요하네스버그의 위트워터스랜드 대학교 미학과장인 마
리우스 발코프(Marius Valkhoff)가 1960년대 행한 일련의 실험에서
네덜란드의 위대한 심령가인 게라르트 크로이제트(Gerard Croiset)는
아무리 작은 뼈조각으로부터도 그 과거 내력을 정확히 읽어낼 수 있다
는 사실이 밝혀졌다.[4] 회의론자에서 신봉자로 바뀐 또 한 사람의 학자
인 뉴욕의 임상 심리학자 로렌스 르샨(Lawrence LeShan) 박사는 미국
의 유명한 심령가인 아일린 가렛(Eileen Garrett)과 함께 이와 비슷한
실험을 했다.[5] 1961년 열린 미국 인류학협회 연례회의에서 고고학자
클러렌스 W. 웨이언트(Clarence W. Weiant)는 중미지역의 역사상 가
장 중요한 고고학적 발굴로 세계적으로 인정받고 있는 자신의 유명한
트레스 자포테스(Tres Zapotes) 발굴은 심령가의 도움이 없었으면 불

가능했으리라고 고백했다.[6]

전직 ≪내셔널지오그래픽≫ 지 편집주간이었고 MIT의 사회, 기술, 혁신에 관한 방어토론그룹 비서단의 멤버였던 스테판 A. 슈왈츠(Stephan A. Schwartz)는 역행인지력이 실제로 존재할 뿐만 아니라 궁극적으로는 코페르니쿠스나 다윈의 발견이 가져왔던 변혁 같은 과학적 현실의 심오한 변혁을 가져오리라고 믿고 있다. 슈왈츠는 이 분야에 강한 확신을 가지고 있어서 ≪시간의 비밀동굴 *The Secret Vaults of Time*≫이라는 저서에서 투시가와 고고학자들 간의 동반관계의 역사를 폭넓게 서술하고 있다. "지난 1970~1980년 동안 심령적 고고학은 하나의 현실이었다. 이 새로운 접근법은 대 물질우주관(Grand Material worldview)에는 그야말로 필수불가결한 시간과 공간의 틀이 대부분의 과학자들이 생각하는 것처럼 그토록 절대적인 아성이 결코 아님을 보여주는 데 크게 기여했다"고 슈왈츠는 말한다.[7]

홀로그램 과거

이 같은 능력은 과거가 영원히 잊혀져버린 것이 아니라 모종의 형태로 인간의 인지가 닿을 수 있는 곳에 고스란히 존재하고 있음을 암시한다. 우리의 일반적인 우주관은 이런 일이 일어나는 것을 허용하지 않는다. 하지만 홀로그램 모델은 이것을 허용한다. 시간의 흐름은 연속적인 일련의 펼쳐짐과 접힘의 산물이라는 봄의 생각은 현재가 접혀들어가서 과거의 일부가 된다고 해서 그것이 더 이상 존재하지 않는 것이 아니라 단지 우주의 감추어진 질서의 창고 속으로 돌아가는 것일 뿐임을 의미한다. 혹은, 봄이 표현하는 것처럼 "과거는 일종의 감추어진 질서로서 현재 속에 살아 있다."[8]

만일 봄이 말하는 것처럼 의식 또한 감추어진 질서 속에 그 근원을
두고 있는 것이라면 이것은 인간의 마음과 과거의 홀로그램 기록이 이
미 동일한 영역 속에 존재하며, 달리 말하면 이미 서로 이웃하여 살고
있음을 의미한다. 그러므로 과거에 접속하는 데 필요한 것은 단지 주의
를 그쪽으로 전환시키는 것뿐이라는 것이다. 맥뮬런이나 오소비키 같
은 투시가란 단지 이처럼 주의를 전환시키는 요령을 일찍부터 터득하
고 있는 사람일 뿐일지도 모른다. 하지만 홀로그램 우주관은 이 또한
우리가 지금까지 살펴보았던 다른 많은 놀라운 인간의 능력들과 마찬
가지로 모든 사람들 속에 잠재되어 있는 능력임을 암시하고 있다.

과거가 감추어진 질서 속에 저장되는 메커니즘에 대한 비유는 홀로
그램 원리에서도 발견할 수 있다. 예컨대 비누방울을 불고 있는 여인의
동작을 한 장면 한 장면 다중화상 홀로그램 속에 기록하면 그 각각의
이미지는 영화 속의 한 정지화상이 된다. 만일 이 홀로그램이 '백광(白
光)' 홀로그램이라면—즉, 그것을 보기 위해서 레이저 광선을 비추지
않고도 육안으로 영상을 볼 수 있는 홀로그램 필름이라면—그것을 보
는 사람이 필름 옆을 지나가면서 시선의 각도를 바꾸면 그는 비누방울
을 불고 있는 여인의 3차원 입체영화를 보게 될 것이다. 달리 말하면,
서로 다른 이미지들이 펼쳐지고 접힘으로써 이미지의 흐름을 만들어내
어 그것이 마치 움직이고 있는 듯한 착각을 일으킬 것이다.

홀로그램을 처음 보는 사람이라면 비누방울을 불고 있는 순간순간의
동작이 일과성을 띠고 있어서 다시는 그것을 볼 수 없으리라고 생각할
지도 모른다. 그러나 그것은 사실이 아니다. 모든 순간적 움직임들은
홀로그램 속에 기록되어 늘 그 자리에 있으며 그것이 시간 속에서 펼쳐
지는 듯한 착각을 만들어내는 것은 보는 사람의 시각의 변화일 뿐이다.
홀로그램 이론은 우리의 과거도 이와 마찬가지임을 시사하고 있다. 과
거 또한 망각 속으로 사라져버리는 것이 아니라 우주의 홀로그램 속에

기록되어 있어서 언제나 다시금 꺼내볼 수 있다는 것이다.

역행인지 경험이 암시하는 또 다른 홀로그램적 성질은 떠오르는 광경의 입체성이다. 예컨대 역시 물체로부터 정보를 읽어낼 수 있는 능력을 지닌 심령가인 리치는 오소비키가 자신이 보는 광경이 자신이 앉아 있는 방 안의 광경보다도 더 입체적이고 생생하다고 말할 때 그것이 무슨 뜻인지 이해한다고 말했다. 리치는 이렇게 말한다. "그 광경은 마치 덮쳐오는 것 같다. 그것은 매우 생생해서 그것이 펼쳐지기 시작하면 나는 실제로 그 광경의 일부가 되어버린다. 내가 방 안에 앉아 있다는 사실을 알고 있지만 동시에 나는 그 광경 속에 있다."[9]

역행인지력이 보여주는 초공간적인 성질 또한 마찬가지로 홀로그램적인 성질이다. 심령가들은 자신이 특정한 고고학적 현장에 있든지 거기서 멀리 떨어진 곳에 있든지 상관없이 그 장소의 과거 속으로 들어갈 수 있다. 달리 말하자면 과거의 기록은 어떤 특정한 장소에 저장되어 있는 것처럼 보이지 않고 마치 홀로그램 속의 정보처럼 초공간적이어서 시공간 틀 속의 어떤 위치로부터도 접근할 수 있다는 것이다. 일부 심령가들은 과거 속으로 들어가기 위해서 그 물건을 만져볼 필요도 없다는 사실에 의해서도 이런 현상들이 지닌 초공간적인 성질이 더욱 뚜렷이 드러난다.

켄터키의 유명한 투시가인 에드거 케이시(Edgar Cayce)는 자기 집 소파에 누워서 수면과 비슷한 상태에 들어가는 것만으로도 과거 속으로 들어갈 수 있었다. 그는 인류의 역사에 관해 수권의 책이 될 분량의 내용을 투시했고 그것은 종종 놀라울 정도로 정확했다. 예컨대 그는 (쿰란 위쪽의 동굴 속에서) 사해 문서가 발견되어 그의 주장이 사실로 확인되기 몇 해 전 쿰란의 에세네 공동체의 역사적 역할에 대해 이야기하고 그 장소까지 정확히 맞혔다.[10]

역행인지력을 가진 사람들 중에서 많은 사람들이 인체 에너지 장을 보는 능력도 지니고 있다는 것은 흥미로운 사실이다. 오소비키는 어릴 때 사람들의 몸 주위에서 색깔 있는 띠가 보인다고 어머니에게 말했다가 어머니가 그것을 없애려고 안약을 넣어주었다는 일화가 있으며, 맥뮬런은 사람들의 에너지 장을 보고 그들의 건강상태를 진단할 수 있었다. 이것은 과거를 들여다보는 능력이 현실의 미묘하고 진동수가 높은 측면을 볼 수 있는 능력과 관련되어 있을지도 모른다는 사실을 암시한다. 달리 말하면 과거는, 우리들 대부분이 걸러내버리고 오직 소수만이 공명하여 홀로그램 같은 입체상으로 변환시킬 수 있는 우주 간섭무늬의 한 부분인, 프리브램이 말하는 파동 영역 속에 기록된 또 한 가지의 정보에 지나지 않을지도 모른다. "홀로그램적 상태―파동의 영역―에서는 어쩌면 4000년 전이 내일일지도 모른다"고 프리브램은 말한다.[11]

과거로부터 온 유령

과거는 우주의 공중파 속에 기록된 홀로그램이며 인간의 마음이 그것을 뽑아내 홀로그램으로 변환시킬 수 있다는 생각은 최소한 일부의 유령출몰 현상도 설명해줄 수 있다. 대부분의 유령은 과거로부터 나타나는 사람이나 특정 장면의 입체적 영상기록물, 즉 홀로그램에 지나지 않는 것 같다. 예컨대 유령에 대한 한 가지 이론은 그것이 죽은 사람의 영혼, 혹은 귀신이라는 것인데, 모든 유령이 인간은 아니다. 살아 있는 것이 아닌 물체의 허깨비를 보았다는 사람들의 무수한 보고가 유령이 죽은 사람의 영혼이라는 생각을 반박하고 있다. 런던의 심령과학협회에서 발행한 '살아 있는 것들의 환영(Phantasms of the Living)'이라는 제목의, 유령출몰과 초상현상에 관한 두꺼운 책 두 권 분량의 치밀한 기록으로 이루어진 보고서에는 이 같은 많은 사례가 나와 있다. 예컨대 영국의 한 육군 장교와 그 가족들은 멋진 마차가 그들의 집 마당 잔디밭에 와서 멈추는 광경을 목격했다. 그 유령 마차는 너무나도 진짜 같아서 장교의 아들은 마차로 다가가서 그 안에 타고 있는 여인의 모습을 보았다. 그가 좀더 자세히 보려고 하자 그 광경은 사라져버렸고 말 발자국이나 바퀴자국도 남아 있지 않았다.[12]

이런 것을 얼마나 많은 사람들이 경험하고 있을까? 모르는 일이다. 하지만 미국과 영국에서 이루어진 연구에 의하면 인구의 $10 \sim 17\%$ 가 유령을 본 적이 있다고 하며, 이것은 이런 현상이 생각보다 훨씬 더 흔한 일임을 시사한다.[13]

끔찍한 폭력이나 기타 매우 격한 감정에 휘말린 사건이 일어났던 장소에 유령의 출몰이 자주 일어나는 경향이 있다는 사실은 어떤 사건이 다른 사건들보다 홀로그램 기록 속에 더 강한 인상을 남길 수 있다는 생각을 뒷받침해준다. 살인이나 전쟁, 기타의 사고가 일어났던 장소에 유령이 나타났다는 기록은 많은 문헌을 가득 채우고 있다. 이것은 이미지나 소리뿐만 아니라 그 사건 속에서 느껴진 감정까지도 우주의 홀로그램 속에 기록된다는 사실을 암시한다. 그런 강한 감정이 그 사건들을 홀로그램 기록 속에 더욱 선명하게 각인되게 하며 그 때문에 보통 사람들조차도 아무런 노력 없이 그것을 목격할 수 있는 것으로 보인다.

그리고 이러한 출몰현상의 대부분은 이승에 발이 묶인 불쌍한 영혼들의 그림자라기보다는 홀로그램 속에 기록된 과거를 우연히 힐끗 들여다보게 되는 예인 경우가 더 많다. 이 또한 관련 문헌의 기록이 뒷받침하고 있다. 예컨대 1907년 UCLA의 인류학자이며 종교에 관심이 깊었던 W.Y. 에반스－웬츠(W.Y. Evans-Wentz)는 시인 윌리엄 버틀러 예이츠(William Butler Yeats)의 말에 자극을 받아 2년 동안 아일랜드, 스코틀랜드, 웨일스, 콘월, 브리튼 지방을 다니면서 요정이나 기타 초자연적인 존재를 목격했다는 사람들을 인터뷰했다. 에반스-웬츠가 그 조사를 시작한 것은, 20세기의 가치관이 옛날의 가치관을 밀어내는 바람에 요정을 만나는 일이 갈수록 희귀해지고 있고 그런 전통이 완전히 잊혀버리기 전에 그것을 기록으로 남겨둘 필요가 있다고 한 예이츠의 말을 들었기 때문이다.

에반스-웬츠는 대개는 신념이 강하고 당당한 노인들인 목격자들을 인터뷰하면서 이 마을 저 마을을 돌아다니는 동안, 사람들이 골짜기나 달빛어린 목장에서 만났다는 이 요정들이 모두 크기가 자그마한 존재는 아니라는 사실을 알게 되었다. 어떤 요정들은 몸이 빛나고 반투명하다는 점만 뺀다면 크기나 생김새가 사람과 비슷했으며, 아주 오래 된 시대의 복장을 하고 다니는 이상한 습성이 있었다.

그뿐 아니라 이 '요정'들은 흔히 고고학적인 현장들—무덤, 고인돌, 6세기의 무너진 요새 등—에 잘 나타났으며 옛날 사람들이 하던 일을 하고 있었다. 에반스-웬츠는 엘리자베스 여왕 시대의 복장을 한 남자처럼 생긴 요정이 사냥을 하고 있는 모습을 보았다는 사람, 요새의 폐허에서 유령처럼 줄지어 왔다갔다하는 요정들을 봤다는 사람, 폐허가 된 고대의 교회 자리에 서 있을 때 종을 울리는 요정을 봤다는 사람 등을 인터뷰했다. 요정들이 유별나게 좋아하는 일 중의 하나는 전쟁이었다. '켈트 지방의 요정신앙(The Fairy-Faith in Celtic Countries)'이라는 저서에서 에반스-웬츠는 달밤의 목장에서 중세기의 갑옷과 투구로 무장한 사나이들이 싸우고 있거나, 사람이 있을 리 없는 울타리 쪽에 화려한 색깔의 군복을 입은 병사들이 늘어서 있는 광경을 보았다는 10여 명의 목격자들의 증언을 제시한다. 이런 소동은 때로는 무섭도록 고요한 가운데 일어났고, 또 어떤 때는 귀가 울리도록 시끄러웠다. 그리고 때로는, 아마도 가장 흔한 경우는, 소리만 들리고 모습은 보이지 않았다.

이로부터 에반스-웬츠는 목격자들이 요정이라고 말하는 이 장면들 중에서 최소한 일부는 그 장소에서 과거에 일어났던 사건들이 다시 보인, 일종의 잔영이었으리라는 결론을 내렸다. 그는 이런 이론을 제기한다. "자연은 자신의 기억을 갖고 있다. 지구의 대기권 속에는 심령적인 뭔가가 있어서, 일어났던 모든 인간사나 물리적 현상이 거기에 새겨지거나 사진처럼 찍힌다. 어떤 알 수 없는 조건이 갖춰지면 투시가가 아닌 보통 사람들의 눈에도 이 자연의 마음 속의 기록이 화면에 비치는 그림처럼, 움직이는 영화처럼 목격된다."[14]

사람들이 요정을 만나는 일이 점점 줄어드는 이유에 관해서는 에반스-웬츠의 한 응답자의 말이 하나의 단서를 제공한다. 그는 맨 섬(Isle of Man)에 사는 존 데이비스라는 점잖은 노인이었는데, 많은 사람들의 목격담들을 이야기한 끝에 이렇게 말했다. "이 섬에 학교교육이 들어오기 전에는 많은 사람들이 요정을 보았는데 지금은 아주 몇몇 사람들만이 요정을 보지요."[15] '학교'는 말할 것도 없이 요정을 믿지 말도록 가르치므로 데이비스의 이 말은, 맨 섬의 주민들이 널리 지니고 있던 역행인지 능력을 퇴화시킨 것은 바로 그들의 태도 변화였음을 시사한다. 이것은 또다시 우리가 자신의 비범한 능력을 스스로 드러내기로 결정함에 있어서 우리 자신의 믿음이 얼마나 큰 힘으로 작용하는지 웅변해준다.

하지만 우리의 믿음이 과거의 홀로그램 영화를 볼 수 있게 하든지, 두뇌로 하여금 그것을 삭제하게 하든지와는 상관없이 그것은 존재하고 있음을 증명하는 예들이 많이 있다. 그런 경험이 켈트 지방에만 한정되어 있는 것만도 아니다. 인도에는 고대 힌두족의 복장을 한 유령 군인들을 보았다는 목격자들의 보고가 있다.[16] 하와이에서는 이런 유령의 출몰은 다반사로서 이 섬의 책들 속에는 깃털 망토를 걸치고 횃불과 창을 들고 행군하는 하와이 전사들의 유령을 본 사람들의 목격담으로 가득하다.[17] 고대 아시리아의 문헌 속에서도 유령 군인들이 벌이는 싸움의 장관에 대한 언급이 나온다.[18]

이 재현되는 사건들의 진위를 사학자들이 확인해주는 일도 가끔씩 있다. 1951년 8월 4일 새벽 4시에 프랑스의 해안마을인 퓌에서 휴가를 보내던 2명의 영국 여성은 총소리에 놀라서 잠이 깼다. 그들은 창문으로 달려가 밖을 내다보았지만 마을과 해변은 고요하고 그 소리를 설명해줄 만한 아무런 일도 일어나고 있지 않은 것을 알고는 크게 놀랐다. 영국의 심령과학협회에서 조사해본 결과 이 여인들이 전하는 사건의 시간적 전개가 1942년 8월 19일 퓌에서 있었던 독일군에 대한 연합군의 기습공격에 관한 군사기록과 정확히 일치한다는 사실이 발견되었다. 두 여성은 9년 전 일어났던 싸움 소리를 들었던 것 같다.[19]

역사의 어른거리는 홀로그램적 전경 속에는 이같이 어두운 느낌의 사건들이 지배적으로 나타나기는 해도 인류가 경험했던 모든 즐거운 사건들 또한 담겨 있음을 잊어서는 안 될 것이다. 그것은 본질적으로, 있었던 모든 일이 기록된 도서관이며, 좀더 크고 체계적인 규모에서 이 눈부신 보물함 속으로 들어가는 방법을 알아낸다면 우리는 여태껏 꿈꾸지 못했던 방법으로 우리 자신과 우주에 대한 지식을 넓혀갈 수 있을 것이다.

어떤 것을 생생한 현실이 되게 하고 어떤 것을 보이지 않게 할 것인지를 마치 만화경 뒤집듯이 쉽게 정할 수 있고 과거의 이미지를 컴퓨터 프로그램을 불러오듯이 쉽게 불러오는, 봄의 비유에 나오는 수정처럼 우리가 현실을 마음대로 만들어낼 수 있는 그런 날이 올지도 모른다. 하지만 이것도 시간에 대한 홀로그램적 이해가 가져다줄지도 모르는 결과의 전부는 아니다.

홀로그램 미래

과거를 마음대로 불러낼 수 있는 능력을 지닌다는 것은 우리를 혼란스럽게 만들지도 모르지만 그 정도는 미래 또한 우주의 홀로그램 속에서 불러낼 수 있다는 생각에 비한다면 아무것도 아니다. 그런데 최소한 부분적이나마 미래의 사건을 과거를 보듯이 쉽게 볼 수 있다는 사실을 입증하는 엄청난 증거가 있다.

이 사실은 수백 가지의 연구사례 속에서 풍부하게 찾아볼 수 있다. 1930년대 J. B.와 루이저 라인(Louisa Rhine)은 자원자들이 카드묶음 속에서 임의로 빼낸 카드가 어떤 카드인지 300만분의 1인 적정확률보다 더 높은 성공률로 맞힐 수 있다는 사실을 발견했다.[20] 1970년대에는 워싱턴 주 시애틀에 있는 보잉 항공사의 물리학자 헬무트 슈미트(Helmut Schmidt)가 사람들이 임의적인 아원자 차원의 사건을 예측할 수 있는지 시험할 수 있는 장치를 고안해냈다. 세 사람의 자원자에게 6만 회 이상 반복한 실험에서 그는 확률보다 100만 배 높은 성공률을 얻어냈다.[21]

몬테규 울만은 메모니이드 의료원의 꿈 실험실에서 심리학자 스탠리 크리프너(Staaley Krippner)와 연구원 찰스 아너턴(Charles Honorton)과 함께 한 연구 결과 꿈을 통해서도 정확한 예지적 정보를 얻어낼 수 있다는 강력한 증거를 얻어냈다. 그들의 연구에서 자원자는 잠 실험실에서 연이어 8일 밤을 지냈는데 그들은 다음날 임의로 골라서 그들에게 보여주게 될 그림에 대해 꿈을 꾸도록 애써 보라는 요청을 받았다. 울만과 그의 동료들은 이들이 8일 중 하루쯤은 성공하리라고 기대했다. 그러나 어떤 피험자는 8일 중 닷새나 맞히는 높은 적중률을 보여주었다.

예컨대 한 자원자는 잠에서 깨어난 후 꿈에서 '환자'가 '큰 콘크리트 건물’에서 도망가려고 애쓰는 모습을 보았다고 했다. 그 환자는 의사의 가운 같은 흰 옷을 입고 있었고 ‘아치형 입구까지밖에’ 못 왔다고 했다. 꿈을 꾼 다음날 임의로 점찍한 그림은 반 고흐의 ‘상 레미 병원의 복도’였는데 그것은 육중하고 썰렁한 복도 끝의 아치형 문 아래를 황급히 빠져나가려고 하는 한 환자의 모습이 그려진 수채화였다.[22]

스탠퍼드 연구소의 푸토프와 타그는 원격투시력 실험에서 피실험자들은 현재 시간에 먼 곳에 있는 관찰자가 보고 있는 장면을 심령적으로 묘사해내는 능력을 보여줄 뿐만 아니라 관찰자가 앞으로 방문할 장소를, 그것도 그 장소가 정해지기도 ‘전에’ 묘사해낼 수 있다는 사실을 발견했다. 예컨대 한번은 직업이 사진사이고 비범한 능력을 보여준 헬라 햄미드(Hella Hammid)라는 피험자에게 앞으로 30분 후 푸토프가 가 있게 될 장소를 묘사해보라고 지시했다. 그녀는 의식을 집중하더니 그가 ‘쇠로 된 검은색 삼각형’ 안에 들어가고 있는 모습이 보인다고 말했다. 그 삼각형은 ‘사람 크기보다 컸고’ 그것이 정확하게 어떤 물건인지는 모르겠지만 ‘약 1초에 한 번씩’ 규칙적으로 삐걱거리는 소리가 들린다고 했다.

그녀가 이것을 하기 10분 전에 푸토프는 멘로 공원과 팔로 알토 지역으로 30분 동안 드라이브를 하러 나갔다. 30분이 지난 후, 또한 햄미드가 검은 삼각형을 본 사실을 기록하고 나서 충분한 시간이 지난 후 푸토프는 10개의 다른 목표지점이 적힌 종이가 들어 있는, 10개의 봉인된 봉투를 꺼냈다. 그는 임의수 산출기를 사용하여 그 봉투 중 하나를 골랐다. 그 속에는 실험실에서 6마일쯤 떨어져 있는 작은 공원의 주소가 적혀 있었다. 그는 그 공원으로 차를 몰았다. 그곳에 도착한 그는 아이들이 쇠로 된 검은색 삼각형의 그네를 타고 있는 것을 보고 그네 위에 앉았다. 그가 그네에 앉아 있을 때 그네는 앞뒤로 흔들리면서 규칙적으로 삐걱거리는 소리를 냈다.[23]

푸토프와 타그의 예지적 원격투시력에 대한 발견은 프린스턴에 있는 얀과 듄의 연구실을 비롯하여 전세계의 수많은 실험실에서 재현되었다. 실제로 얀과 듄은 334회의 공식적인 실험에서 자원자들이 62%의 확률로 정확한 예지적 정보를 얻어낼 수 있다는 사실을 발견했다.[24]

크로이제트(Croiset)가 고안해낸 유명한 실험방법인 소위 '의자시험'의 결과는 이보다도 더 극적이다. 우선 실험자는 곧 공연이 열릴 큰 연주회장이나 공연장의 좌석 중에서 한 자리를 고른다. 그 공연장은 전세계 어디에 있는 것이든 상관없고 다만 좌석이 아직 예약되어 있지 않은 공연만이 실험대상이 될 수 있다. 그리고는 공연장의 이름이나 위치, 공연의 성격 등을 알려주지 않은 상태에서 실험자는 이 네덜란드 태생의 심령가로 하여금 문제의 공연날 저녁 어떤 사람이 그 자리에 앉게 될지 묘사하게 하는 것이다.

크로이제트는 25년 동안 유럽과 북미의 수많은 연구자들로부터 엄밀한 의자시험을 받았는데 그는 거의 언제나 그 의자에 앉을 사람의 성별, 얼굴모양, 옷차림새, 직업, 심지어 과거에 일어난 일까지 정확하고도 상세한 정보를 알아낼 수 있음이 밝혀졌다.

예컨대, 1969년 1월 6일 콜로라도 대학교 의과대학 정신과 교수인 줄 아이젠버드(Jule Eisenbud) 박사가 행한 실험에서 크로이제트는 1969년 1월 23일에 있을 한 행사의 좌석 중의 한 의자가 선택되었다는 통보를 받았다. 그 당시 네덜란드의 유트렉트에 있었던 크로이제트는 아이젠버드에게 그 의자에 앉게 될 사람은 키가 1m57cm인 남자이고, 검은 머리를 뒤로 곧게 빗어넘겼고 아랫니에 금니가 있으며, 엄지발가락에 흉터가 있고 과학계와 산업계에서 일했으며, 그의 실험복은 가끔 녹색 화학약품으로 얼룩진다고 말했다. 1969년 1월 23일 콜로라도의 덴버에 있는 공연장의 그 자리에 앉았던 사람은 크로이제트의 묘사와 한 가지만 빼고 정확히 일치했다. 그의 키는 1m57cm가 아니라

1m59cm였던 것이다.[25]

이 같은 사례들은 무수히 이어진다.

이러한 발견들을 어떻게 설명할 수 있을까? 크리프너는 마음이 감추어진 질서에 접근할 수 있다는 봄의 주장이 그 한 가지 설명방법이라고 믿는다.[26] 푸토프와 타그는 비국소적인 양자 차원의 상호연결성이 예지력 현상에 한몫을 담당한다고 느끼며, 타그는 원격투시 체험시 사람의 마음은 모종의 '홀로그램 수프', 즉 모든 위치가 공간 속에서만 아니라 시간 속에서도 무한히 상호연결되어 있는 영역에 도달할 수 있는 것으로 보인다고 주장했다.[27]

전직 UCLA와 프린스턴 의대의 교수였고 임상 심리학자인 데이비드 로이(David Loye) 박사도 이에 동의한다. "예지력의 수수께끼에 당혹해하는 사람들에게는 프리브램과 봄의 홀로그램 마음 가설이야말로 찾고 있는 해답 쪽으로 이끌어줄 가장 큰 희망인 것 같다"고 그는 말한다. 현재 노스 캘리포니아에 있는 미래예지연구소의 공동책임자인 로이는 자신의 말뜻을 잘 알고 있다. 그는 지난 20년 동안 예지력과 일반적인 예보기법을 연구해왔고 사람들로 하여금 미래에 대한 잠재된 직관적 지각을 일깨우게 할 수 있는 기법을 개발하고 있다.[28]

예지적 경험이 지니고 있는 홀로그램적인 성질은 미래를 예언하는 능력이 하나의 홀로그램 현상임을 또다시 증명한다. 심령가들은 역행 인지력과 마찬가지로 예지력이 제공하는 정보도 3차원의 입체 이미지로 나타난다고 말한다. 쿠바 태생의 심령가인 토니 코데로(Tony Codero)는 자신이 미래를 볼 때 그것은 마치 마음 속의 영화를 보는 것 같다고 말한다. 코데로가 그런 것을 처음 본 것은 어릴 때였는데 공산당이 쿠바를 지배하는 광경을 보았다고 한다. "나는 가족들에게, 쿠바 전역에 붉은 깃발이 꽂힌 것을 보았으며 우리 가족이 쿠바를 떠날 것이며 많은 가족들이 총살을 당할 것이라고 이야기해주었다. 나는 친척들이 총살당하는 광경을 보았고 화약 냄새를 맡고 총소리를 들을 수 있었다. 나는 내가 그 상황 속에 들어 있는 것처럼 느낀다. 나는 사람들이 이야기하는 소리를 들을 수 있지만 그들은 내 말이나 모습을 알아차리지 못한다. 그것은 마치 시간이나 뭐 그런 것 속으로 여행하는 것 같다"고 코데로는 말한다.[29]

　심령가들이 자신의 체험을 이야기할 때 사용하는 말들도 봄이 사용하는 용어와 비슷하다. 가렛은 투시란 "삶의 어떤 측면이 전개되는 것을 강력하고 민감하게 지각하는 것이며, 투시의 차원에서 시간이란 '분할될 수 없는 일체'이기 때문에 투시가들에게는 종종 어떤 물체나 사건의 과거와 현재와 미래의 상태가 갑자기 빠르게 변화해가는 모습으로 지각된다"고 말한다.[30]

누구에게나 예지력이 있다

모든 인간의 의식이 감추어진 질서 속에 그 근원을 두고 있다는 봄의 주장은 우리가 모두 미래에 접근할 수 있는 능력을 지니고 있음을 암시하며, 여기에도 그것을 뒷받침하는 증거가 있다. 보통사람들도 예지적 원격투시를 잘 해낼 수 있다는 얀과 둔의 발견은 이 능력이 누구에게나 골고루 잠재되어 있는 것임을 암시해준다. 실험과 일화를 포함한 다른 수많은 발견들도 여기에 일조를 한다. 영국에서 사회적, 정치적으로 유명한 볼포어 가문 출신이며 BBC 방송국 아나운서였고 영국 심령과학협회회장이었던 데임 에디스 리텔턴(Dame Edith Lyttelton)은 1934년 방송을 통해 청취자들로부터 예지력 체험의 일화를 모집했다. 그녀는 편지의 홍수에 파묻혔고 확증적이지 않은 사례를 걸러낸 후에도 한 권의 책이 될 만한 분량의 관련 사례를 모을 수 있었다.[31] 이와 유사하게 루이저 라인(Louisa Rhine)이 행한 설문조사에서도 예지력은 다른 어떤 심령체험보다 더 빈번하게 일어난다는 사실이 밝혀졌다.[32]

연구에 의하면 또 예지력은 주로 비극적인 사건에 대해 발휘되는 경향을 보이는데, 4 : 1의 비율로 행복한 일보다는 불행한 일에 대한 징조가 더 많았다. 그 중 죽음에 대한 예감이 가장 많고 그 다음은 닥쳐올 사고, 그 다음은 질병에 대한 예감이다.[33] 그 이유는 분명해 보인다. 우리는 미래를 내다보는 것은 '불가능'하다고 믿도록 너무나 철저히 훈련되어 있으므로 우리의 천부적인 예지력은 깊숙이 잠재되어 있다. 생명을 위협하는 위기를 맞을 때 흔히 나타나는 인간의 초인적인 힘과 마찬가지로 예지력은 위기의 순간에만 우리의 의식적인 마음 위로 흘러넘친다. 즉, 가까운 누군가가 죽게 될 때, 자녀나 사랑하는 사람이 위험에 처했을 때 등이 그것이다. 소위 문명화된 문화권보다는 원시적인 문화권이 ESP(초감각적 지각능력) 시험에서 거의 언제나 더 좋은 성적을 보인다는 사실에서도 현실에 대한 우리의 '세련되고 수준 높은' 이해가 우리와 시간 사이의 관계의 진정한 본질을 이해하고 활용하는 능력을 가로막고 있음이 입증된다.[34]

우리가 자신의 천부적인 예지력을 무의식이라는 오지로 몰아냈음을 말해주는 또 다른 증거는 징조의 예감과 꿈 사이의 밀접한 연관성에서 찾아볼 수 있다. 연구에 의하면 모든 예지의 60~68%가 꿈 속에서 일어난다고 한다.[35] 우리는 의식적인 마음 속에서 미래를 내다보는 능력을 추방해버렸을지는 모르나 그것은 우리의 깊은 무의식층 속에서 여전히 매우 활동적으로 기능하고 있는 것이다.

원시부족 문화권에서는 이러한 사실을 잘 이해하고 있다. 그리고 무속 전통에서는 보편적으로 미래를 예측하는 데 있어서 꿈의 중요성을 강조한다. 파라오의 꿈 속에 나타난 일곱 마리의 살진 송아지와 일곱 마리의 여윈 송아지에 관한 성경 속의 이야기에서 보듯이 우리의 가장 오래 된 문헌들조차도 꿈의 예지적인 힘을 찬양하고 있다. 이런 전통이 오래 전부터 있어왔다는 것은 예지가 꿈 속에서 나타나는 경향을 보이는 것이 단지 예지력에 대한 현대인들의 회의적인 태도에만 원인이 있는 것은 아님을 말해준다. 감추어진 질서의 비시간적인 영역에 근접해 있는 무의식의 성질도 여기에 한몫한다. 우리의 꿈꾸고 있는 자아는 깨어 있는 자아보다 무의식 속에 더 깊이 들어가 있으므로―그래서 과거와 현재와 미래가 일체가 되는 원시 대양에 더 가까이 다가가 있으므로―꿈꾸고 있는 자아 쪽이 미래에 관한 정보에 접근하기가 더 쉬울지도 모른다.

이유야 어떻든 간에 무의식에 접근하는 다른 방법들 또한 예지적 정보를 얻어낼 수 있다는 사실은 결코 놀라운 일이 아니다. 예컨대 1960년대 칼리스 오시스(Karlis Osis)와 최면술사인 J. 팔러 (J. Fahler)는 최면된 사람이 최면되지 않은 사람보다 예지력 시험에서 훨씬 더 높은 성적을 얻어낸다는 사실을 발견했다.[36] 다른 연구들도 최면이 초감각적 지각능력을 향상시키는 효과를 확인해주고 있다.[37] 하지만 아무리 많은 양의 무미건조한 통계 데이터도 현실 속의 하나의 실례만큼은 힘이 없다. 아서 오스본 (Arthur Osborn)은 자신의 저서 ≪미래는 지금이다 : 예지력의 의미 *The Future Is Now : The Significance of Precognition*≫에서 프랑스 여배우 이렌느 뮤차(Irene Muza)와 관련된 최면예지 실험 결과를 기록하고 있다. 뮤차는 최면에 든 후 자신의 미래가 보이느냐는 질문에 이렇게 대답했다. "나의 경력은 오래 가지 못한다. 나의 최후가 어떨지는 말하기가 두렵다. 그것은 끔찍할 것이다."

놀란 실험자들은 뮤차가 한 말을 알려주지 않기로 하고 자신이 한 말을 다 잊어버리도록 최면 속에서 암시를 주었다. 그녀는 최면에서 깨어났을 때 자신에 대해 예언했던 사실을 전혀 기억하지 못했다. 그녀가 설사 그것을 알았다고 할지라도 그것이 그녀가 당한 식의 죽음을 불러

오지는 못했을 것이다. 몇 달 후 그녀의 머리를 손질하던 미용사가 불타는 난로 위에 실수로 알코올을 쏟는 바람에 뮤차의 머리와 옷에 불이 붙었다. 그녀는 순식간에 불길에 휩싸였고 몇 시간 후 병원에서 숨을 거뒀다.[38]

신념의 홀로그램적 도약

이렌느 뮤차에게 일어난 사건은 한 가지 중요한 의문을 제기한다. 만일 뮤차가 스스로 예언했던 자신의 운명을 알고 있었더라면 과연 피할 수 있었을까? 달리 말해서, 미래는 완전히 정해져 있어서 움직일 수 없는 것인가, 아니면 변화시킬 수 있는 것인가? 얼핏 생각하면 예지현상이 존재한다는 사실 자체가 전자가 옳음을 말해준다고 볼 수 있을지도 모른다. 그러나 이것은 우리를 매우 혼란스럽게 만든다. 만일 미래가 아무리 시시콜콜한 내용조차 이미 정해져 있는 홀로그램이라면 그것은 우리에게는 자유의지가 없다는 것을 뜻한다. 우리는 모두가 이미 쓰여 있는 각본대로 무심하게 움직이고 있는 운명의 꼭두각시에 지나지 않는다.

그러나 다행스럽게도 이것이 사실이 아니라는 증거가 압도적이다. 미래를 흘낏 예지함으로써 재앙을 피할 수 있었던 사람들의 일화는 관련문헌을 가득 채우고 있다. 비행기가 추락하는 것을 미리 알고 그 비행기를 타지 않아 죽음을 피했던 사람, 자녀들이 홍수에 떠내려가는 광경을 미리 보고 아슬아슬한 순간에 그들을 위험에서 구출해낼 수 있었던 사람 등. 타이타닉 호가 가라앉는 광경을 미리 보았던 사람들의 사례에 대한 19가지의 기록이 있다. 그 중 어떤 것은 자신의 예감에 충실하여 목숨을 건졌던 사례이고, 일부는 자신의 예감을 무시하고 죽

은 사람들의 예이며, 나머지는 이 두 가지 범주에 들지 않는 사람들의 예다.[39]

이러한 사례들은 미래란 미리 정해져 있는 것이 아니라 변화시킬 수 있는 것임을 강력히 시사한다. 하지만 이러한 관점 또한 한 가지 문제를 수반한다. 만일 미래가 아직도 유동적인 상태에 있다면 크로이제트가 특정한 의자에 앉게 될 사람을 17일 전에 알아맞힐 때 그는 대체 어디로 들어가는 것일까? 미래가 어떻게 존재하는 동시에 존재하지 않을 수 있는가?

로이는 한 가지 가능한 대답을 제시한다. 그는 현실은 '실제로' 거대한 홀로그램이라고 믿는다. 그리고 그 속에서 과거와 현재와 미래는 실제로 고정되어 있다. 최소한 지금까지는 말이다. 문제는 그것이 유일한 홀로그램은 아니라는 사실이다. 감추어진 질서의 무시간적, 무공간적 대양 속에는 그러한 홀로그램들이 마치 아메바처럼 무수히 헤엄치고 떠밀리며 떠돌고 있다는 것이다. "그런 홀로그램적 존재들도 역시 병존하는 세계, 병존하는 우주로서 환시될 수 있다"고 로이는 말한다.

그러므로 주어진 특정한 홀로그램의 미래는 '실제로' 이미 고정되어 있다. 어떤 사람이 미래를 흘끗 들여다볼 때, 그들은 그 특정한 홀로그램의 미래에만 의식을 맞추고 있는 것이다. 하지만 이 홀로그램들은 마치 아메바처럼 가끔씩 자기들끼리 잡아먹기도 해서 마치 에너지의 원형질 방울처럼 서로 병합되기도 하고 분열되기도 한다. 간혹 이러한 떠밀림 속에 휩쓸려 들어감으로써 우리는 때때로 압도하는 미래의 예감 속에 빠지게 된다. 그리고 우리가 그 예감에 반응하여 미래를 바꿔놓은 것처럼 보일 때 실제로 일어난 일은 우리가 한 홀로그램으로부터 다른 홀로그램으로 건너뛰어 간 것이다. 로이는 이것을 홀로그램 내부의 도약(intraholographic leap)이라고 부르고 그것이 우리에게 예지적 통찰력과 자유의지라는 양쪽의 진정한 능력을 부여해준다고 느낀다.[40]

봄은 같은 상황을 약간 다른 방법으로 설명한다. "사람들이 사고가 나는 꿈을 정확하게 꾸고 비행기나 배를 타지 않았다면 그들이 본 것은 실제의 미래가 아니다. 그것은 단지 현재 속에 있는 감추어진 질서로서, 그러한 미래를 형성하는 쪽으로 움직여가고 있는 무엇이었다. 사실, 그들이 본 미래는 그들이 그것을 고쳤기 때문에 실제의 미래와 달랐던 것이다. 그러므로 나는 만일 이런 현상이 존재한다면 미래에 대한 예측은 현재 속, 감추어진 질서 속에 존재한다고 말하는 편이 더 그럴 듯하다고 생각한다. 흔히 말하듯이 다가오는 일들은 현재 속에 그 그림자를 드리운다. 그 그림자는 감추어진 질서 속 깊숙이 드리워지고 있다."[41]

봄과 로이의 설명은 동일한 것 ─ 미래는 충분히 실재적이어서 우리가 지각할 수 있지만 또한 충분히 유연해서 변화에 민감한 홀로그램으로 보는 관점 ─ 을 표현하려는 두 가지의 다른 방법인 듯하다. 다른 사람들은 기본적으로는 동일해 보이는 생각을 또 다른 말로써 설명한다. 코데로는 미래를, 힘을 모으면서 형성되기 시작하여 갈수록 더욱 구체화되고 피할 수 없어지는 허리케인에다 비유한다.[42] 푸토프와 타그의 원격투시 연구를 비롯한 다양한 연구에서 인상 깊은 결과를 보여주었던 능력 있는 심령가 잉고 스완(Ingo Swann)은 미래를 '결정화되고 있는 가능성'으로 이루어져 있다고 말한다.[43] 예지력을 널리 인정받고 있는 하와이의 카후나들도 미래는 유동적이지만 '결정화되고 있는' 중이라고 말한다. 그리고 한 사람의 삶에서 결혼, 사고, 죽음 같은 가장 중요한 사건들이 가장 일찌감치 결정화되듯이 세계적인 큰 사건들일수록 가장 일찌감치 결정화된다고 믿는다.[44]

케네디의 암살과 남북전쟁 전에 있었던 것으로 알려진 무수한 징후들(조지 워싱턴도 어떤 이유에서인지 모르지만 '아프리카인'과 모든 인간은 '형제'라는 생각과, '통일'이라는 단어와 결부된, 장차 일어날 남북전쟁에 대한 예지적 계시를 받았다[45])은 카후나들의 이러한 믿음을 확증해주는 것 같다.

　서로 다른 무수한 홀로그램 미래가 존재하며, 우리는 한 홀로그램으로부터 다른 홀로그램으로 건너뜀으로써 어떤 사건이 일어나고 어떤 사건은 안 일어나게 할 것인지를 선택한다는 로이의 생각은 또 다른 사실을 암시하고 있다. 어떤 홀로그램 미래를 선택한다는 것은 본질적으로는 미래를 창조하는 것과 같다. 이미 살펴보았듯이, 지금 여기를 창조하는 데 의식이 중요한 역할을 한다는 것을 말해주는 많은 증거가 있다. 하지만 마음이 현재의 울타리를 넘어가서 가끔씩 미래의 희뿌연 정경 속으로 살그머니 다가갈 수 있다면 우리는 미래의 사건을 창조해낼 손도 가지고 있는 것일까? 달리 말해서, 삶의 변덕은 과연 제멋대로인 걸까, 아니면 우리는 자신의 운명을 빚어내는 데 한몫을 하고 있는 것일까? 놀랍게도 후자가 사실일지도 모른다는 흥미로운 증거가 몇 가지 있다.

영혼을 빚어내는 질료

토론토 대학교 의과대학 정신과 교수인 조엘 휘턴(Joel Whitton) 박사도 사람들이 무의식 속에서 자신에 관해 알고 있는 것에 대해 연구하기 위해 최면술을 동원했다. 하지만 최면치료의 전문가이며 신경생리학 학위를 가지고 있는 휘턴은 사람들에게 그들의 미래에 대해 묻는 대신 그들의 과거, 정확히 말하자면 아주 먼 과거에 대해서 물어본다. 지난 수십 년 동안 휘턴은 혼자서 조용히 윤회를 암시하는 증거들을 모아 왔다.

　윤회는 다루기 어려운 주제다. 왜냐하면 이 방면에서 어리석은 일들이 너무나 많이 범해졌고 그래서 이제는 많은 사람들이 아예 그것을 무시해버리기 때문이다. 대부분의 사람들은 유명인사들의 충격적인 주장이나 매스컴이 떠드는, 환생한 클레오파트라 이야기 외에도(어떤 사람은 그런 것에도 '불구하고'라고 말하리라) 환생에 관한 진지한 연구가 상당히 진척되어 있다는 사실에 관심을 돌리지 못하고 있다. 지난 몇십년 동안 매우 신뢰할 만한 학자들이 이 분야에서 괄목할 만한 증거들을 쌓아올렸는고, 그들의 수도 계속 늘어나고 있다. 휘턴도 이러한 학자들 중 한 사람이다.

이런 증거들은 윤회론이 사실임을 입증하는 것도 아니고 그런 식의 주장을 하려는 것이 이 책의 목적도 아니다. 사실 무엇이 윤회론이 사실임을 입증하는 완벽한 증거가 될 수 있는지 알아내는 것조차도 힘든 일이다. 여기서 다루어질 발견 내용들은 단지 흥미로운 가능성으로서, 그것이 우리가 지금 논의하려는 것과 관련성이 있기 때문에 제시하는 것이다. 그러므로 이것은 우리가 마음을 열고 생각해볼 만한 가치가 있다.

휘턴의 최면연구의 주된 취지는 단순하고도 놀라운 사실에 근거하고 있다. 최면상태에 들어가면 사람들은 이전의 삶의 기억으로 추정되는 사실들을 종종 기억해낸다. 연구결과에 의하면 조사대상 중에서 최면에 들어갈 수 있었던 사람들의 90%가 이러한 기억을 되살려낼 수 있었다고 한다.[46] 예컨대 정신의학 교과서인 '정서적 외상, 몽환상태와 인격변화(Trauma, Trans and Transformation)'는 풋내기 최면치료가들에게 최면에 들어간 환자들이 혹시 그러한 기억을 떠올리더라도 놀라지 말 것에 대한 주의를 주고 있다. 이 교재의 저자는 환생이라는 개념을 부정하지만 그럼에도 불구하고 이런 기억들이 놀라운 치유효과를 가져올 수 있다고 말한다.[47]

물론 이 현상의 의미에 대해서는 열띤 논란이 있다. 많은 학자들은 이런 기억들이 공상이거나 무의식이 만들어낸 것이라고 주장하고 있으

며, 물론 '공상을 배제시키는 데 필요한 적절한 질문기술'을 갖추지 못
한 서툰 최면가에 의해서 최면치료나 '기억퇴행술'이 행해졌을 때는 실
제로 그런 일이 간혹 일어날 수도 있다. 하지만 숙련된 전문가의 안내
를 받아 공상처럼 보이지 않는 기억을 되살려낸 사람들에 관한 사례의
기록도 무수히 많다. 휘턴이 모은 증거들이 이런 범주에 든다.

휘턴은 자신의 연구를 위해 약 30명으로 구성된 정예그룹을 만들었
다. 이들은 일부는 윤회를 믿고 일부는 믿지 않는, 트럭 운전사에서부
터 컴퓨터 과학자에 이르는 각계 각층의 사람들이었다. 그는 이들에게
각각 따로 최면을 걸고, 수천 시간 동안 그들이 전생이라고 주장하는
것에 대해 이야기한 내용들을 모두 기록했다.

그 정보들은 대충 보아도 매혹적인 내용이었다. 한 가지 놀라운 측면
은, 피실험자들의 경험내용들이 서로 매우 일치되는 공통점이 있다는
점이었다. 모든 사람들이 무수한 전생을 보고했는데 그 수가 어떤 사람
은 20~25가지에 이르렀다. 다만 휘턴이 '혈거인(caveman) 전생'이라
고 부르는, 한 생을 그 다음 생과 구별하기가 불가능한 생까지 퇴행하
면 그 이상의 퇴행은 사실상 한계점에 도달했다.[48] 모든 사람들이 한 영
혼에게 특정한 성별이 불바이로 정해져 있는 것은 아니라고 보고했고
많은 사람들이 최소한 한 생은 반대 성의 몸으로 살았다. 그리고 모든
사람들이 삶의 목적은 깨우치고 진화해가는 것이며 여러 번의 삶이 이
러한 과정을 촉진시킨다고 했다.

휘턴은 또 그 경험이 실제의 전생이었음을 강력히 시사하는 증거를
발견했다. 한 가지 비범한 측면은, 피실험자의 현생의 경험과는 관련이
없어 보이는 광범위한 사실들을 설명해주는 기억 내용들이었다. 예컨
대 캐나다에서 태어나고 자란 심리학자인 한 남자는 어릴 때부터 이상
하게 영국인의 억양을 가지고 있었다. 그는 또 평소에 다리를 부러뜨릴
까봐 매우 조바심을 냈고 비행기 여행에 대한 공포를 가지고 있었으며,

손톱을 물어뜯는 매우 심한 버릇이 있었고 고문에 대한 강박적인 공상을 가지고 있었으며, 10대 때 운전시험에서 자동차의 페달을 밟고 난 직후 나치 장교와 한 방에 앉아 있는 영문 모를 광경을 얼핏 떠올렸던 경험이 있었다. 최면에 들어간 그는 제2차 세계대전 당시 영국군 파일럿이었던 기억을 떠올렸다. 그는 독일 상공에서 작전을 수행하다가 비행기에 총알세례를 받고 동체를 관통한 총알에 다리를 부러뜨렸다. 이것이 비행기의 페달을 놓치게 하여 그의 비행기는 땅 위에 불시착했다. 그는 나치 군인들에게 생포되어 손톱을 뽑히는 고문을 당하다가 얼마 후 죽었다.[49]

또한 피실험자들 중 많은 사람들이 전생의 충격적 사건들에 대한 기억을 떠올림으로써 깊은 심리적, 육체적 치유 효과를 경험했다. 그리고 그들이 살았던 시대에 관해 놀라울 정도로 정확하고 자세한 역사적 사실들을 이야기했다. 어떤 사람들은 자신도 모르는 언어를 말했다. 37세의 행태과학자인 어떤 사람은 바이킹이었던 것으로 보이는 전생을 떠올리던 중 알 수 없는 말로 뭐라고 소리쳤는데 나중에 언어학자들에게 확인해본 결과 고대 노르웨이어였음이 밝혀졌다.[50] 그는 또 고대 페르시아 시대의 전생으로 들어간 후 아랍 서체의 거미같이 생긴 문자를 쓰기 시작했는데, 한 중동언어 전문가는 그것이 서기 226년~651년에 번성하다가 사라진 메소포타미아인의 언어인 사사니드 팔래비어(Sassanid Pahlavi)로 된 정확한 문장임을 확인했다.[51]

휘턴의 가장 놀라운 발견은 그가 피실험자들을 '우리가 알고 있는 것 같은 시간과 공간이 존재하지 않는' 눈부신 빛으로 가득 찬 세계인 삶과 삶 사이의 과도기로 퇴행시켰을 때였다.[52] 피실험자들의 말에 의하면 그 세계가 존재하는 목적의 일부는 그들로 하여금 '다음 생을 준비하고 그들이 다음 생에서 경험할 중요한 사건과 상황을 설계하게' 하는 것이었다. 하지만 그 과정은 단순히 자기가 꿈꾸던 소망을 이루는, 동화 속 이야기를 꾸미는 식의 연습이 아니었다. 휘턴은 사람들이 이런 과도기의 영역에 들어가면 자신을 예민하게 의식하고 도덕적 감각이 예민해지는 비범한 의식상태에 들어가게 된다는 것을 발견했다. 게다가 그들은 더 이상 자신의 잘못이나 악행을 합리화해서 묻어두려는 의지가 없어지고 투명하고 정직한 눈으로 자신을 바라보았다. 휘턴은 이처럼 양심이 고도로 예민해진 마음 상태를 우리의 일상적인 의식 상태와 구별하기 위해서 '초의식(超意識, metaconsciousness)'이라고 부른다.

그러므로 다음 생을 계획할 때 그들은 도덕적인 의무감을 가지고 그 일에 임했다. 그들은 그 전의 생에서 잘못을 저질렀던 사람들에게 그것을 보상할 기회를 주기 위해 그들과 함께 태어나기를 택했다. 그들은 여러 생에 걸쳐서 서로 돕고 사랑하는 관계를 쌓아왔던 '영혼의 짝'과의 만남을 계획했고 그 밖의 다른 깨우침과 목적을 이루어줄 '우발적인' 사건들도 계획했다. 어떤 사람은 다음 생을 계획할 때 '일정한 순서를 밟게 하기 위해서 어떤 부분들을 끼워넣을 수 있는 일종의 시계처럼 작동하는 장치'를 심상화했다고 말했다.[53]

이런 계획의 내용은 언제나 즐거운 일들로만 짜인 것은 아니었다. 37세 때 강간을 당했던 한 여성은 초의식 상태에 들어간 후 자신이 사실은 이번 생에 태어나기 전에 스스로 그 사건을 계획했었다는 사실을 털어놓았다. 그녀가 설명한 바에 의하면, 그것은 그녀의 '영혼을 송두리째' 변화시키게끔 강요함으로써 인생의 의미를 좀더 깊은 차원에서, 긍정적으로 이해하게끔 하기 위해 필요했다는 것이다.[54] 생명을 위협하는 심각한 신장질환을 앓고 있는 한 남자는 자신이 전생의 죄를 스스로 벌하기 위해서 일부러 그 병을 택했다고 밝혔다. 그러나 그는 또한 신장질환으로 죽는 것은 자신의 각본이 아니고, 그가 이 사실을 기억해내도록 도와줄 어떤 사람이나 사건을 만나서 자신의 죄와 몸을 둘 다 치유

시킬 수 있도록 이번 생에 들어오기 전에 스스로 계획해놓았다는 사실
도 밝혀냈다. 과연 그 말대로 그는 휘턴과 치료를 시작한 후 거의 기적
에 가깝게 완전히 몸을 회복했다.[55]

휘턴의 피실험자들 모두가 자신의 초의식적 자아가 스스로 세워놓은
미래의 계획을 알고 싶어하지는 않았다. 몇몇 사람들은 자신의 기억을
스스로 검열하여 휘턴에게 자신들이 깨어난 후 최면상태에서 말한 사
실들을 기억하지 '못하도록' 암시를 해달라고 부탁했다. 그들의 말은,
그들은 자신의 초의식적 자아가 자신을 위해 써놓은 각본을 고치고 싶
은 유혹에 빠지기를 원치 않는다는 것이었다.[56]

이것은 놀라운 이야기다. 우리의 무의식이 자신의 운명의 윤곽을 대
략 알고 있을 뿐만 아니라 그것이 실현되도록 사실상 우리를 몰아가고
있다는 것이 가능한 일일까? 이것이 사실이리라는 증거는 휘턴의 연구
결과만이 아니다. 초심리학자 윌리엄 콕스(Willam Cox)는 미국에서
일어났던 28건의 큰 철도사고에 대한 통계조사에서 사고 당일에는 그
전주의 같은 날 기차를 탔던 숫자보다 훨씬 적은 수의 사람들이 그 기
차를 탔다는 사실을 발견했다.[57]

콕스의 발견은 우리는 모두가 무의식 속에서 끊임없이 미래를 예지
하고 그 정보를 근거로 결정을 내리고 있을지도 모른다는 사실을 암시
한다. 그리하여 어떤 사람들은 그 불운을 피하기를 택하고 또 어떤 사
람은—신상의 비극을 경험하기로 결정했던 여성이나 신장질환을 견뎌
내기로 택했던 남자처럼—다른 무의식 속의 의도나 목적을 이루기 위
해서 부정적인 상황을 경험하기로 결정하는 것이다. "용의주도한 선택
이든, 우연이든 간에 우리는 지상의 삶의 조건을 스스로 선택한다. 초
의식의 작용이 전해주는 메시지는, 모든 인간이 겪는 삶의 조건은 임
의적인 것도 아니고 부당한 것도 아니라는 것이다. 삶과 삶 사이의 과
도기에서 객관적인 시각으로 바라보면 모든 인간의 경험은 단지 우주

라는 학교 속에서 배우는 또 하나의 교훈일 뿐이다”라고 휘턴은 말한다.[58]

그러한 무의식적인 의도의 존재가 우리의 삶이 엄밀히 예정된 것이며 모든 운명은 피할 수 없다는 것을 의미하는 것은 아님을 깨닫는 것이 중요하다. 휘턴의 피실험자들 중 많은 사람들이 최면 중에 밝혀진 사실을 기억하기를 원하지 않았다는 사실 또한 미래는 단지 개괄적인 윤곽만 정해진 것이며 아직도 변화시킬 수 있는 것임을 시사한다.

무의식이 우리의 삶에 생각보다 큰 영향을 미친다는 증거를 발견한 환생 연구자는 휘턴만이 아니다. 버지니아 대학교 의과대학 정신과 교수인 이안 스티븐슨(Ian Stevenson) 역시 그 중 하나다. 스티븐슨은 최면을 사용하는 대신 전생의 경험으로 보이는 것을 저절로 기억해낸 어린이들을 탐문했다. 그는 이 조사에 30년 이상을 보냈고 전세계로부터 수천 건의 사례들을 모아서 분석했다.

스티븐슨의 말에 의하면, 자발적인 전생 기억은 어린이들 사이에서는 비교적 매우 흔한 일이어서 조사가치가 있어 보이는 사례만 하더라도 그의 연구진들이 조사할 수 있는 능력을 훨씬 초과하는 숫자였다고 한다. 일반적으로 아이들이 자신의 ‘다른 생들’에 대해 이야기하기 시작하는 나이는 두 살에서 네 살 사이로, 그들은 흔히 10여 건의 전생을 기억해냈고 그 내용 중에는 자신의 이름, 가족과 친구들의 이름, 살았던 장소, 집의 생김새, 직업, 죽게 된 경위, 심지어 죽기 전 돈을 감추어 두었던 곳이나, 살인이 개입된 경우에는 가끔 죽인 사람의 이름 따위의 모호한 정보까지도 포함되어 있다.[59]

대개 그들의 기억은 매우 상세해서 스티븐슨은 그들의 전생의 인격의 정체를 추정해내고 그들이 말한 거의 모든 내용을 검증해볼 수 있었다. 심지어 그는 아이들을 전생에 살았다는 지역으로 데리고 가서 그들이 아무런 어려움 없이 낯선 동네를 지나서 예전의 집과 소유했던 물건들, 전생의 친척과 친구들을 정확히 찾아내는 것을 지켜보았다.

휘턴과 마찬가지로 스티븐슨은 윤회론을 뒷받침하는 엄청난 양의 데이터를 수집하여 그 발견 내용을 지금까지 여섯 권의 책으로 출판했다.[60] 그리고 휘턴과 마찬가지로 그 또한 무의식이 우리의 인격과 운명에 우리가 지금까지 생각해왔던 것보다 훨씬 더 큰 영향을 미친다는 증거를 발견했다.

그는 우리가 흔히 전생에 알고 지냈던 사람들과 함께 환생하며, 그러한 우리의 선택을 배후에서 조종하는 힘은 대개 애정이나 죄책감, 은혜를 갚고자 하는 마음이라는 휘턴의 발견을 확인했다.[61] 그는 우리의 운명을 중재하고 있는 힘은 우연이 아니라 개인의 책임이라는 의견에 동의한다. 그는 어떤 사람이 처하게 되는 물질적인 환경은 생에 따라서 크게 달라질 수 있지만 그의 도덕성, 관심사, 소질, 태도 등은 동일하게 남아 있음을 발견했다. 전생에서 범죄자였던 사람들은 다음 생에서도 다시 범죄행위에 연루되는 경향이 있다. 또 전생에 친절하고 너그러웠던 사람은 현생에서도 친절하고 너그럽다는 등이다. 이런 사실로부터 스티븐슨은, 중요한 것은 삶의 외양이 아니며 내면의 자아, 기쁨과 슬픔, 그리고 인격의 '내면적 성장'이야말로 가장 중요한 것 같다고 결론 짓는다.

무엇보다 중요한 것은, 그는 '징벌적 카르마'의 어떤 확실한 증거도, 즉 우리가 우리의 죄에 대해 우주적으로 단죄를 받는다는 어떤 단서도 발견하지 못했다는 사실이다. "그렇다면―사례를 통한 증거를 근거로 판단하건대―우리의 행위에 대한 어떤 외부적인 심판도, 우리의 잘잘못에 따라 우리를 삶에서 삶으로 배치시키는 어떤 존재도 없다. 만일 이 세상이 (시인 키츠의 표현대로) '영혼을 빚어내는 골짜기'라면, 우리는 우리 자신의 영혼을 빚어내는 자다"라고 스티븐슨은 말한다.[62]

스티븐슨은 또 휘턴의 연구에서는 드러나지 않은 한 가지 현상을 발견해냈다. 그것은 무의식이 우리의 삶의 조건을 빚어내고 영향을 미치는 힘에 대한 더욱 극적인 증거를 제공하고 있다. 그는 전생이 현생의 육체적 조건이나 형태에 뚜렷한 영향을 미칠 수 있다는 사실을 발견한 것이다. 예컨대 그는 제2차 세계대전 중 영국이나 미국의 공군 조종사였다가 미얀마 상공에서 격추된 전생을 가진 미얀마 태생의 아이들이 모두 다른 형제들보다 더 밝은 머리색과 피부색을 가지고 있음을 발견했다.[63]

그는 또 특징적인 얼굴의 생김새, 발의 기형, 기타의 성격 등이 한 생에서 다음 생으로 전달되는 예도 발견했다.[64] 그 중 가장 흔한 예는 신체적 부상이 흉터나 모반(母斑 ; 태어날 때부터 있는 몸의 반점이나 흉터)으로 다음 생에도 나타나는 것이다. 예를 들어 전생에 목 졸려 살해당한 기억을 가지고 있는 한 소년은 목을 가로지르는 흉터처럼 보이는 붉은색의 긴 자국이 있었다.[65] 다른 예로, 전생에 머리에 총을 쏘아 자살한 기억을 떠올린 한 소년은 총의 방향과 정확히 일치되게 총알이 들어간 자리와 뚫고 나간 자리에 흉터 같은 2개의 모반이 아직도 있었다.[66] 또 다른 예로, 어떤 아이는 전생에 수술을 받았다는 바로 그 자리에 꿰맨 상처자국처럼 생긴 수술 자국 모양의 붉은 모반이 있었다.[67]

스티븐슨은 실제로 이 같은 사례들을 수백 가지나 수집했고 현재 그것을 정리하여 네 권의 연구보고서를 만들었다. 그 중 어떤 경우에는 전생의 인물에 관한 병원의 기록이나 검시기록까지 확보할 수 있었고 그것은 그러한 부상이 실제로 있었을 뿐만 아니라 그것이 현생의 모반이나 기형 상태와 정확히 일치하는 부위에 생겼었음을 보여주었다. 그는 그런 신체상의 흔적들이 윤회론을 지지해주는 강력한 증거를 제공할 뿐만 아니라 이런 것들을 생에서 생으로 전달해주는 기능을 가진 비육체적인 모종의 중간 신체가 존재함을 암시하고 있다고 느낀다. 그는 이렇게 말한다. "전생의 상처 자국은 모종의 확장된 신체에 의해 생에서 생으로 전달되는 것이 틀림없어 보인다. 그것이 전생의 인물의 몸에 난 상처와 일치하는 모반이나 기형 상태가 새로운 신체에 생겨나도록 하나의 거푸집 같은 역할을 하는 것이다.”[68]

스티븐슨의 ‘거푸집 신체’ 가설은 인체의 에너지 장이 신체의 형태와 구조를 규정하는 하나의 홀로그램 거푸집이라는 틸러의 주장과 유사하다. 달리 말하자면 그것은 일종의 3차원적 청사진으로서, 그것을 중심으로 육체가 형성된다는 것이다. 이와 마찬가지로 모반에 대한 그의 발견은 우리가 본질적으로는 한낱 인상, 즉 생각에 의해 만들어진 홀로그램적 구조물이라는 생각을 더욱 확실히 뒷받침해준다.

스티븐슨은 또한 자신의 연구가 우리는 자신의 삶과, 그리고 어느 정도는 신체까지도 창조하는 창조자임을 시사하지만 이 과정에 매우 수동적으로 참여하기 때문에 그것이 거의 저절로 일어나는 것처럼 보인다는 점을 지적했다. 감추어진 질서와 훨씬 더 깊은 교감을 유지하고 있는 무의식의 심층부가 이러한 선택에 관여하는 것으로 보인다. 아니면, 스티븐슨이 말하듯이, “우리가 먹은 저녁식사를 뱃속에서 소화시키고, 일상적인 호흡을 유지하도록 조종하는 의식기능보다도 훨씬 더 심층적인 차원의 정신작용이 이러한 과정을 지배하고 있음이 틀림없다.”[69]

스티븐슨의 결론은 대부분 비정통적인 관점임에도 불구하고 그가 워낙 주의 깊고 철저한 학자로 명성이 나 있었기 때문에 일부 엉뚱한 분야에서까지도 그의 이러한 주장을 존중해주었다. 그의 발견은 ≪미국 정신의학 저널≫, ≪신경정신질환 저널≫, ≪비교사회학 국제 저널≫ 등과 같은 유명한 과학 발행물에도 소개되었다. 그리고 유명한 ≪미국 의학협회 저널≫은 그의 연구에 대한 논평에서 “그는 다른 어떤 근거로도 이해하기 힘든 윤회의 증거를 보여주는 사례들을 냉철하고도 고심스럽게 수집했다…그는 무시해버릴 수 없는 방대한 양의 데이터를

공인된 기록으로 남겼다"고 말했다.[70]

생각이라는 건축가

우리가 살펴본 수많은 '발견들'과 마찬가지로 우리의 어떤 깊은 무의식
이나, 심지어 영적인 부분이 시간의 경계를 넘어 우리의 운명에 관여한
다는 생각은 많은 무속 전통과 기타 근거자료들에서도 찾아볼 수 있다.
인도네시아의 바탁(Batak) 족에 의하면 사람이 경험하는 모든 일은 그
자신의 영혼, 즉 '톤디(tondi)'에 의해 결정되며 그것은 한 생으로부터
다음 생으로 윤회하며 그 사람의 전생의 행동뿐만 아니라 신체적 특성
까지도 재생해내는 매개체라고 한다.[71] 오지브웨이(Ojibway) 인디언들
도 사람의 삶은 보이지 않는 영, 혹은 영혼에 의해 시나리오가 정해지
고 성장과 발전을 촉진하는 방식으로 설계된다고 믿었다. 어떤 사람이
자신이 배워야 할 교훈을 다 배우지 못하고 죽으면 그들의 영적인 몸은
또 다른 육신 속에 다시 태어난다.[72]

카후나는 이 보이지 않는 것을 '아우마쿠아(aumakua)', 즉 '더 높은
자아'라고 부른다. 휘턴의 초의식과 마찬가지로 그것은 결정화된, 혹은
'정해진' 미래의 일부분을 볼 수 있는, 그 사람의 무의식적 부분이다.
그것은 또 자신의 운명을 지어내는 데 관여하는 우리의 일부분이다. 하
지만 그 과정에 관여하는 것은 그것만이 아니다. 이 책에 언급된 많은
학자들과 마찬가지로 카후나들은 생각은 물체이며(thoughts are
things) 그들이 '키노메아(kinomea)', 즉 '배후의 신체질료(shadowy
body stuff)'라고 부르는 미세에너지로 된 질료로 구성되어 있다고 믿
는다. 그러므로 우리의 희망, 두려움, 계획, 근심, 죄책감, 꿈, 그리고
상상은 우리의 마음을 떠난 후에는 없어지는 것이 아니라 염체(念體,

thought form)로 변하며, 이것은 또 높은 자아가 우리의 미래라는 직물을 짤 때 사용하는 재료의 일부가 된다.

카후나들은, 대부분의 사람들이 자신의 생각에 책임을 지지 않고 끊임없이 제멋대로의 모순된 계획과 소망과 두려움으로 자신의 높은 자아를 폭격한다고 말한다. 이것이 높은 자아를 혼란스럽게 하며, 대부분의 사람들이 제멋대로의 모순된 삶을 살아가고 있는 이유다. 높은 자아와 완전히 소통하는 능력이 있는 카후나들은 사람들로 하여금 자신의 미래를 다시 꾸며내도록 도와줄 수 있는 능력이 있다고 한다. 그리고 그들은 자주 여유를 가지고 자신의 삶에 대해 생각해보고, 자신에게 일어나기를 바라는 일을 구체적으로 심상화하는 것이 지극히 중요하다고 믿는다. 카후나들은 이렇게 하면 사람들도 자신에게 닥치는 일들을 좀더 의식적으로 지배하고 자신의 고유한 미래를 만들어낼 수 있다고 주장한다.[73]

미묘한 중간 신체에 대한 틸러와 스티븐슨의 생각과 비슷하게 카후나들은 이 배후의 신체질료가 육신이 주조될 거푸집을 형성시킨다고 믿었다. 또 높은 자아와 잘 조율되어 있는 카후나들은 다른 사람의 배후 신체질료를 다시 빚고 다듬어서 그들의 신체를 바꾸어놓을 수 있으며 이것이 기적적인 치유가 일어나는 메커니즘이라고 한다.[74] 이러한 생각은, 생각이나 이미지가 건강에 매우 강력한 영향을 미치는 이유에 대한 우리의 일부 결론과 흥미롭게 일치된다.

티베트의 탄트라 신비가들은 생각의 '질료'를 '찰 (tsal)'이라고 부르며 모든 정신작용이 이 신비한 에너지에 파문을 일으킨다고 말한다. 그들은 온 우주가 마음이 만들어낸 것이며 모든 존재의 집단적 '찰'이 우주를 움직이고 있다고 믿는다. 탄트라 수행가들은, 보통 사람들의 마음은 '마치 넓은 대양에서 분리된 작은 웅덩이처럼' 작용하기 때문에 대부분의 사람들이 자신이 이러한 능력을 지니고 있다는 사실을 모르고 있다고 말한다. 마음의 깊은 차원에 접근할 수 있는 숙련된 위대한 요기들만이 이러한 힘을 의식적으로 사용할 수 있으며, 이런 목표를 이루기 위해서 그들이 행한 방법 중의 하나는 원하는 창조를 반복적으로 심상화하는 것이었다. 티베트 탄트라 경전 속에는 이런 목적을 위해 고안된 심상화 훈련법, 즉 '사다나(sadhana)'가 많이 있으며 카규파(Kargyupa) 같은 일부 계파의 수행자들은 동굴이나 문 없는 방에 혼자 들어앉아 이 심상화 능력을 다듬기 위해 7년이나 수행을 한다고 한다.[75]

20세기의 페르시아 수피(Sufi)들도 운명을 바꾸는 데 심상화가 중요함을 강조한다. 그들은 생각의 미묘한 질료를 '알람 알미살(alam almithal)'이라고 부른다. 그들은 많은 투시가들과 마찬가지로 인간이 차크라 에너지 중추에 의해 제어되는 미묘한 신체를 가지고 있다고 믿었다. 그들은 또 현실이 일련의 미묘한 존재차원들인 '하다라트(Hadarat)'로 나누어져 있으며 이 존재차원과 이웃해 있는 존재차원은 일종의 주형 현실이며 한 사람의 생각의 '알람 알미살'이 그 속에서 생각 – 형상(idea-image)으로 형성되고 그것은 또 결국 그 사람의 삶의 경로를 결정하게 된다고 주장한다. 수피들은 또 자신들만의 고유한 방법을 가지고 있다. 그들은 가슴 차크라인 '힘마(himma)'가 이 과정에 관여하며 그러므로 가슴 차크라의 지배가 자신의 운명을 지배하는 데 필수적이라고 생각한다.[76]

에드거 케이시도 생각을 실제적인 물체, 즉 섬세한 형태의 물질이라고 말했다. 그리고 그는 몽환상태에 들어가면 내담자에게 자주 그들의 생각이 그들의 운명을 만들어내며 '생각은 건축가'라고 말했다. 그의 견해에 의하면 사고의 과정은 끊임없이 거미줄을 생산해내어 집을 보태는 거미와 같다. 삶의 매순간마다 우리는 우리의 미래에 에너지와 형상을 주는 이미지와 패턴을 만들어내고 있다고 케이시는 말했다.[77]

　　파라마한사 요가난다는 사람들에게 자신이 소망하는 미래를 심상화하고 거기에 '집중된 의식의 에너지'를 충전시키라고 권했다. 그는 이렇게 말한다. "의지의 힘과 집중된 의식으로써 적절한 심상을 만들어내면 우리는 생각을 정신영역 속의 꿈이나 환시로서만 아니라 물질영역 속의 경험으로 현현시킬 수 있다."[78]

　　이러한 생각은 서로 다른 다양한 사상들에서 공통적으로 발견된다.

- 스스로 자기라고 생각하는 그것이 자기다. 생각이 자기의 모든 것을 만들어낸다. 우리는 마음으로 우주를 지어낸다. — 붓다[79]
- 행위하는 대로 그렇게 된다. 욕망하는 대로 그것이 자신의 운명이 된다. — 《브리하다라냐카 우파니샤드*Brihadranyaka Upanishad*》[80]
- 자연의 만물은 운명에 의해 지배된다. 왜냐하면 영혼은 자신의 법칙을 가지고 있으므로. — 그리스 철학자 얌블리쿠스(Iamblichus)[81]
- 구하라 얻을 것이다…믿음만 있다면 불가능한 것은 없다. — 성경[82]
- 사람의 운명은 그가 스스로 지어내고 행하는 바와 연결되어 있다. — 카발라 경전 《열세 꽃잎의 장미*Thirteen Petaled Rose*》, 랍비 슈타인잘츠(Steinsalts)[83]

더 깊은 무엇에 대한 암시

오늘날에도 생각이 우리의 운명을 지어낸다는 생각은 매우 널리 퍼져 있다. 이것은 샤크티 거웨인(Shakti Gawain)의 《창조적 심상화*Creative Visualization*》나 루이스 L. 헤이(Louise L. Hay)의 《당신은 당신의 삶을 치유할 수 있다*You Can Heal Yourself*》 등 같은 잘 팔리는 자기개발서의 주제다. 마음의 패턴을 바꿈으로써 암을 스스로 치유했다고 말하는 헤이는 자신의 방법을 가르치는 대단위의 성공적인 위크숍을 열고 있다. ≪기적 수업*A Course in Miracles*≫이나 제인 로버츠(Jane Roberts)의 ≪세스*Seth books*≫ 같은 다수의 대중적인 '채널된(channeled ; 물질계 밖의 다른 존재로부터 텔레파시나 기타 방법으로 메시지가 전해진)' 저서들 속에 담겨 있는 철학도 이것이다.

일부 저명한 심리학자들도 이 생각을 받아들이고 있다. '인간적 심리학을 위한 모임'의 전 회장이었고 현재는 뉴욕 포모나에 있는 마음연구재단의 책임자 진 휴스턴(Jean Houston)은 자신의 저서 ≪가능성의 인간*The Possible Human*≫에서 이러한 생각을 깊이 있게 개진하고 있다. 휴스턴은 이 책에서 다양한 심상화 기법을 제시하며, 그 중 한 기법에는 '두뇌를 조율하여 홀로버스(holoverse ; holo와 universe를 합성한 말)에 들어가기'라고 이름붙이기조차 했다.[84]

또 다른 책 매리 오서(Mary Orser)와 리처드 A. 재로(Richard A. Zarro)의 ≪운명을 바꾼다*Changing Your Destiny*≫는 미래를 바꿔놓기 위해 심상화를 이용할 수 있다는 생각을 뒷받침하는 모델로 홀로그램 모델을 강력히 지지한다. 재로는 미래형성 테크놀로지 사의 설립자이며 이 회사는 기업체에 '미래형성' 기법에 관한 세미나를 제공하는데, 그 고객 중에는 파나소닉(Panasonic), 국제 금융신용협회(IBCA) 등도 있다.[85]

우주비행사로서 달 위를 걸었던 여섯 번째 사람이며, 외부 우주뿐만 아니라 내면의 우주도 오랫동안 탐사했던 에드거 미첼(Edgar Mitchell)도 이와 비슷한 전략을 취했다. 그는 1973년 캘리포니아에 본부가 있으며 마음의 그러한 능력을 연구하는 게 목적인 이지과학연구소를 설립했다. 이 연구소는 지금도 왕성한 활동을 하고 있는데, 현재의 연구 사업은 기적적인 치유와 자발적 완화에 미치는 마음의 역할에 관한 연구, 그리고 지구의 긍정적인 미래를 만들어내는 데 의식이 하는 역할에 관한 연구다. "우리는 자신의 현실을 만들어낸다. 왜냐하면 우리 내부의 정서적—무의식적—현실이 자신에게 교훈적인 상황을 끌어들이기 때문이다. 우리는 그들로부터 배워야 할 것이 있는 사람들을 삶 속에서 만나지만 우리는 그것을 그저 이상한 일이 일어나는 것 정도로 경험한다. 우리는 매우 깊은 무의식 차원에서 이러한 상황을 지어낸다”고 미첼은 말한다.[86]

우리가 자신의 운명을 스스로 지어낸다는 생각이 대중적으로 받아들여지는 것, 이토록 다른 문화권과 시대 속에 두루 존재한다는 것이 단지 일시적인 유행일까, 아니면 그것이 뭔가 더 깊은 것, 즉 모든 인간이 직관적으로 알고 있는 뭔가에 대한 암시일까? 현재로서는 이 의문에 대답할 수 없다. 그러나 홀로그램 우주—그 속에서는 마음이 현실에 ‘참여’하며, 의식의 가장 깊은 곳에 있는 질료가 객관적 세계 속에서 동시성을 통해 자신을 드러낼 수 있는—속에서는 우리가 우리 운명의 창조자라는 생각은 그리 엉뚱한 생각이 아니다. 그것은 가능한 것처럼 보이기까지 한다.

세 가지의 마지막 증거

결론을 맺기 전에 세 가지의 마지막 증거들을 살펴볼 필요가 있다. 이 증거들은 확증적이지는 않더라도 저마다 홀로그램 우주에서 의식이 지닐 수 있는 또 다른 시간 초월 능력들을 엿볼 수 있게 한다.

집단 미래몽시

마음이 사람의 운명을 만들어냄을 암시하는 증거를 밝혀낸 또 한 사람의 전생 연구가는 샌프란시스코에서 활동하다가 죽은 심리학자 헬렌 웜바크(Helen Wambach) 박사다. 웜바크 박사의 연구 방법은 작은 워

크숍을 통해 여러 그룹의 사람들에게 최면을 걸어 특정 시대로 전생퇴
행시킨 후 그들의 성별, 입고 있는 옷, 직업, 식사 때 사용하는 식기 등
미리 정해진 질문을 해보는 것이었다. 전생현상에 관한 29년 간의 연구
를 통해서 그녀는 수천 명의 사람들에게 최면을 걸었고 약간의 인상적
인 발견들을 수집했다.

환생에 대한 비판적 의견 중의 하나는 사람들이 역사적으로 유명한
인물의 기억만을 떠올리는 것 같다는 주장이다. 그러나 웜바크는 피험
자들의 90% 이상이 농부, 노동자, 목장주, 수렵채취 시대의 원시인 등
의 전생을 떠올린다는 것을 발견했다. 10% 미만의 사람들은 귀족이었
던 전생을 기억해냈고 아무도 자신이 유명인물이었던 기억은 떠올리지
못했다. 이것은 전생의 기억이 공상이라는 견해와는 반대되는 결과다.[87]
그녀의 피험자들은 또 잘 알려지지 않은 역사적인 세부적 사실에서도
비범할 정도로 매우 정확했다. 예컨대 1700년대의 전생을 떠올렸을 때
사람들은 자신이 저녁식사 시간에 세 갈래짜리 포크를 사용했다고 말
했다. 하지만 1790년 이후에는 그들 대부분이 포크가 네 갈래로 생겼
다고 말했는데 이것은 포크의 발달사와 정확히 일치하는 사실이었다.
피험자들은 의복이나 신발, 유식의 형태 등에 관해서도 마찬가지로 정
확히 묘사했다.[88]

웜바크는 사람들을 미래의 삶으로도 '순행'시킬 수 있음을 발견했다.
다가올 세기에 대한 피험자들의 묘사는 너무나 매혹적이어서, 그녀는
프랑스와 미국에서 중요한 내생순행 연구를 행했다. 불행하게도 그녀
는 연구를 끝내기 전에 죽었지만, 그녀의 동료였던 쳇 스노(Chet
Snow)가 그녀의 연구를 이어받았고, 그 결과를 최근에 ≪집단 미래몽
시Mass Dreams of the Future≫라는 제목의 책으로 펴냈다.

그 연구에 참여했던 2500명의 보고를 종합했을 때 몇 가지 흥미로운
사실이 드러났다. 우선, 응답자의 거의 모두가 지구상의 인구가 극적으

로 감소했다고 말했다. 많은 사람들이 정해진 몇몇 미래 시대에 자신이 육신으로 태어난 것을 보지 못했다. 육신을 쓰고 태어난 사람들은 인구가 지금보다 훨씬 더 적은 것을 발견했다.

거기에 더하여, 응답자는 서로 다른 미래를 이야기하는, 네 가지의 범주로 정확하게 분류할 수가 있었다. 한 그룹은 즐거움이라고는 없는 삭막한 미래를 이야기했는데 그 세계에서 대부분의 사람들은 우주정거장에서 은색 옷을 입고 합성된 음식을 먹으며 살고 있었다. 다른 '뉴에이지' 그룹은 자연적인 환경에서 더 자연스럽고 행복하게 살면서 서로 조화를 이루고 많은 것을 배우고 영적으로 성장하는 데 삶의 목적을 두고 있었다고 보고했다. '기술사회의 도시민'들인 세 번째 타입의 사람들은 사람들이 돔으로 덮여 있는 도시와 지하도시에서 살고 있는 삭막하고 기계적인 미래를 묘사했다. 네 번째 타입의 사람들은 자신을 아마도 핵폭발인 것 같은 어떤 범지구적 재앙에 의해 폐허가 된 세상에서 살고 있는 재앙의 생존자들로 묘사했다. 이 그룹의 사람들은 도시의 폐허, 동굴, 외딴 시골농장 등 같은 곳에서 살고 있으며 흔히 짐승가죽으로 만든, 손으로 기운 초라한 옷을 입고 대부분의 음식을 사냥으로 조달하고 있었다.

이것을 어떻게 설명하겠는가? 스노는 그 답으로서 홀로그램 모델에 눈을 돌린다. 그리고 로이와 마찬가지로 이 같은 사실은 운명의 안개 속에서 형성되고 있는 몇 가지의 가능한 미래, 곧 홀로버스가 존재함을 암시한다고 믿는다. 그러나 다른 전생 연구가들과 마찬가지로 그 또한 우리는 개인적으로, 집단적으로 우리의 운명을 지어내며, 그러므로 네 가지의 시나리오는 사실 인류가 집단적으로 만들어내고 있는 다양한 미래의 가능성을 들여다보게 하는 것이라고 믿는다.

결론적으로 스노는 우리가 방공시설을 짓거나 일부 심령가들이 예언하는 '다가올 지구의 변화'에도 파괴되지 않을 지역으로 이사갈 것이

아니라 긍정적인 미래를 믿고 심상화하는 데 노력을 기울여야 한다고
충고한다. 그는 올바른 방향으로 가는 첫 걸음으로서 지구위원회(Pla-
netary Commission) — 해마다 12월 31일 그리니치 시각으로 자정 12
시에서 1시까지 지구의 평화와 치유를 위해 함께 기도하고 명상하기를
동의하는 수백 만의 세계인들로 이루어진 임시적 집단—를 주창한다.
스노는 이렇게 말한다. "만일 우리가 오늘의 집단적인 생각과 행동으
로 미래의 물리적 현실을 끊임없이 형성시켜 간다면 우리가 창조한 대
안의 현실 속으로 깨어나야 할 시간은 바로 '지금'이다. 각 타입의 사
람들로 대표되는 지구의 선택적 가능성들은 분명하게 나타나 있다. 우
리는 우리의 후손들을 위해서 이 중 어떤 것을 원하는가? 어쩌면 언젠
가는 자신 속으로 되돌아오기 위해서, 우리는 이 중 어느 쪽을 택하겠
는가?"[89]

과거를 바꾼다

인간이 생각으로 형성시키고 변화시킬 수 있는 것은 미래만이 아닐
지도 모른다. 초심리학협회의 1988년 연례회의에서 헬무트 슈미트
(Helmut Schmidt)와 메릴린 슐리츠(Marilyn Schlitz)는 자신들이 행한
몇 가지 실험은 인간의 마음이 과거도 변화시킬 수 있을지 모른다는 사
실을 암시했다고 보고했다. 한 연구에서 슈미트와 슐리츠는 컴퓨터를
이용한, 임의화 과정을 통해 만들어낸 1000가지의 서로 다른 소리의
조합을 사용했다. 각각의 소리조합은 길이가 다양한 100가지의 소리로
이루어져 있었는데 그 중 어떤 소리는 귀를 즐겁게 했고 어떤 소리는
듣기 싫은 잡음을 냈다. 그것을 고르는 과정은 임의적이었으므로 각각
의 조합된 소리는 확률의 법칙에 의해 약 50%의 듣기 좋은 소리와
50%의 듣기 싫은 소리로 되어 있어야 했다.
　그들은 이 소리조합을 녹음한 카세트 테이프를 실험에 자원한 사람

들에게 우송했다. 그리고 그들에게 이미 녹음되어 있는 그것을 듣는 동안 듣기 좋은 소리의 길이를 증가시키고 듣기 싫은 소리의 길이를 줄이도록 염력을 기울이는 시도를 해보라고 했다. 피실험자들은 그 작업을 마친 후 실험실에 그 사실을 통고했고 슈미트와 슐리츠는 원래의 소리 조합을 검사했다. 그들은 피험자들이 들은 녹음내용에는 듣기 싫은 소리보다 듣기 좋은 소리가 훨씬 더 길게 녹음되어 있음을 발견했다. 달리 말하면, 피험자들은 시간을 거슬러가서 '이미 녹음된' 카세트 테이프를 만들어낼 때 동원된 임의화 과정에 영향을 미친 것으로 나타난 것이다.

또 다른 실험에서 슈미트와 슐리츠는 컴퓨터 프로그램을 이용해 서로 다른 네 가지 높이의 음을 임의로 섞어서 100가지 톤의 소리조합을 만들어냈다. 그리고 피실험자들에게 테이프에 녹음된 내용이 낮은 음보다 높은 음을 더 많이 포함하도록 염력을 쓰도록 했다. 여기서도 역시 시간퇴행적인 염력효과가 발견되었다. 슈미트와 슐리츠는 또 규칙적으로 명상을 한 사람이 그렇지 않은 사람보다 더 큰 염력효과를 발휘했음을 발견했다. 이 사실 역시 현실을 재구성하는 의식영역에 접근하는 열쇠는 무의식과의 접촉임을 암시했다.[90]

이미 일어난 일을 염력으로 바꾸어놓을 수 있다는 생각은 뭔가 개운치 않다. 왜냐하면 우리는 과거는 표본화된 나비처럼 고정되어 있다고 믿도록 깊숙이 프로그램되어 있어서, 다른 것은 상상하기조차 힘들기 때문이다. 그러나 시간은 한갓 환상이고, 현실이란 마음이 만들어낸 이미지에 지나지 않다고 보는 홀로그램 우주에서 그것은 우리가 익숙해져야 할지도 모르는 하나의 가능성이다.

시간의 정원을 산책하다

위의 두 가지도 환상적인 이야기처럼 들리지만 다음에 제시할 신기한 시간적 이상 현상에 비하면 아무것도 아니다. 1901년 8월 10일, 옥스퍼드 대학교 세인트 휴 대학의 학장 앤 모벌리(Anne Moberly)와 부학장 엘리노 조데인(Eleanor Jourdain)은 베르사유 궁전의 페티 트리아농 정원을 산책하다가 눈앞의 광경이 마치 영화에서 한 장면이 다른 장면으로 넘어갈 때 사용하는 특수효과와 비슷하게 아지랑이처럼 흔들리는 효과를 보이는 것을 목격했다. 그것이 지나가자 그들은 광경이 바뀌어 있는 것을 깨달았다. 갑자기 그들 앞의 사람들이 18세기의 복장과 가발을 하고 흥분한 듯이 행동하고 있었다. 이 두 여인이 어쩔 줄 모르고 서 있는 동안 곰보 얼굴의 불쾌하게 생긴 남자가 다가오더니 그들에게 가던 길의 방향을 바꿀 것을 요구했다. 그들은 그를 따라 줄지어 서 있는 나무를 지나 어떤 정원으로 인도되었는데 거기에는 음악 소리가 흐르고 있었고 귀족인 듯한 한 부인이 수채화를 그리고 있었다.

그러다가 결국 그 광경은 사라지고 장면은 정상으로 돌아왔다. 그러나 그 변화는 매우 극적이어서, 그들은 뒤를 돌아보고 자신들이 방금 걸어왔던 그 길이 지금은 오래 된 돌담으로 막혀 있는 것을 깨달았다. 그들은 영국으로 돌아와 역사적 기록을 살펴보고는 자신들이 튀일리 궁전(소실된 파리의 옛 궁전)의 약탈과 스위스 경비병의 학살이 일어났던 시대—그 정원에 있던 사람들의 흥분된 태도를 설명해주는—로 돌아간 것이며, 그 정원에서 본 부인은 다름 아닌 마리 앙투아네트(Marie Antoinette ; 1755~93. 루이 16세의 왕비)였다는 결론을 내렸다. 그 경험은 너무나도 생생했기 때문에 두 여인은 그 사건에 대해 한 권 분량의 보고서를 써서 영국 심령과학협회에 제출했다.[91]

모벌리와 조데인의 경험을 그토록 의미 있게 만드는 것은 그들이 단지 과거를 역행인지하여 본 것이 아니라 실제로 '과거 속으로 걸어들어가서' 사람들을 만나고 100년도 넘는 과거의 튀일리 정원을 돌아다녔다는 사실이다. 모벌리와 조데인의 경험은 현실로 받아들이기가 힘들다. 그러나 그것이 그들에게 아무런 이득도 되지 않을뿐더러 오히려 그들의 학문적 명성에 위협이 될 것이 분명한 점을 감안한다면 그들이 그런 엉뚱한 이야기를 만들어낼 동기가 무엇일지 상상하기가 어렵다.

게다가 이것이 영국 심령과학협회에 보고된 튀일리 정원 현상의 전부가 아니다. 1955년 5월 런던의 한 법무관과 그의 아내도 이 정원에서 몇 명의 18세기 인물을 만났다고 한다. 그리고 또 한번은 베르사유 궁전이 건너다 보이는 사무실에 근무하는 한 대사관 직원도 이 정원이 옛 역사시대의 모습으로 바뀌는 것을 목격했다고 주장한다.[92] 미국에서도 초심리학협회와 심령과학협회 전직 회장이었던 초심리학자 가드너 머피(Gardener Murphy)가 이와 유사한 사례를 연구했다. 즉, 버터보라는 이름으로만 알려진 한 여인이 네브래스카 웨슬리 대학교에 있는 사무실 창문에서 바깥을 바라보다가 이 학교가 50년 전의 모습으로 바뀌는 것을 목격했다는 것이다. 학생들로 붐비는 길과 여학생회관 건물이 사라지고 그 자리에는 넓은 들과 드문드문 서 있는 나무들, 그리고 오랜 옛날의 여름 미풍에 나뭇잎들이 살랑거리는 광경이 보였다는 것이다.[93]

현재와 과거 사이의 경계막이 그토록 얇아서 적당한 조건에서는 우리도 마치 정원을 거닐 듯이 쉽게 과거 속으로 걸어 들어갈 수 있는 것일까? 현재로서는 알 수 없을 뿐이다. 그러나 시간과 공간 속을 여행하는 견고한 물체로 이루어져 있기보다는 최소한 부분적으로는 인간의 의식과 관련된 작용에 의해서 지탱되는 에너지의 유령 같은 홀로그램으로 이루어져 있는 세계에서는 그러한 사건이 생각처럼 불가능하기만 한 일이 아닐지도 모른다.

그리고 이것 — 우리의 마음과, 심지어 신체까지도, 우리가 이제까지 상상해온 것보다 시간의 구속으로부터 훨씬 더 자유롭다는 생각 때문에 머리가 혼란스럽다면 지구가 둥글다는 생각도 한때는 땅이 평평하다고 확신했던 인류에게 똑같이 혼란스러운 일로 생각되었음을 상기할 필요가 있다. 이 장에서 제시된 증거들은 우리가 시간의 진정한 본질에 대한 이해에 관한 한 아직도 어린아이임을 깨우쳐준다. 그리고 어른이 되는 문턱에 서 있는 모든 아이들처럼 우리는 두려움을 벗어던지고 세상의 진정한 모습을 직면해야 할 것이다. 왜냐하면 만물이 단지 출몰하는 에너지의 유령에 지나지 않는 홀로그램 우주에서는 시간뿐만 아니라 다른 모든 것들에 대한 이해가 전반적으로 변화되어야만 하기 때문이다. 우리 앞의 광경을 지나갈 다른 아지랑이들과 파헤쳐야 할 더 깊은 심층부가 아직도 남아 있다.

8

슈퍼홀로그램 속의 여행

의식이 육신에 대한 의존으로부터 해방되면 홀로그램 현실에 대한 접근은 경험적으로 가능해진다. 육신과 그 감각적 현실에 매여 있는 한 홀로그램 현실은 '기껏해야' 지적인 상상물밖에는 될 수가 없다. 육신으로부터 해방되면 그것을 직접 경험한다. 신비가들이 자신의 비전을 그토록 정확하게, 확신 있게 말하는 반면 이런 세계를 직접 경험해보지 못한 사람들이 회의적이거나 심지어 무관심한 채로 남아 있는 이유는 바로 이 때문이다.

— 케네스 링 《사망 문턱의 삶 *Life at Death*》 중에서

홀로그램 우주에서는 시간만이 유일한 환영이 아니다. 공간 또한 우리의 지각방식의 산물로 봐야 한다. 이것은 시간이 상상물이라는 생각보다도 더 이해하기 어렵다. 왜냐하면 '무공간' 상태를 개념으로서 이해하려 해도 '아메바 같은 우주'나 '결정화되고 있는 미래' 같은 손쉽고 적당한 비유가 없기 때문이다. 우리는 공간을 절대적인 개념으로 생각하는 데 너무나 익숙해진 나머지 공간이 존재한 적이 없는 세계 속에 존재한다는 것이 어떤 것인지 상상하기조차 힘들다. 그럼에도 불구하고 궁극적으로 우리는 시간에 의해 구속되지 않듯이 공간에 의해서도 구속된 존재가 아니라는 증거가 있다.

이것이 사실이라는 한 가지 강력한 증거는 유체이탈 현상, 즉 사람의 의식적 지각이 육체로부터 떨어져나가 다른 장소로 여행하는 것으로 보이는 경험이다. 유체이탈 경험은 역사를 통해 모든 방면의 인물들이 보고하고 있다. 올더스 헉슬리(Aldous Huxley), 괴테(Goethe, D. H.) 로렌스(Lawrence), 아우구스트 스트린트버그(August Strindberg), 잭

런던(Jack London) 등이 모두 유체이탈 경험을 보고했다. 이집트인, 북아메리카 인디언, 중국인, 그리스의 철학자들, 중세의 연금술사들, 오세아니아인, 인도인, 헤부루인, 모슬렘들도 유체이탈을 알고 있다. 44개의 비서양권 사회에 대한 비교문화 연구에서 딘 실즈(Dean Shiels)는 이 중 오직 3개 문화권만이 유체이탈체험에 대한 믿음을 가지고 있지 않은 것을 발견했다.[1] 이와 유사한 연구에서 인류학자 에리카 보귀농(Erika Bourguignon)은 전세계 488개의 사회들—알려진 모든 사회의 약 57%—을 살펴보고 그 중 437개, 즉 89%의 사회가 최소한 유체이탈 경험과 관련된 전통을 지니고 있음을 발견했다.[2]

연구에 의하면 유체이탈체험은 오늘날에도 여전히 보편적인 현상임이 드러난다. 애버딘 대학교의 지리학자이자 아마추어 초심리학자인 고(故) 로버트 크루컬(Robert Crookall) 박사는 책으로 아홉 권 분량이나 되는 관련방면의 사례를 조사해놓았다. 1960년대에는 옥스퍼드에 있는 정신물리학 연구소의 소장인 실리아 그린(Celia Green)이 사우스앰프턴 대학교의 학생 115명을 조사하여 그 중 15%가 유체이탈체험을 한 적이 있음을 밝혀냈다.[3] 해럴드슨은 902명의 성인을 조사하여 그 중 8%가 생애 중 최소한 한 번은 신체 밖으로 빠져나간 경험을 했다는 사실을 발견했다.[4] 그리고 호주 뉴잉글랜드 대학교의 하베이 어윈(Harvey Irwin) 박사가 1980년에 행한 조사에서는 177명의 학생 중 20%가 유체이탈체험을 했다는 사실이 드러났다.[5] 이 숫자를 평균해보면 5명에 1명 꼴로 생애 중 어떤 시점에서 유체이탈체험을 하게 된다. 다른 연구에서는 그런 경우가 10명 중 1명 꼴로 나타나지만 아무튼 한 가지 사실만은 변함이 없다. 즉, 유체이탈체험은 대부분의 사람들이 생각하는 것보다는 훨씬 더 일반적인 현상이라는 것이다.

전형적인 유체이탈은 대개 자발적으로 일어나며 잠, 명상, 마취, 병, 충격적인 고통 등의 순간에 가장 흔히 일어난다(물론 다른 조건에서도 일어날 수 있지만). 어떤 사람이 갑자기 자신의 의식이 몸에서 분리된 생생한 느낌을 느낀다. 그는 대개 자신이 자신의 몸 위에 떠 있는 것을 발견한다. 그리고 다른 장소로 날아갈 수 있다는 사실도 깨닫는다. 몸을 빠져나와서 자신의 몸을 내려다보고 있는 기분은 어떨까? 토페카에 있는 메닝거 재단의 글렌 개버드(Glen Gabbard) 박사, 토페카 원호의료원의 스튜어트 트웸로(Stuart Twemlow) 박사, 그리고 캔서스 대학 의료원의 폴러 존스(Fowler Jones) 박사가 1980년 행한 339가지의 유체이탈체험에 관한 사례연구를 살펴보면 희한하게도 85%의 사람들이 그 체험이 즐거웠다고 말했고 그 중 반수 이상이 황홀했다고 말했다.[6]

나는 그 기분을 안다. 나는 10대 시절에 유체이탈 경험을 했다. 내가 침대 위에 누워 자고 있는 내 몸 위에 떠서 그것을 내려다보고 있는 것을 발견하고는 충격을 받았다. 그러나 정신을 수습한 후 나는 벽을 통과해서 날아다니고 나무 꼭대기로 날아오르는 형용할 수 없이 상쾌한 시간을 가졌다. 이렇게 몸 없이 다니는 여행 중에 나는 이웃집 사람이 잃어버렸다는 책을 발견해내고 그 다음날 그녀에게 그 책이 어디에 있는지 가르쳐줄 수도 있었다. 나는 이 경험을 ≪양자를 넘어서 *Beyond the Quantum*≫에 묘사해놓았다.

개버드, 트웸로, 존스가 유체이탈체험자들의 심리상태도 함께 조사하여, 그들이 심리적으로 정상이며 대체로 지극히 평범한 사람들임을 발견한 것은 그 의미가 작지 않다. 미국 정신의학협회의 1980년 연례회의에서 그들은 유체이탈체험이 일반적인 현상이라는 자신들의 결론을 발표하고, 환자에게 그 방면에 관한 문헌을 읽게 하는 것이 정신과 치료보다도 오히려 '더 효과적'일 수 있음을 동료들에게 말해주었다. 그들은 심지어 환자들에게는 정신과 의사보다도 요기와 대화하는 것이 더 나으리라는 힌트까지 주었다.[7]

이런 사실에도 불구하고, 통계 속의 사실은—그것이 아무리 많아도—

그런 경험들의 실제적인 이야기보다 확신을 주지는 못한다. 예컨대 워싱턴 주 시애틀 병원 사회복지과에 근무하는 킴벌리 클라크(Kimberly Clark)는 마리아라는 심장동맥 질환자를 만나기 전까지는 유체이탈체험에 그리 관심이 없었다. 마리아는 입원한 지 며칠 후 심장박동이 정지되었지만 곧 회복되었다. 클라크는 그날 오후 늦게 그녀를 만나러 가면서 그녀가 자신의 심장이 멈춘 사실에 대해 매우 근심하고 있으리라고 생각했다. 기대했던 대로 그녀는 흥분해 있었다. 하지만 그것은 클라크가 예상했던 것과는 다른 이유 때문이었다.

마리아는 클라크에게 자기가 매우 기이한 일을 경험했다고 말했다. 심장이 멈춘 후 그녀는 의사와 간호사가 자신에게 응급처치를 하고 있는 모습을 천장에서 내려다보고 있는 자신을 발견한 것이다. 그러다가 응급실 앞 복도 위의 뭔가가 그녀의 주의를 끌었는데 그녀가 그곳을 '생각하자마자' 그녀는 그곳에 '있었다'. 그 다음에 마리아는 병원 3층으로 올라가는 '길을 생각했고' 다음 순간 그녀는 테니스화 신발끈에 '코를 맞대고' 있었다. 그것은 낡은 신발이었는데 새끼발가락 쪽이 닳아서 구멍이 나 있는 것이 보였다. 그녀는 신발끈이 신발 뒤꿈치 밑에 깔려 있는 등 몇 가지 다른 세부적인 사실들도 의식했다. 마리아는 이 이야기를 털어놓은 후 클라크에게 제발 3층의 창턱으로 가서 거기에 테니스화가 놓여 있는지, 그래서 자신의 경험이 사실인지 아닌지 확인해 볼 수 있게 해달라고 부탁했다.

클라크는 그것이 의심스러웠지만 한편으로는 호기심이 발동해서 병원 밖으로 나가 창턱을 올려다보았다. 그러나 그 위치에서는 아무것도 보이지 않았다. 그녀는 3층으로 올라가 병실을 들락거리면서, 창턱을 보려면 유리창에 얼굴을 바싹 갖다대야 할 정도로 좁은 창문들을 통해 밖을 내다보며 이리저리 살폈다. 마침내 한 병실 창문에 얼굴을 바싹 대고 내려다보았더니 과연 테니스화가 보였다. 하지만 거기서는 정말 새끼발가락 쪽에 구멍이 나 있는지, 혹은 마리아가 이야기했던 다른 사실들이 맞는지 알 수가 없었다. 결국 그 신발을 건져올려서 살펴보고 나서야 그녀는 마리아의 말이 모두 사실이었음을 확인할 수 있었다. "그녀가 신발을 그처럼 자세하게 살펴볼 수 있는 유일한 방법은 병원 건물 바로 바깥쪽에서 신발에 아주 가까이 다가가서 살펴보는 것뿐이었다"고 클라크는 말했다. 그녀는 그 이후로 유체이탈체험을 믿게 되었다. "그것은 나에게는 너무나 구체적인 증거였다."[8]

심장박동이 멈춘 동안 유체이탈체험을 하는 것은 비교적 흔한 일이다. 아니, 너무나 흔한 일이어서 에모리 대학교 의학교수이며 심장의학자이고, 애틀랜타 원호병원의 간부급 내과의인 마이클 B. 세이봄(Michael Sabom)은 환자들로부터 그 같은 '공상 이야기'를 듣는 일에 질린 나머지 그 문제의 진위를 가려내야겠다고 마음먹었다. 그는 두 그룹의 환자군을 택했다. 한 그룹은 심장마비시에 유체이탈체험을 했다는 32명의 오래 된 심장병 환자들이었고 또 한 그룹은 유체이탈 경험이 없다는 25명의 오래 된 심장병 환자들이었다. 그는 유체이탈 경험자들에게는 그들이 유체이탈 상태에서 목격한 자신의 소생과정을 묘사하게 했고 유체이탈체험이 없는 사람들에게는 소생과정이 어떠할지 상상하여 묘사하게 했다.

유체이탈체험이 없는 사람들 중에서 20명은 자신의 소생과정을 묘사하는 데 중요한 오류를 범했고, 3명은 정확하지만 자세하게 묘사를 못했으며, 2명은 어떤 일이 일어날지 전혀 상상하지 못했다. 유체이탈 경험자 중에서는 26명이 정확하지만 대략적인 내용의 묘사를 했고, 6명은 자신의 소생과정을 매우 정확하고 자세하게 묘사했으며, 한 사람은 너무나도 정확히 일거수 일투족의 과정까지 설명하여 세이봄을 놀라게 하였다. 그 결과가 그를 고취시켜 이 현상을 더욱 파고들게 하였고 그는 이제는 클라크처럼 유체이탈 현상을 굳게 믿게 되어 이 분야에 관해 널리 강연을 하고 있다. "일반적인 신체감각을 통해서는 이렇게 정확한 관찰을 해낼 수 있는 방법을 적절히 설명할 길이 없어 보인다. 현재 드러나 있는 데이터에 가장 어울리는 설명은 유체이탈 가설뿐인 것 같다"고 그는 말한다.[9]

이런 환자들이 경험한 유체이탈은 저절로 일어난 것이지만 어떤 사람들은 이 능력에 완전히 숙달되어 있어서 마음만 먹으면 언제든지 육신을 떠날 수가 있다. 이런 사람들 중에서 가장 유명한 사람은 전직 라디오-텔레비전 방송계의 간부였던 로버트 먼로(Robert Monroe)다. 먼로가 1950년대 말 처음으로 유체이탈을 경험했을 때 그는 자신이 미쳐가고 있다고 생각하여 곧장 병원으로 갔다. 그가 찾아갔던 의사는 그에게서 아무런 문제도 발견하지 못했지만 그런 현상은 계속되었고 그는 이 기이한 현상 때문에 몹시 혼란스러웠다. 마침내 심리학자인 한 친구로부터 인도의 요기들은 밥 먹듯이 몸을 떠나 다닌다는 이야기가 있다는 말을 듣고 그는 자신의 뜻하지 않았던 그 능력을 받아들이기 시작했다. 먼로는 이렇게 회상한다. "나는 둘 중 하나를 선택해야 했다. 즉, 평생 진정제를 복용하거나, 아니면 그것을 제어할 수 있도록 이 상태에 대해 뭔가를 배우는 것이었다."[10]

그날부터 먼로는 자신의 체험내용을 일지에 적기 시작했다. 그리고 유체이탈 상태에 대해 스스로 깨달은 바를 빠짐없이 용의주도하게 기록했다. 그는 자신이 단단한 물체를 통과할 수 있으며, 자신이 그곳에 있다고 '생각하기만 하면' 눈 깜짝할 사이에 아주 먼 거리를 여행해서 갈 수 있음을 깨달았다. 그는 다른 사람들이 자신이 그곳에 있는 것을 거의 알아차리지 못한다는 사실도 알아냈다. 그가 이 '이차(二次)현실 상태'에서 만났던 친구들에게 그가 유체이탈 중에 보았던 그들의 복장이나 행동을 정확히 이야기해주면 그들도 곧 이 현상의 신봉자가 되었다. 그는 또 몸을 떠난 다른 여행자들을 가끔씩 마주치면서 자신만이 이런 일을 겪고 있는 것이 아님을 깨달았다. 지금까지 그는 자신의 체험을 두 권의 매력적인 책 ≪몸 밖의 여행 *Journey out of the Body*≫, ≪먼 여행 *Far Journeys*≫ 속에서 이야기하고 있다.

유체이탈체험은 실험실에서도 보고되었다. 초심리학자 찰스 타트는 유체이탈 상태에서만 접근할 수 있는 장소에 있는 종이에 쓰인 다섯자리 숫자를 맞히는 한 실험에서 미스 Z라고만 밝히는 능숙한 유체이탈자를 발견할 수 있었다.[11] 뉴욕에 있는 미국 심령과학협회에서 행한 일련의 실험에서 칼리스 오시스(Karlis Osis)와 심리학자 자넷 리 미첼(Janet Lee Mitchell)은 천부적인 소질을 지닌 몇 명의 피험자를 발견했다. 그들은 국내의 여러 지방으로부터 '날아와서' 책상 위에 놓인 물건들, 선반 위에 놓인 기하학적 무늬의 색 도형, 특별한 장치에 달린 작은 창을 통해서만 볼 수 있는 착시적(錯視的) 이미지 등의 다양한 표적물 이미지를 정확하게 묘사해낼 수 있었다.[12] 노스 캐롤라이나 더햄에 있는 심령과학연구재단의 연구책임자인 로버트 모리스(Robert Morris) 박사는 유체이탈 방문을 확인하기 위해서 동물까지 동원했다. 예컨대 한 실험에서 모리스는 케이스 해러리(Keith Harary)라는 유체이탈 능력이 있는 피험자의 고양이가 해러리가 유체이탈 상태로 곁에 다가갈 때마다 울기를 그치고 가르릉거리기 시작한다는 사실을 발견했다.[13]

홀로그램 현상으로서의 유체이탈

전체적으로 보면 증거는 명백해보인다. 우리는 우리가 두뇌를 통해 '생각한다'고 배웠지만 이것이 항상 사실인 것은 아니다. 적당한 조건에서는 우리의 의식 — 생각하고 지각하는 우리의 부분인 — 은 육체로부터 떨어져 나와 자신이 원하는 어떤 곳에나 존재할 수가 있다. 현재의 과학적 이해로는 이 현상을 설명할 수가 없다. 하지만 홀로그램적 사고로는 이것도 훨씬 더 이해하기가 쉬워진다.

홀로그램 우주에서는 위치라는 것 자체가 하나의 환영이라는 사실을 명심하라. 사과의 이미지가 홀로그램 필름 위에서는 어떤 특정한 위치도 갖고 있지 않은 것과 마찬가지로 홀로그램 방식으로 조직된 우주에서는 사물 역시 특정한 위치를 가지고 있지 않다. 의식을 포함하여 모든 것이 궁극적으로는 초공간적이다. 그러므로 우리의 의식이 머릿속에 위치하고 있는 것 같아도 어떤 조건하에서는 아무 어려움 없이 방 안의 천장 한구석에 떠 있거나, 잔디밭 위를 떠다니거나, 혹은 건물 3층의 창턱에 놓인 테니스화의 신발끈에 코를 갖다대고 있을 수도 있는 것이다.

공간을 초월한 의식이라는 개념을 이해하기 어렵다면 꿈에서 또다시 유용한 비유를 찾아볼 수 있다. 당신이 사람이 붐비는 전시회에 가 있는 꿈을 꾼다고 상상해보라. 사람들 사이를 비집고 다니면서 그림을 감상하는 동안 당신의 의식은 꿈 속에 당신이 되어 있는 사람의 머릿속에 위치하고 있는 것처럼 생각된다. 하지만 실제로 의식은 어디에 있는 것일까? 잠시만 분석해보면 의식은 꿈 속의 모든 곳에 있음이 밝혀질 것이다. 전시회에 구경온 다른 사람들, 그림들, 심지어 꿈 속의 공간 그 자체에도 말이다. 꿈 속에서는 위치라는 것 또한 하나의 환영이다. 왜냐하면 모든 것이—사람들, 물체들, 공간, 의식 등등—그보다 더 깊고 더 근원적인, 꿈꾸는 사람의 현실로부터 펼쳐져 나오고 있기 때문이다.

유체이탈체험의 놀랍도록 홀로그램적인 또 다른 성질은, 몸을 이탈한 후 그 사람이 취하는 형체가 유연하다는 것이다. 몸에서 떨어져 나온 후 유체이탈자는 가끔 자신이 정확히 육체 같은 형태로 생긴 마치 유령과 같은 몸 속에 있는 것을 발견한다. 이것이 과거에는 일부 연구자들로 하여금 인간이 소설에 나오는 도플갱어(doppelganger :

double-goer라는 뜻의 독일어. 살아 있는 사람의 유령 같은 몸. 자신에게
만 보이고 타인에게는 보이지 않음 ; 옮긴이)와 다르지 않은 ‘자신과 똑같
이 생긴 쌍둥이 유령’을 가지고 있다고 생각하게끔 만들었다.

그러나 최근의 연구는 이런 설이 지니고 있는 문제점을 밝혀놓았다.
어떤 유체이탈자는 이 쌍둥이 유령이 옷을 벗고 있는 것으로 묘사하지
만 다른 유체이탈자들은 또 자신이 옷을 제대로 입은 몸 안에 있음을
발견한다. 이것은 쌍둥이 유령이 육체의 영구적인 에너지 복제물이 아
니라 다양한 형체를 취할 수 있는 일종의 홀로그램임을 시사한다. 이러
한 생각은 쌍둥이 유령이 사람들이 유체이탈했을 때 취하는 유일한 형
체가 아니라는 사실에 근거한다. 자신이 빛의 구체, 혹은 일정한 형체
가 없는 에너지의 구름, 심지어 식별할 수 있는 어떤 형체도 취하지 않
고 있는 것을 발견했다는 무수한 보고가 있다.

유체이탈시 사람이 취하는 형체는 그 사람의 신념이나 기대의 직접
적인 결과물이라는 증거까지 있다. 예컨대 J. H. M. 화이트맨(J. H. M.
Whiteman)은 1961년에 쓴 책 ≪신비한 삶 *The Mystical Life*≫에서,
자신은 성인이 된 이후 최소한 한 달에 두 번 유체이탈체험을 했으며
그러한 체험의 기록을 2000건 이상 기록해놓았다고 밝혔다. 또 그는
항상 자신이 남자의 몸 속에 갇힌 여자인 것처럼 느꼈으며, 이것이 가
끔은 유체이탈시에 자신이 여자의 몸을 취하고 있는 것을 발견하게 하
는 결과를 가져왔다고 털어놓았다. 화이트맨은 유체이탈의 모험을 하
는 동안 예컨대 아이의 몸 같은 다양한 형체를 취하고 있는 경험도 했
다. 그리고 그는 의식적, 무의식적인 신념이 이 2차 신체(Second Body)
가 취하는 형상을 결정하는 요인이라고 결론지었다.[14]

먼로도 이에 동의하면서, 우리의 ‘사고습관’이 유체이탈시의 형체를
만들어낸다고 주장한다. 우리는 몸 속에 존재하는 것에 너무나 습관화
되어 있기 때문에 유체이탈시에도 동일한 형체를 만들어내는 경향이

있다는 것이다. 이와 마찬가지로 그는 유체이탈자들이 인간의 형체를 지닐 때 무의식적으로 자신에게 옷을 입히는 것은 발가벗었을 때 대부분의 사람들이 느끼는 수치감 때문이라고 믿는다. "나는 2차 신체를 자신이 원하는 어떤 형체로든 변형시킬 수 있으리라고 생각한다"고 먼로는 말한다.[15]

우리가 몸을 벗어났을 때는 무엇이 우리의 진정한 모습일까? 만약 그런 것이 있다면 말이다. 먼로는 그 같은 모든 가면을 벗어버리고 나면 우리는 본질적으로 '상호작용하고 공명하는 다양한 주파수들로 이루어진 파동의 패턴'임을 발견했다.[16] 이 발견 또한 뭔가 홀로그램 같은 현상이 일어나고 있음을 놀랍게 암시하며, 궁극적으로는 우리가—홀로그램 우주 속의 다른 모든 것들과 마찬가지로—하나의 파동현상이며 그것을 우리의 마음이 다양한 홀로그램 형상으로 변환시키는 것일 뿐이라는 증거를 더해준다. 이것은 또 우리의 의식이 두뇌 속에 담겨 있는 것이 아니라 육체를 둘러싸고 있고, 또한 속으로도 침투해 있는 플라스마 같은 홀로그래픽 에너지 장 속에 담겨 있다는 헌트의 결론에 신빙성을 더해준다.

홀로그램 같은 유연성을 보여주는 것은 우리가 유체이탈시에 취하는 형체만이 아니다. 소질 있는 유체이탈자들의 관찰내용이 정확함에도 불구하고 그와 동시에 발견되는 일부 부정확한 점들이 연구자들을 오랫동안 의아하게 만들었다. 예컨대 내가 유체이탈 중에 우연히 보게 되었던 잃어버린 책의 제목글씨는 그 당시에는 밝은 초록색으로 보였다. 하지만 몸으로 돌아오고 나서 그 책을 보았을 때 제목글씨는 사실은 검은색이었다. 이 같은 불일치에 대한 예는 문헌을 가득 채우고 있다. 예컨대 유체이탈자가 멀리서 사람이 가득한 방 안을 정확히 묘사했지만 거기에 없는 사람을 추가했다든가, 혹은 테이블을 소파로 보았다든가 하는 것 등이다.

홀로그램 개념으로 본다면 이것을 설명할 한 가지 방법은, 그런 유체이탈자는 유체이탈 중에 지각한 주파수를 객관적 현실의 정확한 홀로그램적 표현물로 변환시키는 능력을 개발하지 못한 것이라고 할 수 있을지도 모른다. 달리 말하면, 유체이탈자들은 전혀 다른 감각기관을 사용하는 것으로 보이므로 이 감각기관이 아직도 불안정하여 그 주파수 영역을 외견상 객관적인 현실의 구조물로 변환시키는 기술에 아직 익숙해 있지 않은 것인지도 모른다.

이 비육체적인 감각기관은 또 우리 자신의 자기제약적인 신념이 부가하는 제약에 의해 더욱 방해를 받는다. 다수의 능력 있는 유체이탈자들은 2차 신체 속에서 좀더 익숙해지면 고개를 돌리지 않고도 모든 방향을 '바라볼' 수 있다는 사실을 발견했다고 말한다.

달리 말하면, 유체이탈 상태에서는 모든 방향으로 보는 것이 정상적인 것 같지만 그들은 눈으로만 사물을 볼 수 있다는 믿음에 워낙 익숙해져 있어서—비육체적인 홀로그램 신체 속에 있을 때조차—이 신념이 그들로 하여금 처음에는 자신이 전방향 시각을 지니고 있음을 깨닫지 못하게 한 것이다.

우리의 육체적 감각조차 이런 식의 검열의 희생물이 되어 있다는 증거도 있다. 눈을 통해 사물을 본다는 우리의 흔들리지 않는 확신에도 불구하고 '눈 없이 보는 능력', 혹은 신체의 다른 부위를 통해 보는 능력을 지닌 사람들에 대한 보고가 끊이지 않는다. 하버드 의과대학 임상연구원인 데이비드 아이젠버그(David Eisenberg) 박사는 최근에 겨드랑이 피부를 통해 글을 읽고 색깔을 알아낼 정도로 잘 볼 수 있는 중국 베이징에 사는 두 자매에 관한 이야기를 책으로 펴냈다.[17] 이탈리아에서는 신경학자인 케사레 롬브로소(Cesare Lombroso)가 코끝과 귓불로 볼 수 있다는 한 맹인 소녀를 연구했다.[18] 1960년대에는 소비에트 과학아카데미가 손가락으로 사진과 신문을 볼 수 있는 로자 쿨레쇼바

(Rosa Kuleshova)라는 러시아 시골여인을 조사하고 그녀의 능력이 진짜임을 확인했다. 흥미롭게도, 소련 학자들은 쿨레쇼바가 단순히 다양한 색깔들이 원래 지니고 있는 서로 다른 열량을 감지하는 것이 아님을 밝혀냈다. 즉, 쿨레쇼바는 '가열된 유리로 가려진' 흑백의 신문도 읽을 수 있었던 것이다.[19] 쿨레쇼바의 능력은 널리 알려져서 마침내는 ≪라이프≫ 지에도 그녀에 관한 기사가 실렸다.[20]

간단히 말해서, 우리들 또한 단지 육안으로만 볼 수 있도록 한계지어져 있지 않다는 증거가 있다. 물론 이것은 우리 아버지의 친구 톰이 딸의 등뒤에 감춰져 있는 시계에 새겨진 글자를 읽어낸 능력과 원격투시 실험에서 나타난 현상 속에도 담겨 있는 메시지다. 눈 없이 볼 수 있는 능력 자체도 사실은 현실이란 것이 진정 '마야(maya)', 즉 환영이며 우리의 육신, 그리고 일견 절대적인 것 같은 그 생리작용까지도 2차 신체와 마찬가지로 우리의 지각이 만들어내는 홀로그램 구조물임을 말해주는 또 다른 증거에 지나지 않는다고 한다면 놀라지 않을 수 없을 것이다. 어쩌면 우리는 눈을 통해서만 볼 수 있다고 믿는 데 너무나 뿌리 깊이 친숙해져 있어서 우리의 온전한 육체적 지각범위로부터 스스로를 차단시켜 놓은 것일지도 모른다.

유체이탈체험 중에 가끔씩 나타나는 또 다른 홀로그램적 성질은, 과거와 미래 사이의 구분이 불명확해지는 것이다. 예컨대 오시스와 미첼은 메인 주 출신의 유명한 심령가이며 소질 있는 유체이탈자인 알렉스 태너스(Alex Tanous) 박사가 그들의 실험실로 날아와서 그들이 책상 위에 놓아둔 시험용 물체들을 묘사해보는 실험을 했을 때 그가 며칠 후에 그 책상 위에 놓일 물건들을 묘사하는 경향이 있음을 발견했다.[21] 이것은 사람들이 유체이탈 중에 들어가게 되는 세계가 봄이 말하는 현실의 더 미묘한 차원들 중의 하나, 즉 감추어진 질서에 더 가까운 영역으로서, 과거와 현재와 미래 사이의 구분이 더 이상 존재하지 않는 현

실차원에 더 가까운 곳임을 시사한다. 달리 표현하자면 태너스의 마음
은 현재를 표현한 주파수에 동조하는 대신 미래에 관한 정보를 담고 있
는 주파수에 동조하여 그것을 현실의 홀로그램으로 변환시킨 것으로
보인다.

그 방에 대한 태너스의 지각이 단지 그의 머릿속에서 일어난 예지적
비전이 아니라 홀로그램 현상이었음은 또 다른 사실에 의해 확인된다.
오시스는 그가 유체이탈하기로 예정한 그날 뉴욕의 심령가인 크리스틴
휘팅(Christine Whiting)에게 방 안에서 촉각을 곤두세우고 있다가 그
곳을 방문하는 뭔가가 '보이면' 묘사해보도록 부탁했다. 휘팅은 누가
언제 날아들어올지 몰랐지만 태너스가 유체이탈 방문을 했을 때 그녀
는 유령 같은 그의 모습을 분명히 보았고 그가 갈색 코듀로이 바지와
흰색 면셔츠를 입고 있었다고 묘사했다. 그것은 태너스 박사가 유체이
탈할 때 메인에서 입고 있었던 바로 그 옷이었다.[22]

해러리도 가끔 미래로 유체이탈을 했고 그것이 다른 예지적 경험과
는 성질이 다르다는 데 동의한다. "미래의 시간과 공간으로 유체이탈하
는 것은 보통의 예지적 꿈과는 다르다. 나는 분명히 '밖으로 나와서' 검
고 어두운 지역을 지나서 어떤 밝은 미래의 광경 속으로 옮겨간다"고
그는 말한다. 그가 미래를 유체이탈로 방문했을 때 그는 가끔 미래의
자신의 모습을 보기도 했다. 그뿐만 아니다. 그가 목격한 사건이 마침
내 현실로 다가오면 '그는 유체이탈하여 시간여행 중인 자신을 실제의
현장 속에서 감지한다'. 그는 이 무시무시한 느낌을 "마치 내가 두 존
재인 것처럼 나 자신을 내 '뒤에서' 만나는 것과 같다"고 묘사한다. 이
것은 일반적인 데자뷰 현상(기시감旣視感. 처음 보는 광경을 과거에 본 듯
이 느끼는 현상 ; 옮긴이) 정도는 무색케 하는 경험임이 틀림없다.[23]

과거로 유체이탈 여행을 한 기록도 있다. 자주 유체이탈을 하는 스웨
덴의 극작가 아우구스트 스트린트버그(August Strindberg)는 그의 저

서 ≪전설*Legends*≫에서 한 사례를 이야기하고 있다. 그것은 그가 술집에 앉아 젊은 친구에게 그의 군경력을 포기하지 말도록 설득하고 있던 중 일어났다. 설득을 돕기 위해서 그는 그들 두 사람이 어느 날 저녁 한 선술집에 있을 때 일어났던 과거의 일을 상기시켰다. 그 일을 이야기하던 중 그는 갑자기 '의식을 잃었는데' 자신이 문제의 그 선술집에 앉아 그 일을 재현하고 있는 것을 발견했다. 그 경험은 단지 잠시 동안 지속되었고 그러다가 그는 갑자기 현재 속으로 돌아온 자신을 발견했다.[24] 앞장에서 살펴보았던 것처럼 투시가들이 자신이 묘사하고 있는 역사적 광경 속으로 실제로 들어가고, 심지어 그 위를 '떠다니는' 경험을 했던 시간 역행 환시 또한 일종의 과거로의 유체이탈이라고 볼 수 있다.

사실 유체이탈 현상에 관한 현재까지의 방대한 자료문헌들을 살펴보면 유체이탈 여행자들의 경험과 우리가 지금 홀로그램 우주와 연관시키게 된 성질들 간의 유사성에 거듭 놀라게 된다. 유체이탈 상태를 시간과 공간이 더 이상 제대로 존재하지 않는 세계, 생각이 홀로그램 같은 형상으로 변환될 수 있는 세계, 의식이 궁극적으로 파동, 혹은 주파수의 패턴인 세계로 묘사하는 것에 덧붙여서, 먼로는 유체이탈 중의 지각이 '빛의 반사(reflection)'에 근거한 것이라기보다는 '방사(radiation)되는 빛의 인상'에 근거한 것처럼 보인다고 말한다. 이것은 유체이탈의 영역에 들어갈 때 사람은 프리브램의 주파수 영역에 발을 들여놓기 시작하는 것임을 다시 한 번 시사해주는 견해다.[25] 다른 유체이탈체험자들도 이 2차적 상태의 파동적 성질을 언급했다. 예컨대 프랑스의 유체이탈체험자인 마르셀 루이 포랑(Marcel Louis Forhan)은 '이람(Yram)'이라는 필명으로 쓴 저서 ≪아스트랄 투사의 실제*Practical Astral Projection*≫에서 유체이탈 영역의 파동적이고 전자기적으로 보이는 성질을 묘사하는 데 많은 지면을 할애하고 있다. 또 다른 사람들은 유체이탈 상태에서 경험하는 우주적 일체감을 언급하면서 그것을 '만물은 만물(everything is everything)', 그리고 '나는 그것(I am that)'이라는 느낌으로 요약했다.[26]

유체이탈체험이 홀로그램적이기는 하지만 현실의 주파수적 측면을 좀더 직접적으로 경험하게 되면 그것은 한낱 빙산의 일각이 되어버린다. 유체이탈체험은 오직 인류의 일부분만이 체험하는 것이지만 모든 사람이 주파수 영역을 더욱 밀접하게 접하게 되는 또 다른 상황이 있다. 그것은 우리가 한번 가면 아무도 돌아오지 못하는 미지의 나라로 여행할 때다. 문제는, 때로 어떤 여행자들은 '실제로' 되돌아온다는 사실이다. 그리고 그들이 전해주는 이야기 속에는 또다시 홀로그램 같은 성질의 것들이 가득하다.

임사체험

오늘날은 거의 모든 사람이 임사체험에 관한 이야기를 들어보았을 것이다. 즉, 의학적으로 '죽은' 것으로 판명되었는데 소생하여 그 동안 육신을 떠나 사후 세계인 듯한 곳을 방문했다고 보고하는 이야기들 말이다. 우리의 문화권에서 임사체험은 1975년 정신의학자이자 철학박사 학위도 가지고 있는 레이먼드 무디(Raymond A. Moody, Jr.)가 이 분야의 베스트셀러 연구서인 ≪삶 뒤의 삶 *Life after Life*≫을 출판했을 때 처음으로 널리 알려지게 되었다. 얼마 후 엘리자베스 큐블러-로스가 자신도 비슷한 연구를 진행하고 있었음을 밝히고 무디의 발견사실들을 재확인했다. 실로 더 많은 연구자들이 이 현상에 대한 연구기록을 쌓아감에 따라 이 임사체험은 이미 믿기지 않을 정도로 널리 퍼져 있을 뿐만 아니라—1981년 갤럽 조사에서 800만 명의 미국 성인들이, 혹은 대략 20명에 한 사람꼴로 임사체험을 했음이 밝혀졌다―이것은 사후의 생존에 대한 가장 강력한 증거를 제공하고 있음이 갈수록 분명해지고 있다.

유체이탈체험과 마찬가지로 임사체험은 보편적인 현상인 것 같다. 이것은 8세기의 ≪티벳 사자의 서≫와 2500년 된 ≪이집트 사자의 서≫에 자세히 묘사되어 있다. 플라톤은 ≪공화국≫ 제10권에서 화장하기 직전 살아나온 에르라는 그리스 병사의 이야기를 자세히 적고, 그가 몸을 떠나 사자의 세계로 가는 '통로'를 지나갔다고 말한다. 비드(Bede) 부주교도 그의 8세기 저작인 ≪영국 교회와 민족의 역사*A History of the English Church and People*≫에서 비슷한 이야기를 하고 있지만, 하버드 대학교 종교학 강사인 캐럴 잘레스키(Carol Zaleski)는 최근의 저서 ≪타계 여행 *Otherworld Journeys*≫에서 실제로 중세의 문헌들은 임사체험에 관한 이야기로 가득하다고 말한다.

임사체험자들 또한 일정한 통계학적 특성을 보이지 않는다. 임사체험자와 그들의 성별, 혼인상태, 인종, 종교, 영적 신념, 사회적 위치, 교육정도, 소득, 교회에 다니는 빈도, 가족구성, 주거지역 등과는 아무런 상관관계도 없다는 것이 다양한 연구 결과 밝혀졌다. 임사체험은 마치 벼락과도 같이 언제, 누구에게든지 떨어질 수 있는 것이다. 종교를 헌신적으로 믿는다고 해서 믿지 않는 사람보다 임사체험을 할 가능성이 조금이라도 더 많은 것은 아니다.

임사현상의 흥미로운 측면 중의 하나는 체험자들 간에 발견되는 체험 내용의 일관성이다. 전형적인 임사체험의 내용은 다음과 같다.

어떤 사람이 죽어가고 있다가 갑자기 자신이 공중에 떠서 일어나고 있는 일을 내려다보고 있음을 깨닫는다. 잠시 후 그는 암흑, 혹은 터널 속을 굉장한 속도로 지나간다. 그는 눈부신 빛의 영역으로 들어가고 최근에 죽은 친구와 친척들로부터 따뜻한 영접을 받는다. 보통 형용할 수 없을 정도로 아름다운 음악소리가 들리고 지상에서 본 어떤 것보다도 아름다운 광경 ― 구릉진 목장, 꽃이 만발한 계곡, 반짝이는 시냇물 등 ― 을 본다. 이 빛으로 가득한 세계에서 그는 아무런 고통도 두려움도 느끼지 않으며 밀려오는 환희와 사랑과 평화의 느낌에 휩싸인다. 그는 무한한 자비의 느낌을 방사하는 '빛의 존재(혹은 존재들)'를 만난다. 그 존재는 그에게 자신의 지난 삶이 파노라마처럼 다시 펼쳐지는 '인생복습(life review)'을 경험하게 한다. 그는 이 광대한 현실의 경험에 압도되어 그곳에 한없이 머무르고 싶어진다. 그러나 그 존재는 그에게 아직은 때가 아니라고 말하고 다시 육체로 들어가 지상의 삶으로 돌아가게 한다.

이것은 단지 일반적인 묘사일 뿐이고 모든 임사체험이 여기에 묘사된 요소들을 모두 포함하고 있지는 않다는 점을 유의해야 한다. 어떤 체험은 위에 묘사된 어떤 면이 없을 수도 있고 어떤 체험은 이보다 더 자세한 내용을 담고 있을 수도 있다.

체험의 상징적 내용 또한 다를 수 있다. 예컨대 서양문화권의 임사체험자는 터널을 지나서 사후의 영역으로 들어가는 경향이 있는 데 반해 다른 문화권의 체험자들은 어떤 길을 걸어가거나 물을 건너서 이승에 다다르기도 한다.

그렇지만 역사를 통틀어서 다양한 문화권의 임사체험자들의 보고 내용에는 놀라울 정도의 공통점이 있다. 예를 들면, 현대의 임사체험에서 거듭 발견되는 인생복습은 ≪티벳 사자의 서≫, ≪이집트 사자의 서≫, 에르의 체험에 대한 플라톤의 이야기, 2000년 전의 인도 성자 파탄잘리의 요가 경전에도 묘사되어 있다. 임사체험의 문화권 간의 유사성도 공식적 연구에서 확인되었다. 1977년 오시스와 해럴드슨은 인도와 미국에서 환자들이 의사나, 의료인들에게 보고한 거의 900건의 임종환시

내용을 비교해보고 다양한 문화적 차이 — 예컨대 미국인들은 빛의 존재를 기독교의 인물로 보는 경향이 있고 인도인들은 그것을 힌두교의 인물로 보았다 — 가 있지만 체험의 '핵심'은 본질적으로 동일했으며 무디나 큐블러 - 로스가 말하는 것과 유사함을 발견했다.[27]

임사체험에 대한 정통적 견해는 그것이 환시라는 것이지만 그것이 틀렸다는 실질적인 증거가 있다. 유체이탈체험과 마찬가지로 임사체험자도 몸 밖으로 벗어나면 정상적인 감각이 접근할 방법이 없는 것에 대해 자세히 보고할 수 있다. 예컨대 무디는 한 여인이 수술 도중 몸을 떠나 대기실 위를 떠다니면서 그녀의 딸이 짝이 맞지 않는 어깨옷을 입고 있는 것을 보았다는 사례를 보고하고 있다. 나중에 밝혀진 바로는, 가정부가 너무 급하게 서두르는 바람에 소녀의 어깨옷이 짝짝이라는 사실을 깨닫지 못했는데 그날 소녀를 직접 본 일이 없는 엄마가 그 사실을 말하는 것을 듣고는 깜짝 놀랐다는 것이다.[28] 또 다른 예에서는, 한 여성 임사체험자가 몸을 떠난 후 병원 로비로 가서 그녀의 형부가 친구에게 자신은 출장을 취소하고 처제의 관을 메줘야겠다고 하는 말을 들었다. 그녀는 소생한 후 형부에게 자신을 그렇게 쉽게 포기한 데 대해 원망을 퍼부어 그를 놀라게 했다.[29]

하지만 이것도 임사 유체이탈 상태에서 경험하는 감각적 지각의 가장 놀라운 예는 아니다. 임사체험 연구자들은 여러 해 동안 빛을 감지하지 못한 맹인 환자들조차도 임사체험으로 몸을 떠났을 때 자신의 주위에서 일어난 일을 정확하게 묘사해낸다는 사실을 발견했다. 큐블러 - 로스는 그런 사람들을 몇 명 만났고 그들의 체험이 정확한지 판단하기 위해 그들과 오랫동안 인터뷰했다. "놀랍게도 그들은 그들이 보았던 사람들이 입고 있는 옷과 장신구의 디자인과 색깔을 정확히 묘사할 수 있었다"고 그녀는 말한다.[30]

무엇보다도 사람을 놀라게 하는 것은 두 사람 이상이 관련된 임사체험이다. 어떤 경우에는, 한 여성 임사체험자가 터널을 통과하여 빛의 영역으로 들어가고 있는 자신을 발견했을 때 그곳으로부터 돌아오고 있는 친구를 만났다는 것이다. 그들이 서로 지나칠 때 친구가 텔레파시로 말하기를, 자기는 죽었는데 '다시 되돌려보내지고' 있는 중이라는 것이었다. 그 여성도 또한 결국 '되돌려보내'졌고 병석에서 일어난 후 자신이 그 경험을 하고 있을 때와 대략 같은 시간에 그 친구도 심장마비를 겪었다는 사실을 알게 되었다.[31]

사망을 겪고 있는 사람이 다른 사람이 죽었다는 소식을 정상적인 경로를 통해 듣기도 전에 그가 이승에서 자기를 기다리고 있는 것을 보았다는 사례도 무수히 있다.[32]

그래도 여전히 의구심이 남아 있다면, 임사체험이 환상이라는 생각에 대한 또 다른 반증으로, 뇌파도가 완전히 직선으로 나오는 환자에게서도 임사체험이 일어난다는 사실을 들 수 있다. 정상적인 상태에서는 이야기하거나 상상하거나 꿈꾸거나 그 밖의 어떤 일을 하더라도 뇌파는 엄청난 활동을 보인다. 환상조차도 뇌파도에 기록된다. 하지만 뇌파도가 직선으로 나오는 사람들이 임사체험을 했다는 사례가 많이 있다. 그들의 임사체험이 단순히 환상이었다면 그것은 뇌파도에 기록되었을 것이다.

간단히 말해서, 이 모든 사실들—임사체험의 보편적 성질, 즉 인구통계학적 특징이 없다는 점, 핵심적인 체험 내용의 보편성, 정상적인 지각방법이 없는 일을 보고 아는 능력, 그리고 뇌파가 나타나지 않는 환자에게 임사체험이 일어나는 점 등—을 종합해보면 결론은 불가피해 보인다. 즉, 임사체험을 하는 사람들은 환상을 보거나 착각적인 공상을 하고 있는 것이 아니라 '전혀 다른 차원의 현실을 실제로 방문하고 있는 것이다.'

이것은 많은 임사체험 연구자들이 실제로 도달했던 결론이기도 하다.

그런 연구자들 중의 한 사람은 워싱턴 주 시애틀의 소아과 의사인 멜빈 모스(Melvin Morse) 박사다. 모스는 물에 빠진 일곱 살짜리 아이를 치료한 후 처음으로 임사체험에 관심을 갖게 되었다. 죽음으로부터 소생했을 때 소녀는 매우 깊은 혼수상태에 있었다. 동공이 확대된 채 고정되어 있었고 근육의 반응이 없었으며 각막도 반응을 보이지 않았다. 의학적으로 말하면 이것은 3급 글라스코 혼수상태(Glascow Coma Score of three)였다. 즉, 소녀의 혼수상태는 워낙 심각해서 거의 회복될 가망이 없었던 것이다. 그럼에도 불구하고 소녀는 완전히 회복되었고 의식을 되찾은 후 모스가 처음으로 소녀를 들여다봤을 때 소녀는 그가 혼수상태에 있는 자기에게 치료를 하고 있는 것을 지켜보았노라고 말했다. 모스가 계속 캐묻자 소녀는 자신이 몸을 떠나서 터널을 지나 천국에 들어갔고 거기서 '하늘에 계신 아버지'를 만났다고 설명했다. 하늘에 계신 아버지는 소녀에게 아직은 그곳에 올 때가 아니라며 거기 머물고 싶은지, 아니면 돌아가고 싶은지 물었다. 처음에 소녀는 머물고 싶다고 대답했지만 하늘에 계신 아버지가 그러면 엄마를 다시는 만나지 못하게 된다고 알려주자 마음을 바꿔 몸으로 돌아왔다는 것이다.

모스는 회의적인 마음이 들었지만 이 이야기에 호기심이 끌렸고 그때부터 임사체험에 관해 모든 것을 캐내기 시작했다. 그 당시 그는 아이다호에서 환자를 비행기로 병원까지 수송하는 일을 하고 있었는데 이것이 소생한 많은 아이들과 대화해볼 수 있는 기회를 제공했다. 그는 10년 동안 병원에서 심장마비로부터 소생한 모든 아이들을 인터뷰해보았는데, 그들은 모두 똑같은 이야기를 들려주었다. 그들은 의식을 잃은 후 자신이 몸을 벗어나 있는 것을 깨달았고 의사가 치료하는 모습을 지켜보았으며 터널을 지나 빛나는 존재로부터 위안을 받았다고 했다.

모스는 그래도 회의적이었다. 그는 뭔가 논리적인 설명을 찾고 싶은 절실한 마음으로 환자들이 복용하던 약의 부작용과 온갖 심리학적 원인 등에 관해 모든 문헌을 뒤져봤지만 아무것도 맞는 것 같지 않았다. "그러다가 하루는 의학지에서 임사체험이 두뇌의 다양한 속임수임을 설명하고 있는 긴 기사를 읽었다. 그즈음에는 나도 이미 임사체험에 대해 광범위한 연구를 하고 있는 상태였는데 이 학자가 나열한 설명들은 전혀 설득력이 없었다. 마침내 그가 무엇보다 가장 분명한 설명, 즉 임사체험은 사실이라는 점을 놓치고 있음을 확실히 깨달았다. 그는 영혼이 정말 여행을 할 수 있다는 가능성을 놓쳤던 것이다"라고 모스는 말한다.[33]

무디도 이러한 느낌에 맞장구를 친다. 그는 20년간의 연구로, 임사체험자들이 실제로 현실의 다른 차원 속으로 모험여행을 했음을 확신하게 되었다고 말한다. 그는 다른 대부분의 임사체험 연구자들도 같은 느낌이리라고 믿는다. "나는 세계의 거의 모든 임사체험 연구자들과 그들의 연구에 대해 이야기를 나눠보았다. 그들 대부분이 가슴 속 깊이 임사체험이 삶 이후의 삶을 일별한 것임을 믿고 있다는 것을 안다. 그러나 과학자로서, 의료인으로서 그들은 육신이 죽은 후에도 우리의 일부는 계속 살아 있다는 '과학적 증거'를 아직 찾지 못했을 뿐이다. 이 증거의 결여가 그들로 하여금 자신의 진정한 느낌을 내놓고 표현하지 못하게 가로막고 있다"고 그는 말한다.[34]

1981년 탐문조사를 행했던 갤럽 연구소 회장인 조지 갤럽 2세조차도 이에 동의한다. "점점 늘어나는 연구자들이 기이한 임사체험의 사례를 수집하고 평가해왔다. 그리고 그 중간결과는 차원이 다른 영역의 현실과의 모종의 조우가 존재한다는 사실을 강력히 시사하고 있다. 우리가 벌였던 광범위한 조사는 이런 연구 중 가장 최근의 것인데 이 또한 모종의 초월적 병존우주의 존재를 시사하는 약간의 경향성을 드러내주고 있다."[35]

임사체험의 홀로그램적 이해

이것은 놀라운 주장이다. 하지만 이보다 더 놀라운 것은 정통과학이 이러한 연구자들의 결론과 그들로 하여금 그렇게 말하지 않을 수 없게 하는 방대한 증거를 대부분 무시해버렸다는 사실이다. 그 이유는 복잡다단하다. 그 중 하나는 현재로서는 과학이 영적인 현실의 존재를 뒷받침하는 것으로 보이는 어떤 현상도 진지하게 고려해볼 수 있는 입장이 되지 못한다는 것이고, 이 책의 서두에서 말했듯이 신념은 중독과도 같아서 그 손아귀를 쉽게 풀어주지 않는다는 것이다. 무디가 말하듯이 또 다른 이유는, 엄밀히 과학적인 의미에서 증명될 수 있는 것만이 고려할 만한 가치나 의미를 지니는 유일한 생각이라는 과학자들의 보편적인 선입견 때문이다. 또 다른 이유는 임사체험이 사실인지 아닌지 설명해볼 엄두도 낼 수 없는, 현실에 대한 기존 과학계의 이해수준이다.

그러나 이 마지막 이유는 진정한 문제가 아닐지도 모른다. 몇몇 임사체험 연구자들은 홀로그램 모델이 이 경험을 설명할 수 있는 한 가지 방법을 제공한다고 지적했다. 그 중 한 사람은 코네티컷 대학교 심리학 교수이자 이 현상을 연구하는 데 통계분석과 표준화된 인터뷰 기법을 도입한 최초의 임사체험 연구자의 한 사람인 케네스 링(Kenneth Ring)이다. 링은 1980년 자신의 저서 ≪사망 문턱의 삶 *Life at Death*≫에서 임사체험에 대한 홀로그램적 설명을 옹호하는 주장에 많은 지면을 할애하고 있다. 간단히 말해서 링은 임사체험 또한 현실의 더욱 파동적인 측면 속으로의 탐험이라고 믿는다.

링이 이러한 결론을 내리는 것은 임사체험이 보여주는 무수한 홀로그램적 성질들 때문이다. 그 한 가지는 체험자들이 저쪽 세계를 '빛', '더 높은 진동', 혹은 '주파수' 등으로 이루어진 세계로 표현하는 경향성이다. 심지어 일부 임사체험자들은 그런 체험에 흔히 동반되는 천상의 음악을 실제의 소리라기보다는 '진동의 조합'이라고 말한다. 링은 이것이 사망의 과정이란 일상적인 현상계로부터 더욱 순수한 파동의 홀로그램적 현실 속으로 의식이 전환되는 증거라고 믿는다. 임사체험 자들은 또 이 세계가 지상에서 본 어떤 빛보다도 밝은 빛으로 충만해 있다고 자주 말하는데, 상상할 수 없는 밝기에도 불구하고 그것은 눈에 해를 입히지 않는다고 한다. 링은 이러한 성질 또한 내세의 파동적인 측면에 대한 또 다른 증거라고 느낀다.

링이 부정할 수 없는 홀로그램적 측면이라고 생각하는 또 다른 성질 은 사후세계 속의 시간과 공간에 대한 체험자들의 묘사다. 사후세계의 성질 중 가장 흔히 보고되는 것 중 하나는 그곳이 시간과 공간이 더 이 상 존재하지 않는 차원이라는 것이다.

"나는 내가 모든 공간과 시간이 무화(無化)된다고 말해야 할 그런 공 간과 시간 속에 있음을 깨달았다"고 어떤 임사체험자는 어색하게 말했 다.[36] 또 다른 사람은 이렇게 말한다. "그것은 시간과 공간 밖에 있어야 만 했다. '반드시' 그래야만 했다. 왜냐하면… 그것은 시간적인 어떤 것 '속에' 놓일 수 없기 때문이다."[37] 주파수의 영역에서는 시간과 공간이 붕괴되고 위치가 아무런 의미도 갖지 못한다면, 그리고 임사체험이 홀 로그램적인 의식상태에서 일어나는 현상이라면 이것이야말로 우리가 충분히 예상할 수 있는 바로 그런 성질이다.

만일 임사체험의 영역이 우리가 몸담고 있는 차원의 현실보다 더 파 동적이라면 그것이 어떤 특정한 구조를 지니고 있는 것으로 보이는 것 은 왜일까? 링은 유체이탈체험과 임사체험이 모두 마음이 두뇌와 상관 없이 존재할 수 있다는 충분한 증거를 제공한다면 마음은 또한 홀로그 램적으로 작용한다고 가정해도 그리 동떨어진 추측은 아니리라고 믿는 다. 그리하여 마음은 임사 차원의 '높은' 파동 속에 있을 때도 자신의 특기를 계속 발휘하여 그 주파수들을 현상의 세계로 변환시켜 놓는다.

혹은 링의 표현을 빌리면, "나는 이것이 '상호작용하는 사념의 구조물'
에 의해 창조되는 세계라고 믿는다. 이러한 구조물, 즉 '염체'는 서로
조합하여 패턴을 만들어낸다. 마치 간섭파가 홀로그램 필름 위에 패턴
을 만들어내듯이 말이다. 그리고 레이저 빔을 비추면 홀로그램 이미지
가 완전히 실제처럼 나타나듯이 상호작용하는 사념체에 의해 만들어진
이미지도 마치 실제처럼 나타나 보인다."[38]

　이렇게 주장하는 사람은 링만이 아니다. 필라델피아에서 개인병원을
하는 임상심리학자 엘리자베스 W. 펜스크(Elizabeth W. Fenske) 박사
는 국제 임사체험연구협회의 1989년 연례회의에서 행한 개요연설에서
자신도 임사체험이 더 높은 주파수의 홀로그램 영역으로의 여행이라고
믿는다고 밝혔다. 그녀는 사후세계의 경치, 꽃, 물리적 구조물 등이 상
호작용하는(혹은 간섭하는) 생각의 패턴으로부터 만들어진 것이라는 링
의 가설에 동의한다. "우리는 임사체험 연구에서 생각과 빛 사이의 구
분이 힘들어지는 지점에 도달했다고 나는 생각한다. 임사체험에서 생
각은 곧 빛처럼 보인다"고 그녀는 말한다.[39]

홀로그램 천국

링과 펜스크가 언급한 것 외에도 임사체험은 뚜렷이 홀로그램적인 성
질들을 많이 가지고 있다. 임사체험자들은 유체이탈자들과 마찬가지로
몸을 벗어난 이후 두 가지 형태 중의 하나, 즉 형체 없는 에너지의 구름
이나, 생각이 빚어낸 홀로그램 같은 신체를 취하고 있는 자신을 깨닫는
다. 후자 쪽이라면 임사체험자에게는 그것이 마음이 만들어낸 것임을
드러내주는 성질이 종종 놀라울 정도로 분명히 느껴진다. 예컨대 한 임
사체험자는 처음 몸을 벗어났을 때 자신이 '해파리 같은 물체'로 보였

으며 마치 비누방울처럼 바닥에 떨어졌다고 말한다. 그 후 그는 곧 발가벗은 유령 같은 입체상으로 커졌다. 그러나 방 안에 사람이 2명 있는 것을 의식하자 당황스러웠으며 놀랍게도 이 느낌이 그를 갑자기 옷 입은 모습으로 바뀌게 했다(그러나 이 두 여성은 그 광경을 목격한 듯한 반응을 전혀 보이지 않았다).[40]

사후세계에서 우리가 취하는 형체를 만들어내는 데 우리의 가장 내밀한 느낌과 욕망이 관련됨은 다른 임사체험자들의 경험 속에서도 명백하게 드러난다. 물질적 현실에서 휠체어에 앉아서 지냈던 사람들은 건강한 몸으로 뛰고 춤추는 자신을 발견한다. 사지가 없는 사람들은 어김없이 사지를 되찾는다. 노인들은 종종 젊은 신체를 갖게 되고, 더욱 기이한 것은, 아이들은 종종 어른이 된 자신을 발견한다. 이것은 아이들이 어른이 되는 공상을 많이 한다는 것을 반영하는 사실이거나, 혹은 좀더 심오하게 들어가자면, 이것은 어떤 사람은 영혼의 나이가 겉보기보다 많다는 것을 상징적으로 드러내주는 것일 수도 있다.

이 홀로그램 같은 신체는 놀라울 정도로 세밀하게 묘사되기도 한다. 예컨대 옷을 벗은 모습에 당황했던 남자의 경우, 그가 만들어낸 옷은 너무나 세밀해서 천의 이음매까지도 식별되었다.[41] 이와 유사하게 임사체험 중에 손을 들여다봤던 어떤 사람은 그것이 "그 속에 작은 조직이 들어 있는 빛으로 이루어져 있었다"고 말한다. 그리고 좀더 가까이 들여다보자 "지문의 정교한 나선무늬와 팔을 이루고 있는 빛의 튜브까지도" 보였다.[42]

휘턴의 연구 중 일부도 이 문제와 연관된다. 휘턴이 환자들에게 최면을 걸어 삶과 삶 사이의 중간기로 퇴행시켰을 때 놀랍게도 그들 또한 임사체험의 모든 전형적 내용들을 보고했던 것이다. 즉, 터널을 지나고, 죽은 친척과 '인도자'를 만나고, 시간과 공간이 더 이상 존재하지 않는 찬란한 빛으로 싸인 세계로 들어가고, 빛의 존재를 만나고, 인생복습을 하는 등으로 말이다. 실제로 휘턴의 환자들에 의하면 인생복습의 중요한 목적은 기억을 새롭게 하여 다음 생을 좀더 의식적으로 계획하게끔 하는 것인데 이 과정에서는 빛의 존재가 부드럽고 위압적이지 않은 태도로 도움을 주었다고 한다.

링과 마찬가지로 휘턴은 피험자들의 증언을 연구한 후 사후세계에서 지각하는 형상과 구조물들은 마음이 만들어낸 사념체들이라고 결론지었다. "삶과 삶 사이의 과도기 상태에서처럼 '나는 생각한다. 고로 나는 존재한다'는 르네 데카르트의 유명한 말이 타당성을 띠는 곳도 없다. 생각 없이는 존재의 경험도 없다"고 휘턴은 말한다.[43]

이것은 휘턴의 환자들이 중간기에 취하는 형체에 대한 논의에 이르면 특히 그렇다. 몇몇 사람은 생각하지 않으면 몸조차 가지고 있지 않았다고 말한다. 휘턴은 이렇게 말한다. "어떤 남자는 그것을 이렇게 표현했다. 즉, 생각을 멈추면 그는 단지 끝없는 구름 속의 구분되지 않는 구름에 지나지 않았다. 하지만 생각을 시작하자마자 그는 자신으로 되돌아왔다."[44] (이런 상태는 특히 타트의 상호최면 실험을 떠올리게 한다. 피험자들은 손을 '생각해낼' 때까지 손이 존재하지 않았다.)

휘턴의 환자들도 처음에는 지난 생의 인물을 닮은 형체를 취했지만 삶 사이의 과도기 경험이 이어지면서 그들은 점차 자신의 모든 전생이 담긴 일종의 홀로그램 같은 복합상이 되어갔다.[45] 이 복합적인 인물은 육신의 삶에서 사용했던 어떤 이름과도 다른 독립적인 이름까지 가지고 있었다. 하지만 어떤 피험자도 그 이름을 육신의 음성으로 발음해내지 못했다.[46]

임사체험자들이 홀로그램 같은 신체를 스스로 만들어내지 못할 때는 어떤 모습으로 보일까? 많은 사람들이 어떤 형체도 인식하지 못했으며 그것은 단지 '자기 자신', 혹은 '자기 마음'이었다고 말한다. 다른 사람들은 좀더 특정한 인상을 느꼈고 그것을 '색깔의 구름', '안개', '에너지 패턴', 혹은 '에너지 장'이라고 표현했다. 이것 또한 우리는 모두가 궁극적으로는 하나의 주파수 현상, 즉 좀더 큰 모체의 주파수 영역 속의 모종의 진동하는 에너지 패턴임을 시사한다.

어떤 임사체험자들은, 우리는 색깔이 있는 빛의 파동으로 이루어져 있을 뿐만 아니라 동시에 소리로도 이루어져 있다고 주장한다. "나는 모든 사람과 사물들이 저마다 고유한 범위의 색깔뿐만 아니라 고유한 음악적 톤도 지니고 있음을 깨달았다. 만일 자신이 무지개빛 광선 속을 아무런 힘도 들이지 않고 쉽게 들락날락거리고 다른 사람을 건드리거나 그들을 지나칠 때 그들의 음이 당신의 음과 합하여 화음을 내는 것이 들리는 것을 상상할 수 있다면 보이지 않는 그 세계를 약간은 이해할 수 있을 것이다"라고 출산 중에 임사체험을 했던 애리조나의 한 주부는 말한다. 단지 다채로운 색깔의 구름과 소리로써만 자신을 나타내는 사후세계의 여러 존재들을 만났던 그녀는 각각의 영혼들이 방사하는 감미로운 톤이 바로 사람들이 말하는 사후세계의 아름다운 음악이라고 믿는다.[47]

일부 임사체험자들은 먼로처럼 몸을 벗어난 상태에서는 동시에 모든 방향을 볼 수 있었다고 말한다. 어떤 남자는 자신이 어떤 모습일까 궁금해하는 순간 갑자기 자신이 자신의 등을 바라보고 있는 것을 깨달았다고 말했다.[48] 펜실베이니아 출신 아마추어 임사체험 연구가인 로버트 설리반(Robert Sullivan)은 전투 중 임사체험을 한 군인들만 연구했는데, 그는 몸으로 돌아온 후에도 잠시 동안 그 능력을 지니고 있었던 한 2차대전 참전자를 인터뷰했다. "그는 독일군의 기관총 포대로부터 탈출할 때 360도의 전방향 시각을 체험했다. 그는 달려가면서 전방을 볼 수 있었을 뿐만 아니라 뒤에서 그를 향해 총을 조준하려고 애쓰고 있는 사수도 볼 수 있었다"고 설리반은 말한다.[49]

순간적 앎

다양한 홀로그램적 특성을 지니고 있는 임사체험의 또 다른 부분은 인생복습이다. 링은 이것을 "평균을 초월하는 홀로그램 현상"이라고 말한다. 그로프와 ≪인간과 죽음의 만남 *The Human Encounter with Death*≫을 공동저술한 하버드 대학의 의학자이자 인류학자인 조안 헬리팩스(Joan Halifax)도 인생복습의 홀로그램적인 측면을 언급했다. 무디를 포함한 몇몇 임사체험 연구자들의 말에 의하면 많은 임사체험자들이 스스로 자신의 체험을 묘사하면서 '홀로그램적'이라는 표현을 쓴다고 한다.[50]

이렇게 이야기하는 이유는 인생복습에 관한 내용을 살펴보기 시작하면 금방 분명해진다. 임사체험자들은 그것을 묘사할 때 동일한 형용사를 반복한다. 그것은 믿을 수 없을 정도로 생생하며, 전 생애를 입체적, 광각적(廣角的)으로 재생한 것이라는 것이다. "그것은 자신의 생애의 입체영화 속으로 곧바로 들어가는 것과 같다. 생애의 매순간이 감각적으로 완벽한 세밀화로 재생된다. 말 그대로 완벽한 기억이다. 그리고 그 모든 일이 한순간에 일어난다"고 한 임사체험자는 말한다.[51] 또 다른 사람은 이렇게 말한다. "모든 것이 정말 기이하다. 나는 거기에 있었다. 나는 실제로 그 재생되는 광경을 보고 있었다. 나는 실제로 그 속을 걷고 있었다. 그리고 그것은 너무나 빨랐다. 하지만 나는 그 모든 내용을 충분히 소화할 수 있었다."[52]

이 순간적인 파노라마 같은 기억 속에서 임사체험자들은 자신의 생애 모든 사건들에 수반된 기쁨과 슬픔과 모든 감정들을 재경험한다. 그뿐 아니라 그들은 자신이 만났던 모든 사람들이 느낀 감정도 함께 느낀다. 자신이 친절히 대했던 모든 사람들의 행복감을 느낀다. 어떤 사람에게 상처를 주었다면 자신의 그 몰지각한 행위 때문에 상대방이 느꼈던 고통을 예리하게 느끼게 된다. 어떤 일도 제외시킬 수 있을 만큼 사소하지 않다. 어떤 여자는 어릴 적의 한 순간을 기억했을 때 자신이 동생의 장난감을 빼앗았을 때 동생이 느꼈던 모든 상실감과 무력감을 문득 경험했다.

휘턴은 사람들로 하여금 인생복습 중 후회를 느끼게 만드는 것이 단지 몰지각한 행동만이 아니라는 증거를 발견했다. 최면상태에서 그의 피험자들은 이루지 못한 꿈이나 의욕―그 삶에서 이루고자 했지만 이루지 못한 일―또한 그들에게 슬픈 고통을 가져온다고 보고했다.

인생복습 중에는 생각 또한 동일한 고감도로 재생된다. 공상, 한번 흘깃 보고는 여러 해 기억했던 얼굴들, 웃게 만들었던 일들, 어떤 그림을 보면서 느꼈던 기쁨, 어릴 적의 사소한 근심, 오랫동안 잊고 있었던 백일몽 등등 이 모든 것이 한순간에 마음 속을 지나간다. 한 임사체험자가 말하듯이, "한 생각조차 빠짐이 없다…모든 생각이 거기에 있었다."[53]

그리고 인생복습은 그 입체성에서뿐만 아니라 그 과정이 보여주는 놀라운 정보저장능력에서도 홀로그램적이다. 인생복습은 세 번째 이유에서도 홀로그램적이다. 카발라에서 말하는 '알레프(aleph)', 즉 시공간 속의 다른 모든 점을 포함하고 있는 신비한 점과 마찬가지로 그것은 다른 모든 순간들을 포함하고 있는 하나의 순간이다. 인생복습을 지각하는 능력조차도 그것이 믿을 수 없을 정도로 빠르면서도 동시에 그 모든 세부내용을 지켜볼 수 있을 정도로 느린, 그야말로 역설적인 무엇을 경험하는 능력이라는 점에서 홀로그램적이다. 1821년 한 임사체험자가 표현했듯이, 그것은 "전체와 모든 부분부분을 동시에 이해하는" 능력이다.[54]

사실 인생복습은 이집트로부터 유태교와 기독교에 이르기까지 세계의 여러 위대한 종교들이 경전 속에 묘사하고 있는 사후심판의 장면들과 한 가지 중요한 차이를 제외하고는 뚜렷한 유사성을 지니고 있다. 휘턴의 피험자들과 마찬가지로 임사체험자들은 이구동성으로 자신들이 '빛의 존재들에 의해 결코 심판받지 않았으며' 그 존재들과 함께 있을 때는 오직 사랑과 관용만을 느꼈다고 보고한다. '유일한 심판은 오직 임사체험자 자신의 죄책감과 후회로부터 일어나는 자기심판이다.' 가끔씩 이 존재들도 자신의 주장을 나타내는데, 그것은 권위적인 태도로써가 아니라 오직 깨우쳐주기 위한 목적을 가진 안내자나 상담자로서 그렇게 한다.

우주적 심판이나 상벌체계가 전혀 없다는 사실은 종교인들 간에는 임사체험 중에서 가장 이해할 수 없는 성질로 받아들여졌고, 또 아직도 그렇게 받아들여지고 있지만, 그것은 이 체험의 가장 빈번하게 보고되는 특성 중 하나다. 이것을 어떻게 설명할 수 있을까? 무디는 이것이 논쟁의 여지가 많은 만큼이나 단순한 문제라고 믿고 있다. 즉, 우리는 우리가 생각하는 것보다 훨씬 더 자비로운 우주에서 살고 있는 것이다.

그것이 인생복습 중에는 무슨 일이든지 다 용서된다는 뜻은 아니다. 휘턴의 피최면자들과 마찬가지로 임사체험자들은 빛의 세계에 들어온 후에는 고양된 상태, 혹은 후단의식 상태에 들어가는 듯하며 반추되는 자신의 행위에 대해 투명하고 정직해지는 듯하다.

이것은 빛의 존재들이 아무런 가치도 내세우지 않는다는 뜻은 아니다. 이들은 모든 체험자들에게 두 가지 점을 강조한다. 한 가지는 사랑의 중요성이다. 그들은 이 메시지를 거듭거듭 강조한다. 우리는 분노를 사랑으로 바꾸기를 배워야 하며, 더욱더 사랑하기를 배워야 하며, 모든 사람을 용서하고 조건 없이 사랑하기를 배워야 하며, 그럼으로써 '사랑받게 됨'을 배워야 한다는 것이다. 이것은 이 존재들이 사용하는 유일한 도덕적 기준인 듯하다. 성적인 행위조차도 인간들이 갖다붙이기를 그토록 좋아하는 도덕적 오명을 더 이상 뒤집어쓰고 있지 않다. 휘턴의 한 피험자는 우울하고 외로운 삶을 몇 번 산 후에 자신의 영혼의 전반적인 발달에 균형을 기하기 위해서 요염하고 성적 욕구가 강한 여성으로서의 삶을 계획해야겠다는 충동을 느꼈다고 보고했다.[55] 빛의 존재들의 마음에는 자비심이야말로 은총의 기준인 듯하며 임사체험자들이 자신이 행한 행위가 옳은지 그른지 판단하지 못할 때마다 빛의 존재들은 그들의 질문에 단지 한 가지 질문으로 대답한다. 그대는 사랑으로써 그렇게 했나요? 그 동기는 사랑이었나요?

빛의 존재들은 이렇게 말한다. 그것이야말로 우리가 이 지상에 존재하게 된 이유이며, 그 사랑을 배우는 것만이 열쇠라고. 그들은 그것이 행하기 힘든 일임을 인정하지만 그것은 심오한 의미를 지니고 있어서 우리가 상상조차 못한 방법으로 우리의 생리적, 영적 존재상태에 중대한 영향을 미친다고 말한다. 어린아이들조차도 이러한 교훈을 마음 속에 확고하게 심은 채 사후세계로부터 돌아온다. 자동차 사고를 당한 후 '매우 흰' 긴 옷을 입은 두 사람을 따라 저세계로 인도되었던 한 소년은 이렇게 말한다. "거기서 제가 배운 것은, 가장 중요한 것은 우리가 살아 있을 동안 사랑하는 것이라는 것이었어요."[56]

빛의 존재들이 강조하는 두 번째 가치는 지식이다. 임사체험자들은 종종 빛의 존재들이 자신들의 인생복습 중에 지식과 관련된 일이나 어떤 깨우침이 지나가면 언제나 기뻐하는 듯했다고 말한다. 어떤 존재들은 그들에게 육신으로 되돌아가면 특히 자기성장이나 타인을 도울 수 있는 능력과 관련된 지식을 추구하는 일에 나서도록 터놓고 충고했다. 또 다른 사람들은 "배움은 끊임없는 과정이며 사후에까지 이어진다"거나, "지식은 사후에까지 가져갈 수 있는 몇 안 되는 것들 중 하나다"는 등의 말로써 자극을 받았다.

사후세계에서 지식이 강조되는 것은 다른 방식으로도 분명히 드러난다. 어떤 임사체험자들은 빛의 임재 속에서는 갑자기 '모든' 지식을 직

접 알 수 있게 된다는 것을 깨달았다. 지식에 접하는 방식은 몇 가지 양
상으로 나타났다. 어떤 때는 의문에 대한 응답으로 나타났다. 어떤 남
자는 자신이 할 일은 예컨대 곤충이 되면 어떤 느낌일까 하는 것 같은
의문을 품는 것뿐이었으며, 그러면 즉시 그 경험을 하게 된다고 말했
다.[57] 다른 임사체험자는 그것을 이렇게 표현했다. "어떤 의문을 품으
면… 그 '즉시' 그에 대한 답을 알게 된다. 간단한 일이다. 그리고 그것
은 어떤 의문이든지 상관없다. 그것이 당신이 전혀 알지 못하는 주제에
관한 것이어서 당신은 그것을 이해할 만한 수준이 못 되는 것이어도 상
관없다. 그러면 빛이 즉석에서 올바른 답을 주고 당신이 그것을 이해하
게 만든다."[58]

어떤 임사체험자들은 이 무한한 정보의 도서관에 들어가기 위해서
의문을 품을 필요조차 없었다고 보고한다. 인생복습을 마치자 그들은
갑자기 모든 것을 알게 되었다. 시간의 시초에서 종말까지 알 수 있는
모든 지식을 말이다. 어떤 사람들은 빛의 존재가 손을 흔드는 것 같은
특정한 제스처를 한 후부터 이러한 지식을 접하게 되었다고 한다. 또
다른 사람들은 지식을 얻는 대신 그것을 '기억해'냈지만 육신으로 돌아
오자마자 모든 것을 잊어버렸다고 말한다(이것은 그러한 비전을 가졌던
임사체험자들에게 보편적으로 나타나는 기억상실 현상이다).[59] 어쨌든 우
리는 일단 사후세계에 발을 들여놓으면 그로프의 환자들이 경험했던
것 같은 무한히 상호연결된 정보의 영역과 초개아적인 세계에 접근하
기 위해 더 이상 변성된 의식상태에 들어가야 할 필요가 없어지는 듯
하다.

이 전지적인 비전은 이미 언급했던 모든 홀로그램적 성질 외에도 또
다른 홀로그램적 성질을 띠고 있다. 임사체험자들은 종종 이 비전 중에
정보가 '덩어리'로 들어와서 즉시 생각 속에 입력된다고 말한다. 달리
말하면, 모든 사실, 세부내용, 이미지, 정보의 조각 등이 문장형식의 말

이나 영화의 장면들처럼 직선적인 형태로 줄줄이 달려오는 것이 아니라 의식 속에 순간적으로 밀려오는 것이다. 어떤 임사체험자는 이 정보의 물결을 '생각의 다발'이라고 표현했다.[60] 유체이탈 상태에서 이 같은 정보의 순간적 폭발을 경험했던 먼로는 이것을 '사념의 공(thought ball)'이라고 부른다.[61]

사실 일정한 심령능력을 지니고 있는 사람이라면 누구나 이런 경험에 익숙하다. 왜냐하면 이것이 심령적 정보를 받는 방식이기도 하기 때문이다. 예컨대 내가 낯선 사람을 만날 때(그리고 그저 어떤 사람의 이름을 듣기만 했을 때도) 그 사람에 대한 정보가 '사념의 공'으로 즉시 나의 의식 속으로 번쩍 하고 들어온다. 이 사념의 공은 그 사람의 심리적·정서적 상태, 건강에 대한 중요한 사실들, 심지어 과거의 장면들까지도 포함하고 있을 수 있다. 나는 내가 특히 어떤 위기에 처해 있는 사람들에 관한 사념의 공을 얻게 되는 경향이 있다는 것을 깨닫는다. 예컨대 나는 최근에 한 여성을 만났는데 즉시 그녀가 자살을 꿈꾸고 있음을 알았다. 그런 상황에서 늘 그러듯이 나는 그녀에게 말을 걸고 조심스럽게 영적인 주제 쪽으로 대화를 끌고갔다. 그녀가 대화내용에 대해 수용적인 태도를 보이는 것을 확인한 다음, 나는 내가 알고 있는 사실을 털어놓고 그녀의 문제에 대해 이야기하게 했다. 나는 그녀로부터 부정적인 선택 대신 전문적인 상담을 받아보겠다는 약속을 받아냈다.

이런 식으로 정보를 받아들이는 것은 꿈 속에서 정보를 알게 되는 방식과 유사하다. 거의 모든 사람들이 꿈 속에서 자신이 어떤 상황에 놓이게 되고, 갑자기 듣지 않고도 그에 관한 모든 것을 알게 되는 그런 꿈을 꾼 적이 있을 것이다. 예컨대 당신은 꿈 속에서 파티에 갔는데 거기에 가자마자 그것이 누구를 위해서 왜 열리는 파티인지를 알게 된다. 이와 비슷하게 누구나 순간적으로 떠오르는 세부적인 내용의 생각이나 영감을 가지는 때가 있다. 이러한 경험은 사념의 공 효과의 맛보기 판이다.

흥미로운 것은, 이러한 심령적 정보의 물결은 비직선적인 다발로서 닥쳐오기 때문에 나로서는 그것을 말로 번역하려면 시간이 좀 걸린다는 것이다. 초개아적인 체험을 하는 사람이 경험하는 심리학의 게슈탈트처럼, 그것은 순간적인 '전체'여서 그것을 부분들이 순차적으로 정렬된 형태로 변환하기 위해서는 우리의 시간지향적인 마음이 잠시 애를 먹어야 한다는 의미에서 그것은 홀로그램적이다. 임사체험 중에 경험되는 사념의 공 속에 담긴 지식은 어떤 형태를 취하고 있을까? 임사체험자들의 말에 의하면 모든 형태의 의사소통 수단이 동원된다. 소리, 움직이는 홀로그램적 이미지, 심지어 텔레파시까지. 링은 이것이 사후세계가 '생각이 지배하는 존재계'임을 다시금 보여주는 증거라고 믿는다.[62]

생각이 깊은 독자라면 즉시, 우리가 죽은 후 모든 지식을 접하게 된다면 살아 있는 동안 배움을 추구하는 것이 왜 그렇게 중요하다는 것인지 의아해할 것이다. 임사체험자들에게 이런 질문을 했을 때 그들은, 잘은 모르겠지만 그것은 삶의 목적과 타인에게 손을 뻗쳐 도움을 줄 수 있는 각자의 능력과 어떤 연관이 있으리라는 강한 느낌을 받는다고 대답했다.

삶의 청사진과 평행한 시간궤도

휘턴과 마찬가지로 임사체험 연구자들도 우리의 삶은 최소한 어느 정도는 미리 계획되어 있으며 우리는 각자 이 계획을 만들어내는 데 한몫한다는 증거를 발견했다. 이것은 이 경험의 몇몇 측면에서 분명히 드러난다. 빛의 세계에 도달한 후 임사체험자들은 종종 '아직은 때가 아니다'라는 말을 듣는다. 링은 이 말이 모종의 '삶의 계획'이 존재함을 명백히 시사하고 있다고 지적한다.[63] 임사체험자들이 이러한 운명의 형성에 자기 나름의 역할을 한다는 사실 또한 분명하다. 왜냐하면 그들이 남아 있을지, 돌아갈지에 대해서 종종 '선택권'이 주어지기 때문이다. 심지어 지금이 '죽을' 때지만 그럼에도 불구하고 돌아갈 수 있도록 허락받은 임사체험자도 있다. 무디는 자기가 죽은 것을 깨닫고 아내가 그 없이 혼자서 조카를 기르지 못하리라는 걱정으로 울음을 터트렸던 한 남자의 사례를 이야기한다. 이 말을 듣고 빛의 존재는 그가 자신이 원하지 않으므로 돌아갈 수 있게 되리라고 말했다.[64] 또 어떤 경우에는 한 여성이 자신은 춤을 충분히 추지 못했다고 주장했다. 그녀의 말에 빛의 존재가 웃음을 터뜨렸고 그녀 역시 육신의 삶으로 돌아가도록 허락받았다.[65]

우리의 삶이 최소한 부분적으로는 미리 설계되어 있다는 사실은 링이 말하는 소위 '개인사 앞질러 엿보기(personal flashforward)'라는 현상에서도 뚜렷이 나타난다. 임사체험자들은 지식의 비전을 받는 동안 가끔 자신의 미래를 엿보기도 한다. 한 어린이 임사체험자가 자신은 스물여덟에 결혼을 할 것이며 두 자녀를 둘 것이라는 등의 내용을 포함해서 자신의 미래에 대해 구체적 사실들을 알게 된 놀라운 예도 있다. 심지어 그는 어른이 된 자신의 모습을 보았고 그들이 살게 될 집의 방 안에 앉아 있는 미래의 두 아이들도 보았다. 그리고 그가 방 안을 살펴보고 있던 중 벽에서 이상한 무언가를 발견했는데 그것이 무엇인지는 그의 수준으로는 이해할 수 없는 것이었다. 수십 년이 지나고 이 모든 예언들이 실현된 후 그는 자신이 어릴 때 보았던 바로 그 장면 속에 있게 되었고 벽에 있던 그 이상한 물건은 그가 임사체험을 할 당시에는 아직 발명되지 않았던 일종의 '강제순환형 히터'였음을 깨달았다.[66]

이에 못지않게 놀라운 개인사 앞질러 엿보기의 사례가 있다. 한 여성 임사체험자가 체험 중에 무디의 사진도 보고 그의 정식 이름도 듣고 나

서, 때가 되면 자신이 본 것을 그에게 말하게 되리라는 말을 들었다. 그
것은 1971년의 일이었고 그 당시 무디는 아직 ≪삶 뒤의 삶≫을 출판
하지 않았으므로 그의 이름과 사진은 그녀에게는 아무런 의미도 없었
다. 그러나 4년 후 때는 '무르익어' 무디와 그의 가족이 자신도 모르게
그녀가 살고 있는 바로 그 거리로 이사를 왔다. 그 해 할로윈 데이에 무
디의 아들은 과자를 얻기 위해 이 여인의 집에 가서 문을 두드렸다. 소
년의 이름을 들은 여인은 그에게 아빠에게 할 말이 있다고 전하게 했고,
무디가 그녀를 만났을 때 그녀는 그 놀라운 이야기를 털어놓았다.[67]

어떤 임사체험자들은 몇 개의 병존하는 홀로그램 우주가 존재한다는
로이의 주장을 지지하기도 한다. 임사체험자들은 가끔 개인사를 앞질
러 엿보고 '그들이 현재의 길을 그대로 가는 한' 그들이 목격한 미래는
그대로 맞게 되리라는 말을 듣는다. 매우 독특한 어떤 경우에는 임사체
험자가 지구의 전혀 다른 역사를 보았는데, 그것은 3000년 전 그리스
의 철학자이자 수학자인 피타고라스 시대쯤에 '어떤 사건들'이 일어나
지 않았다면 전개되었을 역사였다. 그 계시는 이 사건들(이 여인은 그
사건의 성격을 정확히 밝히지 않았다)만 일어나지 않았다면 우리는 지금
쯤 '종교분쟁과 구세주가 없는' 평화롭고 조화로운 세계에서 살고 있었
으리라는 것을 보여주었다.[68] 이러한 체험사례들은 홀로그램 우주에서
작용하는 시간과 공간의 법칙이 정말 매우 기이한 것일지도 모른다는
사실을 암시한다.

자신의 운명에 대해 자신이 일정한 역할을 한다는 증거를 직접 경험
하지 못한 임사체험자들조차 종종 만물의 홀로그램적 상호연결성을 확
실히 이해하고 돌아온다. 심장마비로 임사체험을 한 62세의 한 사업가
는 이렇게 말한다. "한 가지 내가 배운 것은, 우리는 모두가 하나의 거
대한, 살아 있는 우주의 일부분이라는 것이다. 만일 우리가 자신은 다
치지 않고 다른 사람이나, 다른 생명체를 해칠 수 있다고 생각한다면

그것은 슬픈 착각이다. 나는 이제 숲과 꽃과 새들을 보면서 이렇게 말한다. '이것은 나다. 나의 일부분이다.' 우리는 만물과 서로 연결되어 있고, 따라서 그 연결을 통해 사랑을 보낸다면 우리는 행복해질 것이다."[69]

먹을 수도 있지만 먹어야만 하는 것은 아니다

사후세계의 홀로그램적인 성질, 그리고 마음이 빚어낸 듯한 성질은 다른 무수한 측면들을 통해서도 드러난다. 한 어린아이는 저승세계를 묘사하면서, 자신이 원할 때면 언제든지 음식이 나타났는데 배를 불리기 위해 그것을 먹어야 할 필요는 없었다고 말한다. 이것은 사후현실이 환영과 같은 홀로그램적인 성질을 지니고 있음을 다시 한 번 부각시켜준다.[70] 무의식의 상징적 언어조차 '객관적' 형체를 지니고 있다. 예컨대 휘턴의 한 피험자는 자신의 다음 생에서 중요한 역할을 할 여성을 소개받았는데 그녀는 인간의 모습 대신 반은 장미꽃이고 반은 코브라인 모습으로 나타났다. 그 상징의 의미를 궁금해하다가 그는 자신과 그 여인이 다른 두 번의 생에서 서로 사랑했음을 깨달았다. 하지만 그녀는 또 두 번이나 그의 죽음에 책임이 있었다. 그래서 그녀의 그러한 이중적 성격이 인간의 모습으로 표현되는 대신 두 가지의 극적으로 대조되는 성질을 더 잘 상징해주는 홀로그램적 형상으로 나타났던 것이다.[71]

이런 경험을 한 것은 휘턴의 이 피험자뿐만 아니다. 하즈라트 이나야트 칸(Hazrat Inayat Khan)은 자신이 신비한 상태에 들어가서 '신성한 현실' 속을 여행할 때 만나게 되는 존재들도 가끔씩 반인반수의 형체로 나타났다고 말했다. 휘턴의 피험자와 마찬가지로 칸도 이 변형된 외모가 하나의 상징이며, 어떤 존재가 동물의 모습으로 나타나는 것은 그 동물이 그가 소유하고 있는 어떤 성질을 상징하기 때문임을 알 수 있었다. 예컨대 매우 강한 힘을 지닌 존재는 사자의 머리를 가지고 있을 수도 있고 지혜롭고 재주 있는 존재는 여우의 특징을 띠고 있을 수도 있다. 칸은 이집트 문명 같은 고대문명들이 사후세계를 지배하는 신들의 머리를 짐승의 모습으로 그리고 있는 이유도 바로 이 때문이라고 주장한다.[72]

사후의 현실이 우리의 마음을 채우고 있는 생각과 욕망과 상징들을 반영하는 홀로그램적 형상으로 나타나는 경향성은 빛의 존재를 두고 서양인들은 기독교 성인으로, 인도인들은 힌두교 성자나 신격으로 인식하는 이유를 설명해준다. 사후세계가 지니는 유연한 성형성은 그 같은 외견상의 형상이 앞에서 말했던 소녀가 마음만 먹으면 나타났던 음식이나 코브라와 장미의 합체로 나타났던 여인, 혹은 자신의 벗은 모습을 부끄러워하자 나타났던 옷보다 더도, 덜도 현실적이지 않음을 시사한다. 바로 이런 성형성은 임사체험에서 나타나는 다른 문화적 차이점들도 설명해준다. 즉, 어떤 체험자들은 터널을 지나고, 어떤 사람들은 물을 건너고, 어떤 사람들은 다리를 지나고, 어떤 사람들은 그저 길을 걸어가서 저승에 도달하는 이유를 말이다. 또한 오직 상호작용하는 사념의 구조물로부터 빚어내진 현실 속에서는 눈에 보이는 광경 자체도 경험자의 생각과 기대가 빚어내는 것인 듯하다.

이 시점에서 한 가지 중요한 점을 짚고 넘어갈 필요가 있다. 사후세계가 놀랍고 신기해보이기는 하지만 이 책에 제시된 증거들은 우리가 몸담고 있는 이 현실차원 또한 그와 크게 다르지 않을지도 모른다는 사실을 밝혀주고 있다. 이미 살펴보았던 바와 같이, 우리 또한 모든 정보를 접할 수 있다. 다만 우리에게는 그것이 약간 더 어려울 뿐이다. 우리도 또한 가끔씩 개인사를 앞질러서 엿보기도 하고 공간과 시간의 환상적인 본질에 직면하기도 한다. 그리고 우리도 또한 자신의 신념에 따라 신체를, 때로는 현실까지도 빚어내고 바꿔놓는다. 다만 우리에게는 약간의 시간과 노력이 더 필요할 뿐이다. 실제로 사이 바바의 능력은 우리가 단지 원하기만 하면 음식을 물질화시킬 수 있음을 암시하고 있고, 먹지 않고 사는 테레제 노이만 수녀의 능력은 사후세계에서 그렇게 되는 것처럼 음식을 먹는다는 것이 궁극적으로는 불필요한 일임을 증명해주고 있다.

사실상 이승의 현실과 저승의 현실은 정도의 차이가 있을 뿐이지 본질적으로 종류가 다른 것은 아닌 듯하다. 이 둘이 다 홀로그램 같은 구조물이며, 안과 듄의 표현대로, 오직 의식과 그 주변환경과의 상호작용에 의해서 빚어내지는 현실이다. 달리 표현하면, 우리의 현실은 사후세계보다 약간 더 응고된 세계일 뿐인 것 같다. 우리의 신념이 신체를 빚어내 못처럼 생긴 성흔을 만들어내려면, 혹은 우리의 무의식의 상징적 언어가 외부에 동시성 사건을 일으키려면 그저 시간이 약간 더 걸릴 뿐이다. 하지만 그것은 실제로 현실 속에 나타난다. 느리고 그침 없는 강물의 흐름처럼 말이다. 그 강물의 그침 없음은 우리가, 우리가 살고 있는 이 우주를 이제 막 이해하기 시작했을 뿐임을 가르쳐주고 있다.

다른 근거를 통한 사후세계의 정보

사후세계를 방문하기 위해서 꼭 생명에 위협을 주는 일을 당해야만 하는 것은 아니다. 사후세계는 유체이탈을 통해서도 갈 수 있다는 증거가 있다. 먼로는 그의 책에서 다른 차원의 현실을 방문해서 거기서 죽은 친구를 만난 일을 이야기하고 있다.[73] 유체이탈을 통해서 더욱 능숙하게 사자의 땅을 방문할 수 있었던 사람은 스웨덴의 신비가 스웨든보그였다. 1688년 태어난 스웨든보그는 그 시대의 레오나르도 다 빈치였다.

그는 젊었을 때 과학을 공부했다. 그는 스웨덴의 뛰어난 수학자였고 아홉 가지 외국어를 구사했으며 조각가이자 정치인, 천문학자이자 사업가였고 취미로 시계와 현미경을 만들었으며 야금술과 색채이론, 상업과 경제, 물리학, 화학, 광업, 해부학 등에 대한 책을 썼으며 비행기와 잠수함을 위한 표준을 고안해냈다.

이 모든 일의 와중에도 그는 규칙적으로 명상을 했으며 중년에 이르자 그는 깊은 초월 상태에 들어갈 수 있는 능력이 생겼고 그 상태에서 그는 몸을 벗어나 그에게는 천국으로 느껴지는 곳으로 가서 '천사'와 '신령'들과 대화를 나누었다. 스웨든보그가 이 여행 중에 뭔가 심오한 경험을 하고 있었음은 의심의 여지가 없다. 그의 이런 능력은 널리 알려지게 되어서 스웨덴 여왕이, 자신이 죽은 오빠에게 사망 전에 보낸 편지에 대해 그가 답장을 하지 않은 이유를 알아달라고 부탁해왔다. 스웨든보그는 그것을 망자에게 물어보겠노라고 약속했고 그 다음날 돌아와서, 오직 그녀와 오빠만이 알고 있는 메시지를 전해주었다. 스웨든보그는 도움을 청하는 여러 사람들에게 이런 식의 심부름을 해주었는데, 또 한번은 과부에게 죽은 남편의 책상에 달린 비밀서랍의 위치를 가르쳐주어서 그 속에 들어 있던 중요한 서류를 찾을 수 있게 해주었다. 이 일화에 대한 소문은 너무나 널리 퍼져서 독일의 철학자 이마누엘 칸트가 스웨든보그에 관한 ≪신령을 보는 자의 꿈*Dreams of a Spirit-Seer*≫이라는 책을 쓰게 했다.

하지만 스웨든보그의 이야기 중 가장 놀라운 것은 그가 묘사하는 사후세계가 현대의 임사체험자들이 묘사하는 것과 너무나 흡사하다는 사실이다. 예컨대 스웨든보그는 어두운 터널과 영혼들의 영접, 지상의 어느 곳보다 아름다운, 시간과 공간의 존재가 없는 광경, 사랑의 느낌을 방사하는 눈부신 빛, 빛의 존재 앞에 나섬, 모든 것을 감싸는 맑은 평화에 둘러싸임 등을 이야기한다.[74] 그는 또 금방 죽어서 천국에 도착하는 사람들을 직접 구경하고 그들이 인생복습(그는 이것을 '생명의 책 개봉식'이라고 불렀다)을 하는 과정을 지켜볼 수 있도록 허락받았다고 말했다. 그는 그 과정에서 사람들이 '평생 행한 모든 일들'을 목격했다고 말하면서 한 가지 독특한 사실을 덧붙였다. 즉, 생명의 책을 개봉하는 동안 나오는 정보들은 그 사람의 영적인 신체 속의 신경계에 기록되어 있다는 것이다. 그리하여 '천사'가 인생복습 내용을 불러내기 위해서는 그 사람의 '손가락 하나하나부터 시작해서 몸 전체를' 검사해야만 했다.[75]

스웨든보그는 또 천사들이 의사소통을 위해서 사용한 홀로그램적인 사념의 공에 대해 언급했는데 그것은 그가 사람들의 몸을 감싸고 있는 '파동질' 속에서 보는 동영상과 다르지 않다고 말한다. 대부분의 임사체험자들과 마찬가지로 그는 이 텔레파시적 지식의 폭발을 하나하나의 이미지가 1000가지의 생각을 담고 있는, 정보가 고도로 농축된 이미지 언어라고 설명한다. 전달되는 일련의 이런 영상은 또한 상당히 길 때도 있어서 "놀랄 수밖에 없도록 정돈된 순차로 몇 시간 동안 이어진다."[76]

하지만 여기서도 스웨든보그는 한 가지 매혹적인 사실을 덧붙인다. 천사들은 영상을 사용하기도 하지만 인간의 이해가 불가능한 개념을 담고 있는 말도 사용한다는 것이다. 사실 영상을 사용하는 주된 이유는 그것이 그들의 생각과 개념을 인간이 아주 흐릿하게나마 이해할 수 있도록 해주는 유일한 방법이기 때문이라는 것이다.[77]

스웨든보그의 경험은 좀 드문 임사체험 요소들까지 입증해주기도 한다. 그는 영의 세계에서는 음식을 먹을 필요가 없다고 말한다. 하지만 그 대신 정보가 영양의 공급원이라고 덧붙였다.[78] 그는 영들과 천사들이 이야기할 때는 그들의 생각이 계속 3차원의 상징적 이미지로, 특히 동물의 모양으로 합성되어 나타났다고 말한다. 예컨대 천사가 사랑과 애정에 관해 말한다면 "양 같은 아름다운 동물들이 나타났다… 하지만 천사들이 사악한 집착에 대해 이야기할 때면 그것은 흉측하고 사나운 동물들, 예컨대 호랑이, 곰, 늑대, 전갈, 뱀, 쥐 등의 모습으로 나타났다.”[79] 현대의 임사체험자들은 보고한 바가 없는 내용이지만, 스웨든보그는 천국에는 다른 별에서 온 영들도 있는 것을 보고 놀랐다고 말했다. 이것은 300년 전에 살았던 사람의 주장으로서는 놀라운 일이다.[80]

가장 흥미로운 것은 현실의 홀로그램적 성질을 나타내는 듯한 스웨든보그의 표현들이다. 예컨대 그는, 인간은 서로 분리되어 있는 것처럼 보이지만 우리는 우주적 일체성 속에 모두가 연결되어 있다고 말했다. 그뿐 아니라 우리들 각자는 작은 천국이며 모든 사람이, 아니 실로 물질우주 전체가 그보다 더 큰 신성한 실재의 소우주라는 것이다. 앞에서 이미 이야기했듯이 그는 또 눈에 보이는 현실의 배후에는 파동질이 존재한다고 믿었다.

실제로 스웨든보그를 연구하는 몇몇 학자들은 그가 말하는 개념과 봄이나 프리브램의 이론 사이의 무수한 유사성을 지적했다. 그러한 학자 중 한 사람은, 매사추세츠 주 뉴튼에 있는 스웨든보그 종교학 대학의 신학교수 조지 F. 돌(George F. Dole) 박사다. 예일, 옥스퍼드, 하버드 대학의 학위를 가지고 있는 돌은 스웨든보그 사상의 가장 기본적인 교의는 우리의 우주가 파동 같은 흐름에 의해서 끊임없이 창조되고 유지되고 있다는 것이라고 말한다. 그 흐름은 두 가지로서, 하나는 천국으로부터 오는 것이며 하나는 우리의 영혼, 혹은 영으로부터 오는 것이다. “이 이미지를 함께 놓고 보면 이것은 홀로그램과 놀라울 정도로 유사하다. 우리는 두 가지 흐름의 교차에 의해 형성된다. ― 하나는 신으로부터 직접 오는 것이며, 하나는 신으로부터 우리의 환경을 거쳐 간접적으로 오는 것이다. 우리는 우리 자신을 간섭패턴으로 생각할 수 있다. 왜냐하면 이 유입은 하나의 파동현상이고 우리는 그 파동들이 만나는 지점에 존재하기 때문이다.”[81]

스웨든보그는 또한 천국은 그 유령 같고 덧없는 성질에도 불구하고 물질적 세계보다 더 근본적인 차원의 현실이라고 믿었다. 그는 천국은 모든 지상의 형체들이 그로부터 비롯되고 그곳으로 돌아가는 원형적 근원이라고 말한다. 이 생각은 봄이 말하는 감추어진 질서와 펼쳐진 질서의 개념과 그리 다르지 않다. 게다가 그 역시 사후세계와 물질적 현실은 다른 것이 아니라 정도만 다를 뿐이며 물질계는 사념으로 빚어진 천국의 현실이 더욱 응고된 것일 뿐이라고 믿었다. 천국과 지상을 이루고 있는 물질은 신으로부터 "단계적으로 흘러들어온다. 그리고 각각의 새로운 단계마다 그것은 더욱 거칠고 불투명해진다. 그리고 더 느려져서 더욱 점성이 커지고 차가워진다"고 스웨든보그는 말했다.[82]

스웨든보그는 자신의 체험을 약 20권의 책으로 써냈고, 임종시 혹 자신의 주장을 철회할 뜻이 있는지 물어보자 그는 정직하게 이렇게 대답했다. "내가 말한 모든 것은 여러분이 지금 나를 보고 있는 것만큼이나 진실이다. 시간이 허락되었다면 더 많은 이야기를 할 수도 있었을 것이다. 죽은 후에는 여러분도 모든 것을 알게 될 것이고, 그때면 우리는 이런 일들에 대해 더 많은 이야기를 서로 나눌 수 있을 것이다."[83]

위치가 없는 세계

역사상 스웨든보그만이 몸을 벗어나서 현실의 미묘한 차원으로 여행할 수 있는 능력을 가졌던 유일한 인물은 아니다. 20세기의 페르시아 수피들도 명상을 통해 깊은 몽환상태에 들어가서 '영들이 사는 땅'을 방문했다. 그리고 이 장에서 누적된 증거들과 그들의 보고내용 또한 놀랍도록 유사하다. 그들은 이 별세계에서는 '미묘한 신체'를 지니게 되며, 그 신체의 '특정한 기관'과 꼭 관련되지는 않는 어떤 감각을 통해서 대상

을 지각한다고 주장했다. 그들은 그곳이 많은 영적 스승들, 즉 이맘
(imam)이 사는 세계라고 주장하고 때로는 그곳을 '숨어 있는 이맘의
나라'라고 불렀다.

그들은 그것이 오직 '알람 알미살', 즉 사념으로만 지어진 세계라고
믿는다. '가까움', '거리', '멀리 떨어진' 장소 등의 공간조차 생각에 의
해 창조된다. 하지만 이것이 이 숨어 있는 이맘의 나라가 비현실, 즉 순
전히 무(無)로 이루어진 세계임을 뜻하는 것은 아니다. 그것은 단지 하
나의 마음에 의해서만 창조된 것도 아니다. 그것은 '많은 사람들의 상
상에 의해 창조된' 존재계이며, 동시에 그것의 고유한 구조체와 규모를
가지고 있고 고유의 숲과 산과 심지어 도시까지 가지고 있다. 수피들은
이 점을 명확히 하기 위해 많은 문헌을 남겼다. 이런 개념은 서구의 지
식인들에게는 너무나 낯설어서 파리에 있는 소르본 대학교의 이슬람
종교학 교수이며 이란‒이슬람 철학의 지도적 권위가인 고(故) 앙리 코
뱅(Henry Corbin)은 이것을 묘사하기 위해 '상상적(imaginal)'이란 말
을 만들어냈다.

즉, 그것은 상상으로 창조된 세계지만 물질적 현실보다 존재론적으
로 덜 현실적이지 않은 세계다. "내가 전혀 다른 표현을 찾아내야만 했
던 이유는 내가 직업상 여러 해 동안 아랍과 페르시아 경전들을 번역했
고 단지 '가상적(imaginary)'이라는 말로써 만족했더라면 틀림없이 왜
곡시키고 말았을 경전의 의미를 어떻게든 옮겨놓아야만 했기 때문이
다"라고 코뱅은 말한다.[84]

사후세계가 지니는 상상적인 본질 때문에 수피들은 '상상 그 자체가
하나의 지각기능이다'라고 결론지었다. 이 생각은 휘턴의 피험자들이
생각이 미친 후에야 손을 만들어낼 수 있었던 이유와, 심상을 그리는
것이 신체의 건강이나 신체구조에 그토록 강력한 영향을 미치는 이유
에 대해 새로운 시야를 제공한다. 이 생각은 또 수피들로 하여금 사람

의 운명을 바꿔놓기 위해서 '창조적 기도'라고 부르는 심상화 기법을 이용할 수 있다는 믿음을 지니게 하였다.

봄의 감추어진 질서, 펼쳐진 질서와 유사한 개념으로서, 수피들은 사후세계가 그 유령 같은 성질에도 불구하고 물질우주 전체를 탄생시키는 모태라고 믿었다. 수피들은 모든 물질적 현실은 바로 이 영적 현실로부터 발생한다고 말했다. 그러나 그들 중에서도 가장 지혜로운 자들에게조차 이것은 낯설게 느껴졌다. 명상을 통해 깊은 무의식 속으로 내려가면 '처음에는 외부에 있고 눈에 보이던 것이 모든 것을 감싸고 포함하고 있는 무엇으로 변하는' 내부세계에 도달하게 되기 때문이다.[85]

물론 이러한 깨달음은 현실의 초공간적이고 홀로그램적인 본질에 대한 다른 표현에 지나지 않는다. 우리 각자가 모두 천국 전체를 담고 있다. 그뿐 아니라 우리 각자가 모두 천국의 장소를 담고 있다. 즉, 수피들이 말하듯이, 영적인 실재를 '어떤 곳에서' 찾아야 하는 것이 아니라 그 '곳'이 우리 '안'에 있는 것이다. 실제로 20세기의 페르시아 신비가인 소흐라와르디(Sohrawardi)는 사후세계의 초공간적 성질을 논하면서 숨어 있는 이맘의 나라를 나 – 코자 – 아바드(Na-Koja-Abad), 즉 '위치가 없는 세계'라고 부르는 편이 나으리라고 말했다.[86]

이러한 개념은 물론 새로운 것이 아니다. 그것은 '하늘나라가 우리 안에 있다'는 말로써 표현되는 의미와 동일하다. '새로운' 것은 이러한 개념이 실제로 현실의 미묘한 차원이 지니고 있는 초공간적 측면을 표현한다는 점이다. 이것은 유체이탈체험을 하는 사람이 실은 어떤 곳으로도 이동하고 있는 것이 아님을 암시하고 있다. 그들은 단지 환영 같은 홀로그램 현실을 교체할 뿐으로서, 그것을 마치 어딘가로 여행하는 것처럼 느끼는 것일지도 모른다. 홀로그램 우주에서는 의식은 이미 모든 곳에 있을 뿐만 아니라, 동시에 아무 데도 없다.

사후세계가 무의식의 초공간적 영역 깊은 곳에 숨어 있다는 생각은 일부 임사체험자들도 암시하고 있다. 한 일곱 살짜리 소년이 말하듯이, "죽음은 마음 속으로 걸어가는 것과 같다."[87] 봄은 한 삶에서 다음 삶으로 전환되어갈 때 일어나는 현상에 대해 이와 비슷한 초공간적 관점을 제시한다. "지금 이 순간 우리의 모든 사고작용은 우리의 주의를 '여기'에다 기울여야 한다고 말한다. 예컨대 길을 실제로 걸어서 건너지 않으면 길은 건너지 못한다. 그러나 의식은 언제나 시간과 공간을 초월한 끝 모를 심층부, 감추어진 질서의 미묘한 차원 속에 머물러 있다. 그러므로 만일 당신이 바로 지금 속으로 충분히 깊게 들어간다면 이 순간과 다음 순간의 차이는 아마도 존재하지 않을 것이다. 이 말은 죽음의 경험 속에서 당신은 바로 그런 상태에 도달하리라는 것이다. 영원과의 만남은 지금 이 순간 속에 있다. 하지만 그것은 생각에 의해 매개된다. 그것은 의식의 초점을 어디에 두느냐의 문제다."[88]

지혜롭고 조화로운 빛의 형체

단지 의식을 전환시키기만 하면 현실의 미묘한 차원으로 다가갈 수 있다는 생각은 요가 체계의 중요한 전제 중 하나이기도 하다. 많은 요가 수행법들이 바로 사람들에게 이러한 여행을 하는 방법을 가르치기 위해 특수하게 고안된 것들이다. 그리고 여기서도 마찬가지로 이 모험에 성공한 사람들은 이제는 독자들도 친숙해져 있는 그런 풍경들을 이야기한다. 그러한 사람들 중 한 사람은 거의 알려지지 않았지만 널리 존경받고 있는 인도 성자로서 1936년 인도의 푸리에서 죽은 스리 유크테스와르 기리(Sri Yukteswar Giri)다. 1920년 스리 유크테스와르를 만난 에반스-웬츠는 그를 '함께 있는 것이 즐거운 고매한 인품의 소유자로서 추종자들의 존경을 받기에 손색없는 인물'이라고 묘사했다.[89]

스리 유크테스와르는 이승과 저승을 마음대로 들락거리는 탁월한 능력을 가진 것으로 보이며 사후세계를 '다양한 빛과 색깔의 미묘한 진동으로 이루어져 있으며 물질우주보다 백배 더 큰 세계'로 묘사했다. 그도 또한 그것이 우리의 존재계보다 무한히 더 아름다우며 가는 곳마다 '오팔빛 호수와 광명한 바다, 무지개빛 강'이 있다고 말했다. 그곳은 '신의 창조적 빛이 더욱 강렬하게 진동하기 때문에' 날씨는 언제나 상쾌하고, 기후를 나타내는 유일한 현상은 가끔씩 내리는 '찬란한 흰 눈과 다양한 색광의 비'뿐이다.

이 경이로운 세계에 사는 사람들은 어떤 종류의 몸도 물질화시킬 수 있으며, 신체 중 원하는 어떤 부위를 통해서도 '볼' 수 있다. 그들은 또 어떤 과일이나 음식도 원하는 대로 물질화시킬 수 있다. 하지만 그들은 "거의 먹을 필요가 없고 오직 새로운 지식의 신성한 식사만을 즐긴다."

그들은 텔레파시로 통하는 일련의 '빛의 사진'으로 의사소통을 하며 '영원한 우정'을 즐기고 '사랑의 불멸성'을 깨닫고 '행위나 진리의 인식에 착오가 생기면' 예리한 고통을 느낀다. 그리고 그들이 '지상의 여러 삶'에서 만났던 여러 친척과 부모, 아내와 남편, 친구들을 만나게 되면 누구를 특별히 사랑해야 할지 몰라하며, 그래서 '모든 이에게 신성하고 평등한 사랑을' 주기를 배운다고 한다.

이 빛의 세계에 일단 거주하게 된다면 우리가 경험할 현실의 가장 본질적인 성질은 무엇일까? 이 질문에 대해 스리 유크테스와르는 그것은 홀로그램과도 같다는 말만큼이나 간단한 대답을 주었다. 먹는 것도, 심지어 숨을 쉬는 것도 불필요한 이 세계에서는, 한 생각으로써 '향기로운 꽃이 만발한 정원'을 만들어낼 수 있는, 몸의 상처가 '마음만 먹으면 낫는' 이 세계에서는 우리는 한마디로 '지혜롭고 조화로운 빛의 형체'인 것이다.[90]

빛에 대해

홀로그램적인 표현으로 현실의 미묘한 차원을 이야기하는 요가의 스승들은 스리 유크테스와르뿐만 아니다. 그 한 사람은 인도인들이 간디와 더불어 존경해 마지않는 사상가요, 활동적 정치가요, 신비가인 스리 오로빈도 고세(Sri Aurobindo Ghose)다. 스리 오로빈도는 1872년 인도의 상류층 가문에서 태어나 영국에서 교육을 받았다. 거기서 그는 곧 일종의 비범한 인간으로서 명성을 얻었다. 그는 영어와 힌두어, 러시아어, 독일어, 프랑스어뿐만 아니라 고대 산스크리트어에도 능통했다. 그는 하루에 한 상자의 책을 읽을 수 있었으며(젊을 때 그는 인도의 모든 경전들을 통독했다) 자신이 읽은 모든 책의 단어 하나하나까지도 외울 수 있었다. 그의 정신집중력은 한마디로 전설적이어서, 한 자세로 밤새도록 앉아 끊임없는 모기의 공격에도 아랑곳하지 않고 공부를 할 수 있었다고 한다.

오로빈도도 간디와 마찬가지로 인도에서 국민주의 운동을 펼쳤고 치안방해 및 선동죄로 감옥생활을 했다. 그러나 이 모든 지적, 인간적인 열정에도 불구하고 어느 날 한 방랑 요기가 그의 동생의 치명적인 병을 한순간에 낫게 하는 것을 목격하기 전까지만 해도 그는 무신론자였다. 그때부터 스리 오로빈도는 요가 수행에 일생을 헌신했고 결국 스리 유크테스와르처럼 명상을 통해서, 그의 말에 의하면, '의식의 차원들을 탐사하는 자'가 되는 법을 깨우쳤다.

스리 오로빈도에게 그것은 쉬운 일이 아니었다. 목표를 이루기 위해서 극복해야 했던 가장 힘든 장애물은 일상적인 인간의 마음 속을 끊임없이 흐르고 있는 말과 생각의 재잘거림을 침묵시키는 법을 터득하는 것이었다.

한순간이라도 마음 속에서 '모든' 생각을 비워보려는 시도를 해본 적이 있다면 누구나 이것이 얼마나 어려운 일인지 알고 있을 것이다. 하지만 그것은 꼭 필요한 일이기도 했다. 요가 경전은 이 점에 대해서는 매우 명확했다. 의식의 더 미묘하고 숨겨진 영역을 파고들려면 실로 의식의 자유로운 전환이 필요하다. 혹은, 오로빈도의 말을 빌리면, '우리 안의 새로운 세계'를 발견하려면 먼저 '낡은 것을 뒤로하고 떠나는' 법을 터득해야만 하는 것이다.

스리 오로빈도가 마음을 침묵시키고 내부로 여행하는 법을 터득하는 데는 여러 해가 걸렸다. 하지만 일단 성공을 거두자 그는 우리가 이제까지 살펴보았던 모든 영혼 탐험가들이 발견한 것과 동일한 광대한 세계를 발견했다. 그것은 '다채로운 색깔의 무한한 진동'으로 이루어진, 시간과 공간 너머의 세계로서, 인간보다 의식이 너무나 진보되어 있어서 우리를 어린아이처럼 느끼게 만드는 비육체적 존재들이 사는 세계였다. 스리 오로빈도는 이 존재들이 의지로써 어떤 형체든 취할 수 있어서, 동일한 존재가 기독교인에게는 기독교 성자로, 인도인에게는 힌두 성자로 나타난다고 말했다. 다만 그는 그렇게 하는 그들의 목적이 속이려는 것이 아니라 자신을 '특정한 의식에' 접근하기 쉽게 만들려는 데 있다는 점을 강조했다.

스리 오로빈도의 말에 의하면, 이 존재들의 진정한 모습은 '순수한 진동'으로 나타난다. 그의 두권짜리 저서인 ≪요가에 대하여*On Yoga*≫에서 그는 이들이 형체나 파동의 모습을 마음대로 나타내는 능력을 '현대과학'이 발견한 파동 – 입자의 이원성에 비유하기까지 한다. 스리 오로빈도는 또 이 빛나는 세계에서는 정보를 더 이상 '한자 한자' 또박또박 받아들이는 것이 아니라 '큰 덩어리로' 흡수할 수 있으며, '광대한 시간과 공간을' 한눈에 지각할 수 있다고 말했다.

사실 스리 오로빈도의 주장 중 많은 부분이 봄과 프리브램의 대부분의 결론과 다르지 않다. 그는 대부분의 인간들이 '물질의 장막' 너머를 보지 못하게 하는 '정신적 스크린'을 가지고 있지만 이 장막 너머를 보는 방법을 배우면 인간은 만물이 '서로 다른 강도의 빛의 진동'으로 이루어져 있음을 깨닫게 된다고 말했다. 그는 의식 또한 다양한 진동으로 이루어져 있다고 주장하고 모든 물질은 어느 정도는 의식을 지니고 있다고 믿었다.

봄과 마찬가지로 그는 염력현상은 모든 물질이 어느 정도 의식을 지니고 있는 데서 나오는 직접적인 결과라고 주장했다. 스리 오로빈도는, 만일 물질이 의식을 지니고 있지 않다면 요기와 물체 간에 접촉이 이루어질 수 있는 어떤 방법도 없기 때문에 어떤 요기도 마음으로써 물체를 움직일 수 없을 것이라고 말한다.

스리 오로빈도의 사상 중 봄과 가장 일치하는 것은 전체와 부분에 대한 관점이다. 스리 오로빈도의 말에 의하면, '빛나고 위대한 신령의 왕국'에서 배우게 되는 가장 중요한 것 중 하나는 모든 분리는 미망이며 만물은 궁극적으로 상호연결되어 있으며 일체라는 사실이다. 그는 자신의 글 속에서 이 사실을 거듭 강조했다. 그리고 '진행성 분리의 법칙'이 지배하는 것은 오직 높은 진동의 현실차원으로부터 낮은 진동의 차원으로 내려올 때뿐이라고 믿었다. 우리는 의식과 현실의 진동이 낮은 차원에 존재하기 때문에 사물을 분리시키며, 더 높고 미묘한 영역에서는 일상적으로 경험하는 존재의 환희와 사랑과 즐거움, 의식의 강렬함을 경험하지 못하도록 방해하는 것은 무엇이든 분리시켜 놓으려는 우리의 버릇이라고 스리 오로빈도는 말한다.

궁극적으로 나누어지지 않은 전체인 우주에서는 무질서란 존재할 수 없다는 봄의 신념처럼, 스리 오로빈도는 의식에 있어서도 마찬가지라고 믿었다. 그는 만일 우주 속의 단 한 점이라도 완전히 의식이 없다면 온 우주가 마찬가지로 완전히 의식이 없으리라고 말한다. 그리고 만일 우리가 길가의 돌멩이나, 손톱 밑에 낀 한 알의 모래알을 생명 없는 죽

은 것으로 인식한다면 우리의 지각 또한 오직 분리에 대한 우리의 몽유
병적 중독에 의해서만 지어내질 수 있는 미망이라고 말한다.

봄과 마찬가지로 전체성에 대한 직관적 이해는 스리 오로빈도로 하
여금 모든 진리의 궁극적 상대성과 이음새 없는 홀로무브먼트를 '객체
들'로 분리해 놓으려는 노력의 무의미함을 깨닫게 했다. 우주를 절대적
인 사실과 불변의 법칙으로 축소시키려는 시도는 오직 왜곡만을 가져
오리라는 확신은 그를 종교마저 반대하게 만들었고 그는 진정한 영성
은 조직이나 교단으로부터는 나올 수 없으며 오직 내면의 영적 우주로
부터만 나올 수 있음을 평생 강조했다.

우리는 마음과 감각의 덫을 빠져나와야 할 뿐만 아니라 생각하는 자의
덫, 신학자와 교회를 짓는 자들의 덫, 그리고 말의 그물과 생각의 속박으
로부터 벗어나야 한다. 이 모든 것들이 영을 형체 안에 가두려고 우리 안
에서 기다리고 있다. 하지만 우리는 항상 그것을 초월해야 한다. 언제나
더 큰 것을 위해 작은 것을 버리고 무한한 것을 위해 유한한 것을 버려야
한다. 우리는 깨달음으로부터 깨달음으로, 경험으로부터 경험으로, 영혼
상태로부터 영혼 상태로… 한없이 나아갈 태세가 되어 있어야 한다. 또
한 우리가 가장 확고하게 믿는 진리에도 집착하지 말아야 한다. 왜냐하
면 그것은 말로 나타낼 수 없는, 어떤 형태나 표현 속으로도 자신을 한정
시키기를 거부하는 그것의 형태와 표현에 지나지 않기 때문이다.[91]

하지만 우주가 궁극적으로 말로 표현할 수 없는 다채로운 진동의 뒤
범벅이라면 우리가 지각하는 그 모든 형체들은 무엇인가? 물리적 현실
은 무엇이란 말인가? 스리 오로빈도는 말한다. 그것은 '안정되어 있는
빛덩어리'다.[92]

무한 속의 생존

임사체험자들이 보고하는 이 실재상은 놀라울 정도로 일관성이 있으며 세계의 뛰어난 신비가들의 수많은 증언들도 이를 확인해주고 있다. 이보다 더 놀라운 것은, 이 미묘한 차원의 현실이 '선진문화권'에 사는 우리들에게는 놀랍고 낯설지만 소위 '원시적인' 부족들에게는 전혀 새로울 것 없는 친숙한 세계라는 사실이다.

예컨대 호주의 원주민 사회에서 살면서 이들을 연구한 인류학자 E. 난디스바라 나야케 테로(E. Nandisvara Nayake Thero) 박사는 호주의 주술사가 깊은 몽환상태에서 들어가는 세계인 '꿈의 시대(dreamtime)'라는 토착적 개념은 서양의 관련문헌에서 묘사되는 사후의 존재계와 거의 동일하다는 점을 지적한다. 그곳은 인간의 영혼이 죽은 후 사는 곳이어서 주술사가 그곳에 가면 죽은 자와 대화할 수 있고 순간적으로 모든 지식을 얻는다. 그곳은 또 시간과 공간과 기타 지상적 삶 속의 모든 한정이 더 이상 존재하지 않는 세계이며 거기서는 무한을 다루는 법을 배워야만 한다. 이 때문에 호주의 주술사는 사후의 삶을 흔히 '무한 속의 생존'이라고 말한다.[93]

독일의 민족심리학자이며 심리학과 문화인류학 학위를 가지고 있는 홀거 칼바이트(Holger Kalweit)는 테로보다 한술 더 뜬다. 샤머니즘을 전공했으며 임사체험도 활발히 연구하고 있는 칼바이트는 전세계의 거의 '모든' 주술전통이 이 광활한 이(異)차원의 세계에 대해 이야기하고 있으며 그 내용에는 인생복습, 인도하고 깨우쳐주는 높은 영적 존재들, 생각만 하면 나오는 음식, 형용할 수 없이 아름다운 목장과 숲과 산 등이 등장한다고 말한다. 사실 주술사가 되기 위한 가장 보편적인 요건은 사후세계로 여행할 수 있는 능력만이 아니다. 임사체험도 종종 어떤 사람을 주술사가 되게 하는 촉매 역할을 한다. 예컨대 오글라라 수족, 세

네카, 시베리아의 야쿠트, 남아메리카의 과지로, 줄루, 케냐의 키쿠유, 한국의 무당, 인도네시아의 멘타와이 섬 주민, 그리고 카리부 에스키모 등에도 생명을 위협하는 병으로 사후세계를 방문한 후 주술사가 되는 전통이 있다.

그러나 이런 경험에 갈피를 못 잡고 낯설어하는 서양의 임사체험자들과는 달리 이 주술적 탐험가들은 이 미묘한 세계에 대해 훨씬 더 광범위한 지리적 지식을 갖추고 있는 듯하며 대개는 그곳을 거듭거듭 방문할 수가 있다. 왜일까? 칼바이트는 그런 경험이 그런 문화권에서는 일상적인 현실이기 때문이라고 믿는다. 우리 사회에서는 죽음에 대한 생각이나 언급을 억누르고, 현실을 엄격히 물질적 관점에서만 정의함으로써 신비적인 것을 미신시하는 데 반해서 이들 종족들은 아직도 현실의 심령적 측면들과 일상적으로 접촉한다. 그러므로 그들은 이 내부 세계를 지배하는 법칙을 더 잘 이해하고 있으며 그 영토를 항해하는 데 훨씬 더 능숙하다고 칼바이트는 말한다.[94]

주술문화 민족들이 이 내부의 세계를 많이 탐험했음을 말해주는 증거는 인류학자 마이클 하너(Michael Harner)가 페루 아마존의 코니보 인디언들과 함께 겪었던 체험이다. 1960년 미국 자연사 박물관은 하너를 1년 간의 코니보 탐험조사에 파견했다. 그는 거기에 머무는 동안 그 아마존 원주민들에게 그들의 종교적 신념을 물어보았다. 그들은 그에게 정말 그것이 궁금하다면 '아야후아스카', 즉 '영혼의 덩굴'이라는 환각 식물에서 만들어낸 신성한 주술음료를 마셔야 한다고 했다. 그는 그것을 받아들이고 그 쓸쓸한 물을 마신 후 유체이탈체험을 했다. 그는 코니보 신화에 등장하는 신과 악마들로 보이는 존재들이 사는 현실차원을 여행했다. 그는 이빨을 허옇게 드러낸 악어 머리를 한 악마를 만났다. 그는 자신의 가슴에서 '에너지 정수(精髓)'가 나와서 새의 머리를 가진 이집트 스타일의 인물들이 타고 있는, 용머리를 한 배를 향해 떠가는 것을 지켜보았고, 그것을 보면서 자신이 죽음에 대해 서서히 무감각해져 가는 것을 느꼈다.

그러나 이 영혼의 여행에서 가장 극적인 체험은 그의 척추에서 날개가 달린, 용처럼 생긴 일단의 존재들이 나오는 것을 본 것이다. 그들은 그의 몸으로부터 몰려나와서는 그의 눈앞에 한 광경을 '비추어' 그들의 말로는 지구의 '진짜' 역사라는 것을 보여주었다. 그들은 일종의 '사념 언어'를 통해서 그들이 지구상의 모든 생명의 기원과 진화를 책임지고 있음을 설명했다. 실제로 그들은 인간뿐만 아니라 모든 생명체 속에 살고 있었고 외계의 어떤 정체불명의 적들로부터 자신의 몸을 숨길 곳을 만들기 위해 지금 지구상에 번성하고 있는 온갖 다양한 생명체를 창조해냈다(하너는 이 존재들이 거의 DNA의 모습과 흡사했지만 1961년 당시 그는 DNA에 대해서는 전혀 몰랐다고 적고 있다).

이 환시의 드라마가 끝난 후 하너는 초능력으로 유명한 맹인 코니보 주술사를 찾아가서 자신의 경험을 설명해달라고 부탁했다. 영의 세계를 수없이 여행했던 그 주술사는 하너가 자신이 겪은 경험을 이야기할 때 가끔씩 고개를 끄덕이면서 들었는데 그가 용처럼 생긴 존재들과, 그들이 지구의 진정한 주인이라고 주장했던 사실에 대해 이야기하자 주술사는 재미있다는 듯이 웃으면서 "그들은 언제나 그렇게 말하지. 하지만 그들은 단지 외부 암흑의 주인들이야" 하고 정정해주었다.

"나는 놀랐다. 내가 경험한 것이 이 맨발의 맹인 주술사에게는 이미 친숙한 것이었다. 그는 내가 모험했던 것과 동일한 신비의 세계를 자신의 탐험을 통해 이미 알고 있었던 것이다." 하지만 하너가 받은 충격은 이것만이 아니었다. 그는 자신의 경험을 근처에 살던 2명의 기독교 선교사들에게도 이야기해주었다. 그리고 그들 또한 그가 말하는 사실을 이미 알고 있는 듯한 태도인 것을 보고 기이하게 여겼다. 그가 이야기를 마치자 그들은 그의 이야기 중 일부가 무신론자인 하너로서는 읽은 적이 없는 요한계시록의 특정 구절과 거의 동일하다는 사실을 말해주었다.[95] 그러니까 하너가 더듬거리며 탐험했던 그곳을 여행한 것은 아마도 그 늙은 코니보 주술사뿐만 아니었던 모양이다. 신구약 성경에 나오는 예언자들이 묘사하는 '천국여행'과 일부 계시들은 다름아닌 내부 세계로의 주술적 여행이었는지도 모른다.

우리가 순전히 전래동화나, 매력적이긴 해도 순진한 내용의 신화라고 생각했던 것들도 사실은 이 미묘한 현실세계의 지도가 아닐까? 칼 바이트는 그 대답은 당연히 'yes'라고 믿는다. "죽음에 대한 최근의 연구를 통한 혁명적인 발견사실들에 비추어본다면 우리는 더 이상 민속종교나 그들의 죽음의 세계에 대한 생각을 좁은 식견이라고 비판할 수 없으며 오히려 주술사들을 최첨단의 지식을 갖춘 심리학자로 대접해야 할 것"이라고 그는 말한다.[96]

부인할 수 없는 영적 광원

임사체험의 실재 여부에 대한 마지막 증거는 그것이 체험자를 변화시켜놓는 힘이다. 연구자들은 임사체험자들이 거의 언제나 이 초월적 여행에 의해 인격변화를 겪는다는 사실을 발견했다. 그들은 더 행복해지고 더 낙관적으로 변하고 더 편안해지며 물질적인 소유에 관심이 적어진다. 무엇보다도 가장 놀라운 것은 그들의 사랑이 엄청나게 커진다는 점이다. 냉담하던 남편이 갑자기 따뜻하고 부드럽게 변하고, 일벌레가 놀러 다니기 시작하고 가족과 함께 시간을 보내기 시작하며, 내성적이던 사람이 외향적으로 변한다. 이러한 변화는 종종 너무나 극적이어서 임사체험자를 잘 아는 주변사람들은 그들이 완전히 다른 사람이 되었다고 말한다. 심지어 범죄자가 완전히 새 사람이 되기도 하고 죄지은

자들에게 저주를 퍼붓던 목사가 무조건적인 사랑과 자비의 메시지를 설하기도 한다.

임사체험자들은 또 더욱 영적인 사람이 된다. 그들은 인간 영혼의 불멸성을 확고히 믿을 뿐만 아니라 우주는 자비롭고 지성적이며 그 사랑의 임재감이 항상 그들과 함께한다는 깊고 변하지 않는 느낌을 가지고 있다. 그러나 이러한 인식이 반드시 그들을 더 종교적인 사람으로 변하게 하지는 않는다. 스리 오로빈도와 마찬가지로 임사체험자들은 종교와 영성의 차이를 구분하는 것이 중요함을 강조하며 그들의 삶에 활짝 피어난 것은 영성이지 종교가 아니라고 주장한다. 실제로 연구에 의하면 임사체험자들은 체험 이후 자신의 종교적 배경 외의 관념들, 예컨대 윤회론이나 동양의 종교에 대해서 더욱 열린 태도를 보여준다는 것이 밝혀졌다.[97]

이렇게 넓어지는 관심은 종종 다른 영역에까지도 뻗쳐간다. 예컨대 임사체험자들은 흔히 이 책에서 논의되고 있는 종류의 주제, 특히 심령현상과 새로운 물리학 등에 특히 매력을 느끼게 된다. 예컨대 링이 연구했던 한 임사체험자는 중장비 운전기사였는데, 체험 이전에는 학문적인 분야의 책에 대해서는 아무런 관신이 없었다. 그러나 임사체험 중 그는 총체적 지식의 계시를 경험했고 그 내용을 다시 기억할 수는 없었지만 다시 살아난 이후로는 그의 머릿속에 온갖 물리학 용어와 개념들이 떠오르기 시작했다. 임사체험을 한 지 한참이 지난 어느 날 아침 그는 '양자'라는 단어를 갑자기 떠올렸다. 나중에는 이런 알 수 없는 말까지 내뱉었다. "막스 프랑크. 너는 가까운 시일 내에 그에 대해 듣게 될 것이다." 그리고 시간이 지나자 그의 사념 속에 수학기호와 방정식 조각들이 떠오르기 시작했다.

그 자신이나 그의 아내나, 그가 나중에 도서관에서 그 단어를 발견하기 전까지는 '양자'가 무슨 뜻인지, 막스 프랑크(양자물리학의 아버지로 인정받고 있는)가 누구인지 몰랐다. 하지만 자신이 뜻도 없는 말을 지껄이고 있었던 것이 아님을 안 후부터 그는 물리학뿐만 아니라 초심리학, 철학, 높은 상태의 의식 등에 관한 책들을 미친듯이 읽기 시작했고 급기야 대학의 물리학과에 입학했다. 그의 아내는 남편의 변화를 설명하는 편지를 링에게 보냈다.

> 그는 우리의 생활 속에서는 들어보지 못하는 말들을 자주 합니다. 다른 언어로 된 외국말인지도 모르겠습니다. 하지만 그는 그것을 '빛' 이론과 연결시켜서 이해합니다. …그는 빛보다 빠른 어떤 것에 대해 이야기하지만 나는 알아듣기가 어렵습니다. …그는 물리학 책을 볼 때 이미 그 답을 알고 있고 책의 내용보다 더 많은 것을 느끼는 것 같습니다.…[98]

그는 체험 이후 여러 가지 심령능력도 보이기 시작했다. 이것은 임사체험자들에게 드물지 않은 현상이다. 1982년 미시간 대학교 정신의학자이자 IANDS의 연구책임자인 브루스 그레이슨(Bruce Greyson)은 69명의 임사체험자에게 이 문제를 조사하기 위해서 특별히 고안된 설문을 했는데, 그가 설문했던 거의 모든 심령현상이나 초상현상 부분에서 그들의 능력이 증가되었음을 발견했다.[99] 인격의 변화를 가져온 임사체험을 한 이후 임사체험 연구자가 된 아이다호 주의 한 주부 필리스 애트워터(Phyllis Atwater)는 10여 명의 임사체험자와 인터뷰한 결과 이와 비슷한 사실을 발견했다. 그녀는 이렇게 말한다. "텔레파시나 치유능력이 흔히 나타났고 미래를 '기억해내는' 능력도 흔했다. 시간과 공간이 멈추고 미래의 사건들을 상세히 경험한다. 그리고 훗날 실제로 그 일이 일어나면 그것이 이미 보았던 내용임을 깨닫는다."[100]

무디는 이런 사람들이 겪는 긍정적인 인격변화는 임사체험이 실제로 현실의 어떤 영적 차원 속으로의 여행임을 보여주는 가장 강력한 증거라고 믿는다. 링도 여기에 동의한다. "임사체험의 핵심에는 절대적이고 부인할 수 없는 영적 광원이 있다. 이 영적 핵심은 너무나 경외롭고 압도적이어서 사람들은 그 자리에서 전혀 새로운 존재방식 속으로 영원히 들어가버린다."[101]

이러한 차원의 존재와 인류의 영적 본성을 인정하기 시작하고 있는 것은 임사체험 연구자들만이 아니다. 스스로도 오래도록 명상을 해온 소설가 브라이언 조셉슨(Brian Josephson)도 명상을 통해서 다가갈 수 있는, 또한 물론 사후에 여행하게 되는 곳인 미묘한 차원의 현실이 존재함을 확신한다.[102]

1985년 육체적인 죽음 이후에 생명이 존속할 가능성에 대해 조지타운 대학교에서 미국 상원의원 클레이본 펠(Claiborne Pell)이 개최한 한 심포지엄에서 물리학자 폴 데이비스는 이와 비슷한 개방적 견해를 표명했다. "우리는 모두 최소한 인간에 관한 한 마음은 물질의 산물, 혹은 더 정확히 표현하자면 마음은 물질(특히 우리의 두뇌)을 통해 표현된다는 점에 동의한다. 양자(量子)가 가르쳐주는 교훈은 물질은 오직 마음과 결부되어서만 구체적이고 분명한 존재성을 획득할 수 있다는 것이다. 만일 마음이 '물질'이 아니라 '패턴'이라면 마음이 다양한 모습으로 자신을 표현할 수 있다는 것은 분명한 사실이다."[103]

이 심포지엄의 또 다른 참석자인 심리신경면역학자 캔데이스 퍼트(Candace Pert)까지도 이 견해에 수긍했다. "나는 정보가 두뇌 속에 저장된다는 사실을 실감하는 것이 중요하다고 생각한다. 그리고 나는 이 정보가 변신하여 어떤 다른 영역 속에 나타날 수 있다고 생각한다. 정보를 구성하고 있던 분자(물질)가 파괴되고 나면 그 정보는 어디로 갈까? 물질은 창조될 수도 없고 소멸될 수도 없다. 그리고 아마도 생명이 죽을 때, 생물학적 정보의 흐름은 그 자리에서 그냥 사라져버릴 수 없으며 그것은 다른 영역 속으로 변환되어야만 할 것이다."[104]

혹시 봄이 말하는 현실의 감추어진 차원이란 것이 사실은 영의 세계, 모든 시대의 신비가들을 변모시켰던 그 영적인 빛의 근원인 것은 아닐까? 봄 자신도 이 생각을 부정하지 않는다. 그는 예의 그 무감각한 태도로 이렇게 말한다. "감추어진 영역은 이상(理想), 영(靈), 의식 등으로 불러도 아무 무리가 없다. 이 둘―물질과 영―을 분리시키는 것은 추상적인 짓이다. 근본은 언제나 하나다."[105]

빛의 존재란 무엇인가?

위의 대부분의 이야기들은 신학자가 아닌 물리학자들의 말이므로 링의 임사체험자들이 새로운 물리학에 관심을 보이는 것이 어쩌면 뭔가 깊은 의미를 함축하고 있는 것은 아닐까 하는 의문이 들 것이다. 봄이 말하듯이 만일 물리학이 이제까지 신비가들만의 영역이었던 세계로의 탐사를 시작하고 있는 것이라면 어쩌면 이러한 잠입을 사후세계에 사는 존재들은 이미 예상하고 있었던 것이 아닐까? 그것이 임사체험자들로 하여금 그토록 지식을 갈구하게 만든 이유일까? 그들은 나머지 인류를 대표하여 장차 이루어질 과학과 영성 간의 합류를 대비하고 있는 것일까?

이러한 가능성에 대해서는 잠시 후 살펴볼 것이다. 그보다 또 한 가지 질문을 먼저 던져봐야 한다. 이 높은 차원의 세계가 과연 존재하느냐 하는 것이 더 이상 문제가 아니라면, 그 세계를 이루고 있는 요소는 무엇일까? 더 구체적으로 말하면, 거기에 사는 존재들은 누구이며, 그들의 사회, 그들의 문명은 대체 어떤 것일까?

물론 이것은 대답하기 어려운 의문이다. 휘턴이 삶과 삶 사이에서 사람들에게 충고를 주는 이 존재들의 정체를 밝혀보려고 했을 때 그는 그

답이 그리 쉽게 찾아낼 수 있는 것이 아님을 깨달았다. "나의 피험자들
—그 질문에 대답할 수 있었던 사람들—을 통해 느낀 인상은, 이들이
지상에서의 윤회를 끝마친 존재들이라는 것이었다"고 그는 말한다.[106]

먼로도 내부의 세계를 수백 번 여행하고 다른 능숙한 유체이탈자들
과 이에 관해 10여 차례 인터뷰를 했지만 별 소득을 얻지 못했다. "그
들이 누구든 간에 그들은 완전한 신뢰를 자아내는 친구 같은 따뜻한 느
낌을 방사하는 능력을 지니고 있다. 그들에게는 우리의 생각을 느끼는
것이 너무나 쉬운 일이다. 그들은 인류와 지구의 모든 역사를 샅샅이
알고 있다"고 그는 말한다. 하지만 먼로도 역시 이 비육체적 존재들의
궁극적인 정체에 대해서만은 무지를 고백한다. 단지 그들의 최우선의
관심사는 '만나는 인간들의 행복을 전적으로 염려하는 것'인 듯하다는
점만 빼고 말이다.[107]

이 미묘한 세계의 문명에 대해서는, 그곳을 방문하는 특권을 누렸던
사람들이 이구동성으로 천상의 아름다움을 지닌 여러 도시들을 보았다
고 보고한다는 사실 외에는 할 수 있는 말이 '그리 많지는' 않다. 임사
체험자, 요가의 도인, '아야후아스카'를 사용하는 주술사—이 모든 사
람들이 이 신비로운 도시들에 대해 놀라울 정도로 일치되는 이야기를
한다. 20세기의 수피들은 이 몇몇 도시에다 이름을 붙여줄 정도로 그곳
에 친숙해 있다.

이 거대한 도시들의 가장 두드러진 특징은 이들이 눈부시게 빛난다
는 점이다. 그리고 건축양식이 신기로우며 너무나도 웅대하고 아름다
워서, 이 감추어진 세계의 다른 모든 면들이 그렇듯이, 말로써는 그 장
관을 형용할 수 없다고들 한다. 스웨든보그는 이 중 한 도시를 묘사하
면서 그곳은 "경이로운 건축설계의 고장으로서 이곳이야말로 예술 그
자체의 원천이며 고향이라고 할 만큼 아름답다"고 말했다.[108]

또한 이런 도시들을 방문한 사람들은 대개 그곳에는 학교나, 지식 추

구와 관련된 건물들이 이상할 정도로 많이 있었다고 말한다. 휘턴의 피험자들은 대부분 임사상태에서 도서관과 세미나실이 있는 이 거대한 지식의 전당에서 최소한 잠시 동안 열심히 공부했던 경험을 회고했다.[109] 다수의 임사체험자들 역시 '학교', '도서관', '더 높은 배움의 전당' 등을 구경했다고 보고한다.[110] 그리고 11세기 티벳의 경전에서도 '마음 속에 감추어진 심층부'를 여행해야만 갈 수 있는, 배움을 위해 지어진 거대한 도시에 대한 언급을 찾아볼 수 있다. 버클리에 있는 캘리포니아 대학교의 산스크리트어 교수 에드윈 베른바움(Edwin Bernbaum)은 샹그릴라(Shangri-La)라는 이상향에 대한 이야기가 나오는 제임스 힐튼(James Hilton)의 소설 ≪잃어버린 지평선 *Lost Horizon*≫도 사실은 이 티벳의 전설에서 영감을 얻은 것이라고 믿는다.[111] *

유일한 문제는 상상적(imaginal) 세계에서는 그런 묘사가 큰 의미를 지니지 못한다는 것이다. 임사체험자들이 본, 눈이 휘둥그레지는 건축물들이 실물인지, 아니면 우화적인 공상인지는 결코 확인할 수가 없다. 예컨대 무디와 링은 임사체험자들이 그들이 방문했던 배움의 전당이

---

*고등학교와 대학교 시절 나는 내가 이 세상이 아닌 것 같은 어떤 고상한 지방의 이상하고 아름다운 대학교에서 영적인 주제의 강의를 듣고 있는 생생한 꿈을 자주 꾸었다. 그것은 진학이나 학교에 대한 걱정 때문에 꾸는 꿈이 아니라 믿기지 않을 정도로 즐거운, 날아다니는 꿈이었는데 나는 인체 에너지 장과 윤회에 대한 강연을 듣기 위해 새털처럼 가볍게 떠다녔다. 이 꿈을 꾸는 동안 나는 내가 아는, 이미 죽은 사람들을 가끔 만났으며, 자신이 곧 다시 태어날 영혼이라고 말하는 사람들도 만났다. 흥미롭게도, 역시 이런 꿈을 꾸었다는 다른 몇몇 사람들을 만난 적이 있는데, 그들은 대개 평균 이상의 심령능력을 가진 사람들이었다(짐 고든Jim Gordon이라는 텍사스 출신의 뛰어난 투시가는 그 경험에 하도 당혹하여 영문도 모르는 어머니에게 자신이 왜 학교를 두 번씩이나, 즉 낮에는 다른 아이들과 함께 가고, 밤에는 잠자면서 또 가야만 하는지 따졌다고 한다). 여기서 먼로를 위시해서 많은 유체이탈체험 연구자들은 날아다니는 꿈이 사실은 기억이 잘 나지 않는 유체이탈체험이라고 믿고 있다는 사실을 언급해둘 필요가 있다. 이것은 최소한 우리들 중의 일부는 살아 있는 동안에도 이 비물질적인 학교를 방문하고 있는 것이 아닌지 의심케 한다. 만일 이 책을 읽는 독자 중에서 역시 그런 체험을 해본 분이 계시다면 그 내용을 매우 듣고 싶다.

단지 지식을 위하여 지어진 것이 아니라 '지식으로써 지어졌다'고 말한 사례를 보고했다.[112] 그들이 이처럼 흥미로운 표현법을 택하는 것은 어쩌면 이러한 구조물의 방문이라는 것이 실제로는 인간의 이해를 넘어서 있어서 그것을 인간의 마음이 인식할 수 있게 하기 위해서는 건물이나 도서관의 홀로그램으로 해석할 수밖에 없는 어떤 것—어쩌면 순수한 지식의 살아움직이는 구름, 혹은 퍼트의 표현대로 다른 세계 속으로 변신한 정보의 모습—과의 만남일지도 모른다는 것을 암시한다.

미묘한 세계에서 만나는 존재들에 대해서도 마찬가지다. 우리는 그들의 겉모습만으로는 결코 그 정체를 알지 못한다. 예컨대 19세기말 아일랜드의 유명한 예언자이자 비범한 유체이탈가인 조지 러셀(George Russell)은 자신이 경험했던 소위 '내부세계'로의 여행 동안 수많은 '빛의 존재'들을 만났다. 그를 인터뷰한 사람이 그 존재들이 어떻게 생겼는지 묻자 그는 이렇게 말했다.

이 존재들을 처음 봤을 때의 모습을 나는 선명하게 기억한다. 처음에는 눈부신 빛이 보였다. 그러다가 나는 그 빛이 키 큰 형체의 가슴에서 나오는 것을 보았다. 그 형체는 반투명한, 혹은 유백색의 기체로 이루어져 있었고 빛을 방사하는 전기불꽃이 그 몸을 관통하여 흐르고 있었는데 그 중심은 가슴인 듯했다. 이 존재의 머리 주위와, 살아 있는 금실같이 몸 전체를 휘감고 날리는 빛나는 물결 같은 머리카락을 따라 날개 모양의 불꽃 같은 오라가 보였다. 빛은 그 자체로부터 외부를 향해 모든 방향으로 흘러나가는 것 같았다. 그리고 그 광경을 본 후 나에게 남아 있었던 느낌은 지극한 가벼움, 환희로움, 혹은 극치감이었다.[113]

한편, 먼로는 그가 이 비육체적인 존재들과 한동안 함께 있으면 그들은 형체가 없어지고 아무것도 보이지 않는다고 했다. 다만 '그 존재 자체인 방사광'만은 계속 감지할 수 있었다.[114] 여기서도 이렇게 의문해볼 수 있다. 내부세계로의 여행자가 빛의 존재를 만날 때, 그 존재는 실재인가, 아니면 한낱 우화적인 공상물인가? 물론 그 대답은 양쪽 다 약간씩 해당된다는 것이다. 왜냐하면 홀로그램 우주에서는 '모든' 형체가 환영, 곧 거기에 있는 의식의 상호작용에 의해 빚어진 홀로그램 같은 이미지이며, 동시에 그것은 프리브램이 말하듯이 거기에 존재하는 '어떤 것'에 근거한 환영이기 때문이다. 이것이 바로 외형적 형체를 띠고 나타나지만 그 근원은 언제나 말로 설명할 수 없는 무엇—감추어진 질서—속에 두고 있는 우주 속에 사는 우리가 부딪히는 딜레마이다.

우리의 마음이 사후세계 속에 지어내는 홀로그램 같은 이미지가 최소한 거기에 존재하는 '어떤 것'과 관계가 있다는 사실에서 우리는 용기를 낼 수 있다. 우리는 형체가 없는 순수한 지식을 만나면 그것을 학교나 도서관으로 바꾸어놓는다. 임사체험자는 사랑과 증오의 관계를 가진 여자를 만나면 그녀를 반은 장미이고 반은 코브라인 모습으로 본다. 그래도 이것은 그녀의 성격의 본질을 잘 나타내고 있다. 그리고 미묘한 세계를 여행하는 사람이 도움을 주는 비육체적인 의식을 만나면 그들은 그것을 빛나는 천사 같은 존재로 본다.

이 존재들의 궁극적 정체에 대해서는 그들의 행동으로부터 그들이 더 성숙하고 지혜롭고 인류에 대해 어떤 깊고 사랑에 찬 유대감을 지니고 있다고 추론할 수는 있지만 그 이상은 그들이 신인지, 천사인지, 윤회를 벗어난 인간의 영혼인지, 혹은 인간의 이해 너머에 있는, 이 모두를 합친 그 무엇인지는 결론 내릴 수가 없다. 더 이상의 유추를 한다는 것은 인간의 수천 년 역사가 해결하지 못했던 의문에 도전한다는 점에서뿐만 아니라 영적인 이해를 종교적 지식으로 바꾸지 말라는 스리 오로빈도의 경고를 무시한다는 의미에서 주제넘은 짓일 것이다. 과학이 더 많은 증거를 수집해가면 해답은 물론 더 분명해지겠지만, 그 전까지는 이 존재들이 누구이며 어떤 존재인지에 대한 의문은 해결되지 않은 채 남아 있을 것이다.

통관적(通觀的) 우주

우리의 신념이 빚어낸 홀로그램 같은 유령을 만날 수 있는 세계는 사후 세계뿐만이 아니다. 가끔은 우리의 존재차원에서도 그러한 경험을 할 수 있는 것 같다. 예컨대 철학자 마이클 그로소(Michael Grosso)는 성 모 마리아의 기적적 출현 또한 인류의 집단적 신념에 의해 만들어진 홀 로그램 같은 투사체일지도 모른다고 믿는다. 특히 홀로그램의 냄새가 짙은 '마리아 환시'는 1879년 아일랜드의 녹(Knock)에서 있었던 유명 한 성모출현 사건이다. 이 사건에서는 14명의 사람들이 마리아와 요셉, 그리고 요한복음의 저자 성 요한(그는 근처 마을에 있는 이 성자의 조각 상과 매우 흡사했기 때문에 이렇게 확인되었다)이 이 지역 교회 옆의 목 장에서 소름끼치게도 미동도 없이 빛을 발하며 서 있는 모습을 보았다. 이 눈부시게 빛나는 형체들은 너무니 생생해서 목격자들은 가까이 다 가가서 성 요한이 들고 있는 책 표지의 글자까지 읽을 수가 있었다. 그 러나 그 중 한 여자가 성모를 안으려고 하자 그녀의 팔은 허공을 지나 갔다. 그 여인은 나중에, "그 형체들은 너무나 실물과 같았고 살아 있 는 것 같아서 나는 왜 손으로 느낄 수가 없는지 도무지 이해할 수 없었 다"고 적었다.[115]

또 다른 인상적인 홀로그램적 마리아 환시는 이집트의 자이톤(Zei-toun)에서 있었던 성모 출현 사건이다. 이 사건은 1968년 회교도 자동 차 기술자 두 사람이 가난한 카이로 교외 마을의 콥트(이집트 기독교) 교회 중앙 돔의 턱 위에 서 있는 마리아의 빛나는 유령을 보았을 때부

터 시작되었다. 그 후 3년 동안 마리아와 요셉과 아기 예수의 빛나는
입체상은 일주일에 한 번씩 교회 위에 나타났고 때로는 6시간 동안이나
공중에 떠다녔다.

녹에 나타난 형체와는 달리 자이톤의 유령은 그것을 구경하러 모인
사람들을 향해서 손을 흔들고 이리저리 움직였다. 그러나 이들 또한 홀
로그램 같은 특징들을 다분히 지니고 있었다. 그들이 출현하기 전에는
항상 밝은 빛이 번쩍였다. 홀로그램이 파동 형태로부터 서서히 초점이
맞추어져 나타나듯이 이들도 처음에는 형체가 희미하다가 서서히 사람
의 모습을 드러냈다. '순수한 빛으로 이루어진' 비둘기가 종종 이들과
함께 나타나 군중들 위로 멀리 솟아올랐다. 그러나 비둘기들은 결코 날
개짓을 하지 않았다. 무엇보다도 시사적인 것은, 그렇게 3년 동안 출현
하던 자이톤의 형체들은 그 현상에 대한 관심이 수그러들면서 함께 사
그라들어서 형체가 갈수록 점차 희미해지더니 마지막 몇 번의 출현에
서는 빛나는 안개 덩어리밖에 보이지 않았다는 점이다. 하지만 한창 때
는 수백 명의 목격자들이 이 형체들을 목격했고 사진으로도 무수히 촬
영되었다. "나는 이 목격자들을 많이 만나 보았는데 그들이 목격한 내
용을 들어보면 그들이 모종의 홀로그램 같은 투영물을 묘사하고 있다
는 인상을 느끼지 않을 수 없었다"고 그로소는 말한다.[116]

그로소는 그의 영감적인 저서 ≪최후의 선택 _The Final Choice_≫에
서, 증거를 조사한 결과 그런 환시들이 역사인물인 마리아가 실제로 나
타난 것이 아니라 사실은 집단의식이 만들어낸 홀로그램적 투영물이라
고 확신하게 되었다고 말한다. 흥미로운 것은, 모든 마리아의 유령이
침묵만 하고 있었던 것은 아니라는 점이다. 파티마나 루르드의 출현에
서처럼 일부는 말을 했고, 그럴 경우 그들의 메시지는 한결같이 우리
인간들이 방향을 바꾸지 않으면 종말이 온다고 경고하는 내용이었다.
그로소는 이것을 인류의 집단의식이 현대과학이 인간의 삶과 지구의

생태계에 미치고 있는 파괴적인 영향에 대해 매우 우려하고 있다는 증거라고 해석한다. 인류가 집단적으로 꾸고 있는 꿈들은 기본적으로 우리의 자기파멸을 경고하고 있는 것이다.

다른 사람들도 이러한 투영물이 합성되어 나타나게 만드는 동기력이 바로 마리아 신앙이라는 견해에 공감한다. 예컨대 로고(Rogo)는 자이톤 성모 출현의 장소인 콥트 교회가 지어지고 있던 1925년 교회 건축을 책임지고 있었던 자선가의 꿈 속에 마리아가 나타나서 교회가 완성되면 곧 교회에 나타나리라고 말했다는 사실을 지적한다. 마리아는 예언한 시기에 출현하지 않았다. 그러나 그 예언내용은 인근에 널리 알려졌다. 그러므로 "'언젠가는 마리아가 교회에 나타나리라는 전설이 40년 동안이나 전해져 내려오고 있었던 것이다.' 이러한 기대가 교회 안에서 마리아의 심령적 '청사진'으로 서서히 형성되어 왔을 수도 있다. 즉, 자이톤 사람들의 생각에 의해 형성되고 누적된 심령적 에너지가 점점 더 커지다가 1968년에 와서는 매우 고조되어 성모 마리아의 형상이 물리적 현실로서 나타난 것일지도 모른다!"고 로고는 말한다.[117] 나도 이전의 저술을 통해 마리아 환시 현상을 이와 비슷한 논리로 설명한 적이 있다.[118]

UFO 또한 모종의 홀로그램 같은 현상일지도 모른다는 증거가 있다. 1940년대 말 UFO에 대한 목격담이 처음 보고되기 시작했을 때, 최소한 이 중의 일부는 진지하게 받아들여야 할 필요가 있음을 깨달을 정도로 이 보고내용들을 깊이 연구했던 연구자들은 목격자들의 눈에 보인 그대로를—즉, 지적으로 조종되고 있는, 아마도 더 진보된 외계문명에서 온 듯한 비행물체의 모습—사실로 받아들였다. 그러나 UFO 목격—특히 외계인과의 접촉이 수반된—이 더 일반화되고 데이터가 쌓여갈수록 많은 연구자들에게는 이 소위 우주선들의 출처가 외계가 '아니라는' 심증이 갈수록 굳어지고 있다.

이 물체들이 외계로부터 온 우주선이 아님을 시사하는 내용 중 일부를 살펴본다면, 첫째, 너무나 많은 목격담이다. 수천 건의 UFO와 우주인들과의 조우에 관한 보고가 쌓여 있다. 너무나 많아서 그것이 모두 실제로 다른 별로부터의 방문이라고는 믿기 힘들다. 둘째, UFO 탑승자들은 대개 외계 생명체의 특징이라고 볼 만한 특징을 지니고 있지 않다. 그들은 대부분 공기호흡을 하고 지구의 바이러스에 감염되는 것을 전혀 두려워하지 않으며 지구중력과 태양의 전자기 방사선에 잘 적응되어 있고 감정이 나타나는 표정을 지으며, 지구인의 언어로 이야기한다고 한다. 이 모든 점들이 가능하기는 하지만 진짜 외계인이라면 기대하기 힘든 특징들이다.

셋째, 그들은 외계로부터 온 방문자처럼 행동하지 않는다. 백악관 잔디밭에 예고착륙을 하는 대신 그들은 농부나 길을 잃은 자동차 운전자에게 나타난다. 그들은 제트기를 추격하지만 공격하지는 않는다. 그들은 상공에 어지럽게 나타나 수십 명, 때로는 수백 명이 목격하게 하곤 하지만 공식적인 접촉을 시도하려는 태도는 전혀 보이지 않는다. 그리고 그들이 사람들을 만날 때도 그들의 행동은 종종 비합리적으로 보인다. 예컨대 가장 흔히 보고되는 형태의 조우는 모종의 의학적 검사가 수반되는 형태다. 그런데 거의 상상할 수 없는 우주 거리를 여행해올 수 있는 기술력을 지닌 문명이라면 그런 물리적 접촉 없이도, 혹은 최소한 이 수수께끼 현상의 희생자로 보이는 무수한 사람들을 납치하지 않고도 그런 정보를 얻어낼 수 있는 과학적 수단을 갖추고 있으리라는 것은 의심할 여지가 없다.

마지막으로 가장 미심쩍은 점은, UFO가 물질로 이루어진 물체 같은 행동조차 보이지 않는다는 점이다. 이 비행물체들이 엄청난 속도로 비행하다가 순간적으로 90도로 방향전환을 하는 것이 레이더를 통해 목격되었다. 이것은 물체를 찢어놓을 괴이한 행동이다. 이들은 크기가 변하기도 하고 순식간에 사라졌다가 난데없이 나타나기도 하며, 색깔, 심지어 모양이 변하기도 한다(우주선의 탑승자들 또한 변신한다). 간단히 말해서 그들의 행동은 물리적인 물체에서는 전혀 기대할 수 없는 엉뚱한 것일 뿐 아니라 우리가 이 책을 통해 익숙해져 있는 그런 종류의 행동이다. 세계적으로 가장 인정받는 UFO 연구자 중의 한 사람이자 영화 '제3종 조우(크로스 인카운터)'에 나오는 인물인 라콩의 모델이기도 한 천체물리학자 자크 발레(Jacques Vallee) 박사는 최근에 이렇게 말했다. "그것은 이미지, 즉 홀로그램적 투영물의 행동이다."[119]

UFO의 비물질적이고 홀로그램적인 성질이 점점 더 확연해지자 일부 학자들은 UFO가 다른 천체로부터 온 존재가 아니라 다른 차원계, 혹은 다른 차원의 현실로부터 온 방문자라고 결론지었다(모든 연구자들이 이러한 견해에 동의하는 것은 아님을 유의할 필요가 있다. 일부는 UFO가 외계에서 온 것이라는 확신을 가지고 있다). 그러나 이러한 설명도 이 현상의 많은 기이한 측면들, 예컨대 UFO가 공식적인 접촉을 하지 않는 이유, 이해되지 않는 행동을 보이는 이유 등등을 속시원히 해명해주지는 못한다.

실제로 UFO 현상의 또 다른 이상한 성질들에 주목해보면 그것이 '다른' 차원계에서 온 것이라는 설명은 최소한 그것이 애초에 의도한 의미에 비추어봐서는 부적절함이 더욱 두드러질 뿐이다. 이런 당혹스러운 성질들 중 하나는, UFO와의 조우가 객관적인 경험이라기보다는 주관적, 심리적인 경험이라는 증거가 쌓이고 있다는 점이다. 예컨대 가장 완벽하게 기록된 UFO 피랍 사례 중의 하나로 저 유명한 베티(Betty)와 바니 힐(Barney Hill)의 '뜻밖의 여행'은 한 가지만 빼고 모든 점에서 정말 외계인과의 접촉이었던 것처럼 보인다. 그 한 가지란, UFO 선장이 나치 제복을 입고 있었다는 것인데, 이것은 힐을 납치했던 자들이 외계문명으로부터 온 방문자라면 말이 안 되는 사실이다. 하지만 이것이 심리적인 성격의 사건이고 흔히 논리적 모순과 분명한 상징성을 담고 있는 꿈이나 환상에 더 가까운 것이라고 본다면 말이 된다.[120]

다른 UFO 체험사례들은 그 성격이 이보다 더 비현실적이고 꿈 같아서, 외계인들이 기이한 노래를 부르거나 감자 같은 이상한 물체를 목격자에게 던진 사례, 처음에는 명백히 납치되어 우주선 안으로 들어갔는데 나중에는 단테의 이야기 같은 일련의 환상적 여행으로 끝나는 사례, 인간처럼 생긴 우주인이 새나 거대한 곤충, 기타 변덕스러운 생물체로 변신하는 사례 등의 기록도 발견된다.

UFO 현상의 심리학적, 원형적 요소는 이러한 증거들이 확보되기도 전인 1959년에 이미 칼 융에게 영감을 주어, 이 '날아다니는 접시'는 사실 인류의 집단의식의 산물이며 일종의 목하 창작 중인 현대적 신화라는 견해를 제시하게 했다. UFO 체험의 신화적인 성격이 더 뚜렷이 드러난 1969년, 발레 박사는 이보다 한 걸음 더 나아간 견해를 제시했다. 그의 이정표적인 저서 ≪마고니아로 가는 통행증*Passport to Magonia*≫에서 그는 UFO 현상은 전혀 새로운 것이 아니라 현대의 옷으로 분장된 유서 깊은 현상이며 유럽의 꼬마요정과 늙은 난쟁이 이야기, 중세의 천사 이야기, 아메리카 인디언 전설 속의 초자연적 존재들에 대한 이야기 등 다양한 문화권의 전설들과 매우 흡사하다는 사실을 지적했다.

UFO 외계인들의 기이한 행동은 켈트 지방의 전설 속 꼬마요정과 정령들, 북유럽 지방의 신들, 아메리카 인디언 전설 속 신령들의 장난스러운 행동과 동일하다고 발레는 말한다. 그 배후에 깔려 있는 원형을 파헤치면 이 모든 현상들은 보편적으로 맥동하고 있는 무엇, 그것이 나타나는 문화권과 시대에 따라 모습을 바꾸지만 오랜 옛날부터 인류와 함께해온 무엇이라는 것이다. 그 무엇이란 과연 무엇인가? ≪마고니아로 가는 통행증≫에서 발레는 실질적인 대답을 제시하지 않는다. 다만

그것은 비시간적이고 지성적인 듯하며 모든 신화의 근거가 되는 어떤 현상인 듯하다고만 말한다.[121]

그렇다면 UFO와 그 관련현상들의 정체는 대체 무엇인가? '마고니아로 가는 통행증'에서 발레는 그것이 모종의 비범하게 진보된 비인간적 지성체, 그것도 너무나 초월적인 차원의 지성이어서 그것의 논리가 우리에게는 모순으로밖에 나타나지 않는 지성의 표현물일지 모른다는 가능성을 배제해서는 안 된다고 말한다. 하지만 이것이 사실이라면 우리는 머셔 엘리어드(Mircea Eliade)로부터 죠셉 캠벨(Joseph Campbell)에 이르는 신화학 거두들의 결론, 즉 신화는 언어나 예술과 마찬가지로 인류의 유기적·필수적 표현물, 인간 존재의 불가피한 부산물이라는 견해를 어떻게 설명할 수 있겠는가? 우리는 인간의 집단의식이 너무도 미성숙하고 메말라서 단지 또 다른 지성체에 대한 반응으로서 신화를 만들어냈다는 생각을 정말 받아들일 수 있겠는가?

그리고 또, UFO와 그 관련현상들이 단지 심령적 투사물이라면 우리는 그것이 남겨놓은 물리적 흔적, 즉 원형의 불에 그을린 흔적과 착륙 지점에 남아 있는 깊이 팬 자국들, 레이더 스크린에 나타난 의심의 여지 없는 궤적, 의학적 검사 결과 사람들의 몸에 남아 있는 상처와 수술 자국 등은 어떻게 설명하겠는가? 나는 1976년 한 기사를 통해서, 이런 현상들을 범주화하는 것은 무리라는 견해를 제시했다. 왜냐하면 우리는 그것을 근본적으로 잘못된 밑그림 속에다 욱여넣으려고 애쓰고 있기 때문이다.[122] 나는 양자물리학이 마음과 물질이 불가피하게 상호연결되어 있음을 보여주고 있다면 UFO와 그 관련현상은 심리적 세계와 물리적 세계를 궁극적으로 구분할 수 없음을 더욱 뚜렷이 보여주는 증거라고 주장했다. 그것은 실로 인류 집단의식의 산물이다. '하지만 그것은 동시에 엄연히 실재적이다.' 달리 말하면 그것은 인류가 아직 제대로 이해하지 못하고 있는 어떤 것, 말하자면 주관적(subjective)인 것도 아니고 객관적(objective)인 것도 아닌, '통관적(通觀的)인(omni-jective)'—이 비범한 상태를 표현하기 위해 내가 만들어낸 말—현상이다(이 말을 만들어낼 당시에는 코뱅Corbin이 단지 수피들의 신비적 체험에 국한하여 표현한 것이기는 해도 이미 '상상적imaginal'이란 말을 만들어냈다는 사실을 몰랐다).

이러한 관점은 날이 갈수록 연구자들 사이에 널리 확대되고 있다. 최근의 기사에서 링은 UFO 조우가 상상적인 체험이며 임사체험 중 사람들이 경험하는 생생하지만 마음이 빚어낸 세계와의 조우나, 미묘한 차원계로 여행하는 주술사의 신비적 현실과의 조우와 유사하다고 주장한다. 간단히 말해서 그것은 현실이란 마음이 빚어낸 다차원적 홀로그램임을 보여주는 또 다른 증거라는 것이다.[123]

"나는 나 자신이 이 다양한 체험들의 현실성을 인정하고 존중할 뿐만 아니라 동시에 대부분 서로 다른 분야의 학자들에 의해 연구된 이 세계들 간의 연결성을 볼 수 있게 해주는 관점 속으로 더욱더 이끌려가고 있음을 깨닫는다. 샤머니즘은 인류학의 범주 속에 맡겨지는 경향이 있고 UFO는 UFO학(ufology)이 무엇이든 간에 그쪽에 맡겨지는 경향이 있다. 임사체험은 초심리학자와 의학자들에 의해 연구된다. 그리고 스타니슬라브 그로프는 초개아적 심리학의 관점에서 환각체험을 연구한다. 나는 상상적 체험이라는 개념이, 그리고 홀로그램 개념이 이 서로 다른 형태의 체험들 각각의 성질이 아니라 그들 간의 연결성과 공통성을 볼 수 있게 하는 시야를 제공하리라고 기대할 만한 충분한 이유가 있다고 본다."[124] 링은 얼핏 보면 공통점이 없어 보이는 이 현상들 간의 깊은 관련성을 굳게 확신하고 있어서 최근에는 UFO 체험자와 임사체험자들에 대한 비교연구를 위한 연구보조금을 얻어냈다.

뉴욕 시 줄리어드 스쿨의 민속학자 피터 로세비츠(Peter Rojcewicz) 박사도 UFO가 통관적 현상이라고 결론지었다. 실제로 그는, ≪마고니아로 가는 통행증≫에서 발레가 논하는 모든 현상이, 인간의식 심층작용의 상징인 동시에 어쩌면 현실적인 이야기일 수도 있음을 민속학자들도 인식해야 할 때가 왔다고 믿는다. "현실과 상상이 그 경계를 알아차릴 수 없을 정도로 미묘하게 혼합되는 경험의 연속체가 존재한다"고 그는 말한다. 로세비츠는 이 연속체가 봄의 만물의 일체성에 대한 또 다른 증거라고 생각하며, 그런 현상들이 상상적(imaginal)/통관적(omnijective)이라는 점에서 민속학자들도 더 이상 그것을 한낱 신념으로만 취급해버리지는 못할 것이라고 말한다.[125]

발레, 그로소를 비롯한 다른 무수한 연구자들, 그리고 베스트셀러 ≪만남Communion≫의 저자이자 가장 유명하고 확실한 UFO 피랍자의 한 사람인 휘틀리 스트리버(Whitley Strieber)도 이 현상의 통관적인 성질을 인정했다. 스트리버가 말하듯이, 외계인과의 조우는 "어쩌면 진정한 의미에서 더 큰 규모의 세계 속에서의 양자적 현상에 대한 최초의 발견일지도 모른다. 즉, 그들을 관찰하는 행위 자체가 그 감각과 규정과 의식으로써 그것을 하나의 구체적 현실로서 지어내고 있는 것인지도 모른다."[126]

간단히 말하자면, 이 수수께끼 현상을 연구하는 학자들 사이에서는 상상적 체험이 사후세계에만 한정된 것이 아니라 일견 견고해 보이는 우리 물질세계 속으로 엎질러져 흘러들어오고 있다는 견해가 더욱 보편적인 동의를 얻고 있다. 고대의 신들은 더 이상 주술사들의 환시 속에만 갇혀 있지 않고 그 천상의 배를 몰아 컴퓨터 세대들의 문앞까지 당도해 있다. 다만 그들의 용머리로 장식된 배는 우주선으로 바뀌었고 그들의 새머리는 우주선용 헬멧으로 변했을 뿐이다. 어쩌면 우리는 이 혼합, 즉 사자의 땅과 우리 세계의 융합을 오래 전에 간파했어야 했다. 그리스 신화 속의 시인이자 음악가인 오르페우스도 일찍이 이렇게 경고했기 때문이다. "플루톤(저승의 신)의 문을 잠그지 말라. 그 안에는 온갖 꿈들이 살고 있나니.”

우주는 객관적인 것이 아니라 통관적임을 우리의 주변이라는 안전한 울타리 바로 너머에는 광대무변한 낯선 세상, 신성한 풍경(風景, land scape)이(아니, 더 적절한 말로는 심경心景mindscape이) 우리 자신의 무의식의 일부임과, 동시에 미지의 땅의 일부로서 펼쳐져 있음을 깨닫는 것은 의미심장한 일이기는 하지만, 그것조차 그 모든 심오한 신비를 밝혀주지는 못한다. 덴버 대학교 종교학 교수인 칼 라슈케(Carl Raschke)가 말하듯이, “UFO가 퀘이서와 용과 함께 어울려 사는 통관적인 우주에서는 이 빛나는 동그란 유령의 현실적인, 혹은 환영적인, 지위가 문제가 된다. 문제는 그것이 존재하는가, 혹은 어떤 차원에 존재하는가가 아니라 그것의 궁극적인 의미가 무엇인가 하는 것이다.”[127]

달리 말하면, 이 존재들의 궁극적 정체는 무엇인가 하는 것이다. 사후세계에서 마주치는 존재들과 마찬가지로 이 또한 확실한 대답이 없다. 그 스펙트럼의 한쪽 끝에서 링과 그로소 같은 연구자들은 이들이 물질세계에 미치는 영향에도 불구하고 이들은 초인간적 지성체라기보다는 심령적 투영물에 가깝다는 의견 쪽으로 기울고 있다. 예컨대 그로소는 마리아 환시와 마찬가지로 인류의 무의식이 불안한 상태에 있음을 말해주는 또 다른 증거라고 생각한다. 그는 이렇게 말한다. “UFO와 기타 비일상적 현상들은 인류의 집단무의식 속의 혼란상의 표현이다.”[128]

스펙트럼의 다른 쪽 끝에는 UFO가 원형적인 특징을 지니고 있기는 하지만 심령적 투영물이라기보다는 외계의 지성체일 가능성이 많다고 주장하는 연구자들이 있다. 예컨대 라스케는 UFO가 “우리 우주와 짝을 이루는 차원계로부터 홀로그램처럼 물질화되어 나온 것”이라고 믿는다. 그리고 이러한 해석은 “‘외계인’과 그 ‘우주선’에 대한 피랍자들의 묘사내용이 놀랍도록 생생하고 복잡하고도 일관성 있다는 점을 주의 깊게 살펴본다면, 설득력을 잃고 마는 심령적 투영물 가설보다는 분명히 우선시되어야만 한다"고 말한다.[129]

발레도 이 진영에 속해 있다. "나는 UFO 현상이 고도로 발달한 낯선 지성체가 우리에게 걸어오고 있는 하나의 '상징적' 대화방식이라고 믿는다. 그것이 지구 밖의 우주에서 온 것이라는 증거는 없다. 오히려 그것이 '시공간 너머의 다른 차원, 즉 다중우주(multiverse ; universe의 uni는 '단일單一'을 뜻함 ; 옮긴이)'로부터 온 것임을 시사하는 증거들이 쌓여 있다. 우리를 온통 둘러싸고 있는 이 다중우주에 대한 증거는 지난 수백 년 동안 제시되어 왔지만 우리는 그것을 고려해보기를 완강히 거부해왔다."[130]

느낌을 말하면, 나는 UFO 현상의 다양한 측면들을 모두 설명해낼 수 있는 한 가지 이론은 아마도 없으리라고 믿는다. 현실의 미묘한 차원이 너무나 광대하다는 점을 고려한다면, 의심할 여지도 없이 더 높은 진동의 차원에는 무수한 비육체적 종들이 존재하리라고 믿는 것이 어렵지 않다. UFO의 출현이 너무나 잦다는 사실은 그것이 외계로부터 온 것일 가능성을 희박하게 하지만—지구와 은하계의 다른 별들 사이에 놓여 있는 엄청난 성간 거리라는 장애물을 고려한다면 말이다—무한수의 현실이 우리의 우주와 동일한 공간 속에 존재할 수 있는 홀로그램 우주에서는 그것은 더 이상 문제점이 아니다. 오히려 실제로는 이 슈퍼홀로그램이 얼마나 상상할 수 없을 정도로 무수한 지성체로 가득 차 있는지를 보여주는 증거가 될 수도 있다.

우리로서는 얼마나 많은 비육체적 종들이 우리와 같은 공간을 공유하고 있는지 추측할 만한 정보조차 없다. 물질 우주는 생태적 사막임이 밝혀질지도 모르지만 내부 우주의 시간도 없고 공간도 없는 영역에는 열대우림이나 산호초만큼이나 무수한 생명체가 우글거릴지도 모른다. 아무튼 임사체험과 주술사의 체험은 우리를 이제야 겨우 이 신비에 싸인 세계의 경계 바로 안에 데려다놓았다. 우리는 아직 그 대륙이 얼마나 넓은지, 거기에 얼마나 많은 대양과 산맥이 존재하는지 모른다.

그리고 유체이탈자들이 몸을 벗어날 때 발견하는 그들의 몸처럼, 실체가 없는 무른 형체의 존재들이 우리를 방문한다면 행여 그들이 카멜레온처럼 변덕스러운 모습을 띤다고 해도 전혀 놀랄 일이 아니다. 사실 그들의 진정한 모습은 우리의 이해를 까마득히 초월하는 것이어서 그들에게 형상을 부여하는 것은 홀로그램적 구조로 된 우리의 마음일지도 모른다. 우리가 임사체험 중에 만나는 빛의 존재들을 역사상의 종교적 인물로 바꾸어놓듯이, 그리고 순수한 정보의 구름을 도서관이나 학교로 바꾸어놓듯이 UFO 현상의 외양 또한 우리의 마음이 스스로 빚어내고 있는 것인지도 알 수 없다.

만일 이것이 사실이라면 이러한 존재들의 참모습은 매우 초월적이고 기이하여 그것에 형상을 부여하기 위해서는 민속신앙 속의 기억이나 신화적 무의식 속 깊은 곳을 파헤쳐서 적당한 상징물을 찾아내야만 한다는 것은 흥미로운 사실이다. 그것은 또한 우리가 그들의 행동을 해석하는 데 지극히 조심스러워야만 함을 뜻한다. 예컨대 수많은 UFO 피랍 내용의 중심을 이루고 있는 의학적 검사도 단지 실제 사건의 '상징적' 표현에 지나지 않을지도 모른다. 이 비육체적인 존재들은 사실 우리의 육체를 검사하는 것이 아니라 어쩌면 우리가 아직 이름조차 붙이지 못하고 있는 에너지 차원의 자아의 미묘한 해부적 구조나, 심지어 우리의 영혼 그 자체를 살피고 있는 것인지도 모른다.

한편, 만일 녹이나 자이톤 시민들의 믿음으로 성모의 빛나는 형상을 만들어내는 일이 가능하다면, 물리학자들의 마음으로 뉴트리노의 실재를 두고 요술을 부리는 일이 가능하다면, 그리고 사이 바바 같은 요기들이 허공에서 물체를 물질화시키는 일이 가능하다면, 우리 또한 우리의 신념과 신화의 홀로그램적 투영물로 둘러싸여 있음을 깨닫는 것은 전혀 이상한 일이 아니다. 최소한 초상적 체험들 중의 일부는 이러한 범주에 들어갈 수 있을 것이다.

예컨대, 역사를 살펴보면 콘스탄티누스와 그의 병사들은 밤하늘에서 엄청나게 큰 빛나는 십자가를 목격했는데, 이 현상은 이방 세계에 기독교를 전파하는 사명을 띤 군대가 그 역사적 임무를 수행하기 전날 밤에 느끼고 있었을 감회가 심령적으로 표현된 것으로 보인다. 1차 세계대전에 참전한 영국군 병사들이 벨기에 몬의 전선에서 전투를 벌이고 있을 때 하늘에 성 조지와 엄청난 천사군의 유령이 나타난 유명한 사건도 심령적 투영물의 범주에 포함시킬 수 있을 것으로 보인다.

나는 소위 UFO 체험이나 기타 전설적 체험들이 사실은 광범위한 현상이며 어쩌면 위의 모든 범주들을 두루 포함하는 것이라고 본다. 나는 오래 전부터 이 두 가지 설명이 서로 배타적인 것이 아니라는 생각을 가지고 있었다. 콘스탄티누스의 빛나는 십자가도 다른 차원의 지성체의 출현일지도 모른다. 달리 말하면, 우리의 집단적 신념과 정서가 심령적 투영물을 만들어낼 정도로 고조될 때 실제로 일어나는 일은 어쩌면 이 세계와 그 너머의 세계 사이의 통로가 열리는 것일지도 모른다는 것이다. 어써면 이 지성체들이 우리 앞에 나타나 우리와 접촉할 수 있는 유일한 기회는 우리의 잠재적 신념이 그들을 위해 일종의 심령적 출몰구역을 마련해줄 때뿐일지도 모른다.

신 물리학의 또 하나의 새로운 개념이 이와 연관될지 모르겠다. 텍사스 대학교 물리학자 존 휠러(John Wheeler)는, 의식이 전자 같은 아원자 입자를 존재 속으로 튀어나오게 하는 매개체임을 알고 있다면, 우리만이 이 과정에 관여하는 유일한 매개자라는 결론으로 비약해서는 안 된다고 경고한다. 우리는 아원자 입자를 만들어내며, 따라서 온 우주를 만들어낸다. 하지만 이들 또한 우리를 만들어내고 있다고 휠러는 말한다. 각자는 상대를 그가 말하는 소위 '자신을 비춰보는 우주(거울우주,

self-reference cosmology)' 속에서 창조해낸다.[131] 이러한 관점에서 볼 때 UFO라는 존재는 인류의 집단무의식으로부터 비롯된 원형일 가능성도 얼마든지 있지만 동시에 우리 또한 그들의 집단무의식 속의 원형일 가능성도 있는 것이다. 그들이 우리의 심층적 심령작용의 일부인 것과 마찬가지로 우리 또한 그들의 심층적 심령작용의 일부인지도 모른다. 스트리버도 이러한 관점에 호응하여 그를 납치한 존재들의 우주와 우리의 우주는 우주적 만남의 행위 속에서 '서로가 서로를 감아돌고 있다(spinning each other together)'고 말한다.[132]

우리가 UFO 조우라는 포괄적 범주 속으로 쓸어넣는 다양한 형태의 사건들 속에는 우리에게는 아직 낯선 현상들도 포함되어 있을지 모른다. 예컨대 이 현상이 모종의 심령적 투영물이라고 믿는 연구자들은 열이면 열, 그것이 인류 집단의식의 투영이라고 생각한다. 그러나 이 책에서 논의한 바와 같이, 홀로그램 우주에서는 더 이상 의식이 오직 두뇌 속에만 갇혀 있다고 볼 수가 없다. 캐럴 다이어가 나의 비장과 교감하여 내가 그것을 야단쳤기 때문에 그것이 흥분해 있음을 알아낼 수 있었다는 사실은 우리 신체의 다른 내장기관들도 자신의 고유한 형태의 의식을 소유하고 있음을 시사한다.

정신신경면역학자들은 인체 면역체계 내의 세포들에 대해서도 같은 말을 한다. 그리고 봄과 다른 물리학자들의 말에 의하면 아원자 입자들조차 이러한 성질을 보인다고 한다. 이상하게 들릴지 모르지만 UFO의 일부 측면과, 관련 현상들은 '이 모든 것들의 집합의식'의 투영물일 수도 있다. 마이클 하너가 만났던 용처럼 생긴 존재들의 일부 특징은 그가 DNA 분자가 지닌 지성의 시각적 표현물을 보고 있었음을 강력히 시사한다. 이와 동일한 맥락에서 스트리버는 UFO의 존재들이 '진화의 힘이 의식에 미칠 때 나타날 모습'일 가능성도 있다는 견해를 제시한다.[133] 우리는 이 모든 가능성에 대해 마음을 열어두어야 한다. 동물과 식물, 심지어 물질 그 자체에 이르는 심층부까지 의식이 스며 있는 우주에서는 만물이 이런 현상을 빚어내는 과정에 동참하고 있는 것인지도 모른다.

한 가지 우리가 알고 있는 사실은, 분리가 더 이상 존재하지 않고, 심층 의식의 작용이 외부로 흘러넘쳐서 꽃이나 나무 등 객관적 풍경의 일부가 되는 홀로그램 우주에서는 현실이란 것 자체가 한낱 다수에 의해 공유되는 꿈에 지나지 않는다는 사실이다. 현실의 꿈 같은 성질들은 존재의 더 높은 차원에서 더욱 확연해지며, 실제로 무수한 전통들이 이 사실을 언급하고 있다. ≪티벳 사자의 서≫에는 사후세계의 꿈 같은 속성을 거듭 강조하고 있으며, 호주 원주민들이 그것을 꿈의 시대라고 말하는 이유도 물론 이 때문이다. 모든 차원의 현실들은 통관적이며 꿈과 동등한 존재적 위상을 지니고 있다는 이러한 관점을 일단 받아들인다면, 문제는 그 꿈은 대체 누구의 꿈인가 하는 것이다.

이러한 의문을 다루는 종교나 신화적 전통들은 대부분이 동일한 대답을 제시한다. 즉, 그것은 유일하고 신성한 지성체, 즉 신의 꿈이라는 것이다. 힌두교의 베다나 요가 경전들은 이 우주가 신의 꿈이라는 점을 거듭 강조한다. 이에 대한 기독교적인 관점은 흔히 인용되는 말, 즉 우리는 신의 마음 속 생각이라든가, 혹은 시인 키츠가 표현하듯이, 우리는 모두가 신의 '끝없는 꿈'의 일부라는 말 속에 요약되어 있다.

우리는 유일하고 신성한 지성체에 의해 꿈꾸어지고 있는 것일까, 아니면 만물—모든 전자들, Z 입자들, 나비, 중성자 별, 해삼, 우주 속의 인간, 비인간인 지성체들—의 집합적 의식에 의해 꿈꾸어지고 있는 것일까? 여기서도 우리는 스스로 만들어놓은 관념의 벽에 부딪힌다. 왜냐하면 홀로그램 우주에서는 이런 의문이 무의미하기 때문이다. 우리는 부분이 전체를 만들어내는가, 전체가 부분을 만들어내는가 식의 질문을 할 수가 없다. 왜냐하면 '부분이 곧 전체이기 때문이다.' 그러므로 우리가 만물의 집합의식을 '신'이라고 부르든지, 혹은 간단히 '만물의 의식'이라고 부르든지 그것은 상관이 없다. 우주는 이처럼 엄청나고 말로 형용할 수 없는 창조적 행위에 의해 지탱되고 있으므로 그것을 그러한 용어로써 간단하게 요약할 수 없는 것이다. 다시 말하지만 그것은 거울 우주다. 혹은, 칼라하리의 부시맨들이 절묘하게 표현하듯이, "꿈이 그 자신을 꿈꾸고 있다."

9

꿈의 시대로의 귀환

오직 인류만이 자신이 존재하는 이유를 망각하는 지경까지 왔다. 그들은 머리를 사용하지 않으며 자신의 신체와 감각과 꿈에 대한 비밀을 잊어버렸다. 그들은 대영(大靈)이 그들 한 사람 한 사람에게 불어넣어준 지식을 사용하지 않으며, 그 사실조차 모른다. 그리하여 그들은 장님처럼 목적지 없는 방황을 계속한다. 자신을 삼키려고 기다리고 있는 커다란 암흑의 구덩이로 더 빨리 가기 위해서 그들은 길을 고르고 다듬어 포장한다. 그것은 빠르고 쉬운 고속도로지만, 나는 그것이 어떤 곳으로 연결돼 있는지 알고 있다. 그것을 보았기 때문에. 나는 계시 속에서 그곳에 가보았으며 그것은 생각만 해도 몸이 떨린다.

—라코타 주술사 '절름발이 사슴'의 《계시를 찾는 자, 절름발이 사슴 *Lame Deer Seeker of Visions*》 중에서

여기서 홀로그램 모델은 어디를 향해 가고 있는 걸까? 가능한 답을 검토하기 전에, 이전에는 그 답이 어디까지 왔었는지 알아보는 것도 좋겠다. 나는 이 책에서 홀로그램 개념을 새로운 이론이라고 말했다. 홀로그램 개념을 과학적인 시각에서 제시하기는 이번이 처음이라는 점에서 이것은 사실이다. 그러나 우리가 살펴보았듯이, 이 이론의 몇 가지 측면들은 다양한 고대의 전통 속에 이미 예시되어 있다. 흥미로운 것은 그것이 유일한 예시가 아니라는 점이다. 왜냐하면 그것은 다른 전통들 또한 우주를 홀로그램적으로 바라보아야 할 이유를 발견했기 때문이며 혹은 최소한 그 홀로그램적인 성질을 직관했기 때문이다.

예컨대 우주를 감추어진 질서와 펼쳐진 질서, 이 두 가지 기본적인 질서의 복합체로 볼 수 있다는 봄의 생각은 다른 수많은 전통들 속에서도 찾아볼 수 있다. 티벳 불교는 이 두 가지 측면을 공과 색이라고 부른다. 색은 눈에 보이는 대상의 현실이다. 공은 감추어진 질서와 마찬가지로 우주 삼라만상의 탄생지이며, 그로부터 '무한한 흐름'이 나온다.

그러나 오직 공만이 실재다. 객관적 세계의 모든 형상은 환영이며 이 두 질서 사이의 끊임없는 흐름으로 인하여 존재한다.[1]

그리고 공은 '현묘하고' '보이지 않으며' '겉으로 보이는 성질로부터 자유롭다'. 그것은 이음매 없는 전체이므로 말로써 형용할 수가 없다.[2] 공정하게 말하면, 색조차도 말로써 표현할 수가 없는데, 그것 또한 그 속의 의식과 물질과 기타 모든 것이 분리시킬 수 없는 하나의 총체이기 때문이다. 여기에 역설이 도사리고 있다. 왜냐하며 색은 그 환영과도 같은 성질에도 불구하고 여전히 '무한히 광활한 우주들의 복합체'를 담고 있기 때문이다. 그리고 그 분리할 수 없는 본질은 늘 존재한다. 티벳 연구자인 존 블로펠트(John Blofeld)가 말하듯이, "그와 같이 짜여 있는 우주에서는 만물이 다른 만물 속에 침투해 있으며 다른 만물에 의해서 침투되어 있다. 공이 그렇듯이 색 또한 그렇다. 부분은 '곧' 전체다."[3]

티벳 불교도 이미 프리브램 같은 사상을 일부 가지고 있었다. 11세기 티벳의 수행자이자 가장 유명한 티베트 불교의 성자인 밀라레파에 의하면 우리가 공을 직접적으로 인식하지 못하는 이유는 우리의 무의식(혹은 밀라레파가 표현하듯이 '내부 의식')의 지각이 너무나 겹겹이 '조건지어져' 있기 때문이라는 것이다. 이 조건화가 우리를 그가 말하는 소위 '마음과 물질 사이의 경계', 혹은 우리가 말하는 주파수 영역을 보지 못하게 막을 뿐 아니라 우리가 몸을 떠나 중음계(between-life state)에 있을 때조차 스스로 몸을 지어내게 만든다. "보이지 않는 극락세계에서는… 마음의 미망이 큰 죄다"고 밀라레파는 적고 있다. 그는 제자들에게 '궁극적 실재'를 깨닫기 위해서 '온전히 바라보기와 명상'을 행하게 했다.[4]

선불교도 실재의 궁극적 불가분성을 인식하고 있었으며, 실제로 선의 중요한 목적은 이 전체성을 인식하는 법을 터득하는 것이다. ≪선사들의 게임*Games Zen Masters Play*≫이라는 저서에서 로버트 솔 (Robert Sohl)과 오드리 카(Audrey Carr)는 봄의 논문에서 인용해왔을 법한 말을 이야기한다. "실재의 불가분한 본질을 언어와 관념의 비좁은 암실과 혼동하는 것이 근본무지이며, 이 근본무지로부터 우리를 해방 시키고자 하는 것이 선의 목적이다. 존재에 대한 궁극적 답은 아무리 세련된 지적 관념이나 철학 속에서도 얻을 수 없으며 비관념적이고 직 접적인 실재의 경험적 차원 속에서만 찾을 수 있다."[5]

힌두교는 실재의 감추어진 차원을 브라만이라고 부른다.[6] 브라만은 형상이 없지만, 눈에 드러난 현상계의 모든 형상물들의 근원이며, 모든 형상들은 그로부터 비롯되어 나타나고 다시 그 속으로 숨어드는 끊임 없는 흐름 속에 있다.[7] 감추어진 질서를 표현만 바꾸면 영(spirit)이라 고 부를 수 있다고 말하는 봄처럼 힌두교도들은 때로 이 실재의 차원을 인격화하여 그것이 순수의식으로 이루어져 있다고 말한다. 그러므로 의식은 단지 물질의 미묘한 형태일 뿐만 아니라 물질보다 더 근본적인 것으로서 힌두 우주관에서는 의식으로부터 난 것이 물질이며 그 반대 가 아니다. 혹은 베다에서 말하듯이, 물질우주는 의식의 '비추고' '가리 는' 힘에 의해 존재하게 된다.[8]

물질우주는 가려져 있는 의식의 창조물, 곧 2차 현실(second generation reality)이기 때문에 힌두교도들은 그것이 덧없는 미망(迷妄), 즉 마야(maya)라고 말한다. ≪스베타스바타라 우파니샤드(Svatasvatara Upanishad)≫가 말하듯이, "현상계는 미망(마야)이며 브라만이 그 미 망의 창조자임을 알라. 온 우주는 그의 부분들인 뭇 존재들로 채워져 있 다."[9] 이와 마찬가지로 ≪케나(Kena) 우파니샤드≫는 브라만이 "인간 으로부터 풀잎의 형상에 이르기까지, 순간순간 모습을 바꾸는" 초자연 적인 무엇이라고 말한다.[10]

힌두교는 만물이 브라만의 불가침한 전체성으로부터 펼쳐져 나오기 때문에 현상계 또한 이음매 없는 전체라고 말한다. 그리고 '분리 같은 것은 궁극적으로 존재하지 않음'을 깨닫지 못하게 훼방하는 것이 '마야'다. "'마야'는 일체인 의식을 분화시켜 대상이 나와 차별되어 보이게 하며 또한 우주 속의 삼라만상으로 분리되어 있는 것으로 보이게 한다. 그리고 인간의 의식이 가려지거나 수축되어 있는 한 그러한 객관성은 존재한다. 그러나 경험의 궁극적 근저에서는 그러한 분리가 사라진다. 경험 속에서는 경험자와 경험과 경험되는 것이 분화되지 않는 덩어리로 존재하기 때문이다"라고 베다 학자인 존 우드로프(John Woodroffe) 경은 말한다.[11]

이와 동일한 개념을 유태교 사상에서도 찾아볼 수 있다. 카발라의 가르침에 따르면, "모든 피조물은 신의 초월적 측면이 투사된 환영이다"라고 스위스의 카발라 권위자인 레오 샤야(Leo Shaya)는 말한다. 그러나 그 환영 같은 본질에도 불구하고 그것은 완전한 허무가 아니다. "왜냐하면 실재의 모든 투영물은 그것이 아무리 멀리 떨어져 있고 조각나 있고 덧없는 것일지라도 반드시 그 원인자의 어떤 본질을 지니고 있기 때문이다."[12] 태초에 신에 의해 창조가 시작되었다는 것이 환영이라는 생각은 히브리 언어 속에조차 반영되어 있다. 즉, 유태교의 가장 유명하고 신비한 경전인 토라(Torah)의 13세기 카발라 주석서 《조호르 *Zohor*》에서도 말하듯이, '창조하다'의 뜻인 바로(baro)라는 말은 '미망을 창조하다'라는 뜻을 내포하고 있다.[13]

주술사상 속에도 홀로그램적 개념이 많이 담겨 있다. 하와이의 카후나들은 우주 속의 만물은 무한히 상호연결되어 있으며 이 상호연결성을 하나의 그물이라고 보아도 무방하다고 말한다. 이 상호연결성을 인식하고 있는 주술사는 자신이 그물의 한가운데 있다고 생각함으로써 우주의 다른 모든 부분들에 힘을 미칠 수 있다고 생각한다(힌두 사상에서는 '마야'도 종종 그물망에 비유된다는 사실이 흥미롭다).[14]

의식은 그 근원을 항상 감추어진 질서 속에 두고 있다고 말하는 봄처럼, 토착 원주민들은 마음의 진정한 근원은 꿈의 시대의 초월적 현실 속에 있다고 믿는다. 보통 사람들은 이것을 깨닫지 못하고 자신의 의식이 자신의 몸 속에 있다고 믿는다. 그러나 주술사들은 그것이 사실이 아님을 안다. 그리고 그것이 그들이 현실의 미묘한 차원을 접촉할 수 있는 이유다.[15]

수단의 도곤족도 물질우주는 보다 심층의 더 근본적인 현실차원의 산물이며 물질 우주는 이 존재의 본원적 측면으로부터 끊임없이 흘러나오고 다시 흘러들어간다고 믿는다. 도곤의 한 장로는 이렇게 말한다. "이끌어내고, 그것을 그곳으로 다시 되돌리고 하는 것, 이것이 이 우주의 생명이다."[16]

사실상 감추어진 질서/펼쳐진 질서의 개념은 거의 모든 주술사상 속에서 발견된다. ≪네 가지 바람의 마법사 : 한 주술사의 이야기 *Wizard of the Four Winds : A Shaman's Story*≫에서 더글라스 샤론(Douglas Sharon)은 이렇게 말한다. "세계 어디든지 모든 주술신앙의 중심사상은 아마도 산 것이든 생명이 없는 것이든 우주 속의 모든 눈에 보이는 형상들의 배후에는 그것의 근원이 되며 탯줄이 되는 생명소가 존재한다는 생각일 것이다. 궁극적으로 만물은 이 형용할 수 없고 신비한 비인격적 미지로 되돌아간다."[17]

촛불과 레이저

홀로그램 필름의 가장 매혹적인 성질 중 하나는 말할 것도 없이 그 이미지가 필름 전면에 분산분포되는 비국소적 성질이다. 앞서 살펴보았듯이, 봄은 우주 자체도 이런 구조로 되어 있다고 믿고 우주가 비국소적이라고 믿는 이유를 설명하기 위해 물고기와 두 대의 TV 모니터를 사용하는 생각실험 방법을 동원했다. 무수한 고대의 사상가들도 실재의 이러한 본질을 인식했던 듯, 아니 최소한 직관했던 듯하다. 20세기의 수피들은 이것을 '대우주는 곧 소우주'라는 말로 요약했다. 이것은 시인 블레이크가 한 알의 모래 속에서 우주를 본다고 말한 것의 구판인 셈이다.[18] 밀레투스의 아낙시메네스, 피타고라스, 헤라클레이토, 플라톤 등의 그리스 철학자들과 고대 영지주의 사상가들, 기독교 이전의 유태교 철학자인 필로 유데우스, 그리고 중세의 유대 사상가인 마이모니데스… 이 모든 사상가들이 대우주-소우주 개념을 받아들였다.

고대 이집트 신화 속의 예언자인 헤르메스 트리스메기스투스는 미묘한 현실차원을 주술적으로 환시한 후 이것을 약간 달리 표현하여 이렇게 말했다. 즉, 지식의 가장 중요한 열쇠 중의 하나는 '안은 밖과 같고 작음은 큼과 같음'을 이해하는 것이라고.[19] 헤르메스를 수호성자로 모셨던 중세의 연금술사들은 이러한 생각을 정제하여 '위에서 그러하듯이 아래도 그러하다'는 금언으로 바꾸어놓았다. 힌두교의 비스바사라 탄트라는 대우주는 곧 소우주라는 동일한 사상을 이보다 약간 거친 표현으로 간단히 말한다. "여기 있는 것은 다른 곳에도 있다."[20]

오글랄라 수족의 주술사인 검은 엘크는 동일한 사상을 이보다 더 비국소적인 묘사법으로 표현한다. 검은 엘크는 하니산 꼭대기에 서서 '위대한 계시'를 보았다. 그는 이렇게 말한다. "나는 말할 수 있는 것보다 더 많은 것을 보았으며, 내가 본 것보다 더 많은 것을 이해했다. 왜냐하면 나는 신성한 방법으로 대영(大靈) 속의 만물의 형상을 보고 있었으며 하나의 존재로서 함께 사는 모든 형상들의 형상을 보고 있었기 때문이다." 이 표현하기 힘든 체험 이후 그가 지녔던 가장 심오한 사상 중의 하나는 하니산이 세계의 중심이라는 것이었다. 그러나 이러한 분별은 하니산에만 국한되는 것이 아니었다. 검은 엘크가 말하듯이, "모든 곳이 세계의 중심이기" 때문이다.[21] 2500여 년 전에 그리스의 철학자 엠페도클레스는 이와 동일한 사상을 이렇게 표현했다. "신은 모든 곳에 중심을 둔 원이며 그 원둘레는 어디에도 없다."[22]

일부의 고대 사상가들은 한낱 말에 만족하지 못하여 더욱 정교한 비유를 동원하여 실재의 홀로그램적 본질을 표현했다. 힌두 아바탐사카 수트라의 저자는 우주를 신화 속의 인드라 신의 궁전 위에 걸쳐져 있는 진주그물에 비유하여 이렇게 말한다. "이 그물은 정교하게 짜여 있어서 하나의 진주를 들여다보면 다른 모든 진주들이 그 속에 비쳐 보인다. 마찬가지로 우주 속의 모든 대상은 그 자체로서만 존재하는 것이 아니라 다른 모든 대상들과 연결되어 있다. 아니, 사실상 그것은 곧 다른 모든 것들이다."[23]

7세기에 창시된 불교 화엄사상의 창시자인 파창(Fa-Tsang)도 만물의 궁극적 상호연결성과 상호침투성을 표현하기 위해 이와 놀라울 정도로 유사한 비유를 사용했다. 우주의 모든 부분들 속에 온 우주가 숨어 있다고 주장한 파창은(그는 또 우주의 모든 곳이 우주의 중심이라고 믿었다) 우주를 하나의 보석이 다른 모든 보석을 무한히 비추고 있는 다차원 보석그물에 비유했다.[24]

우 황후가 파창에게 그래도 잘 이해하기가 어려우니 좀더 명확히 가르쳐달라고 하자 파창은 벽과 천장과 바닥이 온통 거울로 된 방 안에 촛불을 하나 가져다놓았다. 그는 우 황후에게 이것이 일체(一, One)의 만물(多, many)에 대한 관계(一卽多)를 상징한다고 말했다. 그 다음에 그는 잘 닦인 수정을 방 한가운데 놓고 주위의 모든 것을 비추고 있는 그것을 가리키며 이것은 만물의 일체에 대한 관계(多卽一)를 상징한다고 말했다. 그러나 우주가 한낱 홀로그램이 아니라 홀로무브먼트임을 강조하는 봄과 마찬가지로 파창은 자신이 보여준 것은 정지된 하나의 단면이며 그것은 우주 안의 만물 간 상호연결성의 역동적이고 끊임없

는 변화상을 보여주지는 못한다는 점을 강조했다.[25]

간단히 말해서, 홀로그램이 발명되기 오래 전부터 무수한 사상가들은 이미 우주의 비국소적 구조를 간파했고 그러한 통찰을 표현할 각자의 고유한 방식을 찾아냈던 것이다. 세련된 과학기술적 사고방식을 가지고 있는 사람들에게는 이들의 표현방식이 조잡해 보일지 몰라도 이들의 시도는 우리가 생각하는 것보다 훨씬 더 중요한 의미를 가지고 있었을지도 모른다. 예컨대 17세기 독일의 수학자이자 철학자였던 라이프니츠(Leibniz)도 화엄불교의 사상을 잘 알고 있었다. 어떤 사람들은 이것이 그가 이 우주를 소위 '원소(元素, monad)'라는 근본적 물질로 이루어져 있다고 주장한 이유라고 말한다. 라이프니츠는 또한 적분법을 세상에 선사했는데 데니스 게이버가 홀로그램을 발명할 수 있게 한 것이 바로 적분법이었다는 사실은 의미심장하다.

홀로그램적 우주관의 전망

이리하여 세계의 거의 모든 철학적, 사상적 전통 속에 최소한 살짝이라도 비쳐져 있는 이 유서 깊은 사상을 한 바퀴 돌아보았다. 그런데 이 고대의 지혜가 홀로그램의 발명으로 이어질 수 있었다면, 그리고 홀로그램의 발명이 봄과 프리브램의 홀로그램 모델을 형성시킬 수 있었다면, 앞으로는 이 홀로그램 모델이 어떤 새로운 발견과 발전을 이끌어낼 수 있을까? 이미 새로운 가능성들이 지평선 위로 모습을 드러내고 있다.

홀로포닉 사운드

아르헨티나의 생리학자 유고 주카렐리(Hugo Zuccarelli)는 최근에 프리브램의 홀로그램 두뇌모델로부터 영감을 받아 새로운 녹음기법을 개발했다. 이것으로 빛 대신 소리로써 만든 홀로그램이라고 할 만한 것을 만들어낼 수가 있다. 주카렐리의 녹음기법은 인간의 귀가 실제로 소리를 낸다는 기이한 사실에 이론적 근거를 두고 있다. 이 자연발생적 소리가 홀로그램 입체상을 만들어낼 때 사용하는 '기준 레이저광'에 해당하는 소리임을 깨달은 그는 그것을 토대로 스테레오 기법으로 만들어지는 입체음보다 훨씬 더 생생하고 입체적인 소리를 재생해내는 혁명적인 신기법을 만들어낸 것이다. 그는 이 새로운 종류의 소리를 '홀로포닉 사운드(holophonic sound)'라고 부른다.[26]

주카렐리의 홀로폰 녹음을 들어본 ≪런던 타임스≫의 한 기자는 최근에 이렇게 썼다. "나는 내가 어디에 있는지 다짐해보기 위해서 손목시계 속의 숫자를 곁눈질해보았다. 벽밖에 없는 것으로 알고 있는 내 뒤쪽에서 사람들이 다가오고 있었다…7분이 지났을 때 나는 테이프에 녹음된 목소리의 주인공들이 실제로 존재하는 듯이 느끼고 있었다. 그것은 소리로 만들어진 3차원적 '그림'이다."[27]

주카렐리의 기법은 두뇌 자체의 홀로그램적인 소리정보 처리방식에 근거해 있으므로 마치 빛의 홀로그램이 눈을 속이듯이 귀를 속일 수 있는 것으로 보인다. 그 결과 그것을 듣고 있는 사람은 자기 앞으로 걸어오는 누군가의 발소리를 들으면 실제로 발을 옮겨서 몸을 피하고 얼굴 가까이에서 성냥불을 긋는 소리를 듣고는 머리를 피한다(어떤 사람은 심지어 성냥냄새까지 맡았다고 보고한다). 놀라운 것은, 홀로폰 녹음은 재래식 스테레오 음향과는 전혀 무관하기 때문에 헤드폰의 한쪽으로만 들어도 그 소름끼치는 3차원적 입체감이 그대로 유지된다는 사실이다. 여기에 사용되는 홀로그램 원리는 한쪽 귀가 먹은 사람이 고개를 돌리지 않고도 소리나는 쪽을 알아낼 수 있는 이유를 설명해준다.

폴 메카트니, 피터 가브리엘, 반젤리스를 비롯한 많은 거물급 레코딩 아티스트들이 주카렐리의 녹음기법을 알기 위해서 접근했지만 특허 문

제로 그는 아직 이 기술의 비밀을 밝히지 않고 있다.[*]

화학의 풀리지 않는 수수께끼

화학자 일리야 프리고진(Ilya Prigogine)은 최근에 봄의 감추어진 질서/펼쳐진 질서 개념이 화학분야의 특정 초상현상을 설명하는 데 도움을 줄 수 있으리라고 말했다. 과학은 더 큰 무질서 상태로 끊임없이 변해가는 사물의 경향성을 우주의 가장 절대적인 법칙의 하나라고 오랫동안 믿어왔다. 엠파이어 스테이트 빌딩 꼭대기에서 스테레오 음향기기를 떨어뜨리면 그것이 땅바닥에 부딪혀서 더 복잡한 질서를 지닌 VCR로 변하지는 않는다. 그것은 더욱 무질서한 상태가 되어 산산조각나고 말 것이다.

프리고진은 이것이 우주 속의 만물에게 보편적인 사실은 아님을 발견했다. 그는, 어떤 화학물질들은 서로 혼합하면 더 무질서한 물질이 되는 것이 아니라 더욱 질서정연한 구조로 변한다는 사실을 지적했다. 그는 자발적으로 나타나는 이 질서정연한 시스템을 '산일(散逸)구조(dissipative structures)'라고 불렀고 이 신비로운 현상을 발견한 공로로 노벨상을 탔다. 그렇지만 어떻게 새롭고 더 복잡한 계가 갑자기 툭 나타나서 존재할 수 있는 것일까? 달리 말해서, 산일구조의 본원은 어디일까? 프리고진과 다른 여러 학자들은 그것은 난데없이 툭 나타난 것이 아니라 현실의 감추어진 측면이 펼쳐져 나타나는 것이며 이것은 우주 속에 더 심오한 차원의 질서가 존재한다는 증거라는 견해를 제시했다.[28]

만일 이것이 사실이라면, 그것은 심오한 의미를 지니고 있으며, 무엇

---

[*]홀로폰 샘플 녹음 테이프는 아래 주소에서 15달러에 구입할 수 있다.
Interface Press, Box 42211, Los Angeles, California 90042

보다도 인간의 의식 속에서 새로운 차원의 복잡성 ─ 새로운 태도나 새로운 행동패턴 같은 ─ 이 생겨나는 경위나, 심지어 무엇보다 가장 흥미로운 복합체인 생명 그 자체가 수십억 년 전에 지구상에 출현하게 된 메커니즘에 대해 더 깊이 이해할 수 있게 될 것이다.

새로운 형태의 컴퓨터

홀로그램 두뇌모델은 최근에 와서 컴퓨터의 세계로도 파급되었다. 과거에 컴퓨터 과학자들은 더 좋은 컴퓨터를 만드는 가장 좋은 방법은 그저 더 큰 컴퓨터를 만드는 것이라고 생각했다. 그러나 지난 5, 6년 동안 연구자들은 새로운 전략을 개발하여 하나의 칩을 가진 컴퓨터를 만드는 대신 생물학적으로 인간의 두뇌구조와 좀더 닮은 '신경 회로망' 속에 여러 개의 작은 컴퓨터를 서로 연결시키는 방법을 사용하기 시작했다. 최근에 뉴멕시코 주립대 컴퓨터 과학자 마르쿠스 S. 코헨(Marcus S. Cohen)은 '홀로그램적 다중인격자' 속을 통과하는 빛의 간섭파를 이용한 프로세서가 두뇌의 신경구조를 훨씬 더 잘 반영해줄 것이라고 지적했다.[29] 이와 유사하게 콜로라도 대학교 물리학자 데이너 Z. 앤더슨(Dana Z. Anderson)은 최근에 홀로그램적 격자를 사용하여 연상기억력을 지닌 '시각적 기억'을 만들어내는 방법을 보여주었다.[30]

이런 발전들은 매우 흥미롭기는 해도 우주에 대한 기계론적 접근법을 좀더 세련화시킨 것에 지나지 않는다. 즉, 실재에 대한 물질적 사고구조 속에서만 맴도는 진보인 것이다. 하지만 우리가 살펴보았듯이, 홀로그램 이론의 가장 놀라운 주장은 우주의 물질성은 미망일지도 모르며 물질차원의 현실은 광대하고 의식을 지닌 비물질적 우주의 단지 한 귀퉁이에 지나지 않을지도 모른다는 것이다. 만일 이것이 사실이라면 그것은 미래에 대해 어떤 의미를 시사하는가? 어떻게 우리는 이 미묘한 차원의 신비를 진정으로 꿰뚫어갈 첫발을 내딛을 수 있을까?

과학의 근본적인 구조조정의 필요성

현재로서는 실재의 알려지지 않은 측면들을 탐사하기 위한 최선의 도구는 과학이다. 하지만 인간 존재의 심령적, 영적 차원에 대한 설명에 이르면 과학은 늘 자신의 무능력을 노출해왔다. 만일 과학이 이 분야에서 더 진보하려면 분명히 근본적인 구조조정을 거쳐야만 한다. 그러한 구조조정에는 구체적으로 어떤 일이 수반되어야 할까?

무엇보다도 가장 시급한 단계는 말할 것도 없이 심령적, 영적 현상의 존재를 인정하는 것이다. 이지과학연구소장이며 전직 스탠퍼드 연구소의 선임 사회과학자였던 윌리스 하먼(Willis Harman)은 이러한 인식은 과학에만 시급한 것이 아니라 인류문명의 생존을 위해서도 시급한 일이라고 느낀다. 그뿐 아니라 과학의 근본적 구조조정의 필요성을 역설했던 하먼은 이러한 인식이 아직 받아들여지지 않고 있는 점에 대해 놀라움을 표한다. 그는, "우리는 왜 시대를 가로질러, 모든 문화권들이 공통적으로 보고해온 특정한 체험이나 현상들이 부인할 수 없는 타당성을 지니고 있다는 사실을 받아들이려 하지 않는가?" 하고 묻고 있다.[31]

이미 언급했듯이, 최소한 그 부분적인 이유는 서양과학이 그런 현상에 대해 오랫동안 견지해온 배타적인 태도 때문이다. 하지만 문제는 이처럼 단순하지만은 않다. 예컨대 최면 상태에서 사람들이 경험하는 전생의 기억을 생각해보자. 이것이 실제로 전생의 기억인가 아닌가 하는 것은 아직 증명되지 않았지만 사실은 그대로 남아 있다. 즉, 인간의 무의식은 최소한 전생으로 '보이는' 기억을 지어내는 자연스러운 성질을 가지고 있다. 그러나 정통 정신의학계에서는 일반적으로 이 사실을 무시한다. 왜 그럴까?

언뜻 보면 그 대답은 대부분의 정신의학자들이 그저 그런 것을 믿지 않기 때문인 것처럼 보이나 반드시 그렇지만은 않다. 예일 의과대학 출

신이며 현재 마이애미에 있는 시내산 의료원의 정신과 과장인 정신의
학자 브라이언 L. 와이스(Bryan L. Weiss)는 자신의 베스트셀러 ≪여
러 생, 여러 스승들*Many Lives, Many Masters*≫ —이 책에서 그는 윤
회를 믿지 않았었으나, 한 환자가 최면 중에 갑자기 자신의 전생에 대
해 이야기하기 시작하는 것을 본 이후로 윤회론을 믿게 된 경위를 이야
기하고 있다(≪나는 환생을 믿지 않았다≫ 정신세계사 간) —이 1988년
출판된 이후로 자신도 남몰래 환생을 믿고 있었노라고 고백하는 정신
과 의사들의 전화와 편지가 쇄도했다고 말한다. "나는 이것이 단지 빙
산의 일각이라고 생각한다. 자신이 10년, 혹은 20년 동안 진료실 안에
서 은밀히 전생퇴행 치료를 해왔다면서 '아무한테도 말하지 마세요. 하
지만…' 하는 식의 편지를 보내는 정신과 의사들이 있다. 많은 사람들
이 그것을 '긍정적'으로 보기는 하지만 인정하려고 하지는 않는다."[32]

이와 마찬가지로, 나는 최근에 휘턴과 대화하다가 그에게 윤회론이
과학적 사실로 인정될 가능성이 있다고 느끼는지 물어보았다. 그는 이
렇게 대답했다. "나는 이미 인정받고 있다고 생각한다. 개인적으로 과
학자들을 대해 보니, 관련문헌을 읽어본 사람들은 윤회론을 믿게 된다
는 사실을 알게 되었다. 그 증거가 너무나 강력하기 때문에 그것을 지
적으로 수긍하는 것은 아주 자연스러운 일이다."[33]

심령현상에 대한 최근의 설문조사는 와이스와 휘턴의 견해를 더욱
확실히 뒷받침해주고 있다. 응답의 익명성이 보장되리라는 약속을 받
은 228명의 정신의학자들(그들 중 다수가 의과대학 과장이거나 학장이었
다) 중 58%가 앞으로는 정신과 졸업생들도 '심령현상에 대한 이해'를
갖추는 것이 좋으리라고 믿고 있었다. 44%의 응답자는 치료과정에서
심령적인 요소가 중요한 역할을 한다고 믿고 있음을 시인했다.[34]

즉, 기존 과학계로 하여금 심령현상의 연구에 대해 응당하고 진지한
태도를 보이지 못하도록 가로막고 있는 것은 그것에 대한 불신도 있지

만 그에 못지않게 조롱거리가 될 것을 두려워하는 심리도 있음을 알 수 있다. 그들이 자신의 소신과 발견 사실들을 대중 앞에서 밝힐 수 있게 하려면 와이스나 휘턴 같은 선구자들이 더 많이 필요하다(그리고 이 책에 언급된 연구업적들을 남긴 다른 무수한 용기 있는 연구자들도). 한 마디로, 우리는 초심리학계의 로자 파크스(Rosa Parks, 미국 흑인 인권 운동의 어머니)가 필요하다.

과학의 구조조정에 포함시켜야 할 또 한 부분은 과학적 증거의 구성요건에 대한 정의를 더 폭넓게 확장하는 일이다. 심령적, 혹은 영적인 현상은 인간의 역사에서 중요한 역할을 해왔으며 우리 문화의 가장 본질적인 측면들의 일부를 형성시키는 데 일조해왔다. 그러나 그것은 실험실 조건 속에 가두어 넣어서 면밀히 살펴보기가 쉽지 않기 때문에, 과학은 그것을 무시해버리는 경향을 보이는 것이다.

그보다 더 불행한 일은, 그것이 실제로 연구된다고 하더라도 정작 분류되고 공인받는 내용은 그 현상의 가장 사소한 측면들이기가 쉽다는 것이다. 예컨대, 유체이탈과 관련해서 과학적인 측면에서 가치 있다고 인정된 몇 안 되는 사실 중 하나는 유체이탈자가 몸을 벗어났을 때의 뇌파의 변화 상태다. 하지만 먼로 같은 사람들의 보고 내용을 읽어보면, 만일 그의 체험이 사실이라면 그것은 콜럼버스의 신대륙 발견이나 원자탄 발명만큼이나 인류 역사에 충분히 큰 영향을 끼칠 대단한 발견임을 깨닫게 된다. 사실, 진정한 능력을 지닌 투시가의 작업을 목격한 사람이라면 자신이 루이저 라인(Louisa Rhine)의 무미건조한 통계수치가 전해주는 것보다 훨씬 더 의미심장한 무엇을 목격하고 있음을 금방 깨닫게 된다. 이것은 라인의 연구가 무의미하다는 것이 아니다. 다만 많은 사람들이 동일한 체험을 보고하기 시작한다면 그들의 일화적인 보고 내용도 중요한 증거자료로 인정되어야 한다는 것이다. 어떤 측면도 동일한 현상의 자료화될 수 있는 다른 측면들 ─ 흔히는 사소한 측면들

─만큼 엄밀하게 자료화되지 않았다고 해서 가볍게 무시해서는 안 된다. 스티븐슨은 이렇게 말한다. "나는 사소한 문제에 대해서 '확실한' 사실을 아는 것보다는 중요한 문제에 대해서 '가능한' 사실을 아는 편이 더 낫다고 믿는다."[35]

수용할 만한 자연현상에 대해서는 이 같은 경험적 룰이 이미 적용되고 있음을 인식할 필요가 있다. 우주가 하나의 원시폭발, 즉 빅뱅에 의해 비롯되었다는 생각은 대부분의 과학자들이 의심 없이 받아들이고 있다. 하지만 이것은 우스운 일이다. 왜냐하면 이것이 사실이라고 믿을 만한 강력한 이유가 있음에도 불구하고 아무도 그것이 사실임을 증명하지는 못했기 때문이다. 한편, 만일 임사체험을 연구하는 심리학자가 임사체험자들이 여행하는 빛의 세계가 사실은 현실의 다른 차원이라고 솔직하게 말한다면 그는 증명할 수 없는 말을 함부로 한다고 비난받을 것이다. 이것 또한 우스운 일이다. 왜냐하면 이것이 사실이라고 믿을 만한 똑같이 강력한 이유가 있기 때문이다. 달리 말해서, 이미 과학은 아주 중요한 문제와 관련된 어떤 가능성을 '만일' 그 문제가 믿어도 '시류를 벗어나지 않는 일'의 범주에 든다면 받아들이고, 그것을 믿는 것이 '시류를 벗어나는 일'이라면 받아들이지 않고 있는 것이다. 이처럼 이중적인 기준은 과학이 심령적, 영적 현상에 대한 연구라는 의미 깊은 탐사에 발을 들여놓으려면 반드시 제거되어야만 한다.

무엇보다도 시급한 것은, 과학은 객관성─자연을 연구하는 최선의 방법은 초연하고 분석적이며 무자비할 정도로 객관성을 유지하는 것이라는 생각─과의 밀월을 좀더 참여적인 접근법으로 대치해야 한다는 것이다. 이 같은 전환의 중요성은 하먼을 비롯한 수많은 학자들이 강조해왔다. 우리 또한 그 필요성의 증거들을 이 책을 통해 거듭 보아왔다. 물리학자의 의식이 아원자 입자의 현실을 바꾸어놓는 우주, 의사의 태도가 플라세보 효과를 좌우하는 우주, 실험자의 마음이 기계의 작동에 영향을 미치는 우주, 상상 속의 경험이 물질적 현실 속으로 넘쳐들어올 수 있는 우주에서는 우리가 연구하고 있는 대상이 우리와는 별개의 것이라고 더 이상 자신을 속일 수가 없다. 그 속의 만물이 이음매 없는 연속체의 일부인 그런 우주, 홀로그램적이고 통관적인 우주에서는 엄밀한 객관성이란 발디딜 곳이 없다.

이것은 심령현상이나 영적인 현상을 연구할 때는 특히 그렇다. 그리고 바로 이것이 원격투시 실험이 어떤 실험실에서는 괄목할 만한 결과를 얻지만 또 어떤 실험실에서는 비참한 실패로 그치고 마는 이유인 듯하다. 실제로, 초상현상 분야의 일부 연구자들은 이미 엄격히 객관적인 접근법에서 좀더 참여적인 접근법으로 방향전환을 했다. 예컨대, 발레리 헌트는 자신의 실험결과가 음주자의 참석에 의해 영향을 받는다는 사실을 발견하고 측정 중에는 그런 사람을 실험실 안으로 들여보내지 않고 있다. 이와 동일한 이유에서, 러시아의 초심리학자 두브로프와 푸시킨은 참여한 피험자들을 모두 최면시켜 놓았을 때 다른 초심리학자들의 발견사실을 재현해내는 성공률이 높다는 사실을 발견했다. 최면은 피험자들의 생각과 믿음이 일으키는 간섭현상을 제거해주어 '더 깨끗한' 결과를 얻어내는 데 도움을 주는 듯하다.[36] 이런 원칙들은 오늘날의 우리에게는 매우 괴이하게 보일지 모르지만 과학이 홀로그램 우주의 비밀을 하나씩 밝혀나갈수록 하나의 기본원칙으로서 정착될지도 모른다.

객관성으로부터 참여로의 전환은 과학자의 역할에도 영향을 미칠 것이 틀림없다. 중요한 것은 단순한 관찰행위가 아니라 관찰의 '경험'이라는 사실이 점점 더 분명해질수록 과학자들도 자신을 관찰자로 보기보다는 경험자로 보는 경향이 갈수록 커질 것이다. 하먼은 이렇게 말한다. "참여하는 과학자의 핵심적 본질은 기꺼이 변화하려는 태도다."[37]

이러한 변화가 약간이나마 이미 일어나고 있다는 증거가 있다. 예컨대 하너는 코니보족이 영혼의 덩굴 '아야후아스카'를 먹었을 때 일어나는 현상을 관찰하는 대신 그 환각제를 자신이 마셨다. 모든 인류학자들이 이런 모험을 기꺼이 하려 들지는 않을 것이 분명하다. 그러나 그가 단지 관찰자로 남아 있는 대신 참여자가 됨으로써 금 밖에 앉아서 노트에 기록이나 하면서 알아낼 수 있는 것보다 훨씬 더 많은 것을 알게 되었다는 사실 또한 분명하다.

하너의 성공은 참여하는 미래의 과학자들은 임사체험자나 유체이탈자들, 혹은 미묘한 세계를 여행하는 다른 여행자들을 그저 인터뷰하는 대신 스스로 그곳을 여행할 수 있는 방법을 고안해낼 수도 있음을 시사해준다. 이미 자각몽 연구자들은 자신의 자각몽 체험을 연구하여 그 내용을 보고하고 있다. 다른 연구자들은 이와는 다른, 훨씬 더 새로운 기법을 개발해내어 내부 세계를 탐사할 수도 있을 것이다. 예컨대 먼로는 —엄밀한 의미의 과학자는 아니지만— 유체이탈을 촉진시키는 것으로 생각되는 특별한 리듬의 음향을 개발해냈다. 그는 또 블루 릿지 산에 먼로 응용과학 연구소를 세웠으며 수백 명이 자신이 한 것과 동일한 유체이탈 여행을 할 수 있도록 훈련시켰다고 주장한다. 이러한 진전은 앞으로 우주비행사(astronauts)뿐만 아니라 '영계비행사(psychonauts)'도 영웅이 되어 저녁뉴스에 보도되는 그런 시대가 올 것임을 예고해주는 징조일까?

더 높은 의식을 향한 진화적 도약

과학만이 비국소성의 세계로 가는 길을 열어주는 유일한 힘은 아니다. 링은 자신의 저서 ≪오메가를 향하여 *Heading toward Omega*≫에서 임사체험이 증가하고 있다는 강력한 증거를 제시한다. 앞서 살펴보았듯이, 토착문화권에서는 임사체험을 한 사람들이 너무나 많은 변화를 겪고 주술사가 되는 경우가 많다. 현대의 임사체험자들도 영적인 변화를 겪는다. 그들은 임사체험 전의 인격으로부터 더 사랑이 넘치고 자비롭고 심지어 더 심령적인 사람으로 변한다. 이런 사실로부터 링은 우리가 목격하고 있는 현상이 어쩌면 '현대 인류의 무당화'일지도 모른다고 결론짓는다.[38] 하지만 이것이 사실이라면 임사체험이 증가하고 있는 이유는 무엇일까? 링은 그 대답은 심오하면서도 단순하다고 믿는다. 즉, 우리가 목격하고 있는 것은 '전 인류의 더 높은 의식을 향한 진화적 도약'이라는 것이다.

인류의 집단무의식으로부터 거품처럼 올라오고 있는 이런 변혁적 현상은 임사체험만이 아닐지도 모른다. 그로소는 지난 세기 동안 증가된 마리아 환시 현상 또한 진화적 의미를 지니고 있다고 믿는다. 마찬가지로 라슈케와 발레를 비롯한 수많은 연구자들도 지난 수십 년 동안 UFO 목격이 폭발적으로 증가한 것도 진화적인 의미를 지니고 있다고 느낀다. 링을 포함한 몇몇 연구자들은 UFO와의 조우는 실제로 주술적 입문의식과 유사한 성격을 띠고 있으며, 그것은 현대 인류의 무당화의 또 다른 증거임을 지적했다. 스트리버도 이에 동의한다. "나는 UFO 현상이 어떤 존재들에 의해 나타나는 것이든 자연스럽게 일어나는 것이든 간에 우리가 겪고 있는 것은 한 종으로부터 다른 종으로의 비약적 도약임이 어느 정도 분명하다고 생각한다. 우리가 목격하고 있는 이 현상은 목하 진행 도상의 진화과정이 아닐까 한다."[39]

이런 추론들이 사실이라면, 이 진화적 변화의 목적은 무엇일까? 이에 대해서는 두 가지 대답이 있는 듯하다. 무수한 고대 전통들이 물질 현실의 홀로그램이 지금보다 훨씬 더 유연했던, 무정형적이고 유동적인 사후세계의 현실에 더 가까왔던 시대에 대해 이야기하고 있다. 예컨대 호주 원주민들은 온 세계가 꿈의 시대였던 때가 있었다고 말한다.

에드거 케이시도 같은 뜻을 표현했다. "지구는 처음에는 단지 사념체나 심상의 성질을 띠고 있었다. 그것은 어떤 방식으로든 내키는 대로 자신을 자신 밖으로 표출함으로써 만들어졌다……. 그 후 영이 물질 속으로 자신을 밀어넣음으로써 지구상에 지금 같은 물질성이 발생하게 되었다."[40]

토착원주민들은 지구가 꿈의 시대로 돌아갈 날이 올 것이라고 주장한다. 순수하게 추론해본다면 우리가 현실의 홀로그램을 좀더 잘 조종할 수 있는 방법을 터득해갈수록 이 예언이 성취되는 것을 목격하게 되리라고 가정해볼 수도 있을 것이다. 우리가 얀과 듄이 말하는 소위, 의식과 그 주변 환경 사이의 인터페이스(교감방식)를 수선하는 데 더 능숙해지면 다시금 유연해진 현실을 경험해볼 수 있을까? 만일 그렇다면 우리는 그처럼 유연한 환경을 안전하게 주무르기 위해서 현재 알고 있는 것보다 더 많은 것들을 배워야 할 것이다. 그리고 어쩌면 그것이 지금 우리의 눈앞에서 펼쳐지고 있는 이 진화적 과정의 한 가지 목적이 아닐까?

많은 고대 전통들은 또한 인류 탄생의 근원이 지구가 아니라 신, 아니면 최소한 순수 영의 비물질적이고 더 천상적인 영역이라고 주장한다. 예컨대 '영원무한하고 시간과 공간이 없는 의식 그 자체'의 대양으로부터 떨어지기로 결정한 하나의 물결이 인간의 의식이 되었다는 힌두 신화가 있다.[41] 물결 속에서 정신을 차린 의식은 자신이 이 무한한 대양의 일부분이었음을 잊어버리고 자신을 분리되고 외로운 존재로 느꼈다. 로이는 아담과 이브가 에덴 동산에서 추방되었다는 이야기 또한 인간의 의식이 까마득한 과거 언젠가 감추어진 질서 속의 자신의 본향을 떠나 자신이 우주 만물의 일체성의 일부임을 잊어버렸던 일에 대한 고대의 기억인 이 같은 신화들 중의 하나라고 주장했다.[42] 이런 관점에서 보면 지구는 일종의 놀이터다. "거기서는 육신의 모든 즐거움을 마음껏 누릴 수 있다. 단, 자신이 더 높은 공간차원의 홀로그램 투영물임을 깨닫고 있는 한은 말이다."[43]

만일 이것이 사실이라면 우리의 집단무의식 속을 날름거리며 춤추고 있는 진화의 불꽃은 우리를 흔들어 깨우는 소리, 우리의 진정한 본향은 다른 곳이며 우리가 원한다면 그곳으로 돌아갈 수도 있음을 알려주는 트럼펫 소리일지도 모른다. 예컨대 스트리버는 그것이 바로 UFO가 이곳에 나타나고 있는 이유라고 믿고 있다. "나는 그들이 아마도 우리가 우리의 근원인 비물질적 세계로 태어나도록 도와주는 산파라고 생각한다. 나의 느낌은, 물질우주는 훨씬 더 큰 배경 속의 작은 한순간에 지나지 않으며 현실은 본질적으로 비물질적인 방식으로 펼쳐지고 있다는 것이다. 나는 물질적 현실이 존재의 시원적 근원이라고 생각하지 않는다. 나는 의식이 물질적 존재보다 아마도 먼저라고 생각한다."[44]

오래 전부터 홀로그램 모델을 지지해온 또 다른 인물인 저술가 테렌스 매케나(Terence McKenna)도 이에 동의한다.

…이것은 영혼의 존재를 알고 있었던 시대로부터 종말적 위기의 해결에 이르기까지 대충 5000년이 걸린다는 이야기인 것 같다. 우리가 이제 역사상 최후의 위기 — 역사의 종말, 지구로부터의 탈출, 죽음으로부터의 승리가 수반될 — 의 순간에 처해 있음은 의심의 여지가 없다. 사실상 우리는 한 혹성의 생태가 맞이할 수 있는 가장 중요한 사건 — 물질의 어두컴컴한 고치 속에서 생명을 해방시켜줄 — 을 향해 다가가고 있다.[45]

물론 이것은 단지 추론일 뿐이다. 하지만 우리가 스트리버나 매케나가 말하는 것처럼 전환의 벼랑끝에 처해 있든지, 아니면 그 분수령이 아직도 저만큼 먼 미래에 있든지 간에 우리가 모종의 영적 진화의 궤도를 따라가고 있음은 분명하다. 우주의 홀로그램적 본질을 감안한다면 최소한 위의 두 가지 가능성 같은 어떤 일이 언젠가 어디선가 우리를 기다리고 있다는 것 또한 분명하다.

그리고 우리가 물질로부터의 해방이 인간 진화의 끝이라고 생각하고 싶은 유혹에 빠져들지 않도록 사후세계의 더 유연하고 상상적인 영역 또한 단지 하나의 징검다리에 지나지 않음을 보여주는 예도 있다. 예컨 대 스웨든보그는 그가 방문한 천국 너머에는 또 다른 천국이 있었는데 그것은 너무나 밝고 형체가 없어서 그의 눈에는 단지 '빛의 물결'로만 보였다고 말했다.[46] 임사체험자들도 가끔 이처럼 상상할 수 없을 정도 로 밀도가 희박한 세계에 대해 이야기했다. 휘턴의 한 피험자는 "높은 차원계가 많이 있다. 신에게로 돌아가려면, 그의 영이 거하는 곳에 도 달하려면, 영이 진정 자유로워지도록 매번 자신의 옷을 벗어버려야 한 다. 배움의 과정은 끝이 없다……. 우리는 가끔 더 높은 차원계를 구경 하도록 허락받았는데 각 차원계는 그 앞의 세계보다 더 가볍고 밝았다" 고 말한다.[47]

감추어진 질서 속으로 깊이 들어갈수록 실재가 더욱더 파동성을 띠 는 것처럼 보이는 것이 어떤 사람들에게는 두렵게 느껴질 수도 있을 것 이다. 그리고 이것은 이해할 수 있는 일이다. 우리는 아직도 손놀림이 서툴어서 그림을 제대로 못 그리고 색칠공책의 밑그림에 의존해야 하 는 어린아이 같은 수준임이 틀림없다. 스웨든보그가 이야기하는 물결 치는 빛의 세계 속으로 뛰어드는 것은 마치 물처럼 유연한 LSD 환각 속으로 뛰어드는 것과 같을 것이다. 그리고 우리는 거기서 무의식이 스 스로 만들어낼 괴물들을 대적할 수 있을 만큼 아직 충분히 성숙하지 못 했거나 자신의 감정과 태도와 믿음을 제대로 통제하지 못하고 있다.

그러나 어쩌면 그것이 우리가 이곳에서 통관적인 세계를 대하는— UFO나 기타 유사한 경험들이 제공하는 상상적 경험들과의 비교적 제 한된 접촉이라는 형태로—방법을 조금씩 배우고 있는 이유일지도 모른다.

그리고 어쩌면 그것이 빛의 존재들이 우리에게 삶의 목적은 배우는 것임을 거듭 강조하는 이유일 것이다.

우리는 진정 주술사의 길을 가고 있다. 신성한 기술을 배우려고 애쓰고 있는 병아리 주술사 말이다. 우리는 우주—그 속에서는 마음과 현실이 하나의 연속체인—의 본성인 유연성을 다루는 법을 배우고 있으며, 이 여행에는 가장 중요한 한 가지 교훈이 있다. 그것은 저 너머 세계의 무정형성과 숨막힐 정도의 자유로움이 우리에게 두려운 느낌으로 다가오는 한 우리는 알맞게 경직되고 한정된 홀로그램의 꿈 속에 스스로 머물러 있게 되리라는 사실이다.

그러나 우주를 분석하기 위해 우리가 사용하는 관념의 비좁은 암실이 우리 자신의 창작물임을 경고하는 봄의 메시지를 우리는 늘 명심해야 한다. 그것은 '외부'에 존재하는 것이 아니다. 왜냐하면 '외부'는 분리할 수 없는 일체, 브라만일 뿐이기 때문이다. 그리고 어떤 관념의 껍질을 깨고 나오면 우리는 또다시 스리 오로빈도가 말하듯이 한 영혼 상태에서 다른 영혼 상태로, 그리고 한 깨달음에서 다른 깨달음으로 움직여갈 채비를 해야만 한다. 왜냐하면 우리의 목적은 단순한 동시에 끝이 없어 보이기 때문이다.

토착원주민들이 말하듯이 우리는 다만 무한 속에서 생존하는 법을 배우고 있는 것이다.

역자 후기

88 올림픽이 열리던 해, 유럽 여행 중에 영화 '스타워스'에서 처음 보았던 홀로그램을 직접 구경할 수 있었다. 유럽 각국의 대도시에서는 자그마한 규모의 홀로그램 박물관들이 심심찮게 눈에 띄었다. 전시된 홀로그램은 대부분 액자형의 것으로 사람의 얼굴, 동물, 물체 등의 유령 같은 입체상이 액자 앞의 허공 속에 돌출되어 나타나 보이거나, 거울 속을 들여다보는 것처럼 심도를 지닌 입체상이 보이는 형태였는데 그도 신기하긴 했지만 가장 눈길을 끈 것은, 원통형으로 세워진 투명한 필름의 내부 공간에 춤추는 여인의 입체상이 나타나는 작품이었다. 정말 신기한 점은 보는 각도를 바꿈에 따라 입체상도 변하면서 춤추는 동작을 보여준다는 것이었다. 반대방향으로 돌면 마치 시간이 되돌려지듯이 입체상도 거꾸로 움직였다. 지금 저쪽 방향에서 보고 있는 사람에게는 동일한 공간에 다른 포즈를 취하고 있는 상이 보일 것이다. 공간 속에서 숨바꼭질하는 시간? 아니면 이것이 바로 천수관음상(千手觀音像)? …아무튼 야릇한 여운을 주는 작품이었다. 그로부터 10년이라는 시간을 (아니, 공간일까?) 사이에 두고 '우연히' 이 책을 만나게 되고, 춤추는 입체상에 이끌렸듯이 매료되고, 결국 번역까지 하게 되었다.

홀로그램 사진술은 1947년 영국의 과학자 데니스 게이버가 이론화하여 그 공로로 노벨상을 받았다. 그러나 그의 이론을 실현하기 위해서는 간섭성이 좋은 정교한 파동이 필요했는데 그것, 곧 레이저 광원이 발명되고(1960년) 실제로 홀로그램이 세상에 첫선을 보인 것은 1963년이었다. 홀로그램은 인류의 여러 발명품 중에서도 가장 신기한 것 중의 하나지만 이 놀라운 발명품의 원리가 시사하는 바, 곧 그것이 우주에 대한 우리의 이해에 미칠 수 있는 영향력은 일반의 상상을 초월하는 것이며, 그러므로 과학계는 이에 대비하기 위해 근본적인 구조조정을 서둘러야 한다는 것이 이 책의 논지다.

저자는 홀로그램 가설의 두 태두인 양자물리학자 데이비드 봄과 신경생리학자 칼 프리브램을 비롯하여 물리학, 생리학, 심리학, 인체의학, 정신의학 등 다양한 분야의 과학자들이 부딪히고 있는 학문적 수수께끼와, 그들이 그것을 해명하기 위해 홀로그램에 눈을 돌리게 된 내력을 서술하고 나아가 종교적 기적현상, 염력, 물질화 현상, 인체의 에너지장, 텔레파시, 시공간 투시, 유체이탈, 전생체험, 임사체험, 이차원적 존재, UFO 등 과학이 설명하지 못하던 마법의 비밀을 홀로그램 모델에 비추어 설명하면서, 물질우주 자체가 거대한 홀로그램적 투영물임을 역설한다.

홀로그램의 원리를 좀더 쉽게 이해하기 위해 이것을 일반 사진술과 비교해보자. 우선 모델을 단순화하기 위해 피사체가 한 개의 점광원이라고 생각하자(눈에 보이는 모든 사물은 무수한 점광원―스스로 빛을 내든 다른 빛을 반사하든 간에―의 집합체로 생각할 수 있다).

일반 사진술은 피사체인 점광원에서 발산되는 구면파의 일부를 볼록렌즈로 수렴시켜 필름 위에 상이 맺히게 하여 기록하는데, 이때 기록되는 상은 피사체와 동일한 형상을 갖추고 필름 위에서 일정한 위치를 차지하고 있는, '입자적 상태의 상'이라고 할 수 있다.

홀로그램 사진술은 점광원 피사체에서 발산된 구면파가 기준파와 간섭하여 만들어내는 간섭무늬를 그대로―렌즈를 통해 수렴시키지 않고―필름에 감광시켜 기록한다. 그러므로 기록된 내용은 상이라기보다는 육안으로는 해석할 수 없는, 피사체의 입체상에 대한 '파동상태의 광학정보'다. 이 정보를 '입자적 상태의 상'으로 바꿔놓으려면 렌즈가 필요할 것처럼 생각되지만 신기하게도 그렇지 않다. 간섭무늬가 기록된 필름, 곧 홀로그램 자체가 볼록렌즈의 역할을 하기 때문이다.

얇은 투명 플라스틱 판에 동심원상의 요철무늬가 새겨진 돋보기―윤대판(輪帶板)이라고 한다―를 본 적이 있을 것이다. 실제로 하나의 점광원은 홀로그램 위에 하나의 윤대판 무늬를 남긴다. 그러므로 일반적인 피사체(무수한 점광원의 집합으로 볼 수 있는)를 찍은 한 장의 홀로그램은 그 속에 서로 겹쳐 있는 무수한 윤대판(곧 렌즈)을 담고 있는 것으로 보면 된다. 다시 말해서 홀로그램은 일반사진술에서의 '필름과 렌즈'의 역할을 동시에 함으로써 거기에 레이저 빔을 비추기만 하면 초점에 '입자적 상태의 상', 즉 피사체의 입체상(실상과 허상)이 맺힌다.*

여기서 '입자적 상태의 상'이니, '파동 상태의 정보'니 하는 표현을 하는 데는 중요한 의미가 있다. 홀로그램에 기록된 내용이 파동상태의 광학정보라는 것은 말 그대로 이 정보가 파동상태로 필름 전면에 확산, 기록되기 때문이다. 그래서 잘라낸 한 조각의 홀로그램만으로도 전체상을 재생할 수가 있다(돋보기를 반쯤 가려서 형광등 밑에 놓아도 초점에 희미하나마 형광등의 전체상이 맺히는 것 같은 원리다). 이 밖에도 홀로그램은 본문에서 설명되듯이 '분리', 혹은 '주/객관'이라는 개념이 성립할 수 없는 전일성 내지 초공간적 상호연결성(침투성), 무시간성, 다차원성 등 파동만이 지닐 수 있는 여러 가지 불가사의한 성질들을 지니고

---

*볼록렌즈도 실제로 입체상을 만들어내지만 평면상을 얻어내는 데만 사용되고 있다. 렌즈의 초점공간에 3차원 스크린 역할을 할 먼지 따위가 있다면 거기에 피사체의 입체상(실상)이 맺힐 것이다. 또한 눈에서 약간 떨어진 거리의 렌즈를 통해서 보이는 경치의 작은 도립상(허상)도 사실은 입체상이다. 하지만 볼록렌즈는 피사체가 있어야만 상을 만들어낸다는 점이 홀로그램과는 다르다.

있다. 홀로그램의 이런 성질들은 과학자들이 실험실에서 자주 부딪히는 불가해한 현상들과 초자연현상, 신비현상 등의 배후에 숨겨진 메커니즘을 가장 쉽게 설명할 수 있는 중요한 단서를 제공해준다.

구시대 과학의 오류는 실재의 입자상(粒子相)만을 바라보고, 실재를 그것과 동일시한 데 있다. 양자물리학이 발견한 실재의 파동상(波動相)은 신과학을 낳았고 신과학은 이 실재의 두 얼굴을 동시에 바라보면서 그것이 둘이 아님을 역설해왔다. 홀로그램은 바로 이것을 우리의 일상적 감각을 통해서 실감하고 이해할 수 있게 해주는 가장 절묘한 광학적 상징물이어서 이제 바야흐로 '홀로그램적 실재관'이 태동하고 있는 것이다.

홀로그램에서 발견되는 한 가지 심오한 상징적 역설은, 우리가 일상적으로 경험하는 물질우주의 현실과는 반대로, 입자상이라고 할 수 있는 홀로그램 이미지는 만져지지 않는 그림자일 뿐이지만 파동상이라고 할 수 있는 홀로그램(사진건판)은 만질 수 있을뿐더러 오히려 그쪽이 더욱 본질적인 실체라는 점이다. 보이지 않는 차원의 신비체험이 물질차원의 현실보다도 훨씬 더 생생한 현실감을 준다는 체험자들의 보고도 이와 일치한다는 사실은 매우 흥미롭다.

그러므로 우리가 신기해야 할 것은 홀로그램 입체상이 아니라 그것을 만들어내는 홀로그램의 본질과, 그것을 가능케 하는 배후의 메커니즘이다. 왜냐하면 저자가 주장하듯이 우리는 이미 홀로그램 사진술로써 만들어내는 조잡한 입체상보다는 훨씬 더 정교하고 실감나는 우주적 홀로그램의 투영물(물질우주) 속에서, 그 일부로서 '살고' 있으니까 말이다. 우리의 과학은 그것을 속속들이 탐사해왔고 이제는 그것의 다른 쪽 얼굴을 더듬고 있다. 그리고 그 물질우주를 펼쳐내고 있는 근원인 홀로그램은 다름 아닌 의식 — 소립자 의식으로부터 우리의 자아의식, 은하계 너머의 의식에 이르기까지 모든 창조물들이 만들어내는 어지러운 간섭무늬들을 모두 담고 있는 우주심(宇宙心) ─ 이라는 메시지는 시대와 문화권을 초월하여 모든 신비가, 종교가, 현자, 주술사, 연금술사, 예언가, 경전과 신화를 통해 전해져왔고, 현대에 와서는 용기 있는 소수의 과학자들의 입을 통해 새로운 언어로 다시 전해지고 있다. 이들이야말로 이 시대의 연금술사이고 예언자들일 것이다.

20세기 끝에 와서 인류에게 주어진 홀로그램은 새 시대의 과학이 새로이 탐험해가야 할 영역은 실재의 파동상, 곧 의식의 세계이며, 실재의 두 영역을 하나로 잇고 있는 보이지 않는 법칙의 세계임을 일깨워주는 의미심장한 암호임이 틀림없다. 아직도 홀로그램 모델은 가설의 지위를 벗어나지 못하고 있지만, 이에 한 과학자는 냉담한 동료들의 귀에다 대고 이렇게 소리친다. "나는 사소한 문제에 대해서 '확실한' 사실을 아는 것보다는 중요한 문제에 대해서 '가능한' 사실을 아는 편이 더 낫다고 믿는다."

이 책을 읽는 당신이 구도자라면 물질을 포함한 의식의 세계를 과학적인 개념을 통해 더욱 심도 있게 이해하는 데 큰 도움을 얻을 것이고, 만일 독자가 형용하기 어려운 신비체험을 한 사람이라면 그것을 표현해줄 절묘한 비유와 그 현상의 메커니즘에 대한 깊은 이해를 얻을 것이며, 만일 당신이 과학자라면 우주라는 빙산의 수면 아래를 흘끗 들여다봄으로써 그 깊은 곳을 탐사하고픈 의욕이 무럭무럭 일게 될 것임을 확신한다.

1999년 여름

이균형

주(註)

서문

1. Irvin L. Child, "Psychology and Anomalous Observations", *American Psychologist* 40, no. 11(November 1985), pp. 1219-30.

1. 홀로그램 두뇌

1. Wilder Penfield, *The Mystery of the Mind:A Critical Study of Conscious-ness and the Human Brain*(Princeton, N. J. : Princeton University Press, 1975).
2. Karl Lashley, "In Search of the Engram", in *Physiological Mechanisms in Animal Behavior*(New York : Academic Press, 1950), pp. 454-482.
3. Karl Pribram, "The Neurophysiology of Remembering", *Scientific American* 220(January 1969), p. 75.
4. Karl Pribram, Languages of the Brain(Monterey, Calif. : Wadsworth Publishing, 1977), p. 123.
5. Daniel Goleman, "Holographic Memory : Karl Pribram Interviewed by Daniel Goleman", *Psychology Today* 12, no. 9(February 1979), p. 72.
6. J. Collier, C. B. Burckhardt, and L. H. Lin, *Optical Holography*(New York : Academic Press, 1971).
7. Pieter van Heerden, "Models for the Brain", *Natuer* 227(July 25, 1970), pp. 410-411.
8. Paul Pietsch, *Shufflebrain:The Quest for the Hologramic Mind* (Boston : Houghton Mifflin, 1981), p. 78.
9. Daniel A. Pollen and Michael C. Tractenberg, "Alpha Rhythm and Eye Movements in Eidetic Imagery", *Nature* 237(May 12, 1972), p. 109.
10. Pribram, *Languages*, P. 169.
11. Paul Pietsch, "Shufflebrain", *Harper's Magazine* 244(May 1972), p. 66.

12. Karen K. DeValois, Russell L. DeValois, and W. W. Yund, "Responses of Striate Cortex Cells to Grating and Checkerboard Patterns", *Journal of Physiology*, vol. 291(1979), pp. 483-505.

13. Goleman, *Psychology Today*, p. 71.

14. Larry Dossey, *Space, Time, and Medicine* (Boston : New Science Library, 1982), pp. 108-109.

15. Richard Restak, "Brain Power : A New Theory", *Science Digest* (March 1981), p. 19.

16. Richard Restak, *The Brain*(New York : Warner Books, 1979), p. 253.

2. 홀로그램 우주

1. Basil J. Hiley and F. David Peat, "The Development of David Bohm's Ideas from the Plasma to the Implicate Order", in *Quantum Implications*, ed. Basil J. Hiley and F. David Peat(London : Routledge & Kegan Paul, 1987), p. 1.

2. Nick Herbert, "How Large is Starlight? A Brief Look at Quantum Reality", *Revision* 10, no. 1(Summer 1987), pp. 31-35.

3. Albert Einstein, Boris Podolsky, and Nathan Rosen, "Can Quantum Mechanical Description of Physical Reality Be Considered Complete?" *Physical Review* 47(1935), p. 777.

4. Hiley and Peat, *Quantum*, p. 3.

5. John P. Briggs and F. David Peat, *Looking Glass Universe*(New York : Simon & Schuster, 1984), p. 96.

6. David Bohm, "Hidden Variables and the Implicate Order", in *Quantum Implications*, ed. Basil J. Hiley and F. David Peat(London : Routledge & Kegan Paul, 1987), p. 38.

7. "Nonlocality in Physics and Psychology : An Interview with John Stewart Bell", *Psychological Perspectives*(Fall-Winter 1988), p. 306.

8. Robert Temple, "An Interview with David Bohm", *New Scientist* (November 11, 1982), p. 362.

9. Bohm, *Quantum*, p. 40.

10. David Bohm, *Wholeness and the Implicate Order*(London : Routledge & Kegan Paul, 1980), p. 205.

11. Private communication with author, October 28, 1988.

12. Bohm, *Wholeness*, p. 192.

13. Paul Davies, *Superforce*(New York : Simon & Schuster, 1984), p. 48.

14. Lee Smolin, "What is Quantum Mechanics Really About?" *New Scientist*(October 24, 1985), p. 43.

15. Private communication with author, October 14, 1988.

16. Saybrook Publishing Company, *The Reach of the Mind:Nobel Prize Conversations*(Dallas, Texas : Saybrook Publishing Co., 1985), p. 91.

17. Judith Hooper, "An Interview with Karl Pribram", *Omni*(October 1982), p. 135.

18. Private communication with author, February 8, 1989.

19. Renee Weber, "The Enfolding-Unfolding Universe : A Conversation with David Bohm", in *The Holographic Paradigm*, ed. Ken Wilber(Boulder, Colo. : New Science Library, 1982), pp. 83-84.

20. Ibid., p. 73.

3. 홀로그램 모델과 심리학

1. Renee Weber, "The Enfolding-Unfolding Universe : A Conversation with David Bohm", in *The Holographic Paradigm*, ed. Ken Wilber (Boulder, Colo. : New Science Library, 1982), p. 72.

2. Robert M. Anderson, Jr., "A Holographic Model of Transpersonal Consciousness", *Journal of Transpersonal Psychology* 9, no. 2(1977), p. 126.

3. Jon Tolaas and Montague Ullman, "Extrasensory Communication and Dreams", in *Handbook of Dreams*, ed. Benjamin B. Wolman(New York : Van Nostrand Reinhold, 1979), pp. 178-179.

4. Private communication with author, October 31, 1988.

5. Montague Ullman, "Wholeness and Dreaming", in *Quantum Implications*, ed. Basil J. Hiley and F. David Peat(New York : Routledge & Kegan Paul, 1987), p. 393.

6. I. Matte-Blanco, "A Study of Schizophrenic Thinking : Its Expression in Terms of Symbolic Logic and Its Representation in Terms of Multidimensional Space", *International Journal of Psychiatry* 1, no. 1

(January 1965), p. 93.

7. Montague Ullman, "Psi and Psychopathology", paper delivered at the American Society for Psychical Research conference on Psychic Factors in Psychotherapy, November 8, 1986.

8. See Stephen LaBerge, *Lucid Dreaming* (Los Angeles : Jeremy P. Tarcher, 1985).

9. Fred Alan Wolf, *Star Wave* (New York : Macmillan, 1984), p. 238.

10. Jayne Gackenbach, "Interview with Physicist Fred Alan Wolf on the Physics of Lucid Dreaming", *Lucidity Letter* 6, no. 1 (June 1987), p. 52.

11. Fred Alan Wolf, "The Physics of Dream Consciousness : Is the Lucid Dream a Parallel Universe?" *Second Lucid Dreaming Symposium Proceedings/Lucidity Letter* 6, no. 2 (December 1987), p. 133.

12. Stanislav Grof, *Realms of the Human Unconscious* (New York : E. P. Dutton, 1976), p.20.

13. Ibid., p. 236.

14. Ibid., pp. 159-160.

15. Stanislav Grof, *The Adventure of Self-Discovery* (Albany, N. Y. : State University of New York Press, 1988), pp. 108-109.

16. Stanislav Grof, *Beyond the Brain* (Albany, N. Y. : State University of New York Press, 1985), p. 31.

17. Ibid., p. 78.

18. Ibid., p. 89.

19. Edgar A. Levenson, "A Holographic Model of Psychoanalytic Change", *Contemporary Psychoanalysis* 12, no. 1 (1975), p. 13.

20. Ibid., p. 19.

21. David Shainberg, "Vortices of Thought in the Implicate Order", in *Quantum Implications*, ed. Basil J. Hiley and F. David Peat (New York : Routledge & Kegan Paul, 1987), p. 402.

22. Ibid., p. 411.

23. Frank Putnam, *Diagnosis and Treatment of Multiple Personality Disorder* (New York : Guilford, 1988), p. 68.

24. "Science and Synchronicity : A Conversation with C. A. Meier", *Psychological Perspectives* 19, no. 2 (Fall-Winter 1988), p. 324.

25. Paul Davies, *The Cosmic Blueprint* (New York : Simon & Schuster, 1988), p. 162.

26. F. David Peat, *Synchronicity: The Bridge between Mind and Matter* (New York : Bantam Books, 1987), p. 235.

27. Ibid., p. 239.

4. 홀로그램 신체의 노래

1. Stephanie Matthews-Simonton, O. Carl Simonton, and James L. Creighton, *Getting Well Again* (New York : Bantam Books, 1980), pp. 6-12.

2. Jeanne Achterberg, "Mind and Medicine : The Role of Imagery in Healing", *ASPR Newsletter* 14, no. 3 (June 1988), p. 20.

3. Jeanne Achterberg, *Imagery in Healing* (Boston, Mass. : New Science Library, 1985), p. 134.

4. Private communication with author, October 28, 1988.

5. Achterberg, *ASPR Newsletter*, p. 20.

6. Achterberg, *Imagery*, pp. 78-79.

7. Jeanne Achterberg, Ira Collerain, and Pat Craig, "A Possible Relationship between Cancer, Mental Retardation, and Mental Disorders", *Journal of Social Science and Medicine* 12 (May 1978), pp. 135.39.

8. Bernie S. Siegel, *Love, Medicine, and Miracles* (New York : Harper & Row, 1986), p. 32.

9. Achterberg, *Imagery*, pp. 182-187.

10. Bernie S. Siegel, *Love*, p. 29.

11. Charles A. Garfield, Peak Performance : Mental Training Techniques of the World's Greatest Athletes (New York : Warner Books, 1984), p. 16.

12. Ibid., p. 62.

13. Mary Orser and Richard Zarro, *Changing Your Destiny* (New York : Harper & Row, 1989), p. 60.

14. Barbara Brown, *Supermind : The Ultimate Energy* (New York : Harper & Row, 1980), p. 274 : as quoted in Larry Dossey, *Space, Time, and Medicine* (Boston, Mass. : New Science Library, 1982), p. 112.

15. Brown, *Supermind*, p. 275 : as quoted in Dossey, *Space*, pp. 112-13.

16. Larry Dossey, *Space, Time, and Medicine* (Boston, Mass. : New Science Library, 1982), p. 112.

17. Private communication with author, February 8, 1989.

18. Brendan O'Regan, "Healing, Remission, and Miracle Cures", *Institute of Noetic Sciences Special Report*(May 1987), p. 3.

19. Lewis Thomas, *The Medusa and the Snail*(New York : Bantam Books, 1980), p. 63.

20. Thomas J. Hurley Ⅲ, "Placebo Effects : Unmapped Territory of Mind/Body Interactions", *Investigations* 2, no. 1(1985), p. 9.

21. Ibid.

22. Steven Locke and Douglas Colligan, *The Healer Within*(New York : New American Library, 1986), p. 224.

23. Ibid., p. 227.

24. Bruno Klopfer, "Psychological Variables in Human Cancer", *Journal of Prospective Techniques* 31(1957), pp. 331-340.

25. O'Regan, *Special Report*, p. 4.

26. G. Timothy Johnson and Stephen E. Goldfinger, *The Harvard Medical School Health Letter Book*(Cambridge, Massachusetts : Harvard University Press, 1981), p. 416.

27. Herbert Benson and David P. McCallie, Jr., "Angina Pectoris and the Placebo Effect", *New England Journal of Medicine* 300, no. 25(1975), pp. 1424-1429.

28. Johnson and Goldfinger, *Health Letter Book*, p. 418.

29. Hurley, *Investigations*, p. 10.

30. Richard Alpert, *Be Here Now*(San Cristobal, N.M. : Lama Foundation, 1971).

31. Lyall Watson, *Beyond Supernature*(New York : Bantam Books, 1988), p. 215.

32. Ira L. Mintz, "A Note on the Addictive Personality", *American Jouranl of Psychiatry* 134, no. 3(1977), p. 327.

33. Alfred Stelter, *Psi-Healing* (New York : Bantam Books, 1976), p. 8.

34. Thomas J. Hurley Ⅲ, "Placebo Learning : The Placebo Effect as a Conditioned Response", *Investigations* 2, no. 1(1985), p. 23.

35. O'Regan, *Special Report*, p. 3.

36. As quoted in Thomas J. Hurley Ⅲ, "Varieties of Placebo Experience : Can One Definition Encompass Them All?" *Investigations* 2, no. 1(1985), p. 13.

37. Daniel Seligman, "Great Moments in Medical Research", *Fortune* 117,

no. 5(February 29, 1988), p. 25.

38. Daniel Goleman, "Probing the Enigma of Multiple Personality", *New York Times*(June 25, 1988), p. C1.

39. Private communication with author, January 11, 1990.

40. Richard Restak, "People with Multiple Minds", *Science Digest* 92, no. 6 (June 1984), p. 76.

41. Daniel Goleman, "New Focus on Multiple Personality", *New York Times*(May 21, 1985), p. C1.

42. Truddi Chase, *When Rabbit Howls*(New York : E. P. Dutton, 1987), p. x.

43. Thomas J. Hurley Ⅲ, "Inner faces of Multiplicity", *Investigations* 1, no. 3/4(1985), p. 4.

44. Thomas J. Hurley Ⅲ, "Multiplicity & the Mind-Body Problem : New Windows to Natural Plasticity", *Investigations* 1, no. 3/4(1985), p. 19.

45. Bronislaw Malinowski, "Baloma : The Spirits of the Dead in the Trobriand Islands", *Journal of the Royal Anthropological Institute of Great Britain and Ireland* 46(1916), pp. 353-430.

46. Watson, *Beyond Supernature*, pp. 58-60.

47. Joseph Chilton Pearce, *The Crack in the Cosmic Egg*(New York : Pocket Books, 1974), p. 86.

48. Pamela Weintraub, "Preschool?" *Omni* 11, no. 11(August 1989), p. 38.

49. Kathy A. Fackelmann, "Hostility Boosts Risk of Heart Trouble", *Science News* 135, no. 4(January 28, 1989), p. 60.

50. Steven Locke, in Longevity(November 1988), as quoted in "Your Mind's Healing Powers", *Reader/s Digest* (September 1989), p. 5.

51. Bruce Bower, "Emotion-Immunity Link in HIV Infection", *Science News* 134, no. 8(August 20, 1988), p. 116.

52. Donald Robinson, "Your Attitude Can Make You Well", *Reader/s Digest*(April 1987), p. 75.

53. Daniel Goleman in the New York Times(April 20, 1989), as quoted in "Your Mind's Healing Powers", *Reader's Digest*(September 1989), p. 6.

54. Robinson, *Reader/s Digest*, p. 75.

55. Signe Hammer, "The Mind as Healer", *Science Digest* 92, no. 4 (April 1984), p. 100.

56. John Raymond, "Jack Schwarz : The Mind Over Body Man", *New Realities* 11, no. 1(April 1978), pp. 72-76 ; see also, "Jack Schwarz :

Probing … but No Needles Anymore", *Brain/Mind Bulletin* 4, no. 2 (December 4, 1978), p. 2.

57. Stelter, *Psi-Healing*, pp. 121-124.

58. Donna and Gilbert Grosvenor, "Ceylon", *National Geographic* 129, no. 4 (April 1966).

59. D. D. Kosambi, "Living Prehistory in India", *Scientific American* 216, no. 2 (February 1967), p. 104.

60. A. A. Mason, "A Case of Congenital Ichthyosiform", *British Medical Journal* 2 (1952), pp. 422-423.

61. O'Regan, *Special Report*, P. 9.

62. D. Scott Rogo, *Miracles* (New York : Dial Press, 1982), p. 74.

63. Herbert Thurston, *The Physical Phenomena of Mysticism* (Chicago : Henry Regnery Company, 1952), pp. 120-129.

64. Thomas of Celano, Vita Prima (1229), as quoted by Thurston, *Physical Phenomen*, pp. 45-46.

65. Alexander P. Dubrov and Veniamin N. Pushkin, *Parapsychology and Contemporary Science*, trans. Aleksandr Petrovich (New York : Plenum, 1982), p. 50.

66. Thurston, *Physical Phenomena*, p. 68.

67. Ibid.

68. Charles Fort, *The Complete Books of Charles Fort* (New York : Dover, 1974), p. 1022.

69. Ibid., p. 964.

70. Private communication with author, November 3, 1988.

71. Candace Pert with Harris Dienstfrey, "The Neuropeptide Network", in *Neuroimmunomodulation : Interventions in Aging and Cancer*, ed. Walter Pierpaoli and Novera Herbert Spector (New York : New York Academy of Sciences, 1988), pp. 189-194.

72. Terrence D. Oleson, Richard J. Kroening, and David E. Bresler, "An Experimental Evaluation of Auricular Diagnosis : The Somatotopic Mapping of Musculoskeletal Pain at Ear Acupuncture Points", *Pain* 8 (1980), pp. 217-229.

73. Private communication with author, September 24, 1988.

74. Terrence D. Oleson and Richard J. Kroening, "Rapid Narcotic Detoxification in Chronic Pain Patients Treated with Auricular Electroacu-

puncture and Naloxone", *International Journal of the Addictions* 20, no. 9 (1985), pp. 1347-1360.

75. Richard Leviton, "The Holographic Body", *East West* 18, no. 8 (August 1988), p. 42.

76. Ibid., p. 45.

77. Ibid., pp. 36-47.

78. "Fingerprints, a Clue to Senility", *Science Digest* 91, no. 11 (November 1983), p. 91.

79. Michael Meyer, "The Way the Whorls Turn", *Newsweek* (February 13, 1989), p. 73.

5. 호주머니 가득한 기적

1. D. Scott Rogo, *Miracles* (New York : Dial Press, 1982), p. 79.

2. Ibid., p. 58 ; see also, Herbert Thurston, *The Physical Phenomena of Mysticism* (London : Burns Oates, 1952) ; and A. P. Schimberg, *The Story of Therese Neumann* (Milwaukee, Wis. : Bruce Publishing Co., 1947).

3. David J. Bohm, "A New Theory of the Relationship of Mind and Matter", *Journal of the American Society for Psychical Research* 80, no. 2 (April 1986), p. 128.

4. Ibid., p. 132.

5. Robert G. Jahn and Brenda J. Dunne, *Margins of Reality: The Role of Consciousness in the Physical World* (New York : Harcourt Brace Jovanovich, 1987), pp. 91-123.

6. Ibid., p. 144.

7. Private communication with author, December 16, 1988.

8. Jahn and Dunne, *Margins*, p. 142.

9. Private communication with author, December 16, 1988.

10. Private communication with author, December 16, 1988.

11. Steve Fishman, "Questions for the Cosmos", *New York Times Magazine* (November 26, 1989), p. 55.

12. Private communication with author, November 25, 1988.

13. Rex Gardner, "Miracles of Healing in Anglo-Celtic Northumbria as

Recorded by the Venerable Bede and His Contemporaries : A Reappraisal in the Light of Twentieth-Century Experience", *British Medical Journal* 287 (December 1983), p. 1931.

14. Max Freedom Long, *The Secret Science behind Miracles*(New York : Robert Collier Publications, 1948), pp. 191-192.

15. Louis-Basile Carre de Montgeron, *La Vérité des Miracles*(Paris : 1737), vol. i, p. 380, as quoted in H. P. Blavatsky, *Isis Unveiled*, vol. i(New York : J. W. Bouton, 1877), p. 374.

16. Ibid., p. 374.

17. B. Robert Kreiser, *Miracles, Convulsions, and Ecclesiastical Politics in Early Eighteenth-Century Paris*(Princeton, N. J. : Princeton University Press, 1978), pp. 260-261.

18. Charles Mackey, *Extraordinary Popular Delusions and the Madness of Crowds*(London : 1841), p. 318.

19. Kreiser, *Miracles*, p. 174.

20. Stanislav Grof, *Beyond the Brain*(Albany, N.Y. : State University of New York Press, 1985), p. 91.

21. Long, *Secret Science*, pp. 31-39.

22. Frank Podmore, *Mediums of the Nineteenth Century*, vol. 2(New Hyde Park, N.Y. : University Books, 1963), p. 264.

23. Vincent H. Gaddis, *Mysterious Fires and Lights*(New York : Dell, 1967), pp. 114-115.

24. Blavatsky, Isis, p. 370.

25. Podmore, Mediums, p. 264.

26. Will and Ariel Durant, *The Age of Louis XIV*, vol. XIII(New York : Simon & Schuster, 1963), p. 73.

27. Franz Werfel, *The Song of Bernadette*(Garden City, N.Y. : Sun Dial Press, 1944), pp. 326-327.

28. Gaddis, *Mysterious Fires*, pp. 106-107.

29. Ibid., p. 106.

30. Berthold Schwarz, "Ordeals by Serpents, Fire, and Strychnine", *Psychiatric Quarterly* 34(1960), pp. 405-429.

31. Private communication with author, July 17, 1989.

32. Karl H. Pribram, "The Implicate Brain", in *Quantum Implications*, ed. Basil J. Hiley and F. David Peat(London : Routledge & Kegan Paul, 1987),

p. 367.

33. Private communication with author, February 8, 1989 ; see also, Karl
   H. Pribram, "The Cognitive Revolution and Mind/Brain Issues",
   American Psychologist 41, no. 5(May 1986), pp. 507-519.

34. Private communication with author, November 25, 1988.

35. Gordon G. Globus, "Three Holonomic Approaches to the Brain", in
   Quantum Implications, ed. Basil J. Hiley and F. David Peat(London :
   Rout- ledge & Kegan Paul, 1987), pp. 372-385 ; see also, Judith Hooper
   and Dick Teresi, *The Three- Pound Universe* (New York : Dell, 1986), pp.
   295-300.

36. Private communication with author, December 16, 1988.

37. Malcolm W. Browne, "Quantum Theory : Disturbing Questions Re-
   main Unresolved", *New York Times*(February 11, 1986), p. C3.

38. Ibid.

39. Jahn and Dunne, *Margins*, pp. 319-20 ; see also, Dietrick E. Tho-
   msen, "Anomalons Get More and More Anomalous", *Science News* 125
   (February 25, 1984).

40. Christine Sutton, "The Secret Life of the Neutrino", *New Scientist* 117,
   no. 1595(January 14, 1988), pp. 53-57 ; see also, "Soviet Neutrinos
   Have Mass", *New Scientist* 105, no. 1446(March 7, 1985), p. 23 ; and
   Dietrick E. Thomsen, "Ups and Downs of Neutrino Oscillation", *Science
   News* 117, no. 24(June 14, 1980), pp. 377-383.

41. S. Edmunds, *Hypnotism and the Supernormal*(London : Aquarian Press,
   1967), as quoted in *Supernature*, Lyall Watson(New York : Bantam
   Books, 1973), p. 236.

42. Leonid L. Vasiliev, *Experiments in Distant Influence* (New York : E. P.
   Dutton, 1976).

43. See Russell Targ and Harold Puthoff, *Mind-Reach*(New York :
   Delacorte Press, 1977).

44. Fishman, *New York Times Magazine*, p. 55 ; see also, Jahn and Dunne,
   Margins, p. 187.

45. Charles Tart, "Physiological Correlates of Psi Cognition", *Inter-
   national Journal of Neuropsychiatry* 5, no. 4 (1962).

46. Targ and Puthoff, *Mind-Reach*, pp. 130-133.

47. E. Douglas Dean, "Plethysmograph Recordings of ESP Responses",

International Journal of Neuropsychiatry 2 (September 1966).

48. Charles T. Tart, "Psychedelic Experiences Associated with a Novel Hypnotic Procedure, Mutual Hypnosis", in *Altered States of Consciousness*, Charles T. Tart (New York : John Wiley & Sons, 1969), pp. 291-308.

49. Ibid.

50. John P. Briggs and F. David Peat, *Looking Glass Universe* (New York : Simon & Schuster, 1984), p. 87.

51. Targ and Puthoff, *Mind-Reach*, pp. 130-133.

52. Russell Targ, et al., *Research in Parapsychology* (Metuchen, N. J. : Scarecrow, 1980).

53. Bohm, *Journal of the American Society for Psychical Research*, p. 132.

54. Jahn and Dunne, *Margins*, pp. 257-259.

55. Gardner, *British Medical Journal*, p. 1930.

56. Lyall Watson, *Beyond Supernature* (New York : Bantam Books, 1988), pp. 189-191.

57. A. R. G. Owen, *Can We Explain the Poltergeist* (New York : Garrett Publications, 1964).

58. Erlendur Haraldsson, *Modern Miracles:An Investigative Report on Psychic Phenomena Associated with Sathya Sai Baba* (New York : Fawcett Columbine Books, 1987), pp. 26-27.

59. Ibid., pp. 35-36.

60. Ibid., p. 290.

61. Paramahansa Yogananda, *Autobiography of a Yogi* (Los Angeles : Self-Realization Fellowship, 1973), p. 134.

62. Rogo, *Miracles*, p. 173.

63. Lyall Watson, *Gifts of Unknown Things* (New York : Simon & Schuster, 1976), pp. 203-204.

64. Private communication with author, February 9, 1989.

65. Private communication with author, October 17, 1988.

66. Private communication with author, December 16, 1988.

67. Judith Hooper and Dick Teresi, *The Three-Pound Universe* (New York : Dell, 1986), p. 300.

68. Carlos Castaneda, *Tales of Power* (New York : Simon & Schuster, 1974), p. 100.

69. Marilyn Ferguson, "Karl Pribram's Changing Reality", in *The Hologra-*

phic Paradigm, ed. Ken Wilber(Boulder, Colo. : New Science Library, 1982), p. 24.

70. Erlendur Haraldsson and Loftur R. Gissurarson, *The Icelandic Physical Medium:Indridi Indridason*(London : Society for Psychical Research, 1989).

6. 홀로그램적 투시안

1. Karl Pribram, "The Neurophysiology of Remembering", *Scientific American* 220(January 1969), pp. 76-78.

2. Judith Hooper, "Interview : Karl Pribram", *Omni* 5, no. 1(October 1982), p. 172.

3. Wil van Beek, *Hazrat Inayat Khan*(New York : Vantage Press, 1983), p. 135.

4. Barbara Ann Brennan, *Hands of Light*(New York : Bantam Books, 1987), pp. 3.4.

5. Ibid., p. 4.

6. Ibid., cover quote.

7. Ibid., cover quote.

8. Ibid., p. 26.

9. Private communication with author, November 13, 1988.

10. Shafica Karagulla, *Breakthrough to Creativity*(Marina Del Rey, Calif. : DeVorss, 1967), p. 61.

11. Ibid., pp. 78-79.

12. W. Brugh Joy, *Joy's Way*(Los Angeles : J. P. Tarcher, 1979), pp. 155-156.

13. Ibid., p. 48.

14. Michael Crichton, *Travels*(New York : Knopf, 1988), p. 262.

15. Ronald S. Miller, "Bridging the Gap : An Interview with Valerie Hunt", *Science of Mind*(October 1983), p. 12.

16. Private communication with author, February 7, 1990.

17. Ibid.

18. Ibid.

19. Ibid.

20. Valerie V. Hunt, "Infinite Mind", *Magical Blend*, no. 25(January 1990),

p. 22.

21. Private communication with author, October 28, 1988.

22. Robert Temple, "David Bohm", *New Scientist*(November 11, 1982), p. 362.

23. Private communication with author, November 13, 1988.

24. Private communication with author, October 18, 1988.

25. Private communication with author, November 13, 1988.

26. Ibid.

27. Ibid.

28. George F. Dole, *A View from Within*(New York : Swedenborg Foundation, 1985), p. 26.

29. George F. Dole, "An Image of God in a Mirror", in *Emanuel Swedenborg: A Continuing Vision*, ed. Robin Larsen(New York : Swedenborg Foun- dation, 1988), p. 376.

30. Brennan, *Hands*, p. 26.

31. Private communication with author, September 13, 1988.

32. Karagulla, *Breakthrough*, p. 39.

33. Ibid., p. 132.

34. D. Scott Rogo, "Shamanism, ESP, and the Paranormal", in *Shamanism*, ed. Shirley Nicholson(Wheaton, Ill. : Theosophical Publishing House, 1987), p. 135.

35. Michael Harner and Gary Doore, "The Ancient Wisdom in Shamanic Cultures", in *Shamanism*, ed. Shirley Nicholson(Wheaton, Ill. : Theosophical Publishing House, 1987), p. 10.

36. Michael Harner, *The Way of the Shaman*(New York : Harper & Row, 1980), p. 17.

37. Richard Gerber, *Vibrational Medicine*(Santa Fe, N.M. : Bear & Co., 1988), p. 115.

38. Ibid., p. 154.

39. William A. Tiller, "Consciousness, Radiation, and the Developing Sensory System", as quoted in *The Psychic Frontiers of Medicine*, ed. Bill Schul(New York : Ballantine Books, 1977), p. 95.

40. Ibid., p. 94.

41. Hiroshi Motoyama, *Theories of the Chakras*(Wheaton, Ill. : Theosophical Publishing House, 1981), p. 239.

42. Richard M. Restak, "Is Free Will a Fraud?" *Science Digest* (October 1983), p. 52.
43. Ibid.
44. Private communication with author, February 7, 1990.
45. Private communication with author, November 13, 1988.

7. 마음 밖의 시간

1. See Stephan A. Schwartz, *The Secret Vaults of Time* (New York : Grosset & Dunlap, 1978) ; Stanislaw Poniatowski, "Parapsychological Probing of Prehistoric Cultures", in *Psychic Archaeology*, ed. J. Goodman (New York : G. P. Putnam & Sons, 1977) ; and Andrzey Borzmowski, "Experiments with Ossowiecki", *International Journal of Parapsychology* 7, no. 3 (1965), pp. 259-284.
2. J. Norman Emerson, "Intuitive Archaeology", *Midden* 5, no. 3 (1973).
3. J. Norman Emerson, "Intuitive Archaeology : A Psychic Approach", *New Horizon* 1, no. 3 (1974), p. 14.
4. Jack Harrison Pollack, *Croiset the Clairvoyant* (New York : Doubleday, 1964).
5. Lawrence LeShan, *The Medium, the Mystic, and the Physicist* (New York : Ballantine Books, 1974), pp. 30-31.
6. Stephan A. Schwartz, *The Secret Vaults of Time* (New York : Grosset & Dunlap, 1978), pp. 226-37 ; see also Clarence W. Weiant, "Parapsychology and Anthropology", *Manas* 13, no. 15 (1960).
7. Schwartz, op. cit., pp. x and 314.
8. Private communication with author, October 28, 1988.
9. Private communication with author, October 18, 1988.
10. See Glenn D. Kittler, *Edgar Cayce on the Dead Sea Scrolls* (New York : Warner Books, 1970).
11. Marilyn Ferguson, "Quantum Brain-Action Approach Complements Holographic Model", *Brain-Mind Bulletin, updated special issue* (1978), p. 3.
12. Edmund Gurney, F. W. H. Myers, and Frank Podmore, *Phantasms of the Living* (London : Trubner's, 1886).

13. See J. Palmer, "A Community Mail Survey of Psychic Experiences", *Journal of the American Society for Psychical Research* 73(1979), pp. 221-51 ; H. Sidgwick and committee, "Report on the Census of Hallucinations", *Proceedings of the Society for Psychical Research* 10(1894), pp. 25-422 ; and D. J. West, "A Mass-Observation Questionnaire on Hallucinations", *Journal of the Society for Psychical Research* 34(1948), pp. 187-196.

14. W. Y. Evans-Wentz, *The Fairy-Faith in Celtic Countries*(Oxford : Oxford University Press, 1911), p. 485.

15. Ibid., p. 123.

16. Charles Fort, *New Lands*(New York : Boni & Liveright, 1923), p. 111.

17. See Max Freedom Long, *The Secret Science behind Miracles* (Tarrytown, N.Y. : Robert Collier Publications, 1948), pp. 206-208.

18. Editors of Time-Life Books, *Ghosts*(Alexandria, Va. : Time-Life Books, 1984), p. 75.

19. Editors of Reader's Digest, *Strange Stories, Amazing Facts*(Pleasantville, N.Y. : Reader's Digest Association, 1976), pp. 384-385.

20. J. B. Rhine, "Experiments Bearing on the Precognition Hypothesis : Ⅲ. Mechanically Selected Cards", *Journal of Parapsychology* 5(1941).

21. Helmut Schmidt, "Psychokinesis", in *Psychic Exploration:A Challenge to Science*, ed. Edgar Mitchell and John White(New York : G. P. Putnam's Sons, 1974), pp. 179-193.

22. Montague Ullman, Stanley Krippner, and Alan Vaughan, *Dream Telepathy*(New York : Macmillan, 1973).

23. Russell Targ and Harold Puthoff, *Mind-Reach*(New York : Delacorte Press, 1977), p. 116.

24. Robert G. Jahn and Brenda J. Dunne, *Margins of Reality*(New York : Harcourt Brace Jovanovich, 1987), pp. 160, 185.

25. Jule Eisenbud, "A Transatlantic Experiment in Precognition with Gerard Croiset", *Journal of American Society of Psychological Research* 67 (1973), pp. 1-25 ; see also W. H. C. Tenhaeff, "Seat Experiments with Gerard Croiset", *Proceedings Parapsychology* 1(1960), pp. 53-65 ; and U. Timm, "Neue Experiments mit dem Sensitiven Gerard Croiset", *Z. F. Parapsyshologia und Grezgeb. dem Psychologia* 9(1966), pp. 30-59.

26. Marilyn Ferguson, *Bulletin*, p. 4.

27. Personal communication with author, September 26, 1989.

28. David Loye, *The Sphinx and the Rainbow*(Boulder, Col. : Shambhala, 1983).

29. Bernard Gittelson, *Intangible Evidence*(New York : Simon & Schuster, 1987), p. 174.

30. Eileen Garrett, *My Life as a Search for the Meaning of Mediumship* (London : Ryder & Company, 1949), p. 179.

31. Edith Lyttelton, *Some Cases of Prediction*(London : Bell, 1937).

32. Louisa E. Rhine, "Frequency of Types of Experience in Spontaneous Precognition", *Journal of Parapsychology* 18, no. 2(1954) ; see also "Precognition and Intervention", *Journal of Parapsychology* 19 (1955) ; and *Hidden Channels of the Mind* (New York : Sloane Associates, 1961).

33. E. Douglas Dean, "Precognition and Retrocognition", in *Psychic Exploration*, ed. Edgar D. Mitchell and John White(New York : G. P. Putnam's Sons, 1974), p. 163.

34. See A. Foster, "ESP Tests with American Indian Children", *Journal of Parapsychology* 7, no. 94(1943) ; Dorothy H. Pope, "ESP Tests with Primitive People", *Parapsychology Bulletin* 30, no. 1(1953) ; Ronald Rose and Lyndon Rose, "Psi Experiments with Australina Aborigines", *Journal of Parapsychology* 15, no. 122(1951) ; Robert L. Van de Castle, "Anthropology and Psychic Research", in *Psychic Exploration*, ed. Edgar D. Mitchell and John White(New York : G. P. Putnam's Sons, 1974) ; and Robert L. Van de Castle, "Psi Abilities in Primitive Groups", *Proceedings of the Parapsychological Association* 7, no. 97(1970).

35. Ian Stevenson, "Precognition of Disasters", *Journal of the American Society for Psychical Reseach* 64, no. 2(1970).

36. Karlis Osis and J. Fahler, "Space and Time Variables in ESP", *Journal of the American Society for Psychical Research* 58(1964).

37. Alexander P. Dubrov and Veniamin N. Pushkin, *Parapsychology and Contemporary Science*, trans. Aleksandr Petrovich(New York : Consultants Bureau, 1982), pp. 93-104.

38. Arthur Osborn, *The Future Is Now:The Significance of Precognition* (New York : University Books, 1961).

39. Ian Stevenson, "A Review and Analysis of Paranormal Experiences Connected with the Sinking of the Titanic", *Journal of the American Society for Psychical Research* 54(1960), pp. 153-171 ; see also Ian Stevenson, "Seven More Paranormal Experiences Associated with the Sinking of the Titanic", *Journal of the American Society for Psychical Research* 59(1965), pp. 211-225.

40. Loye, *Sphinx*, pp. 158-165.

41. Private communication with author, October 28, 1988.

42. Gittelson, *Evidence*, p. 175.

43. Ibid., p. 125.

44. Long, op. cit., p. 165.

45. Shafica Karagulla, *Breakthrough to Creativity*(Marina Del Rey, Calif. : DeVorss, 1967), p. 206.

46. According to H. N. Banerjee, in *Americans Who Have Been Reincarnated* (New York : Macmillan Publishing Company, 1980), p. 195, one study done by James Parejko, a professor of philosophy at Chicago State University, revealed that 93 out of 100 hypnotized volunteers produced Knowledge of a possible previous existence ; Whitton himself has found that *all* of his hypnotizable subjects were able to recall such memories.

47. M. Gerald Edelstein, *Trauma, Trance and Transformation*(New York : Brunner/Mazel, 1981).

48. Michael Talbot, "Lives between Lives : An Interview with Dr. Joel Whitton" *Omni WholeMind Newsletter* 1, no. 6(May 1988), p. 4.

49. Joel L. Whitton and Joe Fisher, *Life between Life*(New York : Doubleday, 1986), pp. 116-127.

50. Ibid., p. 154.

51. Ibid., p. 156.

52. Private communication with author, November 9, 1987.

53. Whitton and Fisher, *Life*, p. 43.

54. Ibid., p. 47.

55. Ibid., pp. 152-153.

56. Ibid., p. 52.

57. William E. Cox, "Precognition : An Analysis Ⅰ and Ⅱ", *Journal of the American Society for Psychical Research* 50(1956).

58. Whitton and Fisher, *Life*, p. 186.

59. See Ian Stevenson, *Twenty Cases Suggestive of Reincarnation* (Charlottesville, Va. : University Press of Virginia, 1974) ; *Cases of the Rein- carnation Type* (Charlottesville, Va. : University Press of Virginia, 1974), vols. 1-4 ; and *Children Who Remember Their Past Lives* (Charlottesville, Va. : University Press of Virginia, 1987).

60. See references above.

61. Ian Stevenson, *Children Who Remember Previous Lives* (Charlo-ttesville, Va. : University Press of Virginia, 1987), pp. 240-243.

62. Ibid., pp. 259-260.

63. Stevenson, *Twenty Cases*, p. 180.

64. Ibid., pp. 196, 233.

65. Ibid., p. 92.

66. Sylvia Cranston and Carey Williams, *Reincarnation:A New Horizon in Science, Religion, and Society* (New York : Julian Press, 1984), p. 67.

67. Ibid., p. 260.

68. Ian Stevenson, "Some Questions Related to Cases of the Reincarnation Type", *Journal of the American Society for Psychical Research* (October 1974), p. 407.

69. Stevenson, *Children*, p. 255.

70. *Journal of the American Medical Association* (December 1, 1975), as quoted in Cranston and Williams, *Reincarnation*, p. x.

71. J. Warneck, *Die Religion der Batak* (Gottingen, 1909), as quoted in Holger Kalweit, *Dreamtime and Inner Space:The World of the Shaman* (Boulder, Colo. : Shambhala, 1984), p. 23.

72. Basil Johnston, *Und Manitu erschuf die Welt. Mythen and Visionen der Ojibwa* (Cologne : 1979), as puoted in Holger Kalweit, *Dreamtime and Inner Space:The World of the Shaman* (Boulder, Colo. : Shambhala, 1984), p. 25.

73. Long, op. cit., pp. 165-169.

74. Ibid., p. 193.

75. John Blofeld, *The Tantric Mysticism of Tibet* (New York : E. P. Dutton, 1970), p. 84 ; see also Alexandra David-Neel, *Magic and Mystery in Tibet* (Baltimore, Md. : Penguin Books, 1971), p. 293.

76. Henry Corbin, *Creative Imagination in the Sufism of Ibn 'Arabi*, trans. Ralph Manheim (Princeton, N.J. : Princeton University Press, 1969), pp.

221-236.

77. Hugh Lynn Cayce, *The Edgar Cayce Reader. Vol.Ⅱ* (New York : Paperback Library, 1969), pp. 25-26 ; see also Noel Langley, *Edgar Cayce on Reincarnation* (New York : Warner Books, 1967), p. 43.

78. Paramahansa Yogananda, *Man Js Eternal Quest* (Los Angeles : Self-Realization Fellowship, 1982), p. 238.

79. Thomas Byron, *The Dhammapada:The Sayings of Buddha* (New York : Vintage Books, 1976), p. 13.

80. Swami Prabhavananda and Frederick Manchester, trans., *The Upanishads* (Hollywood, calif. : Vedanta Press, 1975), p. 177.

81. Iamblichus, *The Egyptian Mysteries*, trans. Alexander Wilder (New York : Metaphysical Publications, 1911), pp. 122, 175, 259-260.

82. Matthew 7 : 7, 17, 20.

83. Rabbi Adin Steinsaltz, *The Thirteen-Petaled Rose* (New York : Basic Books, 1980), pp. 64-65.

84. Jean Houston, *The Possible Human* (Los Angeles : J. P. Tarcher, 1982), pp. 200-205.

85. Mary Orser and Richard A. Zarro, *Changing Your Destiny* (San Francisco : Harper & Row, 1989), p. 213.

86. Florence Graves, "The Ultimate Frontier : Edgar Mitchell, the Astronaut-Turned-Philosopher Explores Star Wars, Spirituality, and How We Create Our Own Reality", *New Age* (May/June 1988), p. 87.

87. Helen Wambach, *Reliving Past Lives* (New York : Harper & Row, 1978), p. 116.

88. Ibid., pp. 128-134.

89. Chet B. Snow and Helen Wambach, *Mass Dreams of the Future* (New York : McGraw-Hill, 1989), p. 218.

90. Henry Reed, "Reaching into the Past with Mind over Matter", *Venture Inward* 5, no. 3 (May/June 1989), p. 6.

91. Anne Moberly and Eleanor Jourdain, *An Adventure* (London : Faber, 1904).

92. Andrew Mackenzie, *The Unexplained* (London : Barker, 1966), as quoted in Ted Holiday, *The Goblin Universe* (St. Paul, Minn. : Llewellyn Publications, 1986), p. 96.

93. Gardner Murphy and H. L. Klemme, "Unfinished Business", *Journal*

of the American Society for Psychical Research* 60, no. 4(1966), p. 5.

8. 슈퍼홀로그램 속의 여행

1. Dean Shields, "A Cross-Cultural Study of Beliefs in out-of-the-Body Experiences", *Journal of the Society for Psychical Research* 49(1978), pp. 697-741.

2. Erika Bourguignon, "Dreams and Altered States of Consciousness in Anthropological Research", in *Psychological Anthropology*, ed. F. L. K. Hsu(Cambridge, Mass. : Schenkman, 1972), p. 418.

3. Celia Green, *Out-of-the-Body Experiences* (Oxford, England : Institute of Psychophysical Research, 1968).

4. D. Scott Rogo, *Leaving the Body*(New York : Prentice-Hall, 1983), p. 5.

5. Ibid.

6. Stuart W. Twemlow, Glen O. Gabbard, and Fowler C. Jones, "The Out-of-Body Experience : Ⅰ, Phenomenology ; Ⅱ, Psychological Profile ; Ⅲ, Differential Diagnosis"(Papers delivered at the 1980 Convention of the American Psychiatric Association). See also Twemlow, Gabbard, and Jones, "The Out-of-Body Experience : A Phenomenological Typology Based on Questionnaire Responses", *American Journal of Psychiatry* 139(1982), pp. 450-455.

7. Ibid.

8. Bruce Greyson and C. P. Flynn, *The Near-Death Experience* (Chicago : Charles C. Thomas, 1984), as quoted in Stanislov Grof, *The Adventure of Self-Discovery*(Albany, N.Y. : SUNY Press, 1988), pp. 71-72.

9. Michael B. Sabom, *Recollections of Death*(New York : Harper & Row, 1982), p. 184.

10. Jean-Noel Bassior, "Astral Travel", *New Age Journal*(November/December 1988), p. 46.

11. Charles Tart, "A Psychophysiological Study of Out-of-the-Body Experiences in a Selected Subject", *Journal of the American Society for Psychical Research* 62(1968), pp. 3-27.

12. Karlis Osis, "New ASPR Research on Out-of-the Body Experiences", *Newsletter of the American Society for Psychical Research* 14(1972) ; see

also Karlis Osis, "Out-of-Body Research at the American Society for Psychical Research", in *Mind beyond the Body*, ed. D. Scott Rogo (New York : Penguin, 1978), pp. 162-169.

13. D. Scott Rogo, *Psychic Breakthroughs Today* (Wellingborough, Great Britain : Aquarian Press, 1987), pp. 163-164.

14. J. H. M. Whiteman, *The Mystical Life* (London : Faber & Faber, 1961).

15. Robert A. Monroe, *Journeys Out of the Body* (New York : Anchor Press/Doubleday, 1971), p. 183.

16. Robert A. Monroe, *Far Journeys* (New York : Doubleday, 1985), p. 64.

17. David Eisenberg, with Thomas Lee Wright, *Encounters with Qi* (New York : Penguin, 1987), pp. 79-87.

18. Frank Edwards, "People Who Saw without Eyes", *Strange People* (London : Pan Books, 1970).

19. A. Ivanov, "Soviet Experiments in Eyeless Vision", *International Journal of Parapsychology* 6 (1964) ; see also M. M. Bongard and M. S. Smirnov, "About the Dermal Vision' of R. Kuleshova", *Biophysics* 1 (1965).

20. A. Rosenfeld, "Seeing Colors with the Fingers", *Life* (June 12, 1964) ; for a more extensive report of Kuleshova and "eyeless sight" in genetal, see Sheila Ostrander and Lynn Schroeder, *Psychic Discoveries Behind the Iron Curtain* (New York : Bantam Books, 1970), pp. 170-185.

21. Rogo, *Psychic Breakthroughs*, p. 161.

22. Ibid.

23. Janet Lee Mitchell, *Out-of-Body Experiences* (New York : Ballantine Books, 1987), p. 81.

24. August Strindberg, Legends (1912 edition), as quoted in Colin Wilson, The Occult (New York : Vintage Books, 1973), pp. 56-57.

25. Monroe, *Journeys Out of the Body*, p. 184.

26. Whiteman, *Mystical Life*, as quoted in Mitchell, *Experiences*, p. 44.

27. Karlis Osis and Erlendur Haraldsson, "Deathbed Observations by Physicians and Nurses : A Cross-Cultural Survey", *The Journal of the American Society for Psychical Research* 71 (July 1977), pp. 237-59.

28. Raymond A. Moody, Jr., with Paul Perry, *The Light Beyond* (New York : Bantam Books, 1988), pp. 14-15.

29. Ibid.

30. Elisabeth Kubler-Ross, *On Children and Death*(New York : Mac-millan, 1983), p. 208.

31. Kenneth Ring, *Life at Death*(New York : Quill, 1980), pp. 238-239.

32. Kubler-Ross, *Children*, p. 210.

33. Moody and Perry, *Light*, pp. 103-107.

34. Ibid., p. 151.

35. George Gallup, Jr., with William Proctor, *Adventures in Immortality* (New York : McGraw-Hill, 1982), p. 31.

36. Ring, *Life at Death*, p. 98.

37. Ibid., pp. 97-98.

38. Ibid., p. 247.

39. Private communication with author, May 24, 1990.

40. F. W. H. Myers, *Human Personality and Its Survival of Bodily Death* (London : Longmans, Green & Co., 1904), pp. 315-321.

41. Ibid.

42. Moody and Perry, *Light*, p. 8.

43. Joel L. Whitton and Joe Fisher, *Life between Life*(New York : Doubleday, 1986), p. 32.

44. Michael Talbot, "Lives between Lives : An Interview with Joel Whitton", Omni WholeMind Newsletter 1, no. 6(May 1988), p. 4.

45. Private communication with author, November 9, 1987.

46. Whitton and Fisher, *Life between Life*, p. 35.

47. Myra Ka Lange, "To the Top of the Universe", *Venture Inward* 4, no. 3(May/June 1988), p. 42.

48. F. W. H. Myers, *Human personality*.

49. Moody and Perry, *Light*, p. 129.

50. Raymond A. Moody, Jr., *Reflections on Life after Life*(New York : Bantam Books, 1978), p. 38.

51. Whitton and Fisher, *Life between Life*, p. 39.

52. Raymond A. Moody, Jr., *Life after Life*(New York : Bantam Books, 1976), p. 68.

53. Moody, *Reflections on Life after Life*, p. 35.

54. The 1821 NDEer was the mother of the English writer Thomas De Quincey and the incident is described in *his Confessions of an English Opium Eater with Its Sequels Suspiria De Profundis and The English Mail-*

Coach, ed. Malcolm Elwin (London : Macdonald & Co., 1956), pp. 511-512.

55. Whitton and Fisher, *Life between Life*, pp. 42-43.

56. Moody and Perry, *Light*, p. 50.

57. Ibid., p. 35.

58. Kenneth Ring, *Heading toward Omega* (New York : William Morrow, 1985), pp. 58-59.

59. See Ring, Heading toward Omega, p. 199 ; Moody, *Reflections on Life after Life*, pp. 9-14 ; and Moody and Perry, *Light*, p. 35.

60. Moody and Perry, *Light*, p. 35.

61. Monroe, *Far Journeys*, p. 73.

62. Ring, *Life at Death*, p. 248.

63. Ibid., p. 242.

64. Moody, *Life after Life*, p. 75.

65. Moody and Perry, *Light*, p. 13.

66. Ring, *Heading toward Omega*, pp. 186-187.

67. Moody and Perry, *Light*, p. 22.

68. Ring, *Heading toward Omega*, pp. 217-218.

69. Moody and Perry, *Light*, p. 34.

70. Ian Stevenson, *Children Who Remember Previous Lives* (Charlottesville, Va. : University Press of Virginia, 1987), p. 110.

71. Whitton and Fisher, *Life between Life*, p. 43.

72. Wil van Beek, *Hazrat Inayat Khan* (New York : Vantage Press, 1983), p. 29.

73. Monroe, *Journeys Out of the Body*, pp. 101-115.

74. See Leon S. Rhodes, "Swedenborg and the Near-Death Experience", in *Emanuel Swedenborg: A Continuing Vision*, ed. Robin Larsen et al. (New York : Swedenborg Foundation, 1988), pp. 237-240.

75. Wilson Van Dusen, *The Presence of Other Worlds* (New York : Swedenborg Foundation, 1974), p. 75.

76. Emanuel Swedenborg, *The Universal Human and Soul-Body Interaction*, ed. and trans. George F. Dole (New York : Paulist Press, 1984), p. 43.

77. Ibid.

78. Ibid., p. 156.

79. Ibid., p. 45.

80. Ibid., p. 161.

81. George F. Dole, "An Image of God in a Mirror", in *Emanuel Swedenborg:A Continuing Vision*, ed. Robin Larsen et al.(New York : Swedenborg Foundation, 1988), pp. 374-81.

82. Ibid.

83. Theophilus Parsons, *Essays*(Boston : Otis Clapp, 1845), p. 225.

84. Henry Corbin, *Mundus Imaginalis*(Ipswich, England : Golgonooza Press, 1976), p. 4.

85. Ibid., p. 7.

86. Ibid., p. 5.

87. Kubler-Ross, *Children*, p. 222.

88. Private communication with author, October 28, 1988.

89. Paramahansa Yogananda, *Autobiography of a Yogi*(Los Angeles : Self-Realization Fellowship, 1973), p. viii.

90. Ibid., pp. 475-497.

91. Satprem, *Sri Aurobindo or the Adventure of Consciousness*(New York : Institute for Evolutionary Research, 1984), p. 195.

92. Ibid., p. 219.

93. E. Nandisvara Nayake Thero, "The Dreamtime, Mysticism, and Liberation : Shamanism in Australia", in *Shamanism*, ed. Shirley Nicholson (Wheaton, Ill. : Theosophical Publishing House, 1987), pp. 223-232.

94. Holger Kalweit, *Dreamtime and Inner Space*(Boston : Shambhala Publications, 1984), pp. 12-13.

95. Michael Harner, *The Way of the Shaman*(New york : Harper & Row, 1980), pp. 1-8.

96. Kalweit, *Dreamtime*, pp. 13, 57.

97. Ring, *Heading toward Omega*, pp. 143-164.

98. Ibid., pp. 114-120.

99. Bruce Greyson, "Increase in Psychic and Psi-Related Phenomena Following Near-Death Experiences", *Theta*, as quoted in Ring, *Heading toward Omega*, p. 180.

100. Jeff Zaleski, "Life after Death : Not Always Happily-Ever-After", *Omni WholeMind Newsletter* 1, no. 10(September 1988), p. 5.

101. Ring, *Heading toward Omega*, p. 50.

102. John Gliedman, "Interview with Brian Josephson", *Omni* 4, no. 10

(July 1982), pp. 114-116.

103. P. C. W. Davies, "The Mind-Body Problem and Quantum Theory", in *Proceedings of the Symposium on Consciousness and Survival*, ed. John S. Spong (Sausalito, Calif. : Institute of Noetic Sciences, 1987), pp. 113-114.

104. Candace Pert, Neuropeptides, *the Emotions and Bodymind in Proceedings of the Symposium on Consciousness and Survival*, ed. John S. Spong (Sausalito, Calif. : Institute of Noetic Sciences, 1987), pp. 113-114.

105. David Bohm and Renee Weber, "Nature as Creativity", *Re Vision* 5, no. 2 (Fall 1982), p. 40.

106. Private communication with author, November 9, 1987.

107. Monroe, *Journeys Out of the Body*, pp. 51 and 70.

108. Dole, in *Emanuel Swedenborg*, p. 44.

109. Whitton and Fisher, *Life between Life*, p. 45.

110. See, for example, Moody, *Reflections on Life after Life*, pp. 13-14 ; and Ring, *Heading toward Omega*, pp. 71-72.

111. Edwin Bernbaum, *The Way to Shambhala* (New York : Anchor Books, 1980), pp. xiv, 3-5.

112. Moody, *Reflections on Life after Life*, p. 14 ; and Ring, *Heading toward Omega*, p. 71.

113. W. Y. Evans-Wentz, *The Fairy-Faith in Celtic Countries* (Oxford : Oxford University Press, 1911), p. 61.

114. Monroe, *Journeys Out of the Body*, pp. 50-51.

115. Jacques Vallee, *Passport to Magonia* (Chicago : Henry Regnery Co., 1969), p. 134.

116. Private communication with author, November 3, 1988.

117. D. Scott Rogo, *Miracles* (New York : Dial Press, 1982), pp. 256-257.

118. Michael Talbot, "UFOs : Beyond Real and Unreal", in *Gods of Aquarius*, ed. Brad Steiger (New York : Harcourt Brace Jovanovich, 1976), pp. 28-33.

119. Jacques Vallee, *Dimensions:A Casebook of Alien Contact* (Chicago : Contemporary Books, 1988), p. 259.

120. John G. Fuller, *The Interrupted Journey* (New York : Dial Press, 1966), p. 91.

121. Jacques Vallee, *Passport to Magonia*, pp. 160-162.

122. Talbot, in *Gods of Aquarius*, pp. 28-33.

123. Kenneth Ring, "Toward an Imaginal Interpretation of 'UFO Abductions'", *ReVision* 11, no. 4(Spring 1989), pp. 17-24.

124. Personal communication with author, September 19, 1988.

125. Peter M. Rojcewicz, "The Folklore of the 'Men in Black' : A Challenge to the Prevailing Paradigm", *ReVision* 11, no. 4(Spring 1989), pp. 5-15.

126. Whitley Strieber, *Communion*(New York : Beech Tree Books, 1987), p. 295.

127. Carl Raschke, "UFOs : Ultraterrestrial Agents of Cultural Deconstruction", in *Cyberbiological Studies of the Imaginal Component in the UFO Contact Experience*, ed. Dennis Stillings (St. Paul, Minn. : Archaeus Project, 1989), p. 24.

128. Michael Grosso, "UFOs and the Myth of the New Age", in *Cyberbiological Studies of the Imaginal Component in the UFO Contact Experience*, ed. Dennis Stillings(St. Paul, Minn. : Archaeus Project, 1989), p. 81.

129. Raschke, in *Cyberbiological Studies*, p. 24.

130. Jacques Vallee, *Dimensions:A Casebook of Alien Contact* (Chicago : Contemporary Books, 1988), pp. 284-289.

131. John A. Wheeler, with Charles Misner and Kip S. Thorne, *Gravitation*(San Francisco : Freeman, 1973).

132. Strieber, *Communion*, p. 295.

133. Private communication with author, June 8, 1988.

9. 꿈의 시대로의 귀환

1. John Blofeld, *The Tantric Mysticism of Tibet*(New York : E. P. Dutton, 1970), pp. 61-62.

2. Garma C. C. Chuang, *Teachings of Tibetan Yoga*(Secaucus, N. J. : Citadel Press, 1974), p. 26.

3. Blofeld, *Tantric Mysticism*, pp. 61-62.

4. Lobsang P. Lhalungpa, trans., *The Life of Milarepa*(Boulder, Colo. : Shambhala Publications, 1977), pp. 181-182.

5. Reginald Horace Blyth, *Games Zen Masters Play*, ed. Robert Sohl and Audrey Carr(New York : New American Library, 1976), p. 15.

6. Margaret Stutley, *Hinduism*(Wellingborough, England : Aquarian Press, 1985), pp. 9, 163.

7. Swami Prabhavananda and Frederick Manchester, trans., *The Upani-shads*(Hollywood, Calif. : Vedanta Press, 1975), p. 197.

8. Sir John Woodroffe, *The Serpent Power*(New York : Dover, 1974), p. 33.

9. Stutley, *Hinduism*, p. 27.

10. Ibid., pp. 27-28.

11. Woodroffe, *Serpent Power*, pp. 29, 33.

12. Leo Schaya, *The Universal Meaning of the Kabbalah*(Baltimore, Md. : Penguin, 1973), p. 67.

13. Ibid.

14. Serge King, "The Way of the Adventurer", in *Shamanism*, ed. Shirley Nicholson(Wheaton, Ill. : Theosophical Publishing House, 1987), p. 226.

15. E. Nandisvara Nayake Thero, "The Dreamtime, Mysticism, and Liberation : Shamanism in Australia", in *Shamanism*, ed. Shirley Nicholson (Wheaton, Ill. : Theosophical Publishing House, 1987), p. 226.

16. Marcel Griaule, *Conversations with Ogotemmeli*(London : Oxford University Press, 1965), p. 108.

17. Douglas Sharon, *Wizard of the Four Winds:A Shaman]s Story*(New York : Free press, 1978), p. 49.

18. Henry Corbin, *Creative Imagination in the Sufism of Ibn 'Arabi*, trans. Ralph Manheim(Princeton, N.J. : Princeton University Press, 1969), p. 259.

19. Brian Brown, *The Wisdom of the Egyptians*(New York : Brentand's, 1923), p. 156.

20. Woodroffe, *Serpent Power*, p. 22.

21. John G. Neihardt, *Black ElK speaks*(New York : Pocket Books, 1972), p. 36.

22. Tryon Edward, *A Dictionary of Thought*(Detroit : F. B. Dickerson Co., 1901), p. 196.

23. Sir Charles Eliot, *Japanese Buddhism*(New York : Barnes & Noble, 1969), pp. 109-110.

24. Alan Watts, *Tao:The Watercourse Way*(New York : pantheon Books,

1975), p. 35.

25. F. Franck, *Book of Angelus Silesius*(New York : Random House, 1976), as quoted in Stanislav Grof, *Beyond the Brain*(Albany, N.Y. : SUNY Press, 1985), p. 76.

26. "'Holophonic' Sound Broadcasts Directly to Brain", Brain/Mind Bulletin 8, no 10(May 30, 1983), p. 1.

27. "European Media See Holophony as Breakthrough", *Brain/Mind Bulletin* 8, no. 10(May 30, 1983), p. 3.

28. Ilya Prigogine and Yves Elskens, "Irreversibility, Stochasticity and Non-Locality in Classical Dynamics", in *Quantum Implications*, ed. Basil J. Hiley and F. David Peat(London : Routledge & Kegan Paul, 1987), p. 214 ; see also "A Holographic Fit?" *Brain/Mind Bulletin* 4, no. 13(May 21, 1979), p. 3.

29. Marcus S. Cohen, "Design of a New Medium for Volume Holo-graphic Information Processing", *Applied Optics* 25, no. 14(July 15, 1986), pp. 2288-2294.

30. Dana Z. Anderson, "Coherent Optical Eigenstate Memory", *Optics Letters* 11, no. 1(January 1986), pp. 56-58.

31. Willis W. Harman, "The Persistent Puzzle : The Need for a Basic Restructuring of Science", *Noetic Sciences Review*, no. 8(Autumn 1988), p. 23.

32. "Interview : Brian L. Weiss, M.D.", *Venture Inward* 6, no. 4 (July/August 1990), pp. 17-18.

33. Private communication with author, November 9, 1987.

34. Stanley R. Dean, C. O. Plyler, Jr., and Michael L. Dean, "Should Psychic Studies Be Included in Psychiatric Education? An Opinion Survey", *American Journal of Psychiatry* 137, no. 10(October 1980), pp. 1247-1249.

35. Ian Stevenson, *Children Who Remember Previous Lives* (Charlottesville, Va. : University Press of Virginia, 1987), p. 9.

36. Alexander P. Dubrov and Veniamin N. Pushkin, *Parapsychology and Contemporary Science* (New York : Consultants Bureau, 1982), p. 13.

37. Harman, *Noetic Sciences Review*, p. 25.

38. Kenneth Ring, "Near-Death and UFO Enocounters as Shamanic Initiations : Some Conceptual and Evolutionary Implications", *ReVision* 11, no. 3(Winter 1989), p. 16.

39. Richard Daab and Michael Peter Langevin, "An Interview with Whitley Strieber", *Magical Blend* 25 (January 1990), p. 41.

40. Lytle Robinson, *Edgar Cayce's Story of the Origin and Destiny of Man* (New York : Berkley Medallion, 1972), pp. 34, 42.

41. From the Lankavatara Sutra as quoted by Ken Wilbur, "Physics, Mysticism, and the New Holographic Paradigm", in Ken Wilbur, *The Holographic Paradigm* (Boulder, Colo. : New Science Library, 1982), P. 161.

42. David Loye, *The Sphinx and the Rainbow* (Boulder, Colo. : Shambhala Publications, 1983), p. 156.

43. Terence McKenna, "New Maps of Hyperspace", *Magical Blend* 22 (April 1989), pp. 58, 60.

44. Daab and Langevin, *Magical Blend*, p. 41.

45. McKenna, Magical Blend, p. 60.

46. Emanuel Swedenborg, *The Universal Human and Soul-Body Interaction*, ed. and trans. George F. Dole (New York : Paulist Press, 1984), p. 54.

47. Joel L. Whitton and Joe Fisher, *Life between Life* (New York : Doubleday, 1986), pp. 45-46.

<h1 align="center">찾아보기</h1>